Anthropologie – Technikphilosophie – Gesellschaft

Herausgegeben von
Klaus Wiegerling, Kaiserslautern, Deutschland

Die Reihe Anthropologie – Technikphilosophie – Gesellschaft fokussiert auf anthropologische Fragen unter dem Gesichtspunkt der technischen Disposition unseres Handelns und Welterschließens. Dabei stehen auch Fragen der zunehmenden technischen Erschließung unseres Körpers durch Bio- und Informationstechnologien zur Diskussion. Der Wandel des Selbst-, Gesellschafts- und Weltverständnisses durch die Technisierung des Alltags und der eigenen körperlichen Dispositionen erfährt in der Reihe eine philosophische und sozialwissenschaftliche Reflexion. Geboten werden bevorzugt Monographien zu Schlüsselproblemen und Grundbegriffen an der Schnittstelle von Anthropologie, Technikphilosophie und Gesellschaft.

Herausgegeben von
Klaus Wiegerling, Kaiserslautern, Deutschland

Hans Poser

Homo Creator

Technik als philosophische Herausforderung

 Springer VS

Hans Poser
Institut für Philosophie, Literatur-, Wissenschafts- und Technikgeschichte
Technische Universität Berlin
Berlin, Deutschland

Anthropologie – Technikphilosophie – Gesellschaft
ISBN 978-3-658-08151-5   ISBN 978-3-658-08152-2 (eBook)
DOI 10.1007/978-3-658-08152-2

Die Deutsche Nationalbibliothek verzeichnet diese Publikation in der Deutschen National-
bibliografie; detaillierte bibliografische Daten sind im Internet über http://dnb.d-nb.de abrufbar.

Springer VS

Lektorat: Frank Schindler

Gedruckt auf säurefreiem und chlorfrei gebleichtem Papier

Springer VS ist Teil von Springer Nature
Die eingetragene Gesellschaft ist Springer Fachmedien Wiesbaden GmbH

Inhalt

Für Emily,
meinem sokratischen δαιμόνιον

Vorwort

Gegen Mitte des Jahres 2010 war es gelungen, das Genom eines Bakteriums zu synthetisieren, indem man DNA-Basissequenzen zusammensetzte. Das Ergebnis wurde als Durchbruch der Synthetischen Evolutionstheorie gefeiert: Nun sei der Mensch zum Homo creator geworden, meldeten die Gazetten. Dagegen erhob sich wiederum deutlicher Einspruch, denn solche Zusammensetzungstechniken gebe es schon lange – und etwas Neues sei hier auch nicht herausgekommen; insbesondere seien ja die Bausteine selbst keine tote Materie gewesen.

Zwar war der Ehrentitel eines Creator traditionell nur dem Schöpfergott zugesprochen worden; doch schon lange ist der Mensch mehr als ein Homo faber, ein Fabrizierender, denn er ist ein Wesen, das radikal Neues zu schaffen vermag: Bereits das Rad, das wohl zunächst als Töpferscheibe diente, kommt in der Natur nicht vor – von iPads zu schweigen. Technik bleibt unverständlich, wenn sie nicht auf das menschliche Vermögen des Entwerfens und der Kreativität bezogen wird, auf den virtuosen Umgang mit alten und gänzlich neu erdachten Möglichkeiten. Dem nachzugehen war das Anliegen einer Vorlesung und einer Reihe teils veröffentlichter, teils ungedruckter Essays. Sie sollen hier überarbeitet in einer sachgerechten Abfolge als Anstoß dienen, die Perspektive zu weiten und die Herausforderung der Philosophie durch die Technik ernst zu nehmen. Ein Anstoß, keine Lösung.

Ein solches Werk ist vielen Anregungen zu verdanken, von denen einige genannt werden müssen: Zunächst gilt mein Dank allen Kollegen in den VDI-Arbeitskreisen und im Kollegium Technikphilosophie; in jüngster Zeit ist ein acatech-Arbeitskreis hinzugekommen. Weiter habe ich der Rice Univerity in Houston/Texas zu danken, die mir als Visiting Professor über mehrere Monate intensive Diskussionen mit den Kollegen am Philosophy Department ebenso ermöglichte wie die Nutzung der reichen Bibliotheksbestände, ferner danke ich den Kollegen verschiedener chinesischer Universitäten und Akademien für den langjährige Gedankenaustausch. Mir sei verziehen, dass ich darauf verzichte, die lange Reihe der Namen all derer aufzulisten, die sich hinter diesen kargen Bemerkungen verbergen. Doch ohne den Freund und Kollegen Christoph Hubig wäre es nicht zu diesem Buch gekommen – er gab die Anregung hierzu.

I. Einleitung

1. Grundzüge technischen Denkens der Moderne

„Was hat die menschliche Gesellschaft mehr verändert", schreibt Max Frisch (1988: 40) in einer Folge bohrender Fragen, „eine französische Revolution oder eine technologische Entwicklung – Elektronik zum Beispiel?" Er rückt damit ins Bewusstsein, was uns doch klar sein sollte: Das technische Denken der Moderne hat das menschliche Leben von der Geburt in der Klinik bis zum Tod auf der Intensivstation, vom Intimsten und Persönlichsten bis hin in die umfassendsten gesellschaftlichen Strukturen viel durchgreifender verändert als die Ideen von *liberté, egalité et fraternité* und ihre revolutionäre Umsetzung. Worauf gründet sich diese durchschlagende Kraft, die offenbar alle Ausprägungen der Religionen und Weltanschauungen, alle politisch-ideologischen Systemgrenzen überspringt?

Eine Analyse wäre mehr als ein Lebenswerk, so umfassend ist die Aufgabe. Nur auf einige wenige Wegmarken werden deshalb die vorangestellten Überlegungen weisen können. Sie sind als Einleitung in zwei Teile gegliedert, deren sehr allgemein gehaltenes erstes Kapitel Elemente des Begriffes Technik skizziert und historisch ausweist, um nach kulturinvarianten und kulturbedingen Anteilen der Technik zu fragen. Das zweite Einleitungskapitel soll dagegen zu den philosophischen Problemen hinführen, die nachfolgend systematisch aufgegriffen werden. Dabei wird statt von ‚Ingenieur' und ‚Ingenieurwissenschaft' zumeist von ‚Techniker' und ‚Technikwissenschaft' als Oberbegriff gesprochen, weil heute viele technische Disziplinen nicht zu den klassischen Ingenieurwissenschaften zählen. Ebenso soll der Begriff ‚Technologie' abweichend vom heutigen Sprachgebrauch in der Regel nur dort verwendet werden, wo es um die theoretisch-wissenschaftliche Seite der Technik geht.

1. Elemente der Technik

Der Begriff Technik ist in der Umgangssprache sehr weit gefasst, und eine scharfe Definition lässt sich kaum angeben. Dennoch können einige Elemente der Begriffsbestimmung herausgehoben werden. Danach bezeichnet Technik entweder ein Handeln oder einen dabei benutzten oder dadurch erzeugten Gegenstand.

Das *technische Handeln* ist eine Verfahrensweise, durch die der Mensch naturgegebene Stoffe und Energien schöpferisch so umformt, dass sie individuelle oder gesellschaftliche Bedürfnisse erfüllen. Wie jedes Handeln vereinigt es die Auszeichnung eines *Handlungsziels* (also eine normative Komponente) mit der Wahl eines geeignet erscheinenden *Mittels* (also eine empirisch-kognitive Komponente). Dem liegt der sogenannte *praktische Syllogismus* zugrunde: A will B; A weiß, dass er B durch C erreicht; also: A tut C. Der Weg führt also von diesen beiden Prämissen zur Handlung. Dabei wird die erste als *normative Prämisse* bezeichnet, weil ihr ein *Wert* zugrunde liegt, während die zweite, die *kognitive Prämisse*, auf ein *Wissen* und ein *Können* baut. Letzteres wird bei Handlungen stillschweigend als gegeben unterstellt, während es bei technischen Handlungen durch vorausgegangenes Lernen erst erworben werden muss.

Diese Elemente – Ziel, Mittel, Wert, Wissen und Können –, die technisches mit jedem anderen Handeln teilt, werden verbunden durch das fundamentalste aller Elemente, die technische *Kreativität,* den Schöpfergeist: Jede technische Neuerung, also die erste Durchführung eines neuen Typs technischen Handelns, verschweißt Wissen zu Zielvorstellungen von etwas Niedagewesenem, indem technische Gegenstände als Artefakte hervorgebracht werden. Solch Neues ist nicht bloße Nachahmung der Natur, obgleich diese Vorstellung geradeso wie in der Literatur bis ins 18. Jahrhundert leitend war, denn schon der Feuerbohrer kommt in der Natur nicht vor. So ist es Ausdruck des Vermögens des Menschen, Niedagewesenes nicht nur zu ersinnen, sondern materiell Gestalt annehmen zu lassen. Im technischen Handeln wird der Mensch zum Homo faber, zum Homo creator, zum menschlichen Schöpfer.

Eine inhaltliche Bestimmung des Begriffes ‚Technik‘ geht aus von *technischen Gegenständen und Prozessen* als technische Artefakte. Diese umfassen die Werkzeuge und Fabrikanlagen ebenso wie die Produkte des technischen Handelns. Sie sind die Mittel, die uns geeignet erscheinen, ein Ziel zu erreichen. Das Ziel ist dabei nicht der technische Gegenstand selbst (er würde sonst zum Selbstzweck werden), es wurzelt vielmehr in den Werthaltungen und Sinnzuschreibungen, die der normativen Komponente des technischen Handelns zugrunde liegen.

Von Technik soll im Folgenden nur gesprochen werden, wenn diese Mittel von Menschen erzeugte Gegenstände, also Artefakte sind; dabei sind artifizielle Prozesse immer mit einbezogen, denn ein technisches Artefakt dient einem technischen Transformationsprozess. So soll ein Sprachgebrauch eingedämmt werden, der jedes Einüben eines regelhaften Verhaltens schon als Technik bezeichnet und damit das Vordringen technischer Sprechweisen, vielleicht schon die Usurpation unseres Denkens durch Technik angezeigt, wie etwa bei Ausdrücken wie Vortragstechnik, Fingertechnik oder gar Liebestechnik.

2.   Phasen der Technikentwicklung

Der Mensch, von Johann Gottfried Herder und von Arnold Gehlen als Mängelwesen gekennzeichnet, hat sich, um überleben zu können, stets seine Umwelt selbst gestalten müssen. Techniken sind dabei unerlässlich – und sie haben im Laufe der Menschheitsgeschichte zu ebenso gravierenden kulturellen Veränderungen geführt, wie Max Frisch sie im Hinblick auf heutige Technologien im Auge hat. Im Gang durch die Geschichte der Menschheit wird das Zusammenspiel von Technik und Kultur unübersehbar. ‚Kultur' wird hier dem Technikhistoriker Wolfgang König (2009: 13) folgend als „heuristisches Schema" verstanden, das sich in „Soziales, Geistiges und Materielles" differenzieren lässt, ohne doch die Wechselbeziehungen zu zerreißen. Dabei ist Technik durchgängig als Teil der Kultur gesehen. Dieser Zusammenhang wird als so einschneidend empfunden, dass große Zäsuren mit den jeweils verwendeten und neu hinzukommenden Techniken verbunden werden, man denke an Begriffe wie Steinzeit, Bronzezeit, Eisenzeit oder jüngere Versuche, vom Atom- oder vom Plastikzeitalter zu sprechen. Dies strahlt nicht nur auf unser Verständnis von Kulturgeschichte aus, sondern auch auf das Bild vom Menschen selbst. So kennzeichnete Benjamin Franklin den Menschen als *tool making animal* (Beleg vgl. Rahe 2005: 8, Fn. 30); und nicht erst seit Max Frisch, sondern seit Henri Bergson sprechen wir vom Homo faber: Nicht das *animal rationale*, sondern das Technik hervorbringende und planvoll verwendende Wesen steht im Vordergrund. Dabei lassen sich vier Phasen unterscheiden, in denen soziale Strukturen in unmittelbarem Zusammenhang mit technischen Entwicklungen zu sehen sind und deren Behandlung geeignet ist, das technische Denken der Moderne abzugrenzen:

Mögen Nagel, Keil und Hebel Zufallsfunde gewesen sein – mit dem Pflug wurde es möglich, *vom Hirtendasein zur Agrarwirtschaft* überzugehen. Deren Bewässerungssysteme, ihr Entwurf, ihr Bau und ihre Unterhaltung, verlangten eine systematische Planung und eine Ordnung des Gemeinwesens, die nach Auffassung Joseph Needhams (1979: 119 u. 72) in China die Grundlage einer über Jahrtausende stabilen Verwaltungsstruktur bildete. Arbeitsteilung in Verbindung mit Standortvorteilen, die Entwicklung von Handels- und Verkehrswegen führten im nächsten Schritt zur *Urbanisierung,* beruhend beispielsweise auf den technischen Errungenschaften der Steinbearbeitung (man denke an den weit ausgreifenden Obsidianhandel im Mittelmeerraum vor der Bronzezeit), das Brennen von Tonwaren (es sei erinnert an Korinths Dominanz rund ums Mittelmeer), an die Gewinnung und Verarbeitung von Bronze und Eisen. Mit der Urbanisierung ging die Entfaltung von Handwerkstechniken Hand in Hand, die den Bau ägyptischer Pyramiden, griechischer Tempel wie gotischer Dome erlaubten, von Göpelwerken und Webstühlen, von hochseetüchtigen Seglern und gefederten Kutschen, von Mahlwerken und Druckerpressen, von Taschenuhren und Schusswaffen.

Mit Beginn der Renaissance stoßen wir nun auf einen ganz neuen Menschen, den *Erfinder,* der mit seinem *ingenium* zum Inbegriff des schöpferischen Menschen werden sollte (Hübner 1973: 135). Zugleich bahnt sich eine Neuentwicklung an, wenn Techniken nicht mehr als Organersatz und Organverstärkung dienen, sondern erstmals die Muskelkraft durch Naturkräfte ersetzen, nämlich durch Wasser und Wind. Die systematisch betriebene Ersetzung der Muskelkraft durch Kraftmaschinen eröffnet im 18. Jahrhundert die *Industrielle Revolution* und mit ihr die Maschinenkultur des Industriezeitalters. Jetzt stehen technische Innovationen nicht mehr je für sich, sondern werden zu großen Systemen verbunden, deren Spiegel die gesellschaftliche Struktur mit regulierenden Subsystemen ist, getragen von hochspezialisierten und dennoch austauschbaren Berufstätigen: Die Maschinenkultur wird zur Massenkultur, führt zur Standardisierung der Bedürfnisse wie der Bedürfnisbefriedigung.

Beruhte die Entwicklung von der Renaissance bis in die Industrielle Revolution zunächst vor allem auf praktisch-technischer Erfahrung – die wenigen Ausnahmen theoriegeleiteter Erfindungen mögen Leibnizens Rechenmaschine und Huygens' Pendeluhr gewesen sein –, so führten die komplizierter werdenden Anforderungen an der Schwelle zum 20. Jahrhundert zu einer innigen Verbindung von naturwissenschaftlichem Gesetzeswissen und Ingenieurtechnik in Gestalt der *Technikwissenschaften* und der uns heute vertrauten Form einer verwissenschaftlichten Technik, der auf der anderen Seite eine hochtechnisierte Wissenschaft korrespondiert. Zwar hatte Francis Bacon gegen 1624 in seinem utopischen Entwurf von *Nova Atlantis,* hatte Leibniz an der Schwelle zum 18. Jahrhundert in seinen Akademieplänen immer wieder auf die Notwendigkeit und Fruchtbarkeit solcher Synthese hingewiesen, doch verwirklicht wurde sie nicht etwa schon von Leonardo da Vinci, der keine naturwissenschaftlichen Theorien entwickelte, oder von Galilei, dem die Anwendung eher gleichgültig war, sondern erst im Übergang zum 20. Jahrhundert.

Der letzte und wiederum einschneidende Schritt in der technischen Entwicklung, der heute vielfach als *Zweite Industrielle Revolution* bezeichnet wird und dessen Bedeutung wir einstweilen mehr ahnen als durchschauen, bezieht sich auf die Unterstützung desjenigen Organs, von dem früher (von Leibniz und seiner Rechenmaschine abgesehen) kein Mensch je geglaubt hat, seine Leistungen oder auch Teile davon könnten von technischen Artefakten übernommen werden, des Gehirns: In Steuerungsmaschinen werden Informationen verarbeitet, um vorgegebene Sollgrößen sicher zu erreichen, ja, in Lernprozessen werden die Sollgrößen aufgrund vorgegebener Verarbeitungsprozesse selbst verändert.

Parallel zur dieser Entwicklung ‚intelligenter‘ Maschinen schreitet eine Vernetzung der Informationskanäle voran, die eine ähnlich umwälzende Bedeutung hat wie jene Verknüpfung durch Handelsbeziehungen, die den Schritt von der Agrarkultur zur Urbanisierung begleitete.

3. Kulturunabhängigkeit der Technik?

Kennzeichen der heutigen Technik ist, dass sie sich, alle kulturellen, also alle sozialen und ideologischen Grenzen überspringend, über den Erdball ausbreitet. Dies legt die Vermutung nahe, das moderne technisch-wissenschaftliche Denken sei unabhängig von Kulturen und Weltanschauungen. Versuchen wir einmal, auf der Ebene des technischen Handelns mit seiner kognitiven und seiner normativ-wertenden Komponente sowie auf der Ebene technischer Artefakte die Frage zu stellen, wieso eine kulturneutrale Übertragbarkeit gewährleistet ist oder doch zumindest gegeben zu sein scheint.

Begonnen sei mit den Artefakten. Hier ist die Antwort besonders naheliegend, denn geradeso wie ein Faustkeil jedem Benutzer als Werkzeug dienen kann und wie sich technische Neuerungen – die Papierherstellung, das Schießpulver, der Kompass, der Buchdruck, um nur vier Beispiele zu nennen – längs der Handelswege von China her in den Westen ausbreiteten (so Needham 1978/1988: 80ff), so gilt dies für irgendein hochentwickeltes technisches Gerät: „Power on/off“, mehr ist nicht zu tun; und das Umlegen eines Schalters ist vermutlich einfacher als die Benutzung eines Faustkeils. Für Maschinen gilt es geradezu als Charakteristikum, von der Individualität des Benutzers unabhängig zu sein, so dass der Arbeiter an ihnen austauschbar und der Ort des Einsatzes – einmal von klimatischen Bedingungen abgesehen – beliebig ist. Gerade deshalb schien der Technologietransfer als reiner Maschinentransfer möglich, und man hielt es in den sechziger Jahren des vergangenen Jahrhunderts für sinnvoll, den unterentwickelten Ländern auf diesem Wege den Sprung ins Industriezeitalter zu garantieren. Doch schnell trat eine Ernüchterung ein, denn selbst wenn das Anlernen zur Bedienung der Maschine so einfach vonstatten geht, wie dies die Austauschbarkeit der Arbeiter erwarten lässt, treten die Probleme spätestens bei der ersten Reparatur auf. Damit wenden wir uns bereits dem Bereich des technischen Handelns zu.

Technisches Handeln als zielgerichtetes, effektives (also wirksames) und effizientes (also leistungsfähiges) Handeln verlangt Kenntnisse des Verfahrens in Gestalt technischen und wissenschaftlichen Wissens, Fähigkeiten im Umgang mit technischen Geräten, sowie schließlich Fähigkeiten zur Zielbestimmung, im Hinblick worauf eine Technik als Mittel eingesetzt werden soll. Auf allen drei Ebenen gibt es Gründe für eine Kulturunabhängigkeit der Technik, die verständlich machen, wieso die Weitergabe von Technik kulturunabhängig möglich zu sein scheint. Gehen wir diese Elemente durch.

Die Kenntnisse, auf denen heutige verwissenschaftlichte Technik beruht, sind durch Beobachtung und Vernunft zu erlangende Kenntnisse, Kenntnisse also, deren Intersubjektivität Grundvoraussetzung ihrer Wissenschaftlichkeit ist. Solche Beobachtungen kann im Grundsatz jeder machen, und den geforderten Vernunftgebrauch kann im Grundsatz jeder erlernen; damit sind die Aussagen der Technikwissenschaften im Gegensatz zu den Erfahrungsregeln der Handwerkstraditionen weder an unmittelbare Gegebenheiten geknüpft, sondern allgemeiner und theoretischer Natur, noch sind sie mit magischen oder kulturell vermittelten, etwa zunftbedingten Inhalten belastet. Sicherlich sind diese Kenntnisse vielschichtig, sie erfordern für ein adäquates Verständnis in der Regel ein Studium; aber sie sind keine Geheimlehre, sie verlangen weder Meditation noch Geisterbeschwörungen, noch richtiges oder falsches Bewusstsein, und sie sind von allen Empfindungen abgelöst. Ebenso sind die geforderten Fähigkeiten – jedenfalls im Grundsatz – für jeden erlernbar.

Ähnliche Universalität zeigt sich nun auch für die Zielkategorien technischen Handelns. Wenn der Mensch ein Mängelwesen ist, so ist das Ziel der Befriedigung von Bedürfnissen invariant und naturgegeben. Wir müssen uns als Homo faber technischer Mittel bedienen, um uns erträgliche Lebensbedingungen zu schaffen, ein Dach über dem Kopf, die Sicherung von Ernährung und Kleidung, die Vorsorge und Fürsorge für Notzeiten und Krankheiten, Mittel für Transporte, zur Fortbewegung und für die Kommunikation über Entfernungen hinweg und so fort. So sind die mit Technik erreichbaren Ziele potentiell angelegt in der menschlichen Bedürfnisstruktur; sie erscheinen damit in dieser Sicht als kulturinvariant. Sogar die Ausbreitungsdynamik und die Entwicklungsdynamik der Technik lassen sich auf eine solche Grundlage beziehen, denn wenn wir als anthropologisches Faktum von zwei möglichen Mitteln zur Erreichung eines Ziels in der Regel das wählen, das effizienter ist oder uns effizienter erscheint, ist selbst der Selektionsprozess und der Akkumulationsprozess des technischen Fortschritts kulturinvariant deutbar (vgl. Rapp 1978: 152f)!

Tatsächlich lässt sich kaum ein besseres Beispiel für Fortschritt geben als die technische Entwicklung: Die Problemlösungseffizienz ist, an objektiven Kriterien gemessen, stets größer geworden, denn die kritische wissenschaftsimmanente Kontrolle zwingt zum Weiterverfolgen der jeweils optimalen Lösungsgestalt. Auch der Systemcharakter der Technik, etwa die Einsetzbarkeit eines Messers für mancherlei Zwecke ebenso wie die Verwendbarkeit des Megachips in tausenderlei Steuerungsautomaten, diese rein funktionale Betrachtung ermöglicht eine von den jeweiligen inhaltlichen Besonderheiten unabhängige, also auch von den kulturellen Bedingungen ablösbare Verwendung. Genau darum dringen technische Innovationen in kurzer Zeit in gänzlich unterschiedliche Lebensbereiche und kulturelle Traditionen ein. Vorausgesetzt wird bei dieser Argumentation jedoch, dass die Frage ausgeklammert bleibt, worauf sich die Gemeinsamkeit der Ziele, oder allgemein, die Akzeptanz von etwas als ein technisch zu lösendes Problem gründet. Darum greift dies zu kurz.

4. Bedingungen der Technikentwicklung als Kennzeichen des technischen Denkens

Die eben genannten Gründe für eine Kulturinvarianz der Technik mögen verständlich machen, wieso es den *Wunsch* nach Technologietransfer gibt und wieso er in elementaren Fällen befriedigt werden kann. Sie mögen ebenso gelten, wo zwar unterschiedliche Weltanschauungen und politische Systeme aufeinander prallen (etwa wie seinerzeit die USA und die UdSSR), aber weitreichende Gemeinsamkeiten in der kulturellen, insbesondere in der Wissenschaftstradition bestehen. Doch nur allzu bekannt sind jene Beispiele, wo Transferversuche misslungen sind. Von ihnen ausgehend sollen deshalb einige der kulturabhängigen Elemente des technischen Denkens ermittelt werden. So bemühte sich Preußen am Ende des 18. Jahrhunderts um den Nachbau englischer Dampfmaschinen, weil England zu Exporten von Zeichnungen oder Maschinen zunächst nicht bereit war und sein Monopol behalten wollte. Die besten preußischen Ingenieure betrieben in England daraufhin Industriespionage; und dennoch gelang trotz

Einsatzes großer Summen nur der Bau untauglicher Maschinen mit viel zu geringer Leistung. Der Grund wird heute erstens gesehen im Fehlen ausreichend qualifizierter Mechaniker, Produkte der damals fortgeschrittensten Technologie zu bauen und in Betrieb zu halten (Weber, W. 1975; 1983). Zweitens muss man berücksichtigen, dass damals auf dem Kontinent bei der Entwicklung einer Maschine das Ziel zunächst ein funktionstüchtiges Modell war, von dem dann die Maße für die zu bauenden Maschine in proportionaler Vergrößerung abgenommen wurden; erst am Ende wurde eine Zeichnung der fertigen Maschine zur Veranschaulichung der Konstruktion erstellt. Der uns heute vertraute Weg von der Konstruktionszeichnung zum maßgenauen Bau, der damals in England schon beschritten wurde, war in Preußen nicht geläufig, ja, er wäre nicht gangbar gewesen.

Erst mit dem langfristigen Aufbau eines technischen Fachschulwesens wurde eine erfolgreiche Entwicklung in Preußen ermöglicht. Hier stoßen wir auf das Können als einen auf Lernen in einem Ausbildungssystem beruhenden Parameter. Die Einstellung zum Lernen – beispielsweise das sogenannte Transfervermögen als wichtiges Ziel einer auf Problemlösungsfähigkeit angelegten Ausbildung – und die Form, in der gelernt wird, die Inhalte und die Ziele, sind aber in höchstem Maße durch kulturelle Traditionen geprägt: Technisches Verständnis etwa, das die analytische Durchdringung eines Sachverhaltes verlangt und Voraussetzung für die Fehlersuche und das Beheben eines Fehlers ist, werden nur in entsprechend breit ausgerichteten Ausbildungsgängen vermittelt. So gelang Japan der Sprung ins Industriezeitalter erst, als es nicht nur europäische Fabriken nachbaute, sondern auch das europäische Berufsbildungs-, Fachschul- und Fachhochschulwesen übernahm; ebenso zeigen die sogenannten Paketlösungen heutigen Technologietransfers mit (meist zu kurzen) Anlernphasen, dass das notwendige Können und das notwendige technische Verständnis nicht kurzfristig vermittelbar sind. Damit aber hat sich die Kultur in jedem Schritt im Kleinen wie im Großen verändert. Doch selbst was unter Technik verstanden wird, wie sie gesehen und eingeschätzt wird, ist von einem Kulturbereich zum anderen sehr verschieden (Hubig & Poser 2007).

Allgemein gilt, dass technische Innovationen immer wieder Durchbrüche ermöglichten, die weit in die Kultur wirkten. Man denke an die Erfindung des Papiers und des Drucks, die zusammen erst ein lesendes Bürgertum ermöglichten; man denke an die Ersetzung des Lateinsegels durch ein Segel, das Kreuzen gegen den Wind erlaubte und zusammen mit dem Kompass die Ozeanüberquerung, was durch die Begegnung mit fremden Ländern und Kulturen den geistigen Horizont des Abendlandes auf ungeahnte Weise erweiterte. Und es sei daran erinnert, dass nicht nur seit der zweiten Hälfte des 19. Jahrhunderts die Technik verwissenschaftlicht ist, sondern im Gegenzug die Wissenschaften technisiert wurden: Kein Messgerät ist ohne Technik denkbar.

Aus diesen Beispielen lässt sich eine Reihe von Bedingungen ableiten, die die Entwicklung der Industriellen Revolution ermöglichten und deren kulturelle Vermittlung offensichtlich ist. Als erste und fundamentale Bedingung ist die *Bereitschaft zur Aufnahme von Neuem* zu nennen. Sie ist alles andere als selbstverständlich, denn sie hat ein dynamisches Weltverständnis zur Voraussetzung. Gerade hierin sieht Needham den Grund für das Zurückbleiben der chinesischen Wissenschaft und Technik hinter dem Abendland; denn während in Europa anhebend mit der Renaissance das je Neue als wertvoll gesehen und eine Dynamik – vor allem eine Wirtschaftsdynamik – positiv beurteilt wird, war das Anliegen des chinesischen Beamtenapparates in der von ihm getragenen konfuzianischen Einstellung die Bewahrung, der Ausgleich und die Vermeidung von Neuerungen.

Die Statik sozialer Verhältnisse, Charakteristikum auch des mittelalterlichen Zunftwesens, wird aber in Europa mit Beginn der Neuzeit aufgebrochen. Nicht zufällig ist so die technische Entwicklung mit einer in der Geschichte des Denkens völlig neuen Idee verknüpft, mit der *Idee des Fortschritts* statt eines zyklischen Ganges der Geschichte oder der Annahme eines Endes der Welt. Diese Fortschrittseuphorie aufklärerischer Provenienz bezog sich nicht nur auf die Technik und die Wissenschaften, sondern auf alle Lebensbereiche. Sie wurde mit der Technik exportiert; doch während die Industrieländer längst um die Janusk\u00f6pfigkeit technologischer Entwicklungen wissen und entsprechend nach Maßnahmen der Technikbewertung suchen, glauben offenbar viele Entwicklungsländer immer noch an die Identität von universellem Fortschritt und High tech: Während die Industrieländer für ‚angepasste Technologien‘ plädieren, verlangen, wie die einschlägigen Untersuchungen zeigen, die Länder der Dritten Welt die neuesten Technologien und das neueste Wissen; den Verweis auf angepasste Technologie sehen sie hingegen vielfach als einen Versuch, die Vormachtstellung der Industrieländer zu zementieren (Menck 1981).

Die Aufgeschlossenheit für Neues reicht nicht aus, die technische Entwicklung zu erklären. Tatsächlich vollzog sich vom 16. Jahrhundert an ein grundlegender Wandel, der alle Lebensbereiche umfasste. Die aufklärerische, auf Beobachtung gestützte Vernunft, die die Welt zum Besseren führen wollte, war eine aktive, keine kontemplative Vernunft. Ihr lag eine *verdinglichende Vorstellung der Natur* zugrunde, die nicht mehr als Mutterschoß allen Werdens, als organische Ganzheit oder gar als etwas Heiliges verstanden wurde, sondern als ein manipulierbares Objekt, das in seinen Ressourcen für unerschöpflich gehalten wurde. Mit dieser Sicht ist die *mechanistische Weltauffassung* unmittelbar mitgegeben: Nicht mehr aristotelische Finalursachen sollten ihren Lauf klären, sondern physikalische, zunächst mechanische Gesetze allein. Dem korrespondiert eine distanzierte theoretische Reflexion als methodische Grundlage. Eine so gesehene Natur ist selbst eine Maschine. Nicht nur der Hund, der jault, wenn man ihm auf den Schwanz tritt, sondern auch *l'homme machine* ist Teil dieser Sicht, die so erfolgreich war, dass die Psychologen heute lieber von den ‚Versuchspersonen' sprechen, nicht aber mehr von der Seele. Auch der Arzt, der den Patienten vertröstet, er werde die Diagnose stellen, wenn die Laborwerte vorlägen, ist ein Kind dieser Entwicklung. Mit der Entzauberung der Natur wurde auch der Mensch veräußerlicht. Die Konsequenz dieser Sicht wäre, dass alle menschlichen Bedürfnisse mit technischen Mitteln zu befriedigen seien – was heute alle Werbung für technische Geräte suggeriert. Dann müsste das Brot allein der Maschine Mensch genügen ...

Weitere Elemente treten hinzu. Die Verbindung von Technik und Wissenschaft zu den Ingenieurwissenschaften hat die verdinglichende Sicht der Natur nur noch vertieft und über die Mechanisierung zu einer Mathematisierung geführt. Mehr noch, die Bereitschaft, Neues als Wert einzustufen, hat die Technik vollkommen davon gelöst, Nachahmer der Natur zu sein. Mittlerweile sind wir von Stoffen umgeben, die die Natur nie gekannt hat, mit Eigenschaften, die in der Natur nicht ihresgleichen haben: Hochpolymere und Fullerene, Halbleiter und ferromagnetische Keramikstoffe. Der Mensch hat Freude daran gefunden, selbst die Welt zu gestalten, er ist zum Schöpfer, zum Homo creator geworden – und so handlungsmächtig, dass er die Apokalypse selbst veranstalten kann. Unser technisches Denken hat uns damit zu einer Einstellung gegenüber der Natur geführt, die durch Welten von jenem alten Chinesen getrennt ist, der, auf die Frage, warum er sich beim Schöpfen des Wassers aus dem Brunnen für seinen Garten nicht des einfachen Mittels eines Hebebaums bediene, lachend antwortete, er kenne dies Verfahren wohl, aber er würde sich schämen, es für seine Pflanzen anzuwenden (Needham 1978/1988: 139).

Ermöglicht wurde die Entwicklung aus der Handwerkstradition heraus durch eine neue Einstellung zur Arbeit, nämlich in Gestalt der *Wertschätzung der Arbeit* und des Strebens nach rationellem Arbeiten und Wirtschaften, gleichviel, ob man die Wurzeln im monastischen Leben des Mittelalters schon angelegt sieht (Klemm 1982: 22) oder Max Weber (1920) folgend mit der Geburt des Geistes des Kapitalismus aus dem Protestantismus in Verbindung bringt.

Fassen wir die eben gesammelten Elemente zusammen, so muss man feststellen, dass die Entwicklung des technischen Denkens der Moderne auf einem Wandel der Weltsicht und einem Wandel der Werthaltungen beruht, der dem Gedanken einer Kulturunabhängigkeit der Technik direkt entgegensteht. Vielmehr erweist sich die Technik im Wechselspiel mit anderen Elementen der Kultur als dieser unmittelbar zugehörig, weil in ihr Soziales, Geistiges und Materielles als deren Richtungen zusammenkommen.

5. Ziele und Zielwandel

Der summarische Überblick macht deutlich, dass die Technik und ihre Entwicklung keineswegs bloß von einem Stand des Wissens und Könnens, also von einem Ausbildungsstand abhängen, sondern in viel tiefer liegenden kulturellen Bedingungen einer Weltsicht wurzeln. Diese hängen unmittelbar auch mit dem zusammen, was als Ziel technischer und technologischer Entwicklungen gesehen wird. Längst sind die Ziele nicht mehr die Befriedigung elementarer Bedürfnisse, längst schon werden Möglichkeiten von der technologischen Entwicklung geöffnet, die früher undenkbar waren, weil sie gänzlich außerhalb des Horizontes des Erreichbaren lagen. Natürlich kann man sagen, zu fliegen – gar bis zu den Sternen – sei ebenso wie die Kommunikation über beliebige Entfernungen oder das Vordringen in die Tiefe der Erde und der Ozeane einer der alten Menschheitsträume; aber weder waren diese immer positiv besetzt – man denke an Dädalus –, noch ließe sich sagen, die Kernfusion im Hochenergieplasma oder im Reagenzglas sei ein Menschheitstraum. Nein, das Bedürfnis nach der neuesten Autofocuskamera und dem jüngsten Automodell als Beispiele für Technik im Alltag oder nach einem Kernspintomographen für die Klinik und einem CIM-System für den eigenen Betrieb sind technische Ermöglichungen, die nicht mehr mit dem Mängelwesen Mensch zu begründen sind, sondern damit, dass wir – im Falle der Kamera und des Autos – einen Antriebsüberschuss haben, der uns immer dann, wenn vorangegangene Bedürfnisse nahezu erfüllt sind, neue Bedürfnisse finden und erfinden lässt. Zugleich ist nicht mehr die Mängelbefriedigung, sondern der von der Technik ermöglichte Zivilisationskomfort zum Bedürfnis geworden. Die beiden anderen Beispiele zeigen, dass wir einer apparativen Diagnostik in der Intensivmedizin einen hohen Wert beimessen und die Chancen auf dem Markt, also den ökonomischen Gewinn, vergrößert sehen wollen, wenn wir auf *artificial intelligence* bei der Führung unseres Betriebes setzen. Hier sind die Zielvorstellungen des Handelns und die hinter ihnen stehenden Wertzuschreibungen allererst eine Folge der Tatsache, dass Technik neue Handlungsmöglichkeiten eröffnet hat. Gerade wegen dieses Zusammenhanges entsteht hier die Gefahr, dass sich die Wertzuschreibung nach den neuen Möglichkeiten richtet, dass also die kulturell tradierten Wert- und Zielvorstellungen durch die Machbarkeiten beeinflusst werden, statt dass umgekehrt die Weiterentwicklung von Möglichkeiten unter dem Gesichtswinkel der Wert- und Zielvorstellungen einer Kultur erfolgt. Dieses Spannungsverhältnis bildet der Hintergrund der sich heute artikulierenden Technikkritik.

Technikkritik ist selbst Reaktion auf das technische Denken und insofern verweist sie auf dessen Besonderheiten. Nun hat es Technikkritik immer gegeben, und von der Maschinenstürmerei des 19. Jahrhunderts zur Ökowelle der Gegenwart ist es nur ein kleiner Weg. In beiden Fällen geht es um die Sorge, die Technik zerstöre sowohl die Gesamtheit der Natur als auch des sozialen Gefüges: Eine manipulierbar und mechanistisch gesehene Natur wird nicht mehr als Einheit verstanden. Die einstige Sicht zu restituieren und zur Verantwortung vor der Natur aufzurufen ist also das Bemühen um eine Revision der engen technologischen Weltsicht – eine Kritik, die beredt vorgetragen wurde von Hans Jonas als *Das Prinzip Verantwortung* (1979/1984) und eine breite Diskussion auslöste (z.B. Lenk & Ropohl 1987; Rapp & Mai 1989; Bungard & Lenk 1988), die bis heute anhält.

Zugleich richtet sich die Kritik gegen den rein analytisch-rationalen Zugriff auf die Natur. Sie übersieht allerdings, dass Natur, wo immer Menschen gelebt haben, zwangsläufig gestaltete Natur ist – selbst das ökologische Gleichgewicht afrikanischer Savannen beruht auf dem regelmäßigen Abbrennen des trockenen Grases. So kann es also nicht um die Verschonung der Natur schlechthin gehen, sondern um die Bewahrung einer für menschliches Erleben, Leben und Überleben wertvollen Natur.

Die Sorge um die Zerstörung des Sozialgefüges hat gleichfalls ihre Berechtigung, denn die Entfremdung durch Technik ist ein so vielbeschriebenes Phänomen, dass es müßig wäre, es nochmals nachzuzeichnen. Diese technikbedingte Entfremdung ist aber nur in dem Maße aufhebbar, wie man bereit ist, auf die positiven Auswirkungen der modernen Technik zu verzichten (Kluxen 1971: 84 f). Dasselbe gilt für die Standardisierung und Vermassung der Lebensumstände: Sie sind der Preis für eine niemals dagewesene Befriedigung der elementaren Bedürfnisse, und sie ermöglichen damit die Freistellung zu anderen Aufgaben. Dass schließlich Technik die Formen menschlichen Zusammenlebens mitbestimmt, ist mindestens so alt wie der Wandel zur Agrargesellschaft. Hier geht es also um die Frage, wie eine neue, durch technische Mittel evozierte Sozialstruktur im Vergleich zu einer tradierten Struktur im Einzelfall zu bewerten ist. Die Auseinandersetzung zwischen den beiden Kulturen, die Charles Percy Snow so beklagte, ist vielleicht eine Chance, im einen Bereich Wertmaßstäbe für den anderen zu entwickeln und die Frage nach einem erfüllten Leben gegen alle vordergründig-technische Lösungseffizienz nicht aus den Augen zu verlieren. So verweist die Technikkritik in ihren Elementen nicht nur auf Grundzüge des technologischen Denkens, sondern auch auf die Notwendigkeit, mit der technischen Entwicklung Wert- und Zielvorstellungen fortzuentwickeln.

*

Technik in ihrer modernen Form ist Ausfluss der theoretischen Ausrichtung des abendländischen Denkens. Sie hat die Entzauberung der Welt und die Rationalisierung ökonomischer Prozesse zur Voraussetzung und verlangt ein differenziert-theoretisches Denken, das an mathematisch-naturwissenschaftlicher Methodik geschult ist. Dies sind zugleich die Bedingungen, die wegen ihrer Abstraktheit eine Ausbreitung der Technik über die ganze Erde ermöglichten; doch mit dieser Ausbreitung transportiert Technik Werthaltungen und Handlungsziele, soziale Strukturen und eine Sichtweise der Welt, die in Konflikt nicht nur mit den Sichtweisen anderer Länder und Kulturen geraten muss, sondern auch mit Wertvorstellungen unserer eigenen kulturellen Tradition, nämlich hinsichtlich der Freiheit und Selbstbestimmung des Individuums und der Bewahrung menschenwürdiger Lebensbedingungen. Weder der bedingungslosen Übernahme des Neuen noch der kompromisslosen Verteidigung des Überkommenden kann man das Wort reden, den Königsweg der adäquaten Lösung gibt es nicht. Doch ohne Technik würden wir die globalen Gesundheits- und Ernährungsprobleme der Menschheit in zynischer Weise ignorieren, mit ihr laufen wir Gefahr, das, was wir selbst geschaffen haben, nicht mehr beherrschen zu können. So wird es unsere Aufgabe sein, über die technischen Möglichkeiten und die ihnen zugrunde liegenden Formen analytischer Rationalität nicht zu vergessen, dass technische Effizienz immer nur das Äußere unseres Daseins betrifft, nie aber ins Innere des Menschen dringt. Dort jedoch sind Werte und Normen verankert, Empfindungen und Sinnzuschreibungen. Nur wenn wir Technik selbst als Mittel begreifen, uns frei zu machen für das Innere, für Kulturleistungen, die über den technisch-wissenschaftlichen Rahmen hinausgehen, wird uns ein verantwortlicher Umgang mit der Technik und die Ermöglichung menschenwürdigen Daseins gelingen können. Das aber setzt ein vertieftes Verständnis dessen voraus, was das Wesen der Technik ausmacht. Die folgenden Überlegungen sollen Schritte auf diesem Wege sein. So sei erinnert an eine weitere jener Fragen Max Frischs: „Die Saurier überlebten 250 Mio Jahre. Wie stellen Sie sich ein Wirtschaftswachstum über 250 Mio Jahre vor? Stichworte genügen."

2. Perspektiven einer Philosophie der Technik

1. Technik als Herausforderung

Kaum etwas prägt unser Leben so sehr wie die Technik – wir tun kaum einen Schritt, der nicht von ihr begleitet wäre: Unsere Lebenswelt ist eine durch Technik geschaffene Welt, unsere Kultur wäre ohne sie nicht denkbar und unsere Lebenserhaltung danken wir ihr. Dabei erscheint sie als das von Menschen erdachte, von Menschen genutzte und kontrollierte Mittel zur Befriedigung alter und neuer Bedürfnisse, um unser Leben leichter, vielleicht auch glücklicher zu machen. Doch ebenso sehr tritt Technik uns als Moloch entgegen, der in der Maschinenwelt alles Individuelle beiseite räumt, der uns in Daten und Kommunikationsstrukturen gefangen hält und der zugleich unsere Lebensbedingungen, denen die Technik doch dienen sollte, zu zerstören droht: Die apokalyptischen Reiter heißen heute Klimakatastrophe, Ozonloch, Verstrahlung und Overkill, und sie begannen ihren Ritt in Hiroshima, Bohpal, Seveso und Tschernobyl. Technik durchdringt so alle Lebensbereiche, weckt Hoffnungen wie Befürchtungen als uns gegenüberstehende, ihren eigenen dynamischen Gesetzen gehorchende Macht.

Was aber ist Technik, dieses vielgestaltige Wesen? Jeder von uns führt das Wort tausendfach im Munde, jeder von uns glaubt zu wissen, worum es dabei geht – und doch bereitet eine Definition beträchtliche, vielleicht unlösbare Schwierigkeiten, denn sie müsste in der Lage sein, die Vielgestaltigkeit dessen zu umgreifen, was von uns mit dem Begriff verbunden wird. Als eine erste Verständigung soll ein Definitionsvorschlag von Klaus Tuchel (1967: 24) dienen:

> „Technik ist der Begriff für alle Gegenstände und Verfahren, die zur Erfüllung individueller oder gesellschaftlicher Bedürfnisse auf Grund schöpferischer Konstruktionen geschaffen werden, durch definierbare Funktionen bestimmten Zwecken dienen und insgesamt eine weltgestaltende Wirkung ausüben."

Worin besteht nun ihre Herausforderung heute – in einer Zeit dramatischer Technikdynamik? Dieser Frage soll hier nachgegangen werden, und zwar als einer philosophischen Frage, eine aus der Distanz und eine, die auf Allgemeines abzielt; zugleich aber als eine Frage, die hinsichtlich der Technik nicht auf über zwei Jahrtausende expliziter Reflexion und gesicherter Methodik aufzubauen vermag. Denn obwohl sich bei genauerem Zusehen von Platon und Aristoteles an immer wieder Überlegungen zum technischen Handeln finden, stammt die erste Philosophie der Technik aus der zweiten Hälfte des 19. Jahrhunderts, geschrieben von Ernst Kapp (1877/1978). Doch erst in den letzten drei Dezennien hat sich eine eigene Disziplin herausgebildet, ohne deshalb schon feste Formen mit lehr- und lernbaren Inhalten und einem eigenen Methodenkanon angenommen zu haben. Allerdings steht zu vermuten, dass dies gar nicht gelingen kann, denn die Beiträge der letzten Jahrzehnte spiegeln die ganze Breite von Zugangsweisen – beginnend mit systemtheoretischen Ansätzen technischer Provenienz bei Günter Ropohl (1978/1999/2010), der die Realtechnik ins Zentrum stellt und Beziehungen zum Menschen, zur Gesellschaft und zur Lebenswelt in Quasi-Flussdiagrammen einfängt. Gleichzeitig erschien die Untersuchung von Friedrich Rapp (1978; 1994), die gemäß der analytischen Philosophie in einer der Wissenschaftstheorie verwandten Denkweise vorgeht. Viel früher schon entstanden die lebensphilosophischen Überlegungen von José Ortega y Gasset (1933/1978). Weiter ist der existenzphilosophische Zugang Martin Heideggers (1954/1962) hervorzuheben, wo dem menschlichen Dasein als In-der-Welt-sein die Technik als „Zuhandenes" oder als „Ge-stell" gegenübertritt; ihm folgen u.a. Seubold (1986) und Corona & Irrgang (1999). Ihnen allen stehen die technikkritischen Schriften von Herbert Marcuses (1964/1967) und Jürgen Habermas (1968) gegenüber. Zu nennen ist weiter die zumeist ethnologisch konzipierte dreibändige Technikphilosophie Bernhard Irrgangs (2001/02), während mit dem Werk von Christoph Hubig (2006/07) eine eigenständige, von der Modalproblematik ausgehende Philosophie der Technik vorliegt. In letzter Zeit sind Einführungen von Peter Fischer (2004), Alfred Nordmann (2008) und Klaus Kornwachs (2013) hinzugekommen. Insbesondere die niederländisch-angloamerikanische Technikphilosophie hat ihren Niederschlag in einem überaus voluminösen Handbuch gefunden (Meijers 2009). In der Technikethik wiederholt sich dieses weite Spektrum philosophischer Positionen, die in ihrer Heterogenität einzig in dem wechselnden Bezug auf Technik ihren gemeinsamen Fluchtpunkt haben.

Jede dieser Zugehensweisen ist auf ihre Art fruchtbar, aber keine vermag die formulierten Fragen insgesamt, sondern jeweils nur in einschränkenden Teilaspekten einzubeziehen (so z.B. Langenegger 1990). Die Komplexität der Technik und ihre Eindringtiefe in menschliches Leben und Zusammenleben und in die menschliche Kultur führen zu einer Vielfalt der Sichtweisen und Probleme. Darum wäre es unsinnig, nach dem einen, alles erfassenden Weg zu suchen, auch wenn dies einige Autoren für sich in Anspruch nahmen. Weitgehend ausgeklammert bleiben jedoch sowohl die kreative als auch die teleologische Komponente. Deshalb empfiehlt es sich, einen Weg zu suchen, um Perspektiven der Technikphilosophie als Problemperspektiven aufzeigen zu können. So soll der Weg in diesen einleitenden Überlegungen nach einer knappen Skizze der Herausforderung durch neue Techniken längs vier zentraler Fragen gesucht werden: Was ist ein Artefakt? Was ist technisches Wissen? Was dürfen wir technisch verwirklichen? Was sind die Möglichkeitsbedingungen von Technik auf der Seite des Menschen? Oder anders, in klassischer philosophischer Begrifflichkeit ausgedrückt: Es geht um die Ontologie, die Epistemologie, die Ethik der Technik, und schließlich um deren transzendentale Bedingungen.

2. Apokalypse Technik?

In seiner unvollendeten Staatsutopie *Nova Atlantis* lässt Francis Bacon seine fiktiven Inselbewohner von technischen Wunderdingen berichten, gewonnen durch eine Beherrschung der Natur dank angewandter Naturwissenschaft. Technik war damals weit davon entfernt, sich auf Wissenschaft stützen zu können oder gar selbst eine Wissenschaft zu sein: Sie war hochentwickelte Handwerkskunst. Doch Bacons Vorstellungen von einer wissenschaftlich-technischen Welt sind heute längst von der Wirklichkeit eingeholt und überholt: Menschliches Leben und Überleben, menschliche Kultur und Lebensgestaltung sind nicht nur in den Industrieländern durch und durch mit Technik verwoben, Technik ist vornehmlich dank ihrer Symbiose mit Wissenschaft zur lebensbestimmenden Macht geworden.

Als in der zweiten Hälfte des 19. Jahrhunderts die Verwissenschaftlichung der Technik in Werken zur theoretischen Maschinenlehre, zur theoretischen Kinematik und zur technischen Thermodynamik erfolgte, blieb der Baconsche Gedanke leitend, Technik und Technologie als Technikwissenschaft seien angewandte Naturwissenschaften. Diese Sicht wirkt heute noch nach, obwohl sie sich längst in doppelter Hinsicht als unangemessen erwiesen hat:

Erstens vermittelt das Bacon-Modell den Eindruck, technische Artefakte seien ebenso wie Naturgesetze, auf denen sie beruhen, ethisch neutral; erst in der Benutzung entstehe das Verantwortungsproblem. Wir wissen es heute besser; und die Forderung nach einer angemessenen, vorausschauenden Technikbewertung und Technikfolgenabschätzung ist seit den bekannten lokal und global wirksamen Technikfolgen so sehr ins öffentliche Bewusstsein gerückt, dass Hans Jonas' beredte Warnung im *Prinzip Verantwortung* zum Bestseller werden konnte. Mehr noch – apokalyptische Vorstellungen von einer völligen Zerstörung unserer Lebenswelt durch wissenschaftsimplementierte Technik sind an die Stelle der Fortschrittsverheißung getreten.

Zweitens verkürzt das Bacon-Modell die Technik in einer der heutigen Technik unangemessenen Weise auf ein materialistisches Bild materieller Artefakte, das selbst wieder mit Mitteln einer an der Physik orientierten Wissenschaftstheorie unterfüttert wird.

Beide Sichtweisen machen jedoch heute angesichts des in solchem Umfang nie dagewesenen Einflusses der Technik auf unser Denken, Handeln, Wissen und Können blind für die Lebensnotwendigkeit der Technik.

Von der Herausforderung durch Technik zu sprechen setzt voraus, dass es neue Herausforderungen gibt, die neue theoretische Lösungsansätze nicht nur im technologischen Bereich erfordern. Tatsächlich sehen wir uns solchen Problemen gegenüber, die teils durch neue Technologien, teils durch deren veränderte Aufnahme und Distribution aufgeworfen sind. Diese seien kurz und ohne Anspruch auf Vollständigkeit benannt:

Technologien sind heute in den *Nanobereich* vorgedrungen, in Dimensionen zwischen einem und hundert Nanometer, wobei ein Nanometer etwa dem Ausmaß von fünf bis zehn Atomen entspricht. Nanophysik, Nanochemie und Nanobiologie haben dort gänzlich unerwartete Phänomene gefunden. Dieser Bereich galt früher als vollkommen jenseits aller technischen Möglichkeiten liegend, weil Eingriffe unvorstellbar waren. Genau das aber hat sich geändert, so dass die neuen Phänomene technologisch nutzbar gemacht werden können. Die Herausforderung jedoch liegt darin, dass wir kaum über Theorien verfügen, welche die Phänomene zu erklären gestatten oder gar andere, mit den Effekten verbundene Wirkungen zu prognostizieren vermöchten – und das bedeutet bezüglich der Nanotechnologien, dass eine Technikbewertung oder Technikfolgenabschätzung fast ausfällt, weil eine Nebenwirkungsprognose kaum möglich ist.

Technologien stützen sich heute nicht nur auf Physik und Chemie: Als *Biotechnologie* ist die technologische Umgestaltung von Lebewesen und unserer Lebenswelt in einen Bereich vorgedrungen, der für eine am Maschinenparadigma orientierte Sicht gänzlich unzugänglich schien. Doch Descartes' Vorstellung von einer Körpermaschine fordert ihren späten Tribut: Wir finden uns nicht nur von gentechnisch modulierte Pflanzen umgeben, längst dringt die Technik zu Tier und Mensch vor; und auf der EXPO 2000 in Hannover wurde als Zukunftsvision in einer Video-Installation eine Ehepaar gezeigt, das die Eigenschaften seines Kindes wie das Zubehör des zu ordernden Autos nach einer Liste zusammenstellte: blauäugig wie das Video, gutartig wie die Installation, klug wie die Installationsgestalter hätten sein sollen und so fort: Wir stehen vor der Frage, ob wir uns mit dem vertrauten Bild vom Menschen zufrieden geben wollen oder ob wir die Anthropologie von einer deskriptiven Wissenschaft zu einer Gestaltungswissenschaft für den gestylten Menschen umformen sollen.

Ein dritter Bereich ist längst der Technik zugesellt, in dem der Mensch ursprünglich ganz bei sich selbst zu sein beanspruchte – der Bereich der Vernunft: Alle formalen geistigen Operationen lassen sich auf den Computer übertragen, der in dieser Sicht weit mehr als ein bloßer Rechner ist. Alle Information, die sich codieren lässt, wird ihm nicht nur als ausgelagertes Gedächtnis wie einst den Büchern übergeben, sondern auch verarbeitet – und dies in einem Umfang und mit einer Geschwindigkeit, die alles menschliche Maß übersteigt. Die *Informationstechnologie* hat schon Josef Weizenbaum (1976/1977) vor der Macht der Computer und der Ohnmacht des Geistes warnen lassen; doch seither sind computerisierte medizinische Diagnosen und komplizierte Systemsteuerungen zur Selbstverständlichkeit geworden – zu schweigen von dem Datenmüll, der alle Computer verstopft, und von der Unmöglichkeit, diesen Müll wie bei der mechanischen Abfallbeseitigung nun elektronisch zu entsorgen, so dass wir in der Informationsflut zu ersticken drohen. Vor allem scheint der Albtraum vom Menschen als Sklave der Roboter der Verwirklichung näher gerückt.

Damit ist ein weiterer Bereich berührt, jener der *Systemtechnik*. Netzwerke sind heute – anders als die Gas- und Elektrizitätsnetze des 19. Jahrhunderts – nicht mehr das Produkt einer bis ins Detail gehenden Planung, sondern folgen – wie die Expansion des Internets zeigt – einer Dynamik, der keine Gesamtintentionalität zugrunde liegt. Das aber gilt für Straßenverbindungen oder Warenflüsse in vergleichbarer Weise, ohne dass wir ein Verständnis von dieser Systemdynamik hätten – und schlimmer noch: Selbst wenn wir dafür adäquate Modelle besäßen, ist eines der durchschlagenden Resultate der Komplexitätstheorie, dass wir dann zwar das Systemgeschehen verstehen, es aber nicht zu prognostizieren vermögen; und dies gilt insbesondere für die Ausformung neuer Strukturen. Wir verwirklichen also technologisch Netzwerke und Strukturen, die in nicht prognostizierbarer Weise zu gesellschaftlichen und kulturellen Veränderungen führen.

Ein weiteres Element der Technikdynamik, das eine große Herausforderung darstellt, ist die Wirkung der *globalisierten Technik* – und zwar ökonomisch wie ökologisch und kulturell: Auf der einen Seite bedarf es einer Form der Ethik mittlerer Reichweite, die kulturübergreifend bestimmte Formen der Entwicklung und des Umgangs mit Technik einschließlich der Kriegstechnik gemeinsamen Regeln und Verhaltenscodices unterwirft, während wir andererseits die Bewahrung der Vielfalt der Kulturen um der Vielfalt der Ausprägungen menschlichen Geistes willen als Aufgabe begreifen müssen.

Nun sind die eben genannten Herausforderungen nicht alle genuin philosophisch, sondern oft technologischer Art. Viele von ihnen werden, was die philosophische Seite anlangt, nur als Probleme einer Technikethik wahrgenommen; deshalb soll nachfolgend von dort der Zugang gewählt werden – nicht allerdings mit dem Ziel, Grundzüge und Grundprobleme einer Technikethik zu entwickeln, sondern um daran zu verdeutlichen, dass auch die technikspezifische moralisch-ethische Argumentation nicht ohne eine Reflexion der Bereiche der Ontologie, Epistemologie und Anthropologie der Technik auskommen kann. Die philosophischen Herausforderungen sind deshalb von viel grundsätzlicherer Art als die öffentliche Diskussion erkennen lässt.

3. Elemente der Technik und die Schwierigkeiten einer begrifflichen Verknüpfung

Zwar sind Fragen der Technikethik in den letzten Jahren vielfältig ins öffentliche Interesse gerückt; aber dies entbindet nicht von der Notwendigkeit, umfassend herauszuarbeiten, was das Wesen der Technik und ihrer Dynamik ausmacht. Was nützen die schönsten Verantwortungsprinzipien, wenn sie an der Sache vorbeigehen! Tatsächlich kommen auch diejenigen Werke, die sich vertieft um eine Technikethik bemühen, nicht ohne eigene – meist handlungstheoretische – Technikanalysen aus (z.B. Hubig 1993 und 2006/06; Gil 1999). Darum ist dem Nachdenken über Technik ein wichtiger Platz in der Philosophie einzuräumen, denn nur so wird Philosophie dem Vorwurf entgehen, im Elfenbeinturm zu sitzen oder wissenschaftstheoretische Fliegenbeine zu zählen, nur so wird sie mit ihren Mitteln, d.h. mit Argumenten, in die öffentliche Diskussion eingreifen können. Deshalb soll vorab die Vielschichtigkeit der Probleme und die Suche nach einem verbindenden Ausgangspunkt einer Technikphilosophie im Zentrum stehen.

Wenn das Bacon-Modell mit seiner Anlehnung an die Naturwissenschaften zu kurz greift, gilt es zunächst, Kennzeichen namhaft zu machen, die ein technisch Hervorgebrachtes von irgendeinem natürlichen Gegenstand wesentlich unterscheiden und damit das Hervorbringen als Handeln von Anbeginn – entgegen der Neutralitätsthese – unter ethische Prinzipien zu stellen verlangen:

- Technik ist *Verwirklichung von Ideen* (Dessauer 1927/1956: 234).
- Technik ist *intentional hervorgebracht*, nämlich absichtsvoll und zielgerichtet; dieses Element ihrer gedanklich-konstruktiven Entwicklung muss seine Entsprechung im verwirklichten Artefakt und im verwirklichten Prozess finden, um sie von Kunst im heutigen Sprachgebrauch unterscheiden zu können (Hilpinen 2011).
- Technik ist *teleologisch*, denn sie muss so gestaltet sein, dass das intendierte Ziel mit ihr als Mittel auch erreicht wird (sonst handelt sich nicht mehr um Technik, sondern um Schrott), nur vom Ziel her erhält Technik ihren Sinn; und dieses Ziel ist eine Form von „in Dienst nehmender Beherrschung" – im Gegensatz zur „dienenden Enthüllung" der Kunst (H. Beck 1979: 30).
- Technik ist auf *Funktionserfüllung* im Hinblick auf das Ziel ausgerichtet, nicht (wie Wissenschaft sonst) auf Erkenntnis und Wahrheitsnähe; deshalb denken und argumentieren Technikwissenschaftler nicht in Deduktionen aus universellen Gesetzen, sondern in Regeln, Modellen und Prozessen, wie ein Sachverhalt A in einen Sachverhalt B zu überführen ist (Kornwachs 1996).
- Der *Zweck* eines technisches Artefakts ist seine Essenz, unabhängig davon, wie die Funktionserfüllung gewährleistet wird: eine Uhr soll die Zeit messen – und dies gilt für Pendeluhren, Federuhren, Quarzuhren, Wasseruhren wie Sonnenuhren (Simondon 1958/2012; Dumouchel 1992).
- Technik ist „die Anstrengung, Anstrengung zu sparen" (Ortega y Gasset (1933/1978: 24); oder allgemeiner: ein *Produktionsumweg, der sich* – in einem sehr weiten Sinne – *lohnen muss.*
- Technische Hervorbringungen sind nicht universell, sondern *singulär*, oft sogar absolut einmalig: man denke an das Staudammprojekt des Jangtse unter sonst nirgends in der Welt anzutreffenden geologischen, ökologischen und sozialen Bedingungen; und selbst bei der Entwicklung für die Fließbandproduktion wird nicht ‚das Auto schlechthin' entworfen, sondern eines, das dem Käufer Einzigartigkeit suggeriert und das oft genug auch wie ein Individuum behandelt wird. Damit werden Elemente der Hermeneutik zum Verstehen von Technik unerlässlich.
- Die Ziele der Entwicklung einer spezifischen Technik ebenso wie das dem Artefakt eingebaute Telos sind *externe Ziele* und nicht, wie in den Erfahrungswissenschaften, immanent; so muss sich eine Erfindung – die Invention – nicht bei den Fachkollegen, sondern als Innovation extern auf dem Markt durchsetzen.

– Die *Technikdynamik* erfordert eine angemessene Deutung, denn sie ist – anders als eine natürliche Dynamik – vom Menschen hervorgebracht, obgleich sie als von ihm unabhängig erfahren wird. Wenn sie steuerbar sein soll, bedarf es eines Technikverständnisses, das die Brücke schlägt zwischen dem technischen Handeln der Individuen und der als Phänomen gar nicht zu bestreitenden Eigendynamik der Technikentwicklung, die unabhängig von Individuen ist oder zu sein scheint.

Es wäre ignorant zu behaupten, diese Punkte seien bisher nicht gesehen worden; doch was weitgehend fehlt, ist eine Verknüpfung in einer Philosophie der Technik, die zugleich eine Wissenschaftstheorie der Technikwissenschaften ermöglicht. Gefordert ist darum eine Ontologie der Technik geradeso wie eine erkenntnistheoretische Betrachtung, die technisches Wissen in seiner Besonderheit untersucht. Dass beides bislang kaum geschah, hat neben dem irreführenden Physikparadigma wenigstens drei Gründe:

Erstens ist Technik integraler Bestandteil der Kultur und weder dieser als Zivilisation entgegengesetzt noch von ihr als ein Teil separierbar, wie dies etwa für eine einzelne Naturwissenschaft gilt, weil Technik wegen ihrer externen Zielorientierung immer auf die ganze Gesellschaft bezogen ist und mit ihr in Wechselwirkung steht. Eine Kulturphilosophie der Technik, ihre bis in die vierziger Jahre bei Julius Goldstein (1912), José Ortega y Gasset (1933/1978), Ernst Cassirer (1939/1985), Friedrich Georg Jünger (1946) und anderen geführte Diskussion wäre aufzunehmen und zu integrieren; das Werk Heinrich Becks allein kann diese Lücke nicht schließen, und die Zeitschrift *Technology and Culture* behandelt gerade die eigene Titelproblematik nicht. Doch wegen der Untrennbarkeit von Technik und Kultur soll im Folgenden der Bezug im jeweiligen Themenbereich aufgezeigt werden.

Zweitens ist Technik teleologisch. Deshalb ist eine *Ontologie der Technik* vonnöten, die Finalität und Kreativität als Wesensbestandteil der Technik ausweist. Seit der Renaissance gilt Teleologie jedoch als unwissenschaftlich, und in der gängigen Wissenschaftstheorie zählen teleologische Erklärungen nicht; fast dasselbe gilt für funktionale Erklärungen. Selbst menschliche Handlungen werden im praktischen Syllogismus nicht als final, sondern als intentional rekonstruiert. Doch eine Maschine hat keine Intentionen, wohl aber ihr eingebaute Ziele. Gewiss, ein Messer ist für das Kartoffelschälen und zum Morden geeignet; und ein Computer hat im Gegensatz zu einer Fabrikationsmaschine gerade kein fixiertes Ziel; wohl aber ist der Computer gebaut im Hinblick auf umrissene Bearbeitungsmöglichkeiten, vorgegeben durch die Software, die genau dies den Käuferwünschen entsprechend sicherstellen soll.

Drittens ist Technik Lebensnotwendigkeit. Dass der Mensch ein Mängelwesen sei, das ihrer bedarf, ist von Platon (*Protagoras* 320c-322a) bis Arnold Gehlen (1957/1986) immer wieder hervorgehoben worden, ohne doch in eine erneuerte Anthropologie der Technik zu münden, eine Anthropologie überdies, die ein tragfähiges Modell kollektiver Intentionalität beinhaltet. Der Ansatz von Hans Sachsse vor drei Jahrzehnten ist weder in die eine noch in die andere Richtung fortgeführt worden.

Es gibt viele Stimmen, die sich mit guten Gründen gegen eine verbindende Antwort und für eine Berücksichtigung der Vielheit der Aspekte und Zugangsweisen aussprechen (so Carl Mitcham 1994). Gerade angesichts der Veränderungen, die Technik im Laufe der Geschichte erfahren hat, wäre es vermessen anzunehmen, es ließe sich so etwas wie das Wesen der Technik allgemein herausarbeiten; man denke an den Weg vom Werkzeug über die Maschine zur verwissenschaftlichten Großsystem-Technik, von physikalischen über chemische zu biologischen Artefakten, von der Verstärkung, Verlängerung und Ersetzung menschlicher Organe über die Befriedigung kulturell vermittelter gesellschaftlicher Bedürfnisse bis hin zur Verarbeitung von Information einschließlich der Steuerung der Großsysteme. Tatsächlich kann eine Synthese hier nicht das Ziel sein; vielmehr wird es darum gehen, Technikphilosophie in ihrer Bedeutung und Breite der Fragestellung als Herausforderung für die Philosophie sichtbar werden zu lassen. Darum sollen zunächst die genannten Problembereiche skizziert werden, um sie später näher zu behandeln.

4. Intention und Finalität: Das Hermeneutikproblem

Jedes Artefakt und jeder technische Prozess ist wie jede Handlung intentional hervorgebracht. Damit öffnet sich ein Problem, das es nun aufzugreifen gilt. Die Schwierigkeit besteht darin, dass sich Handlungen und mit ihnen Intentionen gar nicht beobachten lassen, sondern auf einer interpretierenden Zuschreibung beruhen. Ein einfaches Beispiel: Wir sehen jemanden in eine Bäckerei gehen, Geld auf den Tresen legen und mit einem Brot wieder heraustreten. Nun sind wir geneigt zu sagen, die Handlung habe darin bestanden, ein Brot zu kaufen – doch würden wir den Betreffenden fragen, könnte er etwa sagen, nein, er habe nur das bestellt Brot für den Nachbarn abgeholt. Hans Lenk (1979) hat deshalb herausgearbeitet, dass von einer Handlung zu sprechen ein Interpretationsschema sei.

Dieser Sachverhalt gilt nun gleichermaßen für die zugeschriebene Intention: Auch sie ist nicht beobachtbar – sie kann erfragt werden, wenn sich der Handelnde ihrer bewusst ist und er sie nicht verbergen will; aber das ändert am Faktum der interpretierenden Zuschreibung nichts. Das gleiche gilt auch für den Funktionsbegriff, denn Funktionen sind ebenfalls nicht beobachtbar, weil sie einen Zweck-Mittel-Zusammenhang voraussetzen, der geradeso auf einer deutenden Zuschreibung beruht. Damit wird deutlich, dass jedes Artefakt, jeder artifizielle Prozess mit einer interpretierenden Zuschreibung verbunden ist, ein Artefakt dieser oder jener Art zu sein.

Zurück zur Intentionalität. Im Sinne der aristotelischen *poiesis* als Hervorbringen, Erschaffen, korrespondiert ihr eine Finalität des Hervorgebrachten. Dem lässt sich jedoch sofort entgegenhalten, Finalitäten seien in der materiellen Natur nirgends zu finden, vielmehr laufe jedenfalls das, was von der Technik in Dienst genommen wird, nur kausal ab; wäre dem nicht so, wäre Technik, wäre die regelhafte Erfüllung von Funktionen durch technische Mittel zur Erreichung von gegebenen Zielen überhaupt nicht möglich. In der belebten Natur handele es sich neben der Kausalität um biotische Prozesse, die auf die Biologie bezogen ebenfalls jede Finalität ausschließen; biotische Artefakte im Sinne einer Biotechnologie seien deshalb nur so weit möglich, als ein fester Regelzusammenhang gegeben sei, der die Funktionserfüllung gewährleiste. In der Sache trifft es zu, dass Technik ohne Kausalität oder Regularität unmöglich ist. Aber diese Regularitäten sind selbst noch nicht Technik; es muss hinzukommen, dass sie für eine „in Dienst nehmende Beherrschung" der Sache (H. Beck 1979: 30) herangezogen werden. Das erst macht seitens des Technikers die Intentionalität aus, die ebenfalls in einer Finalität besteht – nämlich im Erdenken, Entwickeln und Verwirklichen eines Artefakts im Blick auf dessen Zweck. Seitens des Artefakts besteht die Finalität darin, als Mittel das mit seinem Zweck gegebene Ziel zu erreichen. Wenn ein gentechnisch verändertes Gemüse fäulnisresistent (Fäulnisresistenz als unmittelbares Ziel), aber gar nicht genießbar ist (Genießbarkeit als mittelbares Ziel), werden wir es kaum mehr Gemüse nennen wollen! Eine Maschine, die nicht oder nicht mehr das produziert, was intendiert war, sondern beispielsweise nur Ausschuss, ist im einfachsten Fall defekt, in einem tieferen Sinne jedoch nicht mehr die fragliche Maschine: sie ist sinnlos geworden, weil sie ihren Zweck nicht erfüllt. Letzteres wiederum macht klar, dass, wenn von einer Maschine gesprochen wird, sie im Hinblick auf ihren Zweck gesehen und interpretiert wird.

Die Finalität des Artefakts ist also dessen Deutung unter Zweckgesichtspunkten. Doch tritt diese Deutung nicht additiv zu anderen Eigenschaften hinzu, vielmehr macht ihr teleologischer Inhalt gerade die Wesensbestimmung des Artefakts aus, auch wenn es mehrere Zwecke geben kann oder wenn ein neuer Zweck in Abhängigkeit vom Nutzer zugeschrieben wird. Dies ist uns so selbstverständlich, dass der Zusammenhang nur dann überhaupt erkennbar wird, wenn er einmal in einem Einzelfall nicht gegeben ist. So liegt im Berliner Völkerkunde-Museum in der Südsee-Abteilung ein Gegenstand, dessen Beschriftung verrät: „Kultgegenstand. Gebrauch unbekannt." Die Interpretation des Gegenstands ist nicht möglich. Nun ist ein Kultgegenstand kein technisches Gerät in unserem Sinne, wohl aber für eine mythisch-magisch organisierte Kultur; darum verdeutlicht das Beispiel, dass von der magischen Technik gar nichts bleibt als allein ein inventarisierter Holz- oder Knochengegenstand, der unserem Verstehen entzogen ist. Heidegger (1927/1976: 69 bzw. 1954/1962: 19) war es, der diesen Zusammenhang sah, als er den Begriff des Zuhandenen und den des Ge-stells einführte. Damit erweist sich Technikverstehen in einer sehr spezifischen Weise als angewiesen auf eine sachgerechte *Technikhermeneutik* (ansatzweise Irrgang 1996) als eine Methode des verstehenden Deutens, die den Zusammenhang von Intentionalität und Telos-Zuschreibung als deren Interpretation zum Inhalt hat. Das Beispiel lässt zugleich erkennen, dass eine der Voraussetzungen des Verstehens darin besteht, ein geschichtlich gegründetes Vorverständnis von Technik und ihren Zwecken zu haben. Wenn dies üblicherweise nicht auffällt, so deshalb, weil in den Technikwissenschaften ebenso wie in den Naturwissenschaften durch die Ausbildung eine Standardisierung des Vorverständnisses gesichert wird, die die jeweilige Interpretation als ahistorisch und objektiv erscheinen lässt. Damit ist nicht der Willkür Tür und Tor geöffnet – die wissenschaftsimmanente Standardisierung verhütet das; vielmehr ging es darum zu verdeutlichen, welch weiter Horizont bei einer Analyse von Technik aufgespannt werden muss. So geht das nur in einer technologischen Hermeneutik zu Erfassende noch über das Verstehen von Intentionalität und Finalität hinaus: Jede Zuschreibung von Werten – vom Funktionieren über die Sicherheit bis zu ethischen Werten – gehört ebenso hierher wie das Verstehen der besonderen Anwendungssituation in ihrer historischen Einmaligkeit. Damit hält eine sonst den Geisteswissenschaften allein zugesprochene Methode Einzug in eine angemessene Behandlung der Technik.

Oben wurde der Systemcharakter heutiger Technik hervorgehoben. Damit ergeben sich aber besondere Schwierigkeiten sowohl hinsichtlich der Finalität als auch bezüglich der Intentionalität; denn weder lassen sich Einzelfinalitäten von

Systemteilen ausgrenzen ohne den Systemzusammenhang einzubeziehen, noch addiert sich die Intentionalität einzelner Handelnder zu einer Gruppenintentionalität. Zwar gibt es für Letzteres Ansätze (Tuomela & Miller 1988, Searle 1995/1997), doch fehlt einstweilen jede Bezugnahme auf technisches Handeln. Vor allem aber fehlt ein Modell, das darzustellen vermag, dass und warum das System zu Zuständen führt, die von keinem der einzelnen Handelnden intendiert waren – ein Phänomen, welches vor allem für die Verantwortungsfrage in der Technikbewertung und Technikfolgenabschätzung relevant wird.

Bisher war vereinfachend vom ‚Techniker' als Inbegriff dessen gesprochen worden, der ein technisches Artefakt plant, baut und anwendet. Davon kann aber schon seit Beginn der Arbeitsteilung – und das heißt bei Werkzeugen: spätestens seit der Steinzeit, erinnert sei an den ausgedehnten Handel mit Obsidianwerkzeug im Mittelmeerraum – nicht mehr die Rede sein. Umso mehr gilt dies für eine durchgängig arbeitsteilige Gesellschaft mit vielschichtigen technischen Systemen: Planer, Erbauer und Nutzer sind völlig getrennt, alle drei befinden sich ihrerseits in vernetzten Systemen, ja, es handelt sich nicht mehr um je einzelne Individuen, sondern um ein Netzwerk hochkomplexer Systeme – die Entwicklungsabteilung, die Fabrikation, das Vertriebssystem, die erwerbende Firma, die Bediener etc. Sie alle begegnen dem zu planenden, zu bauenden und anzuwendenden Systemelement mit völlig unterschiedlichen Intentionen, die allein die Gemeinsamkeit haben, dass Planer und Erbauer die tragende Intention des Nutzers (oder des Systems von Nutzern), also dessen Vorstellung eines mit dem Systemelement für ihn zu erreichenden Ziels antizipieren müssen. Damit – und darauf kommt es hier an – wird die Finalität des Artefakts als seine zentrale Interpretation zum verbindenden Element auch in diesem Falle. Zugleich wird aber diese Finalität ihres Bezugs auf die Intention eines bestimmten Individuums beraubt, denn antizipierbar ist in der Regel nur eine sehr abstrakte Vorstellung einer möglichen Intention eines möglichen Nutzers. Dies hat auf der Gegenseite die Austauschbarkeit nicht nur des Nutzers, sondern auch des Erbauers und des Planers zur Folge. Die Massengesellschaft mit ihrer Standardisierung von Bedürfnissen und Zielvorstellungen des Einzelnen, die Auswechselbarkeit des Arbeiters ebenso wie die Ersetzbarkeit des Konstrukteurs durch einen, der das gleiche, durch die Ausbildung standardisierte Wissen und Können besitzt, spiegelt dies; entscheidend ist allein das Funktionieren des Systemzusammenhangs. So ist es nicht verwunderlich, dass Lewis Mumford (1970/1977: 220) von einer „Megamaschine" spricht. Darum ist es geboten, auch Intentionen nicht allein subjektbezogen zu sehen, sondern in den sozialen Kontext zu stellen.

5. Zwischen Machbarkeit und Evolution: Das Problem der Denkformen

Denkformen, Kategorien, sind nach Kant die Form, unter der wir aus dem Materialen der Anschauung die Objekte konstituieren. Zwar wird man heute Kants Bindungen dieser Formen an die aristotelische Logik lösen; den Grundgedanken jedoch gilt es festzuhalten: Das Erkenntnissubjekt ist es, das die Gegenstände der Erfahrung durch die Formen strukturiert und konstituiert, indem es ihnen diese aufprägt. Dass solche Formen als Gedankenschemata historischen Änderungen unterworfen und der ideengeschichtlichen Weiterentwicklung fähig sind, hat Alfred North Whitehead (1929/1979; 1929/1974) nachdrücklich hervorgehoben. Wenn aber unser Verständnis der Welt entscheidend von diesen Kategorien, Denkformen oder Gedankenschemata abhängt, stellt sich die Frage, was daraus für unsere Sicht der Technik folgt. Nun hat Hans Freyer (1960/1970 bzw. 1970) in zwei Aufsätzen – *Über das Dominantwerden technischer Kategorien in der industriellen Gesellschaft* und *Die Technik als Lebenswelt, Denkform und Wissenschaft* – herausgearbeitet, dass für die moderne Industriegesellschaft die Kategorien *Fortschritt*, *Bereitstellung von Potenzen* und *Machbarkeit* als spezifisch technikinduzierte Formen unser Denken, unser Handeln und unsere Lebensform bestimmen:

Die offensichtlichste und vielfach behandelte Kategorie ist die des *Fortschritts*, begleitet sie doch die Wissenschaften und die Technikentwicklung seit Francis Bacon; und obgleich sich seit dem Ersten Weltkrieg immer wieder gerade in der Technikphilosophie kritische Stimmen erhoben haben, blieb sie bis in die 60er Jahre des vergangenen Jahrhunderts in den westlichen Industrieländern dominant, während sie es in den Schwellen- und Entwicklungsländern heute noch ist.

Tiefer schon liegt die *Bereitstellung von Potenzen*, womit nicht nur an verfügbare Energie gedacht ist, sondern an die Bereitstellung von Möglichkeiten überhaupt – was eine völlige Verkehrung der traditionellen Technikvorstellung bedeutet, der zufolge Technik zu vorliegenden Zwecken und Zielen nach geeigneten Mitteln sucht und diese bereitstellt. Die Potenzen – von der Steckdose über das Telefon, das das Anrufen und Angerufenwerden ermöglicht, bis zum Computer, dessen Software nur ganz allgemeine Zwecke als Möglichkeiten antizipiert – haben als Denkformen zu einer vollkommenen Veränderung der Einstellung gegenüber der Technik geführt, denn wir suchen nach Zwecken, da doch das Mittel gegeben ist: Das reicht vom Trivialfall der völlig überflüssigen Handy-

Gespräche, deren man ungewollt Zeuge wird, bis zur Notwendigkeit der Bedürfnisweckung für ein neues Produkt durch Werbung, da es nun einmal hergestellt wird, obwohl es bisher niemand vermisst hat. Was Freyer vor Jahrzehnten nicht ahnen konnte, ist, dass heute jeder PC, ja ganze Fabrikanlagen mit Fertigungsrobotern solche freien Potenzen darstellen. Zugleich allerdings bedeutet jede Bereitstellung von Potenzen eine wesentliche Erweiterung des Freiheitsspielraumes, gerade weil wir die Ziele selbst setzen können und selbst setzen müssen.

Die dritte Denkform, die der *Machbarkeit,* ist für Freyer die zentrale und zugleich gefährlichste. Sie wird vom ihm eingeführt in Verbindung mit einer (durchaus problematischen) Stufenfolge der Lebensformen als technische Kulturstadien, die André Varagnac (1954) in seinem Werk *De la Préhistoire au Monde Moderne* eingeführt hatte: das Kulturstadium der Sammler und Jäger, das dem Tierreich zugeordnet gewesen sei, die Bauern- und Hirtenkultur, dem Pflanzenreich zugeordnet, und die moderne Kultur seit der Industriellen Revolution, die der unbelebten Materie zuzuordnen sei: Eisen, Stahl, Beton, Kunststoffe sind die gegebenen Materialien, die – als rein Materielles – auch keine moralische Rücksichtnahme verlangten. Dem technischen Ziel stellten sich keine moralischen Bedenken entgegen, weil es zwar Tier- und Pflanzenfrevel gebe, aber beispielsweise keinen Bauxitfrevel, ebenso Tierquälerei, aber keine Molekülquälerei. Der technische Geist sei also von moralischen Bindungen befreit. Da sich nun in dem Bereich des rein Materiellen durch die Herstellung neuer Materialien und die Entwicklung neuer Prozesse Erstaunliches als machbar erwiesen hat, habe „der Gedanke, dass durch gut gezielte Techniken im Grunde alles machbar sein müsste, [...] zwingende Gestalt" gewonnen, er sei zur Propagandaformel, zum Ideologieträger geworden und von der Maschinenwelt auf die soziale Welt übertragen worden, um in Sozialtechniken und Humantechniken einzudringen, die „den Menschen selbst bis in seine Antriebsstrukturen hin zu manipulieren gestatten" (Freyer 1960/70: 142 bzw. 1979: 157). Aus dem Machen ist durch Totalisierung die uneingeschränkte Machbarkeit geworden. Diese ist begründet kritisiert worden, nachhaltig und durchschlagend von Friedrich Tenbruck (1972) in seiner *Kritik der planenden Vernunft,* doch darum geht es im Augenblick nicht. Die Freyerschen Beobachtungen werden auch weder durch die Einseitigkeit des Ausgangs von Varagnac, der Biotechnologie nicht kennt, noch durch unsere Sensibilität für ökologische Probleme, die es durchaus erlauben von Umweltfrevel zu sprechen, nicht gegenstandslos, sondern sie gewinnen in ihrer Tragweite eher an Bedeutung – zeigt sich doch, dass der Immoralismus der

Machbarkeitsdoktrin seine Wurzeln in der unzulässigen Übertragung der zunächst gesehenen Moralneutralität der Technik hat.

Das eigentlich Bedeutsame an Freyers phänomenologischer Analyse besteht darin, dass er seine Denkformen zugleich als Lebensformen und damit auch als handlungsleitende Formen versteht. Sie sind geschichts- und geschichtsphilosophiemächtig. Bei der Fortschrittsidee ist dies oft genug betont worden, war doch bei ihr der Zusammenhang von wissenschaftlicher und technischer Entwicklung mit einer steten Verbesserung nicht nur der Lebensbedingungen, sondern auch der Moralität seit Bacon zur Leitschnur eines aufklärerischen Pathos geworden, das in der Verwissenschaftlichung der Technik und in der Technisierung aller Lebensbereiche den Garanten des Menschheitsfortschrittes schlechthin gesehen hatte: Die Fortschrittsidee war politisch und historisch wirksam bis in die sozialistische Vorstellung, es bedürfe nur der klassenlosen Gesellschaft, um die Wirksamkeit und Umsetzbarkeit dieser Idee auf Dauer zu sichern. – Bei der Denkform der Machbarkeit wurde die Gefahr, die im Machbarkeitswahn enthalten ist, bereits angedeutet. In einer Technokratiebewegung und in jeder totalitären Ideologie ist gerade die Denkform der Machbarkeit Leitschnur des politischen Handelns, geboren aus der Überzeugung, die Welt nach den eigenen Zielen umkrempeln zu können. Karl Poppers Gegenmittel beruht bekanntlich auf dem Konzept einer offenen Gesellschaft, die, wissend um die Gefahr des Misslingens, die offene Kritik an den Zielen wie an den Mitteln und die Kontrolle in einem trial and error-Verfahren zum konstitutiven Bestand erhebt. Die Kritik an der Machbarkeit wird heute allerdings meist anders geführt; im allgemeinen Bewusstsein erscheint sie vielmehr als eine moralisch gegründeten Mahnung und Warnung, gerade weil die Parallelität von Fortschritt und Machen gekappt ist und die universelle Machbarkeit für real gehalten wird: Man betrachte die öffentlichen Diskussionen zur Biotechnologie, die so tun, als stehe der gentechnisch gestylte Retorten-Mensch unmittelbar vor seiner Verwirklichung.

Kaum eine Kritik gibt es dagegen an der Bereitstellung von Potenzen, obgleich gerade hier eine völlige Umkehr im Zweck-Mittel-Verhältnis der seit den Anfängen der Menschheit vertrauten Bezugnahme auf Technik vorliegt. Zugleich schafft diese Form der Potentialität ein neues, für die Gegenwart äußerst charakteristisches Problem, nämlich das einer gänzlich veränderten Gestalt der Eigendynamik der Technik, eine, die nicht auf neuen Erfindungen beruht, sondern darauf, gegebene Mittel als Potenzen auch einzusetzen, also neue Ziele zu gegebenen Mitteln zu finden. Genau dies ist eine von Jaques Ellul (1954/1964) und Jean Ladrière (1998) hervorgehobene Eigenschaft heutiger Systemtechnik: Wir gehorchen den Bedingungen des Systems, ohne dass wir sie so gewollt hätten – und fördern damit unbeabsichtigt die Dynamik des Systems. Die Bereitstellung von Potenzen im System macht in völliger Umkehr des Bisherigen die Individuen zum Mittel für die Systemerhaltung, indem sie die Potenzen nutzen und damit das System selbst stabilisieren, ohne dies beabsichtigt zu haben.

Die Machbarkeit durch Technik stellt heute fraglos eines der Grundschemata dar, unter denen die industrielle Wirklichkeit gesehen wird. Ihr steht jedoch spannungsvoll eine andere Sicht gegenüber, die geradeso für sich in Anspruch nehmen kann, universelle Denkform der Gegenwart zu sein – nämlich die heute durchgängig anzutreffende Sicht, zeitliche Prozesse als *Evolutionsprozesse* zu modellieren (Poser 1997a); hierauf wird in Kap. 7 noch einzugehen sein. Bei der Übertragung des Evolutionsschemas auf nicht-biologische Prozesse geht es stets um menschliche Hervorbringungen, um *poiesis*; aber sie werden mit einem Schema modelliert, das Aristoteles zur *genesis* als der für alles Leben mit seinen Eigenschaften von Stoffwechsel, Selbsterhaltung und Reduplikation charakteristischen Form der Entwicklung gezählt hätte. Die Genesis trägt ihr Ziel in sich, bei der Poiesis wird es von außen herangetragen. Genau diese aristotelische Unterscheidung droht aber unterlaufen zu werden, wenn Technikdynamik als Evolution begriffen wird; denn sobald man diese Denkform absolut setzt, wird damit die Unbeeinflussbarkeit der Technikentwicklung hingenommen, weil die Dynamik als eine Eigendynamik verstanden wird. Wir stehen also vor dem begrifflichen Dilemma zweier unvereinbarer, aber gleichzeitig wirksamer Denkformen, der technischen Machbarkeit einerseits, der Technikevolution mit ihrer Unbeeinflussbarkeit der Dynamik andererseits.

Beide Formen haben ihre Berechtigung, aber beide haben ihre Grenzen; und nur über die Grenzbestimmung werden sie versöhnbar, so dass die mit ihnen verbundenen Probleme nicht in die befürchtete Apokalypse führen müssen. Die Grenzen der Machbarkeit sind zunächst solche, die mit der tatsächlichen Erreichbarkeit eines erwünschten Zustandes zusammenhängen, also mit der Frage, ob es sich um eine bloß logische, eine ontologische oder eine epistemische Möglichkeit handelt; Utopien und Sciene fiction haben hier die Grenzen verschwimmen lassen, da beide nicht an die ontologischen und epistemischen Bedingungen gebunden sind, weil sie nicht danach fragen müssen, ob es eine ernsthafte Verwirklichungsmöglichkeit gibt. Doch da sich – konform mit dem evolutionären Bild der Wissens- und Technikentwicklung – nichts über unsere künftigen Erkenntniszuwächse sagen lässt, sind epistemische Bedingungen immer historisch-kontingente Bedingungen, während die Machbarkeitsdenkform gerade deren

Überspielbarkeit suggeriert. Tatsächlich erwachsen die Ängste um die Technikentwicklung aus der Annahme, dass die Machbarkeit gegeben sei – gleichviel, ob es sich um den durch Informationstechniken völlig durchsichtigen Menschen handelt, um biogenetische Erzeugnisse beliebiger Art oder um die Besiedlung des Mars. Nicht eigentlich dies löst jedoch die Ängste aus, sondern die damit verbundenen, zumeist nicht intendierten Folgen – vom Verlust der Freiheit und Individualität über die Sorge um ein artifiziell-menschenunwürdiges Marsdasein bis zur Zerstörung unserer Lebensbedingungen in Gestalt ökologischer Gleichgewichte. Die Grenzen der Machbarkeit sind fraglos Grenzen der Nichtvorhersehbarkeit nichtintendierter Folgen; denn deren Vermeidung ist unmöglich (wird intendiert, dass eine bestimmte Folge nicht eintritt, so ist dies gerade ein intendiertes, kein nicht-intendiertes Resultat). Zu glauben, schädliche nichtintendierten Nebenfolgen im Falle ihres Auftretens getreu der Machbarkeitsdoktrin bewältigen zu können, ist jedoch unverantwortlich, selbst wenn man prinzipielle Machbarkeit annähme, weil es dann zu spät sein könnte: Wie lange es braucht, bis etwas ‚tatsächlich machbar‘ ist, lässt sich mit der Denkform der Machbarkeit gerade nicht vorhersehen. Ethik und Moral haben immer darin bestanden, dem Machbaren Grenzen zu ziehen. Es ist darum unerheblich, ob die Denkform der Machbarkeit unser Handeln und unser Denken in unzutreffender Weise strukturiert (auf Utopien basierende Ideologien einmal beiseite gesetzt) – es geht darum, der Machbarkeit Grenzen zu ziehen, wie dies die Verantwortungsethik zu tun sucht.

6. Perspektiven

Rückblickend fällt ins Auge, dass zentrale Bestimmungen sowohl des Technikbegriffs als auch der technogenen Denkformen Modalbegriffe sind: Wenn Technik die Verwirklichung von Ideen ist, ist sie Verwirklichung von Möglichkeit. Wenn das Charakteristikum der Systemtechnik die Bereitstellung von Potenzen ist, so handelt es sich um Möglichkeiten. Und wenn Machbarkeit die zentrale Denkform der Gegenwart ist, so geht es ebenfalls um Möglichkeit, nämlich des Machens. Alle drei sind höchst verschieden, doch mit den üblichen modaltheoretischen Unterscheidungen in ihrer Verschiedenheit nicht unmittelbar einzufangen; sie werden deshalb in Kap. 6 weiter untersucht.

‚Machbarkeit‘ ist eine Handlungsmöglichkeit; sie verbindet also die ontische mit der epistemischen Möglichkeit unter Voraussetzung der Willens- und Handlungsfreiheit des Homo faber: In der Leibniz-Wolff-Kant-Tradition wird bezüglich der Realisierbarkeit von Möglichkeit die Frage aufgeworfen, worin denn das Complementum possibilitatis bestehe, das zur rein begrifflich gefassten ontologischen Möglichkeit hinzutreten müsse, um das Wirklichwerden herbeizuführen. Für Leibniz ist dies ein göttliches Fiat, während Kant ein solches complementum zurückweist. Hier nun steht man vor genau demselben Problem: Was tritt beim Machen, bei der Verwirklichung zur Idee hinzu? Mit aller Schärfe muss man zugeben: ein menschliches Fiat. Voraussetzung aller Technik ist der Homo creator, der Möglichkeiten als Möglichkeiten und als gänzlich Neues, nie Dagewesenes zu denken und in Freiheit eine dieser Möglichkeiten wertend auszuwählen und zu verwirklichen vermag.

Die Herausforderungen, die als philosophische Fragestellungen mit Technik verbunden sind, erwiesen sich als äußerst weit ausgreifend. So zeigt sich, dass eine Technikphilosophie tief in ontologischen und erkenntnistheoretischen, in kulturphilosophischen und hermeneutischen Bereichen wurzelt. Der Homo creator, dem eine Anthropologie der Technik zu gelten hat, ist vielleicht am besten fassbar, wenn nicht bei einer Handlungstheorie stehengeblieben wird, sondern diese ontologischen und modaltheoretischen Elemente einbezogen werden: Der Mensch als das Wesen, das Möglichkeiten und sogar Möglichkeiten von Möglichkeiten zu denken, neu zu konzipieren und zu verwirklichen vermag. Es bedarf weiter einer Technikwissenschaftstheorie als eine Reflexion auf die Bedingungen des Denkens, Festhaltens, Systematisierens und Lehrens der Machbarkeit. Eine Technikethik lässt sich daran anschließen als eine Theorie der Gründe für die Begrenzung solcher Machbarkeit. Ob damit dem Ritt der apokalyptischen Reiter Einhalt geboten werden kann, ist nicht gewiss – doch zumindest wüssten wir mehr über ihren Weg und damit, so ist zu hoffen, was sich ihnen in den Weg legen lässt, um einer klügeren Technik als Bedingung menschlichen Lebens und Überlebens willen.

II. Ontologie und Anthropologie der Technik

3. Ontologie technischer Artefakte

1. Ontologie allgemein

Einer der wenigen Bereiche klassischer Metaphysik, der bis heute seine Bedeutung nicht verloren hat, ist die Ontologie. Sie fragt danach, was existiert und wie das Existierende kategorial zu einander in Beziehung steht. Dagegen bezieht eine spezielle Ontologie diese Frage auf einen jeweiligen Objektbereich. Artefakte gehören zweifellos zu unserer Welt, doch bislang sind sie aus ontologischer Sicht wenig behandelt worden. Zwar hat schon Roman Ingarden (1931) eine phänomenologisch orientierte Ontologie des literarischen Kunstwerkes verfasst, und Gibert Simondon (1958/2012) verdanken wir ein erstes Buch über die Existenzweise technischer Objekte. Randall R. Dipert (1993) hat eine grundlegende Untersuchung vorgelegt, die über Artefakte der Kunst hinausgeht; doch erst seit der Jahrtausendwende gibt es Ansätze einer Ontologie technischer Artefakte. Dabei stehen Weiterführungen traditioneller Sichtweisen neben spannungsvollen Diskussionen um die Frage, welche ontischen Kategorien zugrunde liegen, ob einer Dingontologie oder einer Prozessontologie der Vorrang gebührt, bis hin zum Verhältnis von Sprache und Ontologie, womit zugleich das Verhältnis von Erkenntnistheorie und Ontologie in den Blick rückt.

Die Grundfrage der Ontologie nach dem Seienden geht auf Aristoteles zurück (*Metaphysik* 1003). Er beantwortet sie mit vier Schichten der Dinge von den Körpern über die Lebewesen und das Seelische zum Geistigen, verbunden mit vier durchgängigen Ursachen, der *causa materialis*, d.i die Materie, der *causa formalis*, d.i. die Gestalt oder Form im Sinne der inneren und äußeren Struktur, der *causa efficiens*, d.i. die bewirkende Ursache entsprechend etwa heutiger Kausalität, und schließlich der *causa finalis*, also der Finalität oder Teleologie. Dazu kommen dynamische Möglichkeitsbestimmungen, die in der causa formalis angelegt sind. Damit zeigt sich, dass es sich um eine Synthese von Ding- und Prozessontologie handelt, die auf kategorialen Prinzipien aufruht. Für eine Ontologie technischer Artefakte ist darin jedoch kein Platz, weil, so Aristoteles, die causa efficiens und die causa finalis beispielsweise eines Hauses nicht Teil des Hauses sind, sondern beim Baumeister liegen (Aristoteles: *Metaphysik* 1014a). Ähnliche Auffassungen finden sich bis heute, denn seit der Renaissance ist die Finalität oder Teleologie in Misskredit geraten, weil – so argumentieren Francis

Bacon geradeso wie René Descartes – die Zukunft in keiner Weise irgendetwas in der Gegenwart bewirken könne. Mehr noch, wenn das Wesen eines Artefakts in seiner Funktion besteht, ist ein Auto mit der Funktion ‚Fortbewegungsmittel‘ kein Auto mehr, falls es nicht anspringt (Grandy 2007); doch von etwas, das mal existiert, dann wieder nicht, kann es keine Ontologie geben.

Damit stoßen wir auf die Frage, was ‚existieren‘ bedeutet. Dieses Grundproblem jeder Ontologie hat Immanuel Kant mit aller Klarheit so beantwortet:

> „Sein ist offenbar kein reales Prädicat, d.i. ein Begriff von irgend etwas, was zu dem Begriffe eines Dinges hinzukommen könne. Es ist bloß die Position eines Dinges oder gewisser Bestimmungen an sich selbst.“ (KdrV B 626)
>
> „Wenn ich also ein Ding, durch welche und wie viel Prädicate ich will, (selbst in der durchgängigen Bestimmung) denke, so kommt dadurch, daß ich noch hinzusetze: dieses Ding ist, nicht das mindeste zu dem Dinge hinzu. Denn sonst würde nicht eben dasselbe, sondern mehr existiren, als ich im Begriffe gedacht hatte, und ich könnte nicht sagen, daß gerade der Gegenstand meines Begriffs existire.“ (KdrV B 268).
>
> „Hundert wirkliche Thaler enthalten [dem Begriffe nach] nicht das Mindeste mehr, als hundert mögliche.“ (KdrV B 627)

Wir kommen also nicht umhin, einen Dingbereich zu umreißen, von dem wir sagen, dass die fraglichen Dinge existieren. Kant selbst hat die Kategorie der Existenz nur zugelassen für raumzeitliche Dinge, nicht jedoch für Möglichkeiten oder für Gott.

Wie sich zeigen wird, ist diese Frage für technische Artefakte keineswegs einfach zu beantworten, denn sie nur als materiale Gegenstände aufzufassen, greift entschieden zu kurz. So war es das Anliegen Simondons (1958/2012: 11) zu zeigen, dass Technik Teil der Kultur ist, denn: „Was den Maschinen innewohnt, ist menschliche Wirklichkeit, menschliche Geste, die in funktionierenden Strukturen fixiert und kristallisiert ist.“ Diese Grundeinsicht gilt es festzuhalten, wenn eine Ontologie technischer Artefakte entwickelt werden soll.

Eine weitere entscheidende Feststellung ist noch zu treffen. Von Aristoteles bis zu Christian Wolff galt die Ontologie als das Fundament aller Metaphysik, sie hatte am Anfang zu stehen, um Schritt für Schritt alle Bedingungen zu formulieren, die den Dingen zugrunde liegen. Dank der Aufnahme des Leibnizschen Prinzips des zureichenden Grundes glaubte Wolff, die Finalität als Grundlage allen Handelns (auch eines Baumeisters) wieder einbeziehen zu können (Wolff 1730: § 932f). Doch Ontologie als Grundlage ist von Kant nachhaltig zurückgewiesen worden, denn das Fundament kann nicht in ontischen, sondern muss in Erkenntnis-Kategorien bestehen; eine Ontologie lässt sich, wenn überhaupt, erst im zweiten Schritt aufbauen. Diese Sicht wird seither geteilt, auch wenn Kants Erkenntniskategorien mannigfach kritisiert worden sind. Das wiederum hat eine weitere Öffnung zur Folge. Um es mit Günter Abel (2004: 242) zu sagen: „Was für eine Ontologie man hat, ist eine Angelegenheit des Sprach-, Denk- und allgemein des Zeichen- und Interpretationssystems, das verwendet wird, sowie der damit verbundenen ontologischen Festlegungen." Damit ist keineswegs Beliebigkeit gemeint, vielmehr verbürgt Abels Sicht der Ontologie die Möglichkeit, an die Stelle rigider Realismus-Positionen, idealistischer Absolutsetzungen oder auch einer Auflösung in bodenlose Relativität eine an Denkformen, Handlungs- und Sprachpraxis orientierte Ontologie zu entfalten, die es gestattet, dort metaphysische Voraussetzungen zuzulassen, wo dieses unverzichtbar ist. Dabei wird im Folgenden eine Aussage als *metaphysisch* verstanden, wenn sie weder auf Empirie noch auf formale Strukturen gegründet ist; sie ist weder wahr noch falsch, vielmehr hat sie den hypothetischen Anspruch eines Ordnungs- und Orientierungsangebots.

2. Causa efficiens und causa finalis

Ein Zentralproblem einer Ontologie technischer Artefakte besteht darin, dass in ihr die planvoll-zielgerichtete Wirkungsweise des Artefakts zugleich kausal erfolgt. Wie aber lassen sich Teleologie und Kausalität verbinden? Eine Neuauflage aristotelischer Teleologie wäre nach dem Durchgang durch ein geradezu teleologiefeindliches Denken der Neuzeit verwegen; woran sich aber anknüpfen lässt, ist die Transformation, die die Teleologie erfahren hat. An drei markante Positionen – jenen von Leibniz, Dessauer und Kant – sei deshalb erinnert:

Leibniz stand vor der Schwierigkeit, die naturwissenschaftlich so erfolgreiche kausale und nicht-finale Sicht der Welt der Dinge mit der planvollen, also finalen göttlichen Schöpfung der Weltmaschine in Einklang zu bringen. Zur Lösung deutete er diese kausale Welt als Erscheinung. Die Erscheinungen gehorchen dem Prinzip des zureichenden Grundes; das aber hat eine doppelte Bedeutung, zum einen als normatives Prinzip der Wahl des Besten, zum anderen im Sinne eines Kausalprinzips. Als Kausalprinzip wird es nun herangezogen für die Erscheinungen. Diese sind zugleich wohlfundiert im Sinne der ersten Bedeutung – nämlich im Reiche der organismischen Monaden, deren Zustände teleologisch einem individuellen Gesetz folgend durch eine innere Dynamik hervorgebracht werden. Dieses Verhältnis von Phänomen und Monade erlaubt wiederum, jedes Lebewesen als Maschine zu verstehen – allerdings im Gegensatz zu den von

Menschen geschaffenen als unendlich umfassende Maschine von Maschinen. Der abgestimmte, prästabilierte Zusammenhang der Monaden aufeinander beruht seinerseits darauf, als Teil des Weltplans von der besten aller möglichen Welten verwirklicht zu sein – also als Teil eines monadologischen Teleologiekonzeptes. Aufgrund dieser Konstruktion kann Leibniz vom Reich der Gründe und Kausalursachen auf der einen, vom Reich der Zwecke hinsichtlich der göttlichen Wahl auf der anderen Seite sprechen: Diese Reiche durchdringen einander überall, doch sie berühren einander, wie er sich ausdrückt, nie. Die Weltmaschine ist kausal und materiell, aber ihr eigentlicher Seinsgrund ist final und immateriell. Damit ist ein Moment herausgehoben, das für jedes technische Artefakt vom Werkzeug bis zum Großsystem zutrifft, ein Moment, welches für Friedrich Dessauer leitend war, als er das Handeln des Technikers als Suche nach der idealen Lösungsgestalt und deren Verwirklichung sah: Die Maschine ist materiell, zugleich aber finale Verwirklichung einer Idee.

Dessauer (1927/1956: 234) definiert: „Technik ist reales Sein aus Ideen durch finale Gestaltung und Bearbeitung aus naturgegebenen Beständen." Er hatte Technik als „Realsein aus Ideen" bezeichnet und die Erfindung als deren „Quellpunkt" (ebenda, 147 bzw. 150): In der Erfindung sei die Technik „bei sich selbst"; hier komme die Spannung zwischen dem Wirklichen, das als verbesserungswürdig erscheint, und dem Möglichen als dem Besseren zum Tragen: sie wird zum Handlungsantrieb, vor allem wird die „schlummernde, latente Schöpferkraft [...] geweckt und wachgehalten", Ziele in Zweckformen (als Mittel) einzusenken (ebenda, 150, 152). Doch zuvor muss eine Möglichkeit als Idee überhaupt fassbar werden, denn technische Lösungen menschlicher Bedürfnisse müssen erfunden werden (ebenda, 154)! Das geschieht in einer schöpferischen Gestaltung. Die aber war als Möglichkeit, so Dessauer (ebenda, 154), immer da:

> „Die Wirkungsweise des Rades ist streng naturgesetzlich, das bedeutet, die Naturgesetze (und Baustoffe) waren immer da. Auch das Bedürfnis des Menschen nach Erleichterung von Transporten bestand schon vorher. Naturgegebenheit und Bedürfnis begegneten sich erst in einer *schöpferischen* Gestaltung, dem Rad, vereinigten sich darin zu einer Lösungsform, die nicht willkürlich, sondern eindeutig ist. Diese Eindeutigkeit der starren Kreisform des Rades als Lösung, die Beschaffenheit des Wesens des Rades, sein ‚Sosein' [...] war also vorgesehen, ‚wartete' sozusagen auf den Erfinder [...] im Bereich des Möglichen. Hier war sie aber nicht irgendwie, unbestimmt, [...] sondern in ihren Seinsbestimmungen, Wesenseigenschaften bereits fixiert. Darum war es möglich, die Lösungsgestalt zu finden."

Diese Lösungsgestalten oder möglichen Objekte nennt Dessauer „prästabilierte Objekte"; und er macht sich anheischig „zu zeigen, dass erstmaliges technisches Gestalten, ‚Erfinden' die gedankliche Gewinnung und manuell-werkzeugliche Ausarbeitung von Lösungsformen ist, die ‚prästabiliert' sind"; denn zu einer scharf umrissenen technischen Aufgabe, so betont er, „gibt es nicht beliebige Lösungen, sondern ideal nur eine vollkommene", an die die praktischen Lösungen sich annähern: „Jeder konstruierende Techniker kennt diese asymptotische Annäherung an eine ‚ideale' Lösungsform, die sich ihm auferlegt [= aufdrängt] und die zur Normalisierung, Standardisierung drängt." (Ebenda, 155) Erfinden ist also eigentlich, so resümiert er, das „Finden einer prästabilierten Lösungsform". Hierfür gebe es Tausende von Beispielen – ablesbar am Weg vom ersten „Es geht!" bis zur Endgestalt; als Beleg verweist er auf das Fahrrad, den Ottomotor, die Dynamomaschine, Spinn- und Webmaschinen, das Mikroskop und die Pendeluhr. Dagegen fehlt ein Perpetuum mobile – und es muss fehlen, weil es gar keine Möglichkeit ist. Das aber zeigt, dass Dessauer unter Möglichkeit etwas versteht, das, die logische Möglichkeit einengend, mit allen Naturgesetzen übereinstimmt – also eine physische Möglichkeit ist: An diese Voraussetzung sind die Lösungsgestalten gebunden.

Die Gesamtheit der Lösungsgestalten nennt Dessauer (ebenda, 159 u. 162ff) das „Vierte Reich" in Fortführung von Kant, der unterschieden hatte zwischen dem Reich der Natur, dem Reich der Tugend als Reich der Freiheit und dem Reich der Zwecke als Reich der Schönheit. Dieses Vierte Reich bildet für Dessauer den Möglichkeitsgrund der Technik.

Worin aber besteht dann der kreative, schöpferische Akt des Erfindens, der aus der Möglichkeit etwas Wirkliches macht? Darin, meint Dessauer, dass über die Elemente naturwissenschaftlichen Wissens hinaus etwas zu einer Einheit, zu einer zweckorientierten Ganzheitsstruktur zusammengedacht und im Artefakt verwirklicht wird. Diese Ganzheit gebe es nur im Artefakt, sie müsse als finales Streben zur Naturgesetzlichkeit hinzukommen. Genauer, wenn auch von Dessauer nicht so formuliert: Ein Artefakt ist, was es ist (etwa eine Maschine zum Drahtziehen), wenn es den Finalnexus des Entwurfes verwirklicht. Unter den verwirklichbaren Möglichkeiten bilden also die Lösungsgestalten eine durch Zweckkriterien bestimmte Teilmenge: Das Reich der Lösungsgestalten wird mithin durch menschliche Zwecke strukturiert.

Was Dessauer vertritt, entspricht der platonischen Lösung des Erkenntnisproblems, übertragen auf die Technik; aber ist das hilfreich, löst Dessauer damit das Problem, wie der Techniker zu Neuem gelangt – oder schafft er nur neue

Schwierigkeiten? Schon seine Beispiele stimmen heute bedenklich: Was soll die Idealgestalt des Fahrrades sein? Sind die Veränderungen der letzten Jahrzehnte – Karbonrahmen, Federungen, Rahmenform – nur Nebensächlichkeiten? Gleich geblieben sind zwei Räder und ein Sattel; aber darin besteht ja gerade nicht die ideale Lösungsgestalt, sondern allenfalls die Pioniererfindung! Oder beim Ottomotor: geblieben ist der Kolben mit den Ventilen, aber doch keine ideale Lösungsgestalt. Es zeigt sich also, dass die Dessauerschen Überlegungen zu kurz greifen, weil sie das Finden der Lösung nicht von den sich in der Geschichte wandelnden verschlungenen Bedingungen und Spielräumen abhängig machen. Allerdings ließe sich auch eine solche Abhängigkeit als zu erfüllende Bedingungen in die Welt der Lösungsgestalten hineintragen (beispielsweise optimale Funktionslösung; optimale Ökolösung; optimale Soziallösung), aber wie wird dann deren Verhältnis gewichtet?

Dessauers Sicht hat zur Folge, dass es Neues eigentlich nicht gibt – es ist nur *für mich* neu, denn im Reich der Lösungsgestalten existiert es bereits als festliegende Möglichkeit. Damit verschiebt sich das Problem nur, weil die ontologischen Voraussetzungen, die Dessauer macht, ähnlich weitreichend sind wie in der Mathematik, da ein Platonist annehmen muss,

- dass es einen besonderen denkerischen Zugang zum Reich der Möglichkeiten gibt (Finden statt Schaffen) und
- sich diese Möglichkeiten hernach verwirklichen lassen.

Das ist ein hoher Preis, denn erstens bläht man die Ontologie um ein ganzes Viertes Reich auf, zweitens muss man einen denkenden Zugang zu diesem Reich erkenntnistheoretisch begründen, drittens muss man klären, was einer Möglichkeit zur Wirklichkeit fehlt (was also im Handeln des Technikers zu seinem Blinzeln in den Ideenhimmel hinzutritt). Die Positiva liegen dagegen im Hinweis auf den *Vorrang der gedachten Möglichkeit*, auf die *Wertbezogenheit* und auf die *Zielorientierung*.

Beide, Leibniz wie Dessauer, verbinden ihr Teleologie- und Technikverständnis mit einem Platonismus: Die Zwecke und Ziele sind für sie objektiv in einer Ideenwelt gegeben, und deshalb treten sie im Falle einer Verwirklichung an den Artefakten in Erscheinung. Das aber würde heißen, Zwecke seien als Erscheinungen beobachtbar. Dass dies nicht der Fall sein kann, sondern dass *wir* es sind, die die Zwecke mit der Voraussetzung der Existenz eines Schöpfergottes oder eines Reiches der idealen Lösungsgestalten in die Dinge hineintragen, hat wohl als erster Christian Wolff gesehen. Kant sollte diesen Schritt radikalisieren und systematisch von der Konstituierung der Struktur der Phänomene durch Denkformen trennen: Die Teleologie wurde so zu einer Angelegenheit der Urteilskraft, in der, symptomatisch für das neue Problemverständnis, auch der Begriff der „technischen Urteilskraft" auftritt (Kant, KdU, Erste Einleitung XIII).

Nun soll es um diese hier zunächst nicht gehen, auch nicht um das, was Johannes Rohbeck (1993) als „technologische Urteilskraft" bezeichnet hat, weil er diesen Begriff ausschließlich für die Reflexion auf Technikverantwortung reserviert; das aber wäre zu eng. Was es mit Kant festzuhalten gilt, ist jedoch, dass eine Technikphilosophie vom Menschen her aufzubauen ist, nicht von einem platonischen Reich der Zwecke und idealen Lösungsgestalten: Wir sind es, die etwas – einen bestehenden Sachverhalt – in einer konkreten historischen Lage mit konkreten historischen Wertzuschreibungen als veränderungsbedürftig bewerten. Wir sind es, die ihm einen anderen, von uns für besser gehaltenen Sachverhalt gegenüberstellen. Das wiederum lässt uns auf ebenfalls zu bewertende Mittel mit dem Ziel sinnen, den einen Zustand in den anderen zu überführen: Menschliches Werten und Wollen, menschliches Können, menschliche Kenntnis und Kreativität in ihrer geschichtlichen Gebundenheit verschmelzen hier und lassen technische Artefakte oder Prozesse entspringen. Genauer: Sie lassen sie nicht entspringen, sondern es entsteht etwas, das wir als ein technisches Mittel zur Erreichung des intendierten Ziels *deuten*. Technik ist also in der Zusammenführung von causa efficiens und causa finalis ein Interpretationskonstrukt im Sinne Hans Lenks (1978), doch eine Rechtfertigung dafür, dass dies geschehen kann, ist damit noch nicht gegeben.

Technik als verwirklichte Idee enthält ein Stoff- und ein Form-Element im aristotelischen Sinne, nämlich eine *materia* als das, woraus ein technisches Artefakt herzustellen ist, und eine *forma*, die zugleich ein *finis* ist, nämlich das Wie und Wozu des Artefakts. Das Woraus entstammt der Natur, das Wie und Wozu ist von außen, vom Techniker, hineingetragen. (Lassen wir einmal im Augenblick außer Acht, dass heutige Materialien selbst längst nicht mehr der Natur entstammen, sondern als Metalllegierungen, Kunststoffe, Industriekeramiken, Transurane, polarisiertes Laserlicht etc. längst selbst technische Hervorbringungen sind; doch deren Ausgangspunkt ist letztlich immer ein in der Natur Vorgefundenes.) Dass dabei das Materiale als Substrat seinerseits die *Möglichkeit der Verwirklichung* mitbringen muss, genauer, dass dem Techniker, der das Artefakt plant und verwirklicht, diese Möglichkeit bekannt sein muss, um sie dem Substrat zuschreiben zu können, ist offensichtlich. Die kreative *Idee* im Sinne

Dessauers wird also vom Techniker im Ausgang von der *materia* in doppelter Weise im Sinne der *forma* im Hinblick auf den *finis* transformiert, nämlich in ein materielles Ding (oder auch in einen Prozess), das dann als Artefakt unabhängig von ihm existiert und einen der Intention des Technikers entsprechenden Zweck als „reine intrinsische Finalität" (Ladrière 1998: 72) enthält! Dabei darf nicht vergessen werden, dass – trotz des ontologischen Realismus eines Technikers – auch die zugesprochenen Substrateigenschaften, insbesondere die Verwirklichungsmöglichkeiten, der zeitgebundenen Wissens- und Könnensperspektive entspringen und damit von Verstehensbedingungen und Sinnzuschreibungen abhängen. Damit sind Elemente hervorgehoben, die in die deutende Beschreibung eines Artefakts eingehen; eine Begründung fehlt jedoch auch hier. Wenn eine Ontologie technischer Artefakte zufriedenstellend sein soll, ist jedoch eine Vermittlung unverzichtbar.

3.　Abgrenzungen einer Ontologie technischer Artefakte

Eine spezielle Ontologie technischer Artefakte steht vor besonderen Schwierigkeiten, weil diese einen eigenständigen Typ von Objekten bilden. Der aristotelischen Schichtenlehre ist zu entnehmen, dass sowohl eine dingliche Seite, das Artefakt, berücksichtigt werden muss, als auch die prozessuale Seite. Doch beide sind überaus vielschichtig, weil die Ding-Seite von materiellen Objekten über manipulierte Lebewesen bis hin zu immateriellen Artefakten wie etwa dem Inhalt eines Computerprogramms reicht. Ebenso geht es auf der prozessualen Seite nicht nur um die kausalen Abläufe etwa einer Maschine – vielmehr beruht jedes technische Artefakt auf einem Entstehungsprozess, gefolgt von einem Anwendungsprozess, der schließlich in einem Alterungsprozess bis zur Unbrauchbarkeit führt. Deshalb muss eine Artefakt-Ontologie überaus vielschichtig sein, denn jedes Artefakt ist einerseits ein materieller Gegenstand, der kausalen Prozessen gehorcht, andererseits eine materialisierte Idee, was materialisiertes Wissen, materialisiertes Können und materialisierte Werte einschließt. „Materialisiert" ist hier als eine Kurzformel gewählt, die der Erläuterung bedarf – denn weder Ideen noch Wissen, Können und Werte sind materiell. Was zum Ausdruck gebracht werden soll, ist, dass eine Idee im Raumzeitlichen, im Materiellen verwirklicht wird, weiter, dass ein Wissen – das als Wissen immer das Wissen eines Erkenntnissubjekts, einer Person ist – nicht nur die Voraussetzung dieser Verwirklichung ist, sondern am Resultat in einer Interpretation der in der Verwirklichung strukturell gegebenen Information ablesbar ist; Gleiches gilt für das Können.

Ferner, dass Werte, die hinter dem Ziel stehen, das mit dem Artefakt angestrebt wird, am Artefakt interpretierend erschlossen werden können. Erst hierauf lassen sich Intentionen des Erfinders, Herstellers und Nutzers gründen, erst hiermit lässt sich dem technischen Artefakt als Mittel zum Erreichen eines Ziels eine (gegebenenfalls nur intendierte) Funktion interpretierend zuschreiben. Damit sind diese Prozesse eingebettet in jenen kulturellen gesellschaftlichen Hintergrund, den Simondon herausarbeitet.

Einige dieser Schwierigkeiten sind recht jung. Moderne Technologien haben Materialien hervorgebracht, die selbst zum Artefakt geworden sind. Wenn in der Nanotechnologie so etwas Unfassbares wie sogenannte Quantendots in Prozessen des Werdens herumgeschoben und manipuliert werden, also etwas, das weder klassische Welle noch klassisches Korpuskel ist, wenn keramische Stoffe erzeugt werden, die magnetisierbar sind, Licht im Laser so polarisiert und energetisch aufgeschaukelt werden kann, dass ein Laserstrahl als Artefakt entsteht, reicht der alte Materiebegriff nicht mehr aus. Wenn überdies die Technik in die Biologie Einzug hält, um biotische Strukturen gar des Menschen zu verändern, muss der klassische materialorientierte Artefaktbegriff aufgegeben werden: Schon jede traditionelle Züchtung ist ein zielorientierter Eingriff. Das geklonte Schaf Dolly ist (oder war) ein Lebewesen und zugleich ein Artefakt, oder, wie sich einzubürgern beginnt, ein Biofakt (Karafyllis 2003). Wie steht es um die Samen gentechnisch erzeugter Pflanzen? Wenn uns ein Herzschrittmacher eingesetzt wird, sind wir dann ein Hybrid auf dem Wege zu einem Cyborg? Wohin gehören nanotechnisch erzeugte Zwitter aus einem organischen und einem mechanischen Teil wie beispielsweise sogenannten *Drug delivery systems* – extrem kleine Transportfähren, die über die Blutbahnen Medikamente an die erkrankte Stelle bringen? Die Grenze zwischen Materie und Leben ist damit auf andere Weise als zum Beispiel bei Viren unterlaufen. – Wie aber ist dieses alles von dem zu unterscheiden, was wir Müll nennen, der heute von der blechernen Konservendose über organische Abfälle bis zum Datenmüll reicht: Auch diese sind Artefakte im Sinne von etwas, das Menschen hervorgebracht haben, obgleich sie nicht intendiert sind und deshalb definitorisch beispielsweise von Risto Hilpinen (2011) ausgeschlossen werden, wenn er schreibt: „An artifact may be defined as an object that has been intentionally made or produced for a certain purpose." – Wie aber steht es um informationstechnische Netzwerke, die räumlich und materiell nur begrenzt greifbar sind und deren Dynamik wir dennoch zu steuern suchen? Auch wenn die jeweiligen Träger materiell sind, gilt dieses fraglos nicht für deren Inhalte, etwa für Steuerungsprogramme wie CAD, die sich als immaterielle

Artefakte verstehen lassen. Diese Beispiele zeigen zum einen, dass wir für Fragen nach einer Ontologie vor gänzlich veränderten Objekten stehen, und zum zweiten, dass durchgängig Prozesse des Herstellens, also des Handelns, involviert sind – und von Handlungen hat Hans Lenk (1979) gezeigt, dass ihnen ein Interpretationsschema zugrunde liegt.

Nun erweist es sich als erforderlich, den Objektbereich genauer abzugrenzen, der einer Artefaktontologie zugrunde gelegt werden soll; der Artefaktbegriff ist also zu differenzieren: Er muss reale Objekte geradeso einbeziehen wie Prozesse, er hat zu unterscheiden zwischen teleologischen Elementen, deren Hervorbringung oder Einsatz durch Intentionalität zu kennzeichnen ist, um kausale Prozesse in Dienst zu nehmen. Dieses gilt auch für Technik, die dem Spiel gewidmet ist und die von patentierten elektrischen Eisenbahnen oder Riesenrädern über hochtechnisierte Achterbahnen bis hin zu Computerspielen reicht: Obwohl sich ihre Zwecke nicht unter klassische Nutzenkategorien einordnen lassen, sondern Emotionen betreffen – vom Kitzel der scheinbaren Gefährdung im Schwindel der Achterbahn bis zum agonalen Glücksgefühl des Siegs im PC-Spiel –, basieren sie auf klar fixierten Zwecken der Erzeugung seelischer Zustände der Befriedigung (St. Poser 2006). Geradeso sind Biofakte und ihre biotischen Prozesse einzubeziehen, weil sie unter Bedingungen des Wachsens intentional hervorgebracht sind. Schließlich bedarf es der Berücksichtigung immaterieller technischer Artefakte. Doch wie ist umzugehen mit Elementen, die zwar menschliche technogene Hervorbringungen sind, aber keineswegs beabsichtigt waren, sondern in Kauf genommen werden?

Der *Müll* etwa ist nicht intendiert, sondern wie die Technikdynamik ein Folgephänomen. Insbesondere wird Müll als bloßes Material gesehen, nicht mehr aber als zweckbestimmtes Artefakt. Deshalb soll er hier wie schon von Hilpinen als Sonderfall ausgeschlossen werden, obwohl im Prozess des Entwerfens heute bereits darauf geachtet wird, dass Möglichkeiten des Recyclings konstruktiv mitberücksichtigt werden.

Die *neuen Materialien* sind hingegen sehr wohl intendiert hervorgebracht, sie sind entwickelt im Blick auf einen sehr allgemeinen Verwendungszweck – oder genauer gesagt: Sie erweisen sich als offene Möglichkeiten für weitere Entwicklungen. Doch was ihnen fehlt, ist das Ganzheitliche eines klassischen Artefakts. Deshalb seien sie als Grenzfall ebenfalls ausgeklammert.

Noch schwieriger wird die Frage einer Einbeziehung oder Ausgrenzung von *Kunstwerken*, die heute technisch hervorgebracht sind (vgl. Thomasson 2004 u. 2010); denn was unterscheidet Jean Tinguelys skurrile mobile Skulpturen, aus

Maschinenschrott zusammengeschweißt, von wirklichen Maschinen, oder eine documenta-Installation aus Dutzenden flimmernder Bildschirme von der eigenen Flimmerkiste daheim? So wird es nötig sein, neben der vorausgesetzten Intentionalität des Entwicklers wie des Nutzers die gesuchte Abgrenzung über Ziele und Funktionen vorzunehmen. Denn die Intention richtet sich bei technischen Artefakten auf eine äußere Veränderung, und im Falle technischer Spiele auf wohlbestimme manipulierbare Empfindungen, bei künstlerischen hingegen auf eine existentielle Einsicht des Betrachters. Menschliche Handlungen sind intentional, sie haben eine teleologische Struktur, denn sie zielen auf einen zukünftigen Zustand. Funktionen allein können aber nicht erklären, worauf wir am Ende abzielen. Wenn die Funktion einer Maschine darin besteht, Schrauben herzustellen, so verbinden wir dies von vornherein mit Zwecken, die ihrerseits durch Schrauben erreicht werden. Die Irritation, die Joseph Beuys auf der VI. documenta mit seiner produktionstechnisch sinnlosen „Honigpumpe" hervorrief, ist die beste Illustration hierfür, verbinden wir doch technische Artefakte immer mit einer teleologischen Deutung, weil wir nicht wirklich verstehen, was vorgeht, wenn wir von der Deutung des Zweckes absehen würden! Oder um es mit Abel (2008: 82, Fn 8) zu sagen: „Kunstwerke und technische Produkte unterscheiden sich darin, dass erstere nicht unter funktionalen und zweckrationalen, sondern unter symbolischen und ästhetischen Gesichtspunkten hervorgebracht, nicht im Lichte funktionaler Objektivität gesehen werden." Diese Abgrenzungen sind keineswegs scharf, sie erlauben aber eine erste Fokussierung.

Ein weiterer, für ontologische Fragen charakteristischer Problembereich tut sich auf, wenn nach dem Teil-Ganzes-Verhältnis, nach einer *Mereologie* technischer Artefakte gefragt wird (Simons 1987). Einerseits stellen Maschinen eine gewisse Einheit von Teilen dar – wenn ihnen etwas fehlt, funktionieren sie zumeist nicht. Die Teile müssen also in einer vorbestimmten Weise strukturell aufeinander bezogen sein. Andererseits ist kein Artefakt isoliert, kein Artefakt bildet jene Einheit, die für eine Substanz der klassischen Metaphysik konstitutiv war. So ist in den vorausgegangenen Abschnitten mehrfach von Artefakten als *System* mit Subsystemen, eingebettet in ein soziales Metasystem, gesprochen worden. Ropohl (1978/1999/2010) hat diese Sicht seiner Analyse der Technik und Technologie zugrunde gelegt und ausdifferenziert; das soll und kann hier nicht geschehen. Doch in einer Ontologie-Perspektive stellt sich die Frage, ob diese Struktur von Systemen als Hinweis verstanden werden könnte, eine Artefaktontologie sei unmöglich, weil gar kein geschlossenes Objekt, keine klassische

Substanz vorliegt. Damit erweist es sich als erforderlich, den Systemstatus etwas näher zu behandeln.

Betrachtet sei zunächst ein einfaches Artefakt, etwa eine Waschmaschine. Es bildet in gewisser Hinsicht eine Ganzheit mit einer bestimmten Funktion, nämlich Wäsche zu waschen. Dazu bedarf es eines Subsystems, zumeist ebenfalls aus Artefakten bestehend, die ihrerseits Unterfunktionen erfüllen, etwa Schalter und Pumpen, die ebenfalls vielfach in Subsubsysteme zerfallen mit wiederum Funktionen wie die Teile der Pumpe. Das zeigt, dass das Artefakt dank des strukturellen Zusammenspiels der Funktionen verschiedener Subsysteme seine zentrale Funktion erfüllt: Seine Einheit basiert nicht darauf, dass Teile zusammengeschraubt sind, sondern Mittel zur Funktionserfüllung strukturell so zusammengebracht sind, dass die Zentralfunktion des Artefakts sichergestellt wird.

Nun genügt die Möglichkeit der Funktionserfüllung noch nicht, diese auszuüben, deshalb ist ein Metasystem der Versorgung mit Energie, Material und Information nötig – also mit Strom, Wasser, schmutziger Wäsche und Betätigung des Programmwahl- und Einschaltknopfs. Doch das zieht wiederum weite Kreise, denn vorausgesetzt sind damit ein Energieversorgungssystem, eine aufbereitete Materialanlieferung und eine Information, um den intendierten Prozess ablaufen zu lassen. Damit gelangen wir zu einem vieren System, in das all dieses eingebettet ist – das Gesellschaftssystem, dem Individuen angehören, die das Artefakt erfinden, entwickeln, herstellen, nutzen und schließlich entsorgen.

Gerade die heutige Technik ist auf eine noch andere Weise in ihrem Systemcharakter zu kennzeichnen. Dieser ist durchaus nicht immer explizit und unmittelbar wahrnehmbar wie die Verkabelung eines Informationsnetzes, sondern er kann unauffälliger sein; vor allem ist es in seinen Einzelelementen nicht als Gesamtsystem intendiert. Ein Auto etwa erscheint als etwas Einzelnes, aber es ist auf Straßen, Tankstellen, Reparaturwerkstätten, Ersatzteillieferungssysteme etc. angewiesen, die alle in der Idee des Autos und ihrer Materialisierung implizit vorausgesetzt sein müssen – nicht zwar als eine bestimmte Straße, eine bestimmte Tankstelle etc., sondern nur als grundsätzlich erreichbare Gegebenheit. Hier aber liegt eine der Wurzeln der Technikdynamik und ihres Verständnisses: Einerseits ist das System auf solche Komponenten angewiesen, andererseits sind diese nicht Teil einer Gesamtintention, so dass man – und hierum ging es an dieser Stelle – keine intendierte Finalität annehmen kann, während sich ein funktionelles Zusammenspiel der Teile beobachten lässt. Dies führt im Blick auf die zuletzt betrachtete Systemform unmittelbar zur Problematik einer Technikevolution, die später noch aufgegriffen werden wird.

Zusammenfassend zeigt sich, dass Artefakte oder Artefaktsysteme heute vielfach nicht mehr so geschlossen sind wie bei einer Maschine; dennoch bildet auch ein Informationsnetzwerk bei allen ständigen Veränderungen als offenes System eine Ganzheit. Wäre dem nicht so, könnten nicht Netzwerkportale Gegenstände des Börsenhandels sein. Die Kategorie der Ganzheit ist also in ihrer Bindung an die Funktionserfüllung unumgänglich. Das aber erzwingt keineswegs, eine Artefaktontologie grundsätzlich zurückzuweisen, denn dann könnte es tatsächlich überhaupt keine Ontologie mehr geben, weil beispielsweise jedes Lebewesen in ähnliche Strukturhierarchien eingebunden ist. Vielmehr muss eine gewisse Form konditionaler Einheit oder Ganzheit für jedes Artefakt aufgrund seiner Zwecke vorausgesetzt werden.

Die philosophische Herausforderung besteht nicht nur darin, einen angemessenen Artefaktbegriff zu entwickeln. Vielmehr zeigen die vorgenommenen Abgrenzungen dreierlei Probleme, die sich auf die grundlegenden Kategorien beziehen, die ihren Ort finden müssen:

- Technik wird von uns *geschaffen*; das bedeutet, dass eine voraufgegangene *Idee* von einer *Möglichkeit* am Ende *verwirklicht* wird. Weder Ideen noch Möglichkeiten sind raumzeitliche Dinge oder Prozesse – die stehen erst am Ende. Doch sie müssen ihren Platz finden.
- Technik beruht in letzter Instanz auf neuen Ideen, Noch-nicht-Dagewesenes als neue Möglichkeit zu denken – also auf *Kreativität*. Damit sind nicht nur die großen Durchbrüche gemeint, sondern auch jene kleinen Schritte, die jede Entwicklung vorantreiben.
- Was vorausgesetzt werden muss, ist die *Verwirklichbarkeit* der Möglichkeit – wiederum ein Modalbegriff, der sich wie alle Modalbegriffe einer Rückführbarkeit auf eine modalitätenfreie Kennzeichnung entzieht. Diese Verwirklichbarkeits-Modalität umfasst als Bedingungen ein theoretisches und handlungspraktisches *Wissen*.
- Geschaffen wird etwas, um in einem Prozess als Mittel zu einem Zweck zu fungieren; Technik ist also gar nicht denkbar ohne eine *Intention*.
- Jede so im Hinblick auf einen Zweck verwirklichte Möglichkeit ist essentiell auf dieses Telos, dieses Ziel bezogen. Eine Technik – Prozess wie Artefakt – zu *verstehen* kann nur bedeuten, den Zweck zu verstehen, den sie erfüllen soll. Diese Zwecke schlagen sich in *Funktionen* nieder.
- Erst eine dem Zweck genügende Struktur der eingehenden Funktionen sichert eine *Ganzheit* oder Einheit des Artefakts.

- Da Funktionen nur in einem Mittel-Zweck-Zusammenhang denkbar sind und da für das Artefakt die Funktionserfüllung (oder zumindest die Erwartung der Funktionserfüllung) unverzichtbare Bedingung ist, liegt dem Artefakt eine *Finalität* zugrunde.
- Entwickelt und genutzt wird Technik in einem soziokulturellen Zusammenhang, der insbesondere Werte und deren Verwirklichung umfasst; dieser *Werthorizont* liegt schon der Zielbestimmung in der Erfindungs- und Entwicklungsphase zugrunde.

In diesem Sinne muss eine Ontologie der Technik Platz haben für die Kategorien Kreativität, Kausalität und Finalität, Möglichkeit und Wirklichkeit, Wissen und Können, Mittel und Zwecke, Intentionen und Werte – und dieses alles im Rahmen einer sachgerechten Interpretation, die zugleich die strukturellen Verbindungen aufzeigt. Damit sind bereits die zentralen Kategorien benannt, die zu berücksichtigen und in ihrem Zusammenhang darzustellen sind.

In systematischer Hinsicht wirft eine Prozessontologie technischer Artefakte dabei mehrere spezifische Schwierigkeiten auf. Erstens müssen die genannten Kategorien sowohl auf Dinge wie auf Prozesse bezogen werden können. Zweitens unterscheiden sich technische Prozesse entscheidend von Naturprozessen: Zwar laufen sie wie diese kausal ab, aber als Folge einer Zukunft-gerichteten Zielsetzung haben sie eine teleologische Struktur. Die Herausforderung wird darin bestehen, Kausalität und Finalität aufeinander zu beziehen. Drittens verlangt der Interpretationscharakter, dass daraus kein *anything goes* erwächst, sondern ganz im Gegenteil eine einsichtige Deutung der technischen Wirklichkeit. Dabei wird zwar jeder naive Realismus verlassen, doch nur vermöge eines methodisch gesicherten Wegs.

4. Ansätze einer Artefakt-Ontologie

Ontologie fragt nach dem Seienden als etwas Existierendem. In puristischen Ansätzen wird Existenz und Wirklichkeit so eingeschränkt, dass nur raumzeitliche Wirklichkeit und mit ihr ein empirischer Zugang als allein zulässig erscheinen. Diese Sicht hat eine lange Tradition, die bei Occam beginnt und in der empiristischen, der positivistischen und pragmatistischen Tradition zu einer Einengung geführt hat, die gar einen *empirical turn* in der Technikphilosophie als Gewinn feiert (Kroes & Meijers 2000; Achterhuis 2001). Damit aber bleibt eine adäquate Ontologie technischer Artefakte unerreichbar, falls nicht ein sehr weiter Begriff von Empirie zugrunde gelegt wird, der etwa Denken, Kreativität, Zielvorstellungen, Werte und Intentionen einbezieht.

Nun sind im Laufe der letzten Jahre unterschiedliche Ansätze verfolgt worden, eine Ontologie technischer Artefakte zu entwickeln. Dabei lassen sich drei Grundrichtungen unterscheiden. Die erste ist als Ontology Technology entwickelt worden. Die zweite hat im methodischen Rahmen der analytischen Philosophie vor allem den Funktions- und den Intentionsbegriff ins Zentrum gerückt. Eine dritte Richtung sucht die Ontologie Martin Heideggers fruchtbar zu machen.

4.1 Ontology Technology

Für die erste Richtung mag Barry Smith (2003: 157) stehen. Er sieht die Aufgabe der Ontologie in einer vollständigen Klassifikation aller Entitäten als Beantwortung der Frage: „Welche Klassen von Entitäten sind für eine vollständige Beschreibung und Erklärung aller Vorgänge im Universum erforderlich?" Letztlich geht es ihm in seinem Ontological Realism jedoch nicht um Ontologie im alten, übergreifenden Sinn, sondern um eine terminologische Zusammenführung der Erfahrungswissenschaften, insbesondere im biologischen und biomedizinischen Bereich. Sie soll ermöglichen, bislang unverbundene Theorien aufeinander zu beziehen (Smith & Ceusters 2010). In dieselbe Richtung weisen alle Unternehmungen einer breiten *Ontology Technology*, wie sie in den letzten Jahren entwickelt wurde. Doch es geht hier wie in den Fällen von *Formal Ontology*, *Computing Ontology* oder auch *Ontology Ingeneering* um die Computer-Modellierung von Informationssystemen (Borgo & Vieu 2009: 273). Das birgt gewiss ein interessantes erkenntnistheoretisches Problem, weil die Lösung darauf abzielt, nicht allein die Syntax, sondern auch die Semantik als maschinengerechte Semantik in Regeln zu erfassen – aber der Begriff der Ontologie ist wohl irreführend, denn es geht nicht um Sein und Seiendes, um Existenz oder Wirklichkeit, sondern einzig um eine formale Existenz von Zeichen und Zeichenverknüpfungen. Doch erst in der semantischen Interpretation gelingt die Bezugnahme auf begriffliches Wissen und dessen Management, nicht aber die Klärung der Beziehung zwischen den formalen Existenzvoraussetzungen und deren Objektbezug: Semantik, das zeigte Kants Taler-Beispiel, garantiert nie und nimmer Existenz.

Zweifellos tut sich angesichts heutiger Medien- und Informationstechnologien die ontologisch bedeutsame Frage auf, welchen Status deren Inhalte haben. Hielte man irgendein Werk der Literatur für materiell, weil es in einem Buch niedergelegt ist, würde man genauso daneben greifen wie mit der These, es handele sich um etwas rein Geistiges. So sind Philip Faulkner und Jochen Runde (Faulkner & Runde 2012) dieser Frage nachgegangen. In einer „Theorie nichtmaterieller technischer Objekte", in der es beispielsweise um Computerprogramme geht, suchen sie als Antwort eine Brücke zwischen Materiellem und Sozialem zu schlagen, indem sie zwischen den Inhalten als „immateriellen Objekten" und ihren „Trägern" unterscheiden. Nun ließe sich einwenden, die Software könne ihre Funktion nicht ohne Hardware erfüllen, erst beide zusammen seinen ein technisches Artefakt (Meijers 2000: 90); aber dann wäre Goethes *Faust* nur dann ein literarisches Artefakt, wenn er gedruckt vorliegt. Anders als materielle Artefakte, die eine physische Form besitzen, sind immaterielle Objekte allein durch die Struktur ihrer Teile gekennzeichnet, die die Erfüllung der Funktion sichert. Der Begriff der Funktion wird sich nachfolgend als einer der Schlüsselbegriffe erweisen, denn das Ziel der Funktionserfüllung gilt für ein literarisches Werk geradeso wie für ein Rezept oder für einen Bauplan: Sie sind in Zeichen einer geregelten Sprache ausgedrückt und auf einem Träger festgehalten. Dabei kann auch der unmittelbare Träger immateriell sein – was wiederum hybride Artefakte zulässt, die materielle und immaterielle Komponenten enthalten (Faulkner & Runde 2012: 14f). In jedem Falle aber, so Faulkner und Runde, seien nichtmaterielle technische Objekte „sozial", weil sie von mehr als einer Person hergestellt seien, weil sie eine vorhandene Sprache voraussetzen und weil sie Individuen-unabhängig in eine gesellschaftliche Praxis eingebunden seien.

Damit ist eine bedeutende Erweiterung der Ontologie gegeben. Doch daneben zeigt sich eine Begrenzung, denn die immateriellen Objekte sind nicht etwa einfach auf die Gesellschaft zu beziehen, sondern auf den denkenden und interpretierenden Menschen: Ohne vorausgegangene Ideen kommt es nicht zur Verwirklichung solcher Artefakte; dabei können sie nur einer formalen Syntax folgend äußere Gestalt annehmen, während die Sinnzuschreibung, die Semantik der Zeichensysteme, die Interpretation der Zeichenreihen, die Zuschreibung von Zwecken und Werten – die letztlich die conditio sine qua non ihrer Existenz sind – gänzlich ausgeklammert bleiben. Doch zugleich zeigt sich hier das Problem, das zur Leitfrage zahlreicher Untersuchungen werden sollte, denn der gesellschaftlichen Seite steht immer die physisch-kausale Seite gegenüber, selbst im Falle eines PC-Programms muss die Hardware funktionieren, damit die Software leistet, was ihr als Zweck zugedacht ist. Hierin besteht die *Doppelnatur* (dual nature) technischer Artefakte. Genau diese Sicht bildet die Grundlinie der nun zu betrachtenden vier Ansätze. Doch wie lassen sich diese beiden Seiten, die physisch-kausale und die sozial-zweckorientierte, so denken, dass der Brückenschlag gelingt?

4.2 Funktionalistische Artefakttheorie

Der Ausgangspunkt eines neuen Verständnisses einer Ontologie der technischen Artefakte ist in der analytisch orientierten Technikphilosophie insbesondere Anthonie Meijers zu verdanken. Im Rahmen des Empirical turn ist seine Leitthese, Technik sei eine *„relationale Entität"*, weil Artefakten nicht nur eine physische Struktur zukommt, sondern auch ihr breiter ingenieurmäßiger und sozialer Kontext: Zur materiellen Struktur tritt eine soziale Praxis des Entwickelns und Gebrauchs (Meijers 2000: 81), ohne dass eine Seite auf die andere rückführbar wäre. Eben dieses ist die physisch-gesellschaftliche Doppelnatur der Artefakte (Kroes & Meijers 2006; Kroes 2010). Thomas Zoglauer (2012: 17ff) hat die nachfolgende Entwicklung bei Peter Kroes (2012), Pieter Vermaas und Wybo Houkes (Vermaas & Houkes 2006) treffend als „funktionalistische Artefakttheorie" bezeichnet.

Eine *technische Funktion* hat neben der physischen Seite die *Intention* des Technikers wie des Nutzers zur zwingenden Voraussetzung (Meijers 2000: 87). Damit ist eine bedeutsame Weichenstellung in drei Punkten vollzogen. Zum ersten: Anders als Ropohl (1978: 63), der den Begriff der Funktion ausschließlich deskriptiv zu verwenden beansprucht, wird er hier als zweckbezogen eingeführt. So ist es zwar auch in der Biologie zulässig, von Funktionen zu sprechen (was sich für uns für Biofakte als sachgerecht erweist), doch unterscheiden sich Biofunktionen von technischen Funktionen darin, dass letztere immer mit einer planvollen Intention verbunden sind, die auf den Zweck abzielt. – Zum zweiten gilt, dass zwar kein Artefakt ohne Intention und damit ohne Zweck sein kann; aber der vom Erfinder und Entwickler verfolgte Zweck eines technischen Artefakts kann ein anderer sein als der des Nutzers, ebenso kann ein Artefakt mehreren Zwecken dienen oder im Laufe der Zeit für gänzlich neue Zwecke verwendet werden; Meijers (2000: 87) unterscheidet deshalb die zunächst intendierte Eigenfunktion (proper function) von der Systemfunktion als möglichen Gebrauchsweisen. – Zum dritten: Die Funktion darf deshalb nicht als Essenz des Artefakts gesehen werden, sondern als eine Zuschreibung, die unter der Bedingung steht, gerechtfertigt zu sein, weil ihre Erfüllung erwartet werden kann (vgl. Vermaas & Houkes 2006: 8f).

Auf diesem Hintergrund ist schließlich ein Adäquatheitskriterium für eine Ontologie technischer Artefakte formuliert worden (Houkes & Meijers 2006:

120). Eine solche Ontologie sollte eine zweifache *Unterbestimmtheit* zwischen Artefakten und ihrer materielle Basis einschließen: Ein auf eine Funktion bezogener Artefakt-Typ ist als materielle Struktur auf unterschiedliche Weise verwirklichbar, während mit einer gegebenen materiellen Basis eine Vielzahl von Funktionen verwirklicht werden kann. Dabei ist zu berücksichtigen, dass aus der Funktion viele praktische Konsequenzen für die Struktur folgen und umgekehrt.

Was allerdings den gesuchten Brückenschlag zwischen der physischen und der sozial-intentionalen Seite anlangt, so wird er damit allenfalls beschrieben, aber nicht begründet; doch wird eingeräumt, dass es sich dabei um ein „schwieriges metaphysisches Problem" handelt (Houkes & Meijers 2006: 118 u. 129), das dem Leib-Seele-Problem entspricht, weshalb schließlich für einen Pluralismus der Artefaktkategorien plädiert wird (Houkes & Vermaas 2013).

Die besondere Schwierigkeit, um die es hier geht und die mit Willensfreiheit geradeso wie mit Kreativität und Intentionalität verbunden ist, hat Peter Bieri (1981/1997: 5) auf den Punkt gebracht, indem er festhält, dass die folgenden drei ontologische Positionen je für sich akzeptabel erscheinen, aber miteinander unverträglich sind:

1. Mentale Phänomene sind nicht-physische Phänomene (der Geist ist immateriell).
2. Mentale Phänomene können physische Phänomene verursachen (der Geist wirkt auf den Körper, das heißt, er erzeugt einen Unterschied in der materiellen Welt).
3. Der Bereich physischer Phänomene (d.h. die materielle, körperliche Welt) ist kausal abgeschlossen.

Die erste Aussage drückt unsere Alltagsüberzeugung aus, dass Geist und Körper zwei verschiedenen ontologischen Bereichen zugehören, die klar zu trennen sind: Liebe, Furcht, Denken und Wille geradeso wie Intentionalität und Kreativität gehören ersterem an; Ausdehnung, Gewicht, Wärme und Undurchdringlichkeit letzterem. Die Aussage bringt also den ontologischen Dualismus zum Ausdruck. – Die zweite Aussage beinhaltet die wohlbekannte Erfahrung eines Brückenschlags zwischen beiden Bereichen, so etwa willentlich etwas tun, Zittern vor Furcht oder Rotsehen vor Ärger geradeso wie die Verwirklichung einer technischen Idee in einer materiellen Konstruktion. – Die dritte Aussage schließlich geht auf die Auffassung der Physik im 17. Jahrhundert zurück, wonach Natur als Materie und nicht als etwas Animistisches wie in der Alchemie verstanden wird:

Physische Phänomene werden nur von physischen Phänomenen verursacht, und ein physisches Phänomen zu erklären verlangt eine Erklärung aufgrund physischer Bedingungen und Naturgesetze – und nichts sonst: Ein Experiment oder der Lauf einer Maschine hängen nicht von Beschwörungsformeln ab. Tatsächlich beruht der Erfolg der modernen Naturwissenschaften auf dieser Voraussetzung.

Nun kommen wir im Blick auf die Technik ontologisch gesehen nicht umhin, die zweite Position als einzig sachgerechte anzunehmen. Dabei handelt es sich um die metaphysische Annahme, dass Menschen willentlich, planend, entwerfend und konstruierend eine Veränderung in der Welt ermöglichen. Für die Ontologie technischer Artefakte muss also eine Offenheit der unteren physischen Schicht für solche Eingriffe ihren systematischen Platz finden. Funktionen spielen hierbei eine entscheidende Rolle, weil sie begrifflich beide Seiten einschließen – nämlich die intentionale Zielorientierung geradeso wie den kausalen Prozess.

Festzuhalten ist weiter für die zu verfolgende Sicht, dass mit der Fokussierung auf den Funktionsbegriff eine fundamentale Änderung des ontologischen Zugriffs verbunden ist, denn Funktionen kennzeichnen erstens weder ein bestimmtes Objekt noch einen bestimmten Prozess. Zweitens haben viele Artefakte mehrere Funktionen oder sind gar offen für ständige Funktionserweiterungen wie etwa ein PC. Drittens gilt für ein Artefakt, was für Handlungen und für eine Ontologie gilt – es beruht in seiner ihm zugeschriebenen Funktion auf einer begründeten Interpretation. Da nun Funktionen zum Kernbestand eines Artefakts gehören, zeigt sich, dass eine Artefaktontologie sich vom traditionellen Ding/Prozess-Schema ebenso wie von der Zuschreibung von ewigen Essenzen zugunsten offener kategorialer Bestimmungen lösen muss. Die entscheidende Konsequenz besteht also darin, objektkonzentrierte Ansätze zugunsten einer kategorial konzipierten Ontologie zu verlassen.

Dennoch zeigen sich hier Beschränkungen, die die vorgeschlagene Funktions-Ontologie als zu arm erscheinen lassen. Erstens greifen Funktionen zu kurz, weil die physische Seite abgekoppelt ist von Werten und Zielen des Entwicklers und Nutzers, während nicht zu erkennen ist, wie dies durch die gesellschaftliche Funktion ausgeglichen werden könnte. Zweitens sind Funktionsbegriffe immer universell und erlauben nicht, von einzelnen Artefakt-Typen zu sprechen, so dass das Spezifische einer technischen Funktionserfüllung ausgeklammert bleibt: Die Funktion, uns die Uhrzeit anzuzeigen, hat eine Sonnenuhr geradeso wie eine Pendel- oder Quarzuhr. Überdies ist die Kategorie ‚Gesellschaft‘ zu allgemein – eine Gesellschaft besteht aus Individuen, und die sind es, die das technische Artefakt erfinden, entwickeln, produzieren und nutzen. Nicht, dass diese Elemente in den funktionstheoretischen Analysen nicht genannt würden, aber sie verlangen eine Verbreiterung der Ontologie, um berücksichtigt werden zu können.

4.3 Sozialontologische Artefakttheorie

Breiter ist dagegen die zweite Richtung, die von Clive Lawson (2004/2007) verfolgt wird und Ansätze der auf John Searle (Zusammenfassung in Searle 2007) zurückgehenden Social Ontology für eine Ontologie der Technik heranzieht, um gemäß der Doppelnatur die materielle Seite der Technik mit der sozialen zu verknüpft; dabei bleibt er jedoch dem Critical Realism verhaftet, ablesbar etwa an der These, technische Objekte könnten einzig anhand der verschiedenen Aktivitäten verstanden werden, die bei ihrer Entwicklung, ihrer Herstellung oder ihrem Gebrauch eine Rolle spielen (Lawson 2008, pt. 2). Damit gelangt er zu der für ihn zentralen Auffassung, dass technische Objekte darauf abzielen, die menschlichen Fähigkeiten zu erweitern (2008, pt. 3). Dass es hierbei um Wissen und Können, um Zwecke, Ziele, Mittel und Werte geht, wird zwar gesehen, doch zugleich schreibt er, es seien nicht Werte, Intentionen etc., die in technischen Artefakten konkrete Gestalt annehmen, sondern die sozialen Beziehungen, die materialisiert werden.

Mit der Betonung des Funktionsbegriffs und des Gesellschaftsbezugs in einer Searleschen Perspektive ist durchaus ein wichtiger Punkt getroffen, in welchem sich technische Artefakte von Naturdingen unterscheiden, nicht zuletzt, weil Searle nachdrücklich hervorhebt, dass Funktionen nicht wie Quasi-Eigenschaften zu verstehen sind, sondern auf einer gesellschaftlichen Interpretation beruhen: Der Stein hat nicht als solcher die Funktion, als Hammer zu dienen, sondern es handelt sich dabei um eine gesellschaftliche Zuschreibung, ganz im Sinne der bereits betonten Bedeutung von Interpretation. Diese aber kann von Gesellschaft zu Gesellschaft, von Situation zu Situation, von Individuum zu Individuum variieren; doch umso mehr muss das denkende, erkennende, interpretierende und handelnde Subjekt eingezogen werden.

4.4 Konstitutionstheorie der Artefakte

Eine andere, dritte Erweiterung nimmt Lynne Rudder Baker vor. Sie sieht Artefakte als auf Konstituierung beruhend (Baker 2000; 2004: 99f). Sie schreibt: „Konstituierung (constitution) ist eine Beziehung zwischen Dingen unterschiedlicher elementarer Art (primary kinds). Konstituierung führt zur Existenz neuer Objekte elementare Art auf einer höheren als der ursprünglichen Ebene". Dieses sei eine „metaphysische Relation", die Gebilde unterschiedlicher Ebenen der

Realität zu Gegenständen zusammenfasst, denen wir im Alltag begegnen (2007: 32). In der Konstitution soll die Brücke zwischen dem physischen und dem intentionalen Bereich bestehen, indem sie zu einer „Einheit ohne Identität" und einer „kontingenten und zeitgebundenen Relation" führt (2008: 3). Dabei wird auch der Funktionsbegriff von ihr berücksichtigt, wenn sie von „proper function" eines Artefakts spricht, womit ein Doppeltes gemeint ist, nämlich einmal so etwas wie die Haupt-Funktion eines Artefakts (etwa für ein Mobiltelefon das Telefonieren, nicht jedoch oder erst sekundär die Demonstration eines sozialen Status anhand des neuesten Modells), zum zweiten, dass die Intention darauf gerichtet ist, dass diese Funktion sachgerecht erfüllt wird (was eine Fehlfunktion zulässt, ohne dem Artefakt die Existenz abzusprechen). Auch ein Wechsel der Intention etwa des Nutzers wird berücksichtigt (Baker 2009).

Nun beruht Bakers Lösungsvorschlag auf der ontologischen Annahme von primären Objekten, die in einem Konstitutionsprozess Objekte höherer primärer Art erzeugen. Das aber verlangt eine Erklärung, wie ein solcher Erzeugungsprozess möglich ist und etwas Neues als identitätsloses Objekt zu konstituieren vermag. Da Baker einen engen Realitätsbegriff voraussetzt, wäre es also erforderlich, etwa auf Ilya Prigogines dissipative Strukturen zurückzugreifen, die die Ausbildung neuer komplexerer Strukturen zulassen, oder auf Autopoiesis-Theorien, wie sie vom Radikalen Konstruktivismus vorgeschlagen wurden – jedoch wären beide um intentionale Gerichtetheit zu ergänzen. So aber bleibt Bakers These ein bloßes Postulat: Die Brücke ist nicht geschlagen.

4.5 Formale Brücke und essentialistische Theorie

Daneben stehen als vierter Ansatz die Schriften von Amie L. Thomasson, die hinsichtlich der gesuchten Brücke einen Schritt weiter führen und dabei den Realismus-Rahmen ausweiten. So hält sie fest: Technische Artefakte sind Schöpfungen des Geistes (creations of the mind; Thomasson 2007: 52), sie sind „nicht bloß kausal, sondern *essentiell* abhängig vom Denken (dependend on minds) in dem Sinne, dass es *metaphysisch* notwendig ist, dass etwas auf intentionalen menschlichen Aktivitäten beruht, um ein Artefakt zu sein." (Thomasson 2009: 194). So wird zugleich der Bereich des Individuums und des Geistes einbezogen. Damit stehen bei Thomasson die begriffliche Referenz auf das Artefakt und seine intentionalen Voraussetzungen im Zentrum. Ihr gelingt es damit, den engen Realitäts- und Objektbegriff der meisten analytischen Technikphilosophie-Ansätze zu überwinden. Zugleich führt sie als entscheidende Erweiterung einen Bezug zwischen der intentional-mentalen und der materiell-kausalen Seite in

Gestalt eines Kriteriums ein, das überdies erlaubt, auch Fehlfunktionen einen Ort zuzuweisen. Ihr rein formales Kriterium als Existenzbedingung eines Artefakts der Art K lautet: Zu jedem Begriff ‚K' existieren Dinge der Art K, wenn die Anwendungsbedingungen, die als Kriterien für einen sachgerechten Gebrauch (proper use) dienen, erfüllt sind (2009: 197). Da hierbei Intentionen mit empirischer Erfahrung verbunden werden, spricht sie von einer „hybriden Referenztheorie" und erläutert, „dass für jede wesensmäßig ein Artefakt ausmachende Art K gilt, dass etwas nur dann ein K ist, wenn es das Produkt einer zumeist erfolgreichen Intention ist, etwas von der Art K herzustellen" (2009: 206). So wird die Wissensseite (oder was der Handelnde zu wissen meint) sowohl mit der Intentionalität als auch mit der praktischen materialen Herstellungsseite in der Existenz des Artefakts verbunden, wobei alle diese Anteile als zur Realität gehörig und in das Artefakt eingehend verstanden werden. Allerdings bedeutet die Beschränkung auf *Arten* von Artefakten, dass es schwierig sein dürfte, jenen Artefakten gerecht zu werden, die einmalig sind (Beispiel: Jangtse-Staudamm).

Mit den beiden dargestellten Schritten hat Thomasson eine beachtliche Weiterführung erreicht, weil Intention, Funktion und Physis nun vermöge eines praxisorientierten Kriteriums verbunden werden. Zugleich wird die Seite des theoretischen und handlungspraktischen Wissens einbezogen und neben der gesellschaftlichen auch die geistige Seite als Voraussetzung namhaft gemacht. Dennoch bleibt die Frage nach originären ontologischen Kategorien unberührt; insbesondere bleiben sowohl Werte als auch Kreativität und Finalität ausgeklammert.

5. Problemlage

Zusammenfassend lässt sich sagen: Intention und Funktion sind unverzichtbar; sich jedoch auf sie zu beschränken, stößt, wie durchgängig zu beobachten war, auf Schwierigkeiten, die auch mit der Erweiterung um Wissen und Können und um ein vermittelndes Kriterium nicht ausgeräumt sind:

–   *Intentionen* sind der dynamische Prozess, über ein Mittel ein wertbesetztes Ziel zu erreichen. Die vorgängigen Prozesse von der Kreativität über die Wertvorstellung und Mittelsuche zur Entwicklung bleiben also ausgeblendet, obwohl sie die eigentlich konstitutiven Momente sind, die zur Ausformung und Nutzung des Artefakts in einem Handlungs- oder Herstellungsprozess führen. Dass ein Artefakt einen Wert im Sinne einer Wertzuschreibung materialisiert, kann damit nicht zum Ausdruck kommen.

- *Funktionen* bilden die Grundlage von Artefakten, ohne dass sie deshalb als Essenz im klassischen Sinne verstanden werden dürfen, denn sie werden ihnen in einer Zweck-Mittel-Perspektive zugesprochen. Dabei fassen sie gänzlich unterschiedliche Mittel, ein Ziel zu erreichen, begrifflich zusammen – sie ignorieren damit die Materialseite (Holzbrücken, Steinbrücken, Stahlbrücken haben alle die Funktion, einen Übergang zu schaffen) und mit ihr die gänzlich unterschiedlichen Technologien, die dabei zur Anwendung kommen. Sie ignorieren ebenso das je spezifische Wissen und Können, ohne die das Artefakt nicht verwirklicht werden kann. Damit bleibt die kulturelle und geschichtliche Seite ausgeblendet (selbsttragende Holzbrücken sind ein charakteristisches Element der chinesischen Brückenbautradition; erst die etruskische Technik keilförmiger Steine erlaubte die weitgespannten römischen Steinbrücken; geeignete Stähle, Niettechniken etc. waren die Voraussetzung der Stahlbrücken). Darüber hinaus gibt es multifunktionale Artefakte und solche, deren Charakteristikum gerade darin besteht, für eine Vielzahl von Funktionsmöglichkeiten offen zu stehen (das ist die Grundeigenschaft eines PC, der viele Programme und Nutzungsmöglichkeiten zulässt). Schließlich beruhen entscheidende Schritte in der Technikentwicklung auf der gänzlich neuen Anwendung eines gegebenen Artefakttyps für neue Zwecke und damit für neue Funktionen (ein Kraftwagen war zunächst ein Herren-Sportgerät, erst später ein Transportgerät). Deshalb müssen Modalkategorien insbesondere der Möglichkeit einbezogen werden.
- Intentionen ebenso wie Funktionen sind keineswegs beobachtbar, sondern beruhen auf einer interpretierenden Deutung im Blick auf Ziele, die ebenfalls nicht beobachtbar sind, sondern unserm deutenden Verständnis von Handlungen entspringen. Vor allem aber sind beide auch in ihrer Interpretation prozessualer Natur: Die Intention zielt auf eine Handlung oder Veränderung, die Funktion bezeichnet den Typ des Mittels für eine kausale Transformation einer Sachlage A in eine Sachlage B. Kategorien einer Prozessontologie wie *Kausalität* und *Finalität* sind also unverzichtbar.
- Durchgängig wird auf die Gesellschaft Bezug genommen; doch diese besteht aus handelnden *Individuen* als Erfinder, Entwickler, Nutzer. Dieser Bezug muss über den Gesellschaftsbezug hinaus seinen sachgerechten Platz finden.

Damit erweisen sich die derzeit vorliegenden Ansätze einer Ontologie der Technik als Schritte auf dem Weg, jedoch als noch zu eng, dem gesuchten weiten Rahmen gerecht zu werden.

6.   Die Dynamik des Hervorbringens

Sehr unterschiedliche Ansätze sind denkbar, um eine Artefaktontologie im Blick auf die genannten Desiderata zu erweitern. Eben dieses geschieht in dem von Heidegger ausgehenden Ansatz Zoglauers (2012: 21ff). Heideggers Artefakttheorie wird in Grundlinien mit dessen Begriffen der „Zweckdienlichkeit" des „Zuhandenen" als „Zeug" (Werkzeug, Nähzeug, Schreibzeug, Maschine …) entwickelt. Dieses führt im letzten Schritt zum „Verweisungszusammenhang", der sich darin manifestiert, dass kein Artefakt allein steht, sondern in eine kontextuelle Beziehung eingebunden ist. Nun haben diese Elemente, die sich vor allem auf Heideggers *Sein und Zeit* und *Der Ursprung des Kunstwerks* stützen, sehr wohl – wenn auch terminologisch gänzlich anders gefasst – in den an Phänomenen orientierten, auf den Gebrauch abzielenden Analysen des funktionalistischen Ansatzes wie in den darüber hinausgehenden Ansätzen von Baker und Thomasson ihre Berücksichtigung gefunden. Was dort wie auch in Zoglauers auf das Problem der Verdinglichung abzielenden Darstellung nicht thematisiert wird, ist eine Sicht, die von der Kreativität über die Intentionalität und Finalität bis zur Kausalität reicht.

Wenngleich anders bezeichnet, hat Heidegger diese Problematik sehr wohl behandelt. Technik als Mittel „enthüllt sich", so betont er in *Die Frage nach der Technik*, wenn man auf die aristotelische „vierfache Kausalität" zurückgeht. Es gilt also, nicht nur die causa efficiens als Kausalität im heutigen Sinne einzubeziehen, sondern auch die „causa finalis, die Finalität", ebenso Stoff als causa materialis und Form als causa formalis, von Heidegger (1954/1962: 8f) als „Aussehen (eidos)" bezeichnet. Der Stoff ist für Aristoteles stets mit der Form verbunden, doch im Denken lässt sich die Form abstrahierend davon ablösen. Damit gewinnt sie Form eine Eigenständigkeit, die es Aristoteles erlaubt zu sagen, der Baumeister trage sie von außen an den Stoff heran, wenn er ein Haus errichtet. In diesem Sinne schreibt Heidegger, der Silberschmied forme den Stoff zur Silberschale: Solches „Her-vor-bringen" sei ein „Entbergen", in dem alle vier Ursachen zusammenkommen; lapidar heißt es darum: „Die Technik ist eine Weise des Entbergens." (Heidegger 1954/1962: 12 u. 13) Dies gelte auch für die „moderne Technik", die zum „Ge-stell" führt. Mit Ge-stell meint Heidegger das, was im Entbergen als dem Hervorbringen aus der Idee und bezogen auf das Ziel final zu einem Ding als Wirklichkeit führt, das sich uns entgegenstellt und herausfordert. Damit hat die Finalität einen zentralen Platz nicht nur im Hervorbringen, sondern anders als bei Aristoteles auch im Artefakt selbst gefunden. Nimmt man nun noch Heideggers *Nachwort* zu *Der Ursprung des Kunstwerks* hinzu, so erläutert er den Zusammenhang folgendermaßen: Zunächst hat etwas das Sein als Form, nämlich in der Vorstellung oder Idee, die sich zur Form fügt, um dann ein Ganzes aus Stoff und Form zu werden, und zwar durch das Wirken der Handlung (1950: 68). Dabei ist ‚Wirken' und ‚Handlung' – Heidegger spricht von ergon und energeia – nicht als bloße Betriebsamkeit zu verstehen, sondern als ein dynamisches, vorantreibendes und Wirklichkeit schaffendes Prinzip. Die causa efficiens geradeso wie die causa finalis sind also dynamische Kategorien. Das allerdings fügt sich noch nicht zu einer Ontologie, es zeigt aber, dass die teleologische Weise technischen Wirkens in dessen Resultat eingeht. Damit stellt sich die Frage, wie solche die Finalität kennzeichnende Weise der Verwirklichung einzubeziehen ist. Es bedarf also einer neuerlichen Weiterung des Ansatzes.

7.   Finalität als Downward causation

Die Frage, wo und wie die Kausalität der physischen Welt mit Finalität zusammengehen soll, die doch für Aristoteles wie Heidegger der Welt des Vorstellens, der Ideen und des Denkens entspringt, zeigt sich in aller Schärfe in Karl Poppers Drei-Welten-Theorie, die nun aufgenommen werden soll: Welt 1 ist die der physischen Objekte, Welt 2 die der individuellen psychischen und geistigen Zustände, Welt 3 hingegen die der vom Subjekt unabhängigen geistigen Inhalte – etwa die Aussagen der nach Wahrheit strebenden Wissenschaften, die Werke der Literatur und ihre Interpretationen geradeso wie die Normen und Werte einer Kultur (Popper 1972/1973: 123-171). All diese bezeichnet Popper als Objektivationen des individuellen Denkens; und damit sind auch alle künstlerischen und technischen Artefakte zwar nicht materialiter, jedoch in ihrem geistigen Gehalt als Objekte der Welt 3 einbezogen. Wie aber hängen diese drei Welten zusammen, was macht sie zu der *einen* Wirklichkeit? Dies ist umso wichtiger, als Welt 3 keine präexistente platonische Ideenwelt oder gar die leibnizsche Gesamtheit aller möglichen Welten ist; vielmehr wird sie konzeptualistisch in einem evolutionären Fortgang der Geistes- und Kulturgeschichte aufgebaut – was allerdings einschließt, dass etwa die Entwicklung des Primzahlbegriffs zu überzeitlichen Primzahlgesetzen führt und damit zur Einsicht, dass Primzahlen schon existierten, bevor Menschen sie definierten, wie der Mt. Everest existierte, bevor ihn Menschen wahrnahmen.

Dieses ist nicht der Ort, Poppers Drei-Welten-Theorie zu diskutieren – hier geht es um die Einordnung der Artefakte. Wenn sie Objektivationen des menschlichen Geistes sind, ist zu klären, wie es dazu kommen kann, dass ein geistiger Inhalt der autonomen Welt 3 vergegenständlicht wird. Gewiss, die Welt 3 selbst ist „ein natürliches Erzeugnis des Lebewesens Mensch" (Popper 1972/1973: 129). Erzeugnis – das ist ein handelnder Zugang auf die Welt 1, in der wir „Häuser, Werkzeuge und auch Kunstwerke" hervorbringen, wie Popper (1972/1973: 130) anmerkt. Es geht also einerseits um Herstellungsakte, andererseits und zugleich um dabei verwirklichte Strukturen. Popper (1978) ergänzt dies später, indem er, Donald T. Campbells *downward causation* (Campbell 1974a; 1974b) aufgreifend, eine „Abwärtskausalität" einführt. Diese zeigt sich nicht nur innerhalb der Welt 1 im Verhältnis vom Biotischen zur Materie, sondern geradeso zwischen der psychischen Welt 2 und der Welt 1, um darüber hinaus vermöge des Vermittlungselements der Sprache auch zwischen Welt 3 und Welt 2 angenommen zu werden. Campbell (1974a: 180) erläutert:

„(Abwärtskausalität) Wo die natürliche Selektion durch Leben und Tod auf einer höheren Ebene der Organisation wirkt, bestimmen die Gesetze des Selektionssystems der höherer Ebene teilweise die Verteilung der Ereignisse und Substanzen auf der niedrigeren Ebene. Der Verlauf eines die Ebenen übergreifenden Phänomens ist mit der Beschreibung seiner Möglichkeit und Umsetzung in der Begrifflichkeit der niedrigeren Ebene nicht abgeschlossen."

Campbell räumt ein, dass der Begriff ‚Kausalität' nicht sehr glücklich gewählt ist, denn die Abwärtskausalität ist im Gegensatz zur klassischen Kausalität nicht zwingend, sie braucht längere Zeit und verläuft über unterschiedliche Zwischenglieder. Zugleich aber wird auf der physischen Seite vorausgesetzt – was wiederum Popper (2002: 119 u. 127) nachdrücklich hervorhebt –, dass die materiellphysische Welt als offen angesehen werden muss, um eine solche Abwärtskausalität und eine Wechselwirkung zuzulassen, dergestalt, dass Welt 2 zum „Vermittler zwischen Welt 3 und Welt 1" werden kann.

Ursprünglich wurde die Abwärtskausalität in evolutions- und emergenztheoretischen Ansätzen eingeführt, um den Einfluss der biotischen auf die materielle Schicht verstehen zu können. Der Grundgedanke hierbei ist, dass eine verzweigte und mehrschichtige Struktur ihre Elemente (als Unterstrukturen) zu bestimmen vermag; deshalb wird oft auch von *Makrokausalität* im Gegensatz zur Mikrokausalität gesprochen: Unser Körper vermag als Makrosystem unsere Körpertemperatur gegenüber der Umgebungstemperatur weitgehend konstant zu halten.

Im nächsten Schritt erfolgte die Übertragung von psychischen auf leibliche Vorgänge: Das Makrosystem unseres Willens vermag das Mikrosystem einer Muskelgruppe dergestalt zu beeinflussen, dass wir etwa die Hand heben. Das erweist sich als fruchtbar für die Behandlung von Artefakten, weil zum einen ein Ganzes (ein Artefakt) als ein umfassendes Makrosystem seine Teilsysteme bestimmt. Zum anderen, weil der Mensch als Makrosystem ‚Erschaffer des Artefakts‘ dieses Artefakt intentional handelnd hervorzubringen vermag. Und zum dritten, weil der Konstrukteur des Artefakts seinerseits durch den Rahmen des Wissens, des Könnens und der kulturellen Anforderungen, gesehen als geistig-kulturelles Makrosystem, in seinem Entwurf bestimmt ist. Wenn es sich in diesen drei Fällen um Systemhierarchien handelt, so widerspricht das keineswegs dem Ansatz – man denke an Hermann Haken (1981) und seine Darstellung der Synergetik.

Nun haben weder Campbell noch Popper noch die meisten Emergenztheoretiker die Differenz zwischen einem Ding der Natur und einem Artefakt weiter verfolgt; oder genauer: zwischen der klassischen (Aufwärts-)Kausalität und der überhöhten Determinationsform der Abwärtskausalität qua Finalität. Doch genau hierin liegt das Problem, wieso in einer technischen Funktion eine gesellschaftliche und eine kausale Funktion zusammen kommen können oder wie eine bloße Zusammenführung in einer Bakerschen Konstitution die Schwierigkeit überwindet oder wie im Heideggerschen Her-vor-bringen eine solche Kluft überbrückbar sein soll. Deshalb bedarf es einer differenzierteren Ontologie des Artefaktes. Zwar passt es gut in die bislang gängige, von der Materie dominierten Sicht, dass ein Stein als Hammer dienen kann und dass sich eine Maschine von der Art eines Pochwerks davon nicht wesentlich unterscheidet; doch unmöglich wird eine solche Sicht bei der genialen Leibnizschen Rechenmaschine, beim Computer oder einem Datennetzwerk: diese lassen sich nicht allein auf der untersten Schicht der Welt 1 verorten und erfassen. Es bedarf der Einbindung der Finalität.

8. Ontologie der Wirklichkeit

Um einen weiteren Rahmen für eine Ontologie technischer Artefakte entwickeln zu können, empfiehlt es sich, auf eine ungleich reichere, zu Unrecht kaum mehr beachtete Ontologie des 20. Jahrhunderts zurückzugreifen, diejenige Nicolai

Hartmanns. Ihm geht es um „das dingliche und das menschliche Sein, die Wirklichkeit der materiellen *und* die der geistigen Welt." (Hartmann 1931: 7f) Diesen erweiterten Wirklichkeitsbegriff gilt es aufzugreifen – heute mehr denn zu Nicolai Hartmanns Zeiten, weil wir heute vor gänzlich neuen Phänomenen stehen, die der ontologischen Einordnung bedürfen: Gemeint sind handlungsleitende Computer-Simulationen möglicher Szenarien, informationsvermittelnde und von jedem bearbeitbare Datenquellen, handlungskoordinierende Netzwerke einander völlig unbekannter Agenten, automatische Steuerungen von Fabrikationsanlagen und von Bankspekulationen. Ein mit 3D-CAD gewonnenes Bildschirm-Objekt lässt sich virtuell wiegen, elastisch, plastisch und thermisch verformen: Die Grenzen zwischen Möglichkeit und Wirklichkeit verschwimmen bei dieser Form der Symbolisierung von Existenz.

Gewiss, Fiktionales, Entwürfe, Handlungsmöglichkeiten hat es immer schon gegeben. Literarische Werke symbolisieren für den Leser eine fiktive Welt als existierend. Zugleich kommt dem literarischen Werk jedoch auch eine Form von Wirklichkeit zu, der es einen Platz einzuräumen gilt. Nun sind Existenzvoraussetzungen zwingend, damit es überhaupt eine Erkenntnis zu geben vermag. Oder wiederum mit Hartmann (1931: 9):

> „Erkennen kann man nur, was ‚ist‘; und das heißt: was auch unabhängig vom Erkennen besteht, also was ‚an sich‘ ist. Das ganze Verhältnis ‚Subjekt – Objekt‘ ist [...] in eine andere Dimension gerückt. Es ist ein transzendentes Verhältnis, nämlich ein das Bewusstsein transzendierendes: eine Relation, welche das Bewusstsein mit etwas von ihm Unabhängigem verbindet."

Dabei geht es, wie Hartmann in seiner späten Zusammenfassung *Neue Wege der Ontologie* hervorhebt, nicht um Erkenntnis, sondern um deren Gegenstand – und entsprechend um die Bedingung der Möglichkeit solcher Gegenstände. Nun erlaubt seine Konzeption insbesondere, Bieris zweite Position aufzunehmen und ins Zentrum zu rücken. Derartige Bedingungen können nach Hartmanns Auffassung jedoch nicht a priori gewonnen werden, wie Kant dies für die Erkenntniskategorien als Bedingung der Ontologie sah. So lautet Hartmanns „Grundthese": „die Seinskategorien sind keine apriorischen Prinzipien", sondern solche, die „Zug um Zug den Realitätsverhältnissen abgelauscht" werden (Hartmann 1942/1949: 13). Hartmann sucht also erstens einen Bezug zur Empirie, um zweitens davon ausgehend ein Kategoriensystem zu entwickeln. Der erste Punkt beinhaltet die Abwehr einer apriorischen Seinsmetaphysik zugunsten einer sehr weit verstandenen Realität; der zweite dagegen entwirft eine Begrifflichkeit, die jede Ding- oder Prozessontologie hinter sich lässt zugunsten einer umfassenden Kategorisierung: Die Kategorien kennzeichnen Schichten des Seins, an denen Objekte (Dinge wie Prozesse) teilhaben. Zu solchen ‚Realitätsverhältnissen' gehören von Anbeginn auch Möglichkeiten, Empfindungen und Intentionen, denn sie sind uns aus der Realität unseres Denkens und Handelns wohlvertraut. Damit aber ist ein gänzlich anderer als der traditionelle Zugang vonnöten, weil weder von Seiten Gottes wie bei Leibniz, noch mit Kant vom Erkenntnissubjekt ausgegangen wird, sondern vom *Objekt* – natürlich wie es uns in der Erkenntnis gegeben ist, aber a posteriori und nicht mit einem universellen, sondern einem hypothetischen Anspruch: Genau das macht Hartmanns Methode interessant und brauchbar für die Analyse neuer Phänomene, wie sie gerade gestreift wurden. Insbesondere bereitet es keine Schwierigkeiten, Intentionen als Voraussetzung der Entwicklung und der Verwendung eines Artefakts in der Ontologie einen Platz zuzuweisen, statt darüber zu streiten, ob Intentionen ‚real' seien. Wichtig ist hierbei, dass – wie Hartmann (1942/1949: 21 u. 22) betont – der „Geist nicht außerhalb der realen Welt" steht, denn beide haben „dieselbe Zeitlichkeit, dasselbe Entstehen und Vergehen", während die wesentlich weniger fundamentale Räumlichkeit allein Dingen und Lebewesen zukommt. Doch sei jetzt schon angedeutet, dass daran festgehalten werden soll, dass dieses „Realitätsverhältnis" nicht eigentlich in einem Ablauschen vergegenwärtigt wird, sondern unaufhebbar mit einer interpretierenden Deutung gekoppelt ist: Hier wird der Anknüpfungspunkt für die Überbrückung von Materialem, Individuellem, Sozialem und Geistigem zu sehen sein, weil die jeweiligen Interpretationskonstrukte ein geistiges Element sind, das sozial vermittelt und zugleich materialbezogen ist.

Da Hartmanns Schichtenlehre für die zu verfolgenden Fragen hilfreich ist, soll ihr Grundgedanke kurz skizziert werden. Danach besteht der Aufbau der realen Welt wie schon bei Aristoteles aus vier Schichten, der anorganischen, der organischen, der seelischen und der geistigen Schicht (Hartmann 1940: 197f). Sie sind klar geschieden, bauen aber auf einander auf – und zwar auf dem Weg vom Materiellen zum Organischen in einem *„Überformungsverhältnis"* (1942/1949: 63), wobei von den Gebilden der niedrigeren Schicht in der höheren nichts verloren geht, doch dergestalt, dass die neuen Strukturen oder Gebilde, das *Novum* (Stoffwechsel, Assimilation-Dissimilation, Reproduktion, Selbstregulierung), nicht auf die untere Schicht rückführbar sind. Ähnlich setzt die seelische Schicht des Bewusstseins Materie und Organismus voraus, doch nicht als Überformung, sondern in einem *„Überbauungsverhältnis"* (1942/1949: 63), bei dem zwar einige Kategorien der unteren Schichten erhalten bleiben (etwa Kausalität, Wechselwirkung, Zustand, Prozess, Zeit), während andere (etwa der Raum) ausscheiden. Was hinzukommt, das *Novum*, ist das Bewusstsein mit Unräumlichkeit, Individualität und der Innerlichkeit der seelischen Inhalte (1949/1956: 126). Das Geistige – wiederum eine Überformung – hebt sich davon durch „Überindividualität" ab: Es ist etwas Gemeinsames wie beispielsweise die Sprache, die moralischen Gesetze oder die Religion einer Kultur. So bildet das Geistige eine Gemeinsamkeit, einen Zusammenhang, der von Generation zu Generation übernommen und weitergegeben wird. Rückblickend betrachtet können sich höhere Formen einer Einheit – etwa der Mensch oder die Gesellschaft – nur auf dem Gesamt der jeweils darunter liegenden Schichten entwickeln. Wirklich oder existent ist alles, was in den vier Schichten seinen Ort findet. Auch dieses Grundverständnis des Zusammenhangs der Schichten bei gleichzeitiger grundsätzlicher Verschiedenheit ist heute ganz gegenwärtig, nur wird es anders bezeichnet, nämlich als Emergenz oder Supervenienz – im Gegensatz zu reduktionistischen Ontologien, welche die Existenz auf Materielles allein zu beschränken trachten.

Schließlich formuliert Hartmann kategoriale Kennzeichnungen der einzelnen Schichten, also elementare Eigenschaften, dazu Gesetze, welche die Schichtungsverhältnisse zum Ausdruck bringen. Einige Fundamentalkategorien, darunter die Modalkategorien – also Notwendigkeit / Wirklichkeit / Möglichkeit – gehen für Hartmann durch alle Schichten hindurch. Zusammenfassend sei dies in einigen zentralen Elementen schematisch wiedergegeben in Abb. 3.1.

Eines gilt es dabei festzuhalten: Diese Schichten sind kategorial bestimmt und wohl zu unterscheiden von der „Stufenleiter der Gebilde, vertreten etwa durch Ding, Pflanze, Tier, Mensch, Gemeinschaft, die sich mit der Schichtenfolge nicht deckt, sondern überschneidet." (Hartmann 1942/1949: 84) Die Gebilde sind vielmehr geschichtete Einheiten. Es geht also nicht um sie, sondern um Kategorien. Genau dieses ist es, was Hartmanns Ontologie für Artefakte fruchtbar werden lässt – es sei erinnert an die oben hervorgehobene Kategorie der Funktion.

Nun kommt es darauf an, wie Technik unterzubringen sei. Nicolai Hartmann geht nur gelegentlich darauf ein; doch seine Bemerkungen reichen aus zu sehen, wie er sie einordnet:

„Mensch, Gemeinschaft und Geschichtsprozeß sind Gebilde, die durch alle vier Schichten hindurchgehen. Sie sind, wenigstens in der Art ihres inneren Aufbauprinzipes, Abbilder der ganzen Welt. Was von der Welt als Ganzem gilt – dass sie nämlich nicht aus der Einheit eines einzigen Prinzips erklärt werden kann, sondern auf einem komplizierten Ineinandergreifen von Kategorien beruht –, das gilt auch für den Menschen, von der Gemeinschaft und vom Geschichtsprozeß, insofern z.B., als sich die kausale Determination kombiniert mit der Finaldetermination, die immer nur vom Menschen ausgeht, von jedem politischen Plan, von jeder technischen Erfindung." (Hartmann 1949/1956: 133)

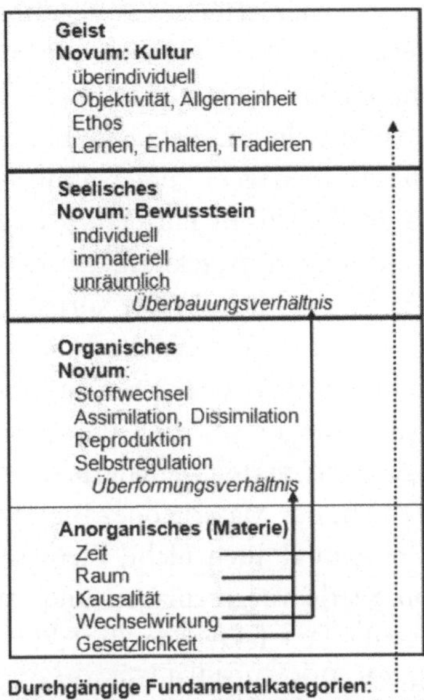

Abb. 3.1: Aufbau der realen Welt nach N. Hartmann

Bemerkenswert ist nicht nur die Erwähnung von Technik, sondern auch die Aufnahme von Prozessen. Damit zeigt sich, dass Hartmanns Ontologie nicht auf Gegenstände im alten Sinne bezogen ist, sondern auf Objekte in einem sehr allgemeinen Sinn. So ist es für ihn sachgerecht, auch artifizielle Prozesse zu den Artefakten zu zählen. Doch mehr noch – eine entscheidende Ausweitung besteht in der Einführung einer *Finaldetermination*, die vom Menschen ausgeht, und damit zugleich auch „von jeder technischen Erfindung". Diese ist die unverzichtbare Bedingung einer angemessenen Ontologie technischer Artefakte.

Weiter mag es hilfreich sein, Hans Freyer heranzuziehen, der in seiner *Theorie des objektiven Geistes*, also der Hartmannschen Schicht des Geistes, als Hauptformen das „Gebilde", das „Gerät", das „Zeichen" und die „Sozialform" annimmt – also die menschgeschaffene Struktur, das Artefakt, das Zeichen, die Sprache und schließlich die Kultur (Freyer 1928: 55-74). Er fragt nicht, wann und wie Geräte entstehen, sondern welche „kategoriale Struktur" einem Gerät jeglicher Art zugrunde liegt. Es handelt sich also darum, dass an einem „gegenständlichen Zusammenhang von eigengesetzlicher Struktur" „um der Zwecke willen, die das handelnde Wesen erreichen will, etwas geändert werden [soll]" (1928: 60). Im Blick auf den Zweck kommt es zu einem prozessualen Zusammenhang von Probieren, Beurteilen, Durchschauen. So führen in einem „zielstrebigen geistigen Prozess" Zwecke zu Mitteln und Erfolgen: Ein „Sinngehalt wird in einer Form objektiviert", wie dieses Heidegger später ähnlich sagen sollte; oder zusammenfassend: „Geräte sind diejenigen Formen des objektiven Geistes, deren Sinngehalt ein Teilstück aus einem zwecktätig gerichteten Handlungszusammenhang ist." (Freyer 1928: 61) Auf diese Weise korrespondiert dem artifiziellen Prozess der raumzeitlichen Gegenstandsseite ein geistig-sozialer Prozess auf der Handlungsseite: Beide zusammen charakterisieren das Artefakt.

Damit haben Hartmann wie Freyer eine entscheidende Weichenstellung vorgenommen. Es wäre gänzlich verfehlt, materielle Artefakte als technische Erfindungen einfach der Schicht der Materie oder Biofakte allein der Schicht der Organismen zuzuordnen; es genügt auch nicht, Elemente einer Sozialontologie einzubeziehen, wie sie von Searle vorgeschlagen und von Lawson aufgegriffen wurde. Vielmehr gehen beide, Artefakte wie Biofakte, ontologisch betrachtet durch alle Schichten hindurch. Ihre Wirklichkeit, ihre Existenz erweist sich von Anbeginn als überaus vielschichtig, weil alle von Hartmann herausgearbeiteten Kategorien aller Schichten einfließen. So und nur so werden Artefakte und ihre Prozesse bis hin zu den überaus verzweigten Existenzformen der neuen Medien fassbar.

Technische Artefakte und Biofakte sind materiell, immaterielle Artefakte im Sinne von Faulkner und Runde haben materielle Träger. Aber sie alle verlangen den bewusst planenden, konstruierenden und die entworfene Möglichkeit verwirklichenden Menschen – überdies in einer Gesellschaft, ohne deren Sprache, deren Bereitstellung von Material, Energie und Information dieses alles nicht gelingen könnte. Hinter den technischen Artefakten steht stets die für den Bereich des Seelischen und Geistigen maßgebliche Kategorie der „Zwecktätigkeit" und damit ein Finalnexus (Hartmann 1942/1949: 43). Jede Maschine, jeder artifizielle Prozess hat einen Zweck, der sie kennzeichnet, sei es in der Entwicklerperspektive oder der des Nutzers. Eben dieser Zweck liegt auch der von Meijers ins Zentrum gerückten Intention zugrunde geradeso wie dem überbrückenden Kriterium Thomassons, doch wird der Zweck nun in Finalität eingebettet. Im Sinne einer solchen Form von Bedingtheit betont Hartmann (1942/1949: 58):

> „Der Finalnexus ist nicht die einfache Umkehrung des Kausalnexus. Sein Bau ist beträchtlich komplizierter. Man kann ihn in drei Etappen zerlegen: das Vor-Setzen des Zweckes, die Wahl der Mittel und die Verwirklichung des Zweckes durch die Mittel. Die beiden ersten spielen im Bewusstsein, die dritte ist ein in der Außenwelt verlaufender Realprozeß, die mittlere ist das eigentlich charakteristische Glied, denn die Wahl der Mittel geht vom gesetzten Zweck aus rückwärts bis zum ersten Gliede, mit dem die Verwirklichung beginnt. Diese Rückdetermination der Mittel macht es aus, daß der Finalprozeß vom Ende (dem Zweck) her bestimmt ist."

Solche Finalität gehört beiden obersten Schichten zu, und von dort her erlaubt sie die darunter liegenden Schichten zu überformen. So nimmt Hartmann (1942/1949: 103) an, dass die niedere kausale Determinationsform „grundsätzlich durch die höhere [Willensdeterminationsform] überformbar ist". Seine Lösung besteht „in der Wiederkehr des Kausalverhältnisses im Finalverhältnis selbst – seine Überformbarkeit durch den höheren Determinationsmodus" (1942/1949: 105); dass dabei Willensfreiheit vorausgesetzt werden muss, ist für Hartmann selbstverständlich. Das ist fraglos eine sehr fruchtbare Sicht, weil der Prozess, der dem technischen Artefakt zugrunde liegt, stets kausal ablaufen muss, um die intendierte Funktion zu erfüllen. Doch wie lässt sich das hier wirksame Überformungsverhältnis rechtfertigen? Hier wird die Bedeutung der Strukturelemente ‚Novum' und ‚Überformung' sichtbar. Aus Hartmanns Phänomenbezogener Sicht zeigt sich das jeweilige kategoriale Novum der höheren Schicht – hier die Finalität – als uns vertraute Erscheinung, dieses Novum lässt sich herausarbeiten und sachgerecht als Überformung kennzeichnen. Im Zuge des gewählten Aufbaus garantiert dies, dass die Verfolgung eines durch den menschlichen Willen gesetzten Ziels nicht gegen den Kausalnexus verstößt, weil der Kausalnexus keine Ziele kennt, sondern nur die kausalen Gesetze des Ablaufs, und deshalb überformbar ist. Aus dem menschlichen geistgeleiteten Eingriff in die Natur folgt keineswegs, dass die Kategorien der obersten Schicht die der unteren ändern, denn deren Strukturen und Gesetzmäßigkeiten werden durchaus nicht gewandelt oder aufgehoben (Hartmann 1942/1949: 81). Nur weil die Dingwelt kausal (also nicht final) und in Grenzen (eben in ihrer Gesetzlichkeit) determiniert ist, kann der Mensch sie Ziele setzend für seine Zwecke durch eine „überhöhende Determinationsform" lenken (1942/1949: 105). Genau dieses entspricht Poppers Abwärtskausalität. So ist der Finalnexus die unverzichtbare metaphysische Voraussetzung nicht nur zielgerichteten Handelns, sondern auch jeder Entwicklung und Nutzung technischer Artefakte. Mehr noch, zwingend sind Artefakte kategorial neben dem Kausalnexus in den Finalnexus einbezogen. Eine gewisse Stütze, wenngleich keine begründende Rechtfertigung für eine solche metaphysische Annahme mag man darin sehen, dass uns heute dynamische komplexe Strukturen vertraut sind, die ohne jede kausale Determination zu neuen komplexeren Strukturen zu führen vermögen, die wiederum steuernd auf die Ausgangsstruktur zurückzuwirken (Poser 2006): Im Lichte solcher Theorien erscheint ein kategorial durch jeweils ein Novum gekennzeichneter Schichtenaufbau keineswegs mehr so dogmatisch oder unannehmbar.

9. Technische Artefakte als Materialisierung von Finalität, Kreativität, Intentionalität, Wissen, Können und Werten, Ganzheit und Gesellschaftsbezug

Nun wird es erforderlich, das Gewonnene zusammenzutragen und weiterzuführen. Begonnen sei wiederum bei der Realtechnik – also bei raumzeitlichen Artefakten und Prozessen wie der Maschine. Sie sind dinglicher Natur, sie scheinen kategorial der untersten Hartmannschen Schicht anzugehören, sind also kausal determiniert. Das gilt jedoch auch, wenn die Maschine beispielsweise statt Schrauben zu schneiden nur Abfall produziert – ganz kausal, aber doch gänzlich gegen unsere Intention. Also kommen wir nicht umhin, den *Zweck* der Maschine mitzudenken – und mit ihr eine telelogische Bestimmung im Sinne von Finalität. Ob eine defekte Maschine immer noch eine Maschine ist oder nicht nur eine war, machen wir davon abhängig, ob sie sich durch eine Reparatur, also durch eine Wieder-Herstellung, re-parare, der Zweckerfüllung wieder zuführen lässt. Die Kategorie des Zwecks gehört zu den zentralen Kategorien einer Artefaktontologie. Der Zweck, das telos, ist umgangssprachlich ein handlungsbezogener Begriff, der das intendierte Ziel der Handlung bezeichnet, verbunden mit dem (zweckmäßigen) Mittel, das zur Zweckerfüllung gewählt wird und das kausal im auf den Zweck gerichteten, also teleologischen Handlungsprozess die Zweckerfüllung sichern soll. Im Blick auf die Technik erscheint das Artefakt als Mittel zum Zweck – doch mit ihm sind zugleich Zwecke gesetzt. Die allgemeinste Fassung mag lauten, der „fundamentale Zweck der Technik" sei „Lebensdienlichkeit" (Becker 2008: 398). Damit kommt zum Ausdruck, dass jeder Zweck wertbesetzt ist und ein normatives Element enthält. Für die Kategorisierung eines Artefakts ist spezifischer vorzugehen und jeweils hinter dem Mittel den je nach Intention zugehörigen Zweck, auf den hin das Mittel eingesetzt wird, als dem Artefakt zukommend zu bezeichnen. Doch gilt es wieder zu betonen, dass es sich dabei sowohl bezüglich des Mittels als Mittel für etwas als auch bezüglich des Zwecks um eine interpretierende Zuschreibung handelt.

Zwecke gehören nicht der untersten Schicht an – als allgemeine Zwecke entstammen sie der obersten, der Schicht des Geistes. Damit ist zugleich die soziale Einbindung vorausgesetzt, wenn diese Schicht nicht als ein platonischer Ideenhimmel verstanden wird, sondern im Sinne von Poppers Welt 3 als jener Bereich, den das menschliche Denken konstituiert. Damit finden hier sozialontologische Ansätze ihren Platz. Nun könnte man einwenden, es handele sich bei technischen Artefakten nicht um Zwecke, sondern um Mittel für einen von uns intendierten Zweck; doch das ändert die Lage nicht, weil auch Mittel in der Natur nicht vorkommen. Selbst wenn Biologen manchmal von Zwecken und Mitteln und nachfolgend von Funktionen etwa in Bezug auf Organe sprechen, so ist das eine technomorphe Projektion und Interpretation, denn Mittel sind im Blick auf eine Zweckerfüllung von uns, vom Menschen gesucht und im Sinne einer zu erfüllenden Funktion gewählt. In vielen Ansätzen der Technikphilosophie wird ,Funktion' wie ein rein deskriptiver, soziale Bedingungen beschreibender Begriff behandelt und, bezogen auf technische Artefakte, an ein materielles Mittel gebunden (Meijers 2000; Kroes & Meijers 2006, Kroes 2012); das aber vernachlässigt das Wesentliche des Funktionsbegriffes, allererst im Zusammenhang mit Mitteln und Zwecken einen Sinn zu bekommen. Der vorliegende Sachverhalt lässt sich also nur so sehen, dass sich der Entwurf und der Bau eines jeden Artefakts ebenso wie seine Anwendung nicht ohne die Kategorie der *Finalität* erschließt. Artefakte werden immer teleologisch gesehen, darum betreffen sie auch die oberen kategorialen Schichten. Dem ließe sich entgegenhalten, dass etwa bei einer Maschine die Schicht des Biotischen keine Rolle spielt – doch das beruht auf dem Missverständnis, die Finalität der Technik lasse sich vom Menschen, fraglos einem auch biotischen Objekt, bruchlos ablösen. So geht das Artefakt, in der Sprechweise Hartmanns formuliert, durch alle Schichten hindurch.

Ein zweiter Punkt muss aufgenommen werden – die *Kreativität.* Die entscheidende Differenz zwischen Natur-Fakten und Artefakten besteht genau darin, dass letztere kreative Hervorbringungen des Menschen sind: Ohne menschliche Kreativität gäbe es sie nicht – Kreativität ist also Bedingung ihrer Existenz, auch dann, wenn hernach ein Artefakttyp tausendfach repliziert wird. Kreativität besteht im zielbezogenen Hervorbringen von Neuem. Dieses mag etwas Neues für das Individuum, für eine Gruppe oder für eine ganze Kultur sein; in jedem

Falle beruht es darauf, dass etwas bislang Getrenntes (unabhängig voneinander Existierendes oder im Denken bislang nicht aufeinander Bezogenes) im Blick auf ein Ziel, einen Zweck, in einen strukturellen Zusammenhang gebracht wird. Das eigentlich Neue beruht also auf der schöpferischen Synthese von Bekanntem in einer neuen, zielführenden oder zweckentsprechenden Struktur. Das 18. Jahrhundert bezeichnete als Genie denjenigen, der weit entfernte Möglichkeiten zusammenbringt; das gilt auch heute für die durchbrechend großen neuen Ideen, die wir immer noch als genial bezeichnen, doch es gilt auch im Kleinen für jede Detaillösung im Entwicklungs- und Anwendungsprozess. Nun hat zwar Alfred North Whitehead (1929/1987) in der Kreativität der Natur die Grundkategorie allen Seins gesehen; dennoch besteht ein Unterschied zwischen dem Neuen in der Natur, das in einem Prozess der Evolution hervorgebracht ist, und dem künstlerischen wie technischen Neuen: Solche kreative Hervorbringung ist nicht einem Evolutionsprozess zu verdanken, sondern einer Intention und Intuition im Blick auf eine zu lösende Aufgabe. Dabei wird Wissen vorausgesetzt, das Möglichkeiten beinhaltet, die strukturell zu Neuem verbunden werden. Dass Menschen kreativ sind oder zu sein vermögen, lässt sich, um es mit Hartmann zu sagen, den Phänomenen ablauschen, auch wenn sich uns eine rückführende Begründung verschließen muss; denn gäbe es sie, würde es sich bei der Erfindung gerade nicht mehr um Neues handeln. Hierin zeigt sich wie im Falle der Finalität ein metaphysischer Preis, ohne den es uns unmöglich wäre, zu verstehen, was wesensmäßig Technik ausmacht.

Damit ist ein dritter Punkt erreicht: Die dem Artefakt eigene Finalität, seine Zweckbestimmung, die sich schon in der Entwicklung zeigt und den Gebrauch bestimmt, geht Hand in Hand mit *Intentionalität*, deren Bedeutung nun schon vielfach hervorgehoben wurde. Zugleich ist sie mit Kreativität verschränkt, denn diese ist das vorantreibende Vermögen beim Problemlösen. Ingarden (1931) sieht das literarische Kunstwerk als „rein intentionalen Gegenstand". Das scheint für die erwähnten nicht-materiellen technischen Artefakte auch zu gelten, aber anders als ein Kunstwerk zielen sie letztlich auf eine Veränderung im Materiellen und nicht nur im Bewusstsein. Das technische Artefakt ist in der Regel ein materieller und zugleich ein intentionaler Gegenstand. Das allerdings ordnet ihn sowohl Hartmanns untersten Schichten als auch seiner dritten und vierten Schicht zu – und zwar im Sinne einer überformenden Einwirkung von oben nach unten.

Schrittweise öffnet sich damit ein vierter Punkt. Um ein Artefakt zu schaffen, bedarf es nicht nur einer Ziel-Mittel-Verknüpfung, sondern auch des

Wissens und *Könnens* in einem viel breiteren Sinne: Wissen ist Voraussetzung eines kreativen Entwurfs und seiner Verwirklichung. Ein Artefakt lässt sich deshalb kennzeichnen als materialisiertes Wissen. Das scheint selbst auf dem Hintergrund der einleitend gegebenen Erläuterung eine griffige Formel zu sein; doch wie kann ein theoretisches Wissen, das kategorial der vierten Schicht oder Poppers Welt 3 angehört, und ein Können, das als Handlungswissen der dritten Schicht zuzurechnen ist, materialisiert sein? Es zeigt sich, dass eine Ergänzung nötig ist: Will man daran festhalten, dass ein Wissen immer ein personales Wissen ist und sich vom Meinen dadurch unterscheidet, dass es mit einer Begründung verbunden ist, so werden die Inhalte von Poppers Welt 3 oder von Hartmanns Schicht des Geistes immer nur dann ein Wissen sein, wenn es einem Erkenntnissubjekt zugeschrieben werden kann, das überdies die Begründung kennt oder von ihr weiß. Das meint Hartmann, wenn er zum Ausdruck bringt, kategoriale Schichten seien etwas anderes als die durch diese Schichten hindurchgehenden Gebilde; so ist wohl auch Popper zu lesen. Gerade deshalb ist ein Finalprozess oder eine Abwärtskausalität im Kategorienrahmen zwingend anzunehmen, weil damit die nötige Verbindung nach unten sichergestellt wird. Hierfür aber hat eine Ontologie vom Hartmannschen Typ Raum, weil das jeweilige Novum der höheren Schichten nicht nur nicht von den unteren Kategorien determiniert ist, sondern zugleich den Freiraum der Überformung von oben nach unten gewährleistet. Auch im Blick auf die Phänomene lässt sich diese Annahme konkret rechtfertigen: Wäre der Zusammenhang von Artefakt und Wissen nicht gegeben, wäre ein Artefakt nicht auch materialisiertes Wissen und Können, würde es heutigen Archäologen nicht gelingen, aus einem Fund wie dem erstaunlichen Mechanismus von Antikythera interpretierend weitreichendste Folgerungen über beides, theoretisch-astronomisches und praktisch-handwerkliches Wissen der Griechen gegen 70 v. Chr. abzuleiten (Solla Price 1974).

Als weitere muss noch eine fünfte Kategorie hinzutreten: Alle eben genannten Elemente geradeso wie die Teile des Artefakts in ihren Teilfunktionen müssen sich, wie schon erwähnt, zu einem *Ganzen* zusammenschließen: Ein Artefakt ist nicht ein zufälliges Konglomerat von Wissenselementen, Können beliebiger Art, zielloser Kreativität und zusammengewürfelten Werten, denn all dieses muss sich dem finalen Zweck ein- und unterordnen. Wenn an einer Maschine ein Teil fehlt, das für ihre Funktionsfähigkeit notwendig ist, ist sie in aller Regel unbrauchbar und wertlos. Damit aber verschärft sich die Spannung, denn auf der einen Seite stehen Materiekonfigurationen, auf der anderen gänzlich immaterielle Zwecke, zwischen denen die Mittelsuche und Mittelverwirklichung liegt – der

Zusammenhang besteht in der Entsprechung der Struktur von Zwecken und Unterzwecken, denen eine Struktur der Funktionen und Unterfunktionen im Blick auf eine Struktur der zuzuordnenden Mittel genügt. Doch weder sind Zwecke und Mittel absolut fixiert – es gibt immer eine Vielzahl von Mitteln zu einem Zweck oder einer Funktion, geradeso wie äquivalente Zwecke im Blick auf höherrangige Ziele –, noch sind die dahinterstehenden Werte festliegend, weil sie von persönlichen, gesellschaftlichen und kulturellen Bedingungen und deren dynamischen Veränderungen abhängen. Schließlich ist das Ganze des Artefakts oder des Artefaktsystems heute vielfach offen für Ergänzungen, Erweiterungen und Umstrukturierungen; dennoch bildet auch ein Informationsnetzwerk bei allen ständigen Veränderungen als offenes System eine Ganzheit, nur eben auf einer viel weniger materiell aufweisbaren Ebene, sondern als Strukturzusammenhang. All diese Bedingtheit schränkt aber die Unverzichtbarkeit der Kategorie der Ganzheit nicht ein, weil sie wegen der Bindung eines jeden Artefakts an die Funktionserfüllung unumgänglich ist.

Ein entscheidender sechster Punkt verlangt noch aufgenommen zu werden: Alles Handeln ist wertorientiert – der Zweck, das Ziel, die Intention beruhen auf der Auszeichnung des zu Erreichenden als besser oder wertvoller oder geboten relativ zur gegebenen Lage. Entsprechend unterliegt auch die Mittelwahl einer Wertung. Das aber gilt für jedes Artefakt: Es ist Materialisierung von *Werten*. Damit ist nicht der Tauschwert oder der Warenpreis gemeint, sondern eine ganz spezifische Ausrichtung technischer Artefakte. An erster Stelle steht die Erfüllung des Wertes, der hinter dem angestrebten Ziel steht, also Zweckerfüllung. Das setzt einwandfreies Funktionieren voraus, was ebenfalls ein Wert ist. Geradeso finden Werte wie Sicherheit, Gesundheit, Umweltschutz als gesellschaftliche Forderung Eingang. Natürlich können auch individuelle oder gesellschaftliche Werte ganz anderer Art einfließen – bei den Pyramiden der Wunsch des Pharaos nach ewigem Leben, bei den Moskauer Metrostationen die Verherrlichung des Stalinismus, bei CERN der wissenschaftliche Ehrgeiz. Doch in jedem Falle zeigt sich die Wertverhaftetheit des Artefakts. Werte aber gehören kategorial der vierten Schicht an, um handlungsleitend in der dritten Schicht in einem Finalprozess wirksam zu sein.

Schließlich müssen der Handlungszusammenhang und damit der *Gesellschaftsbezug*, der in den Ansätzen zur Doppelnatur der Artefakte breiten Raum einnimmt, ihren Platz finden. Zu den Besonderheiten technischer Artefakte gehört, dass sie nicht nur kausal und final bestimmt sind, sondern zugleich auch den Handlungsverlauf des Nutzers mitbestimmen: Der Handwerker, der Arbeiter, der Autofahrer muss, um das gewünschte Ziel zu erreichen, in seinen Handlungen den durch das Mittel vorgegebenen Handlungstypen gehorchen. Das verlangt aber, in eine Ontologie des Artefakts das gesellschaftliche Umfeld im Blick auf die Anwendungsmöglichkeiten einzubeziehen, denn nur dann kann der bedeutende Einfluss von Technik auf gesellschaftliche Transformationen verständlich werden. Dieser Zusammenhang ist es, der in den Ansätzen Lawsons als gesellschaftliche Seite der Doppelnatur des Artefakts zur Sprache kommt. Die Gesellschaft aber findet in Hartmanns Ontologie ihren Platz als „Gebilde" wie ein Artefakt auch; das Verbindende sind die Kategorien.

Nun lässt sich festhalten: Artefakte gleich welcher Art sind ontologisch gesehen Ganzheiten, geprägt durch die Kategorien aller vier Hartmannschen Schichten. Da es aber nicht nur von Schicht zu Schicht Neues gibt, sondern auch Neues in Gestalt neuer Ideen, neuer Denkformen und Vorstellungen, die in der Schicht des Geistes kreativ hervorgebracht werden, kommt es dank der Überformung und Überbauung gerade im Falle der Artefakte zu Neustrukturierungen von oben nach unten.

10. Verschmelzung von Möglichkeit und Wirklichkeit

Im nächste Schritt sollen am Artefakt solche neuen Formen der realen Wirklichkeit betrachtet werden, die zugleich Möglichkeiten ausdrücken, um die Modalkategorien in einem an Hartmann angelehnten Schema sachgerecht zu erweitern: Der Entwurf eines (möglichen) Gebäudes auf dem materiellem (wirklichen) Papier steht dafür geradeso wie die großen Holzmodell-Kirchen der italienischen Renaissance oder eine 3D-Computeranimation, wie sie etwa vom Berliner Kanzleramt vor Baubeginn gezeigt wurde. Ebenso sind Fernsehbilder real und gegenwärtig, wenngleich das Dargestellte zumeist vergangen ist – also nicht mehr wirklich. Das galt zwar auch schon für Skizzen, die Dürer oder Goethe aus Italien heimbrachten – aber die Medienwirklichkeit ist ein ganz gegenwärtiges ontologisches Problem. Es geht nicht darum, dass Medien eine Botschaft vermitteln, die zu untersuchen wäre, sondern um das besondere Verhältnis von Medium, Inhalt und Mediennutzer. Wie Sybille Krämer (1998) hervorhebt, legt etwa Marshall McLuhan dabei ein Technikverständnis zugrunde, das schon Arnold Gehlen vertrat und das sich heute auch bei Lasson findet: Technik ist die Verstärkung und Verlängerung menschlicher Organe – was im Falle der elektronischen Medien das Gehirn und seine Funktionen betrifft: Sie werden nach außen verlagert, die Festplatte wird zum externen Gedächtnis, die Maus oder der Joystick als

Mensch-Maschine-Schnittstelle zur Koppelung von Bild und Eigentätigkeit. Doch das ist, wie Krämer hervorhebt, zu eng – ebenso die Vorstellung, ein Medium sei ein bloßes Mittel, wie der Wortstamm erwarten lässt, denn damit würde beispielsweise die Besonderheit eines Netzes nicht erfasst, das durch das Medium und die Medienwirklichkeit allererst ermöglicht und erzeugt wird. Dieses geschieht aufgrund einer Übersetzung von raumzeitlicher Wirklichkeit in elektronische Impulsfolgen, die als Zeichenfolgen eine Existenz symbolisieren, die schließlich in der Wiedergabe als reale Wirklichkeit interpretiert wird.

Die neuen Medientechniken führen dazu, dass sich ihr Gegenstand kaum mehr an irgendeiner Stelle in Raum und Zeit verorten lässt, denn wo der Server steht, ist zumeist nicht nur unbekannt, sondern unerheblich, ebenso, wer das Programm für irgendeinen Prozess geschrieben hat. Auch ist der Abnehmer nicht ein Individuum, sondern ein austauschbarer User oder Consumer. Damit sind alle alten Vorstellungen von Dinghaftigkeit und Prozessualität der Artefakte ausgehöhlt: Was ist hier Existenz, Realität oder Wirklichkeit? Die Fiktionalität wird zur Realität, das Nirgendwo zum Ort, das Jederzeit zur Zeit – vor allem aber: die Möglichkeit verfließt mit der Wirklichkeit; und damit sind alle klassischen Ontologie-Grenzen in Frage gestellt. Diese Verschmelzung von Möglichkeit und Wirklichkeit gilt es auszuloten.

Virtuelle Welten hat es immer schon gegeben – sei es in jenen Wandmalereien Pompejis, die die Illusion eines Gartens vermitteln, sei es auf dem Theater in mehrfacher Brechung. Doch deren Realität bleibt immer die einer wirklichen Darstellung von Möglichkeit, ohne mit der Wirklichkeit zusammenzufallen. Ganz anders liegen die Dinge bei jenen virtuellen Welten, die in Medien gar mit Beeinflussungsmöglichkeiten bereitgestellt werden: Während Simulationsprogramme die Folgen technologischer Ansätze durchspielen, um hernach entscheidungsrelevant zu werden, wird hier unmittelbar gestaltet; dieses gilt schon für CAD-Programme, die ja nicht allein Perspektiven erlauben, sondern unmittelbare Eingriffe in den Entwurf.

Gehen wir von den Beispielen zurück zu den veränderten kategorialen Bedingungen, die die Artefakte kennzeichnen. Auf der modalen Ebene liegen sie auf der Hand, denn während traditionell ein Artefakt wesensmäßig durch einen festliegenden Zweck gekennzeichnet war – etwa die Schrauben schneidende oder pressende Maschine genau durch diesen Zweck –, so ist ein Computer nicht mehr für einen fixierten Zweck gebaut, sondern für *offene Möglichkeiten*. Das galt zwar schon für die Ziegelproduktion des 19. Jahrhunderts – es war nicht festgelegt, was für ein Bauwerk mit ihnen errichtet werden sollte; doch die

Dimension ist eine gänzlich andere, denn Ziegel taugen nur zu Gebäuden, während der PC offen für beliebige Programme und Zwecke ausgelegt ist. Genau diese Art von Offenheit zeigen auch die einleitend erwähnten neuen künstlichen Materialien: Sie stellen neue Möglichkeiten bereit. Zugleich hat sich damit das planerische Denken bei der Entwicklung radikal verändert, denn genau diese Möglichkeit von Möglichkeiten wird zum Ziel. Das aber bedeutet nicht nur einen denkerischen Umgang mit iterierten Modalitäten – sie existieren vielmehr nachfolgend im verwirklichten Artefakt, da doch dessen Essenz in seinem Zweck besteht. Dass dieser dem Artefakt zugeschrieben werden kann und muss, war das systematische Resultat der Weiterführung der Hartmannschen Schichtenlehre.

11. Ontologie technischer Artefakte

Abschließend gilt es, die herausgearbeiteten Resultate im Lichte der These der Teilhabe der Technik an allen Schichten zusammenzutragen. Wie sich zeigte, sind die Kategorien sehr unterschiedlicher Art: Kreativität, Finalität ebenso wie Kausalität und die physische Seite der Funktion sind geradeso wie Intentionalität und Verwirklichung Prozesskategorien, die zugleich durch den Bezug auf objekthafte Artefakte ihren Inhalt finden. Darüber hinaus zeigten sich Abhängigkeiten: Werte bestimmen Zwecke und liegen der Intentionalität zugrunde. Zwecke wiederum fragen nach Mitteln, die sowohl eine Funktion sichern als auch der Ganzheitsanforderung genügen. Übergreifend werden Modalkategorien herangezogen: Kreativ werden Möglichkeiten ersonnen, gar Möglichkeiten von Möglichkeiten, die im Prozess der Verwirklichung als Artefakt Gestalt annehmen. Gleiches gilt für Werte, die gesellschaftlich vermittelt den gesamten Prozess von der kreativen Idee über die Entwicklung bis zur Nutzung einschließlich der Umnutzung bestimmen. Vorgreifend sei dieses in einem an Nicolai Hartmann angelehnten Schema zusammengefasst (Abb. 3.2).

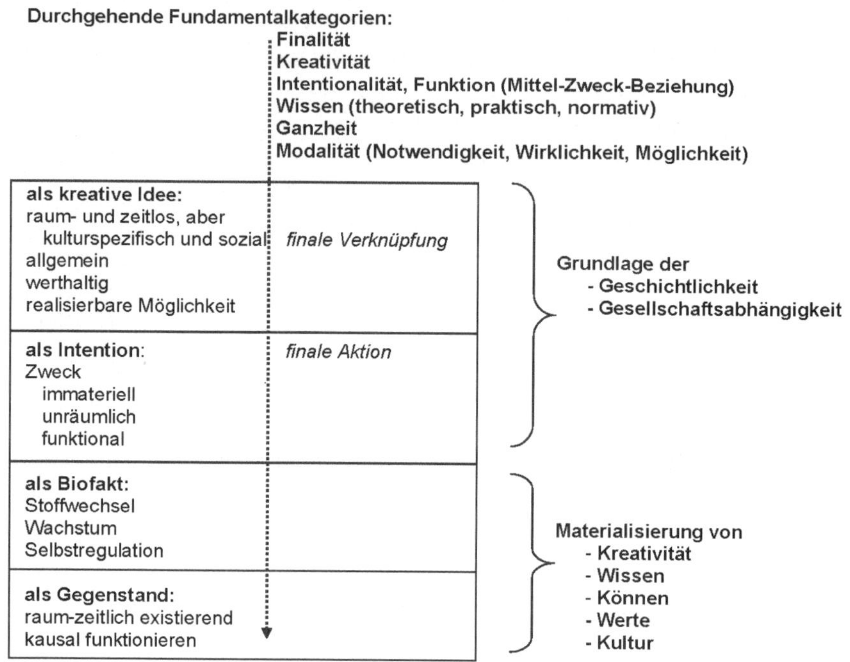

Abb. 3.2: Kategoriale Bestimmung des Artefakts angelehnt an die Hartmann-schen Ebenen

Betrachtet man dies auf dem Hintergrund der Hartmannschen Schichten, ergibt sich folgendes Bild: Beginnen wir bei einem Stein, der isoliert den Kategorien der untersten Schicht gehorcht, doch wird er als Werkzeug benutzt, kommt zur materiellen Schicht eine intentionale Deutung des Steins als Mittel zu einem Zweck – etwa Nüsse zu knacken – aus der dritten Schicht hinzu. Da dieses nur einem Lebewesen mit mindestens rudimentären Informationsverarbeitungsmöglichkeiten gegeben ist (auch Affen können so Nüsse knacken), wird die zweite Schicht einbezogen. Wird dieses Können zu einem Wissen, das weitergegeben wird, tritt es als ein Wissen über eine Funktion im Zweck-Mittel-Verhältnis in die vierte, die geistig-kulturelle Schicht ein. Diese Schicht wird zunehmend belangvoller, etwa wenn es zur Werkzeugherstellung kommt und damit zu einem Wissen über ein Ursache-Wirkungsverhältnis, das in einem Möglichkeitsdenken wurzelt: Das herzustellende Werkzeug bietet die Möglichkeit, als Mittel zum intendierten

Zweck eingesetzt zu werden. Zugleich weitet sich der Zeithorizont der dritten Schicht, denn er muss von der Werkzeugherstellung bis zur Erfüllung des Endzwecks reichen. Damit aber wird das gesamte einschlägige Wissen in der vierten Schicht zeitlos: es ist heute wie in Zukunft zielführend. Gehen wir nun über zu Arbeitsmaschinen, so verstärkt sich all dieses. Das gilt umso mehr für Werkzeug herstellende Maschinen. Es folgen in weiteren Schritten Kraftmaschinen, also Maschinen, die Maschinen antreiben, bis hin zu Maschinensystemen: Wir haben es durchgehend mit Horizonterweiterungen im räumlichen, im zeitlichen und im Möglichkeitsdenken zu tun, die sich in den Artefakten niederschlagen und so zu kulturellen Zeugnissen werden. In abgewandelter Form ließe sich eine ähnliche Reihung von der Zähmung über die Züchtung und Auslese weiter zur Genmanipulation gar bis zum Cyborg für Biofakte entwickeln.

Was ändert sich nun mit den Medien? An erster Stelle steht die Eigenschaft, nicht mehr Werkzeug, sondern ‚Denkzeug' zu sein: Überall, wo sich Rechenschritte, Regulierungen, Argumentationen und Entwurfspraktiken in formale Regeln gießen lassen, können sie den Rechnern übertragen werden: Kategorien der vierten Schicht prägen das Artefakt und sein Netzwerk. Die Medien sind vernetzt wie Maschinensysteme, aber mit einer gänzlich neuen Eigenschaft: Das offene Netz ist kaum mehr lokalisierbar. Medien bilden in vieler Hinsicht ein selbstgesteuertes, also (scheinbar) autonomes Netzwerk. Obwohl sich der alte PC verorten lässt, entfällt die Raumkategorie weitgehend – und die neuen Entwicklungen mit WLAN allenthalben heben dank iPad & Co. auch die letzte räumliche Fixierung weitgehend auf. Damit ist einiges der Bindung an die unteren beiden Schichten fast gelöscht, denn erst die dritte Schicht ist frei von einer Lokalisierung. Natürlich gibt es als letzte Basis die davon unterschiedenen Träger, die materialiter den Kategorien der ersten Schicht genügen und deren Prozesse kausal ablaufen – aber überformt durch die aufgeprägte Finalität.

Ähnlich, wenn auch nicht ganz so weitgehend, steht es um die Zeitkategorie: Wann etwas ins Internet gestellt wurde, ist kaum feststellbar – die Inhalte haben mit dem *Verlust der Zeitbindung* den Charakter von Elementen der vierten Schicht, sie suggerieren damit Wissen und Allgemeingültigkeit. Mit der Aufhebung der Raum- und Zeitbindung ist auch ein *Verlust an Individualität* gekoppelt, denn nicht nur in der Cyberworld, sondern schon im Chatten, in Facebook und Twitter treffen sich keine realen Individuen, sondern fiktive Personen, denen der Einzelne auch nicht mehr als Individuum gegenüber steht. Dasselbe kennzeichnet die Entwicklung in F&E-(Forschungs- und Entwicklungs-)Abteilungen mancher Industriezweige: Die Designer müssen gar nicht mehr zusammen kommen – ihre Entwicklungsarbeit läuft über einen Server, überdies teilweise so, dass jeweils acht Stunden Gruppen in Europa, dann in Amerika und schließlich in Asien am Projekt weiterarbeiten: Hier ist gar nicht mehr zuordenbar, wer was wo beigetragen hat, während dies in der Fließbandarbeit trotz Arbeitsteilung noch möglich ist. Damit ist ein wesentliches Element auch der dritten Schicht weitgehend ausgehöhlt.

Der Individualitätsverlust hat noch zwei weitere Seiten: Die technischen Möglichkeiten von Mobiltelefon, Internet etc. machen jeden jederzeit überall erreichbar. Zugleich wird etwas möglich, das keineswegs die ursprüngliche Intention der Entwickler, Hersteller und Nutzer war. Durch eine Umnutzung gelingt es, im Schneeballsystem zutreffende wie falsche Informationen in kürzester Frist anonym weiter zu verbreiten und damit beispielsweise zu Aktionen aufzurufen, die anders nie zustande gekommen wären; man denke an die Hintergründe der Revolution in Tunesien und Ägypten und an die syrische Reaktion, alle Telefon-, Mobilfon- und Internetverbindungen zu kappen. Der ‚Aufstand der Massen‘, den Ortega y Gasset vorgezeichnet hat, ist Wirklichkeit geworden, gleichviel, ob mit oder ohne die von ihm befürchteten Folgen.

Die Möglichkeitsform hat sich im Denken und in der Erscheinungsform der raumzeitlichen Wirklichkeit geändert. Computer in all ihren Formen sind entwickelt als *Möglichkeiten für Möglichkeiten*. In diesem Sinne erfährt eine durch alle Schichten hindurch gehende Hartmannsche Grundkategorie eine gänzlich neue Bedeutung, weil Hartmann Möglichkeit und Wirklichkeit scharf voneinander trennt – hier aber zeigt sich, dass es erforderlich wird, von *existierenden* Möglichkeiten zu sprechen, und zwar nicht bloß *in mente* (was für Hartmann selbstverständlich ist, weil jede Handlung auf eine zukünftige, noch nicht verwirklichte Möglichkeit als Ziel gerichtet ist), sondern *de facto* als in der Technik, im Programm bereits angelegt.

Kehren wir schließlich zur Frage der Symbolisierbarkeit von Existenz zurück. Stellen wir uns einmal ein vollständig formalisiertes Programm einschließlich aller Internet-verfügbaren Inhalte in logischer Schreibweise vor, also nur und ausschließlich Zeichenreihen. Von ‚Inhalten‘ zu sprechen, wie das eben geschah, ist zwar üblich, aber fahrlässig, denn die Inhalte werden erst vom Interpreten herangetragen. Für die Zeichenebene hingegen gilt immer noch, was Kant hervorgehoben hat: Sie betrifft als rein begriffliches Gebilde allein Begriffe – nicht aber die Existenz dessen, was unter die Begriffe fällt, auch wenn unser Barvermögen mit hundert wirklichen Talern größer wäre als mit bloß möglichen Talern. Daran hat auch die Verwischung der Grenze von Möglichkeit und Wirklichkeit keinen Deut ändern können – es sei denn, unser finanzielles Vermögen hat nur die elektronische Form von Bankdaten: Dann wären wir mit wirklichen Silberlingen besser aufgehoben.

Trägt man all dieses zusammen, ergibt sich ein reiches Bild einer technikbezogenen Artefaktontologie – doch wohl verstanden ein Bild, das einem gegenwärtigen Stand technischer Entwicklung eine Struktur zu geben trachtet im Sinne eines ausbaufähigen Rahmens. Über die zunächst allein herangezogenen Kategorien von Funktion und Intention sind deren Voraussetzungen aufgenommen, vor allem in Form der Kreativität, der Modalitäten und der Finalität. Doch natürlich gilt hierbei, was einleitend von Günter Abel zitiert wurde: „Was für eine Ontologie man hat, ist eine Angelegenheit des Sprach-, Denk- und allgemein des Zeichen- und Interpretationssystems, das verwendet wird, sowie der damit verbundenen ontologischen Festlegungen.“

4. Anthropologie der Technik

1. Anthropologie und Technik

Die Anthropologie fragt nach der Natur des Menschen. Dies geschieht auf gänzlich unterschiedliche Weise in den Naturwissenschaften, den Humanwissenschaften und den Geisteswissenschaften. Dabei gehen die jeweiligen Disziplinen methodisch sehr eigenständig vor; so wird sich eine biologische Bestimmung mit einer kulturgeschichtlichen kaum zur Deckung bringen lassen.

Sieht man Anthropologie als die Beantwortung der Kantischen Frage „Was ist der Mensch?", so handelt es sich um die umfassendste Frage in der Philosophie. Das kann nicht gemeint sein, wenn wir uns über „Anthropologie der Technik" Klarheit verschaffen wollen. Darum bietet sich eher an, Anthropologie in einer spezifizierenden Weise zu verstehen, nämlich im Hinblick auf im Menschen liegende Bedingungen der Technik. Natürlich könnte das wiederum alles sein, was mit dem Menschen irgend verbunden ist; schließlich ist Technik Menschenwerk. Doch auch hier ist eine Einschränkung möglich und nötig, die sich an einer heute üblichen Einteilung der Anthropologie orientiert, wenn sie

- nach essentiellen Bedingungen,
- nach biologischen Bedingungen,
- nach auf das Individuum bezogenen Bedingungen und
- nach sozialen Bedingungen

des menschlichen Daseins fragt. Damit ist beispielsweise gemeint:

- Der Mensch ist ein geschichtliches Wesen.
- Der Mensch ist das nicht festgestellt Tier.
- Der Mensch hat Leib und Seele.
- Der Mensch ist ein Zoon politikon.

Nicht alle diese Punkte sollen hier im Einzelnen behandelt werden; doch bieten sie eine Gliederungsmöglichkeit, denn eine Anthropologie der Technik fragt quer zu solchen Sichtweisen zum einen nach Bedingungen des Menschen, die ihn zur Entwicklung und zur Verwendung von Technik geführt und befähigt haben. Zum anderen fragt sie nach den Einflüssen der Technik auf den Menschen, seine Lebenswelt und seine Kultur. Diese Doppelheit zeigt bereits, dass es irreführend wäre, ‚essentielle Bedingungen' als zeitlos-universell zu verstehen, denn schon in der Bestimmung des Menschen als geschichtliches Wesen schwingt Zeitlichkeit und Kulturbedingtheit mit. Beides hat bislang nicht zu einem eigenständigen Zweig einer Technikanthropologie geführt, auch wenn in den letzten Jahren ansatzweise eine Cyborg anthropology (Irrgang 2005) oder Cyberanthropology (Knorr 2011) und eine Digital anthropology (Horst & Miller 2012) entwickelt wurden, die beanspruchen, die Wechselwirkung zwischen der Menschheit und der Technik in anthropologischer Sicht zu behandeln; doch geht es dabei vordringlich um die Wechselwirkung mit Informationssystemen. Hier soll hingegen in Fortsetzung der im Ontologie-Kapitel herangezogenen Kategorien zunächst der lebensweltliche Bezug in Gestalt menschlicher Vermögen verfolgt werden, um abschließend die Kommunikationstechnik einbeziehen zu können.

Schon Tuchels Definition der Technik sucht bezüglich des Menschen ganz wesentliche Elemente der Technik einzufangen:

- Individuelle wie gesellschaftliche Bedürfnisse,
- das Element des Schöpferischen,
- das Element des Konstruktiven,
- die Zweckorientierung
- und die Weltgestaltung.

Dennoch ist es hilfreich, zunächst bei dem weiten umgangssprachlichen Technikbegriff einzusetzen, weil sich darin bereits abzeichnet, was für eine Anthropologie der Technik zu berücksichtigen ist.

2. Die Natur des Menschen

Begonnen sei mit der Frage nach dem Wesen des Menschen im Blick auf die Technik. Es gibt einige ganz unterschiedliche hierauf zielende Bestimmungen, die alle darin übereinkommen, es genüge nicht, ihn als *animal rationale* zu sehen; vielmehr seien handlungsbezogene menschliche Vermögen heranzuziehen: An die Stelle ontologischer Kategorien treten also solche Vermögen als Leitbegriffe. Drei dieser Positionen seien herausgegriffen. Der Mensch ist

- the tool making animal,
- Homo faber,
- Homo creator.

Benjamin Franklin suchte 1778 in der Werkzeugherstellung eine Abgrenzung zum Tier, was Tuchels dritter Kennzeichnung korrespondieren mag. Selbst wenn wir heute auch Tieren einfache Formen der Werkzeugherstellung zusprechen, bleiben diese doch situativ gebunden. Die Bedeutung der Kennzeichnung des Menschen als Werkzeughersteller mag man mit José Ortega y Gasset (1933/1978: 24) daran ablesen, dass die damit verbundene Mühe wie bei aller Technik darauf abzielt, Mühe zu sparen – womit Tuchels Zweckorientierung einbezogen ist.

Doch die Implikationen reichen viel weiter, denn deutlich wird hier auch ein Zeitmoment sichtbar: Ein erstes bemerkenswertes Spezifikum technischen Handelns, das schon in der Werkzeugherstellung sichtbar wird, ist darum seine *Zeitdimension*. Sie betrifft alles Handeln als ein Tun in der Zeit – aber charakteristisch für die Technik war von Anbeginn eine beträchtliche Weitung des Zeithorizonts: Eine Steinaxt zu durchbohren braucht lange – die Herstellung setzt voraus, dass sich dieser Zeitaufwand als Umweg lohnt, Bäume zu fällen. Technik setzt also beim Menschen als anthropologische Größe eine weit in die Zukunft reichende Zeitvorstellung voraus. Der Zeithorizont dehnt sich deutlich über die Gegenwart, wenn heute gesät, ein Bäumchen gesetzt oder eine Industrieanlage errichtet wird, um in Monaten zu ernten, in Jahren Früchte zu pflücken oder schuldenfrei Gewinne einzufahren. So erweist sich die Werkzeugherstellung als Kulturfaktor im Zeit- und Krafthaushalt, dem eine soziale Struktur korrespondiert.

Ähnliche Akzentsetzungen zeigen sich beim *Homo faber*, den Max Frisch literarisch in kritischer Absicht umreißt, der aber schon bei Max Scheler geradeso wie später bei Hannah Arendt ins Zentrum gerückt wird. Scheler weist den Begriff des Homo faber als Brückenbegriff zwischen Tier und Mensch zurück, denn der Mensch sei gekennzeichnet durch den „Geist" (Scheler 1928/1975: 39). Hannah Arendt (1958/1960) hingegen sieht den Homo faber positiv, weil er eine künstliche Welt zu erschaffen vermag, die über ihn hinaus Bestand hat, während das *animal laborans* auf Existenzsicherung beschränkt bleibt. Auch Ropohl (2008) versteht die Kennzeichnung positiv: Von der Rolle des Machens in der Menschwerdung zieht er die Linie aus vermöge der Unterscheidung von realem und virtuellem Machen, wobei letzteres das Denken in Möglichkeiten einbezieht und damit die Rolle des Bewusstseins als transzendentale Bedingung des

Machens, um schließlich über die Arbeitsteilung auch die Vergesellschaftung des Homo faber aufzunehmen. Ropohl (2008: 266) sieht die das Bewusstsein auszeichnenden Merkmale in „Intentionalität, Reflexivität, Lokalität, Temporalität, Distanzialität, Variabilität, Virtualität und Finalität", die die „Kreativität konstituieren". So gelingt es dem Menschen, im realen Machen neue Wirklichkeit zu schaffen und Macht auszuüben – bis hin zum „Drang nach Weltbemächtigung" (Ropohl 2008: 267-269). Damit sind von ihm alle Tuchelschen Bestimmungsstücke angesprochen; auch Schelers Betonung des Geistes hat ihren Platz gefunden.

3. Der Mensch als kreatives Wesen

Mit der von Ropohl einbezogenen Kreativität ist der Homo faber zugunsten des *Homo creator* verlassen. Der Mensch ist „das kreative Wesen par excellence" (Lenk (2010: 537). So ist unter Einschluss der eben genannten Merkmale die größte Weite gesetzt, denn damit wird der Mensch als *alter deus* gesehen, der in seinen Werken einschließlich jener der Kunst Neues, Nie-Dagewesenes zu erschaffen vermag, wenngleich nicht *ex nihilo*. Diese seit der Renaissance überaus wichtige Bestimmung lässt die Vorstellung hinter sich, Technik sei Nachahmung der Natur; an deren Stelle tritt die Nachahmung des Schöpfergottes (Blumenberg 1957/1981). Sie entspricht Tuchels zweitem Kennzeichen, dem Schöpferischen. Ohne Kreativität wären die Künste geradeso wie die Technik im Vollsinne des Wortes nicht denkbar, doch mehr noch – technische Kreativität schließt Verwirklichbarkeit in anderer Weise ein als die Künste, nämlich im Sinne eines effektiven Funktionierens in Hinsicht auf einen Zweck, der letztlich der Weltgestaltung gilt. Das sagt sich so leicht, weil uns Kreativität als ein ganz menschliches Vermögen wohlvertraut ist und deshalb in der Anthropologie der Technik nicht fehlen darf. Doch dahinter verbergen sich tiefliegende Schwierigkeiten, die mit der Undefinierbarkeit von Kreativität beginnen, die weiter den Brückenschlag von der Idee zur materialen Umsetzung betreffen und die schließlich zu dem Problem führen, wie Technik denn verwissenschaftlicht werden kann, wenn ihre zentrale Voraussetzung in Kreativität besteht, also in einem Element, das sich gerade rationalen Methoden entzieht.

Alle drei hier herausgegriffenen technikbezogenen Charakterisierungen des Menschen zeigen, dass weitgehende Ausdifferenzierungen gefordert sind, um anthropologische Bedingungen der Technik umreißen zu können. Da aber die menschliche Kreativität ausgesprochen oder unausgesprochen die Voraussetzung auch für alle anderen Bestimmungen ist, muss sie als erste betrachtet werden.

Das Vermögen menschlicher Kreativität als zentrales Element aller Technik wurde in den vorangegangenen Kapiteln schon mehrfach betrachtet: Es wurde als Schöpfergeist auf das Vermögen des Entwerfens von Niedagewesenem bezogen, das jede Entwicklung vorantreibt. Kreativität erwies sich als Bedingung der Existenz technischer Artefakte und damit als zentrale ontologische Kategorie, allerdings ohne sie wie Whitehead zugleich als Grundkategorie der Natur in Anspruch zu nehmen, weil sie beim Menschen mit Intentionalität und – zumindest hinsichtlich der Technik – mit Intuition im Blick auf eine zu lösende Aufgabe verwoben ist. Was aber ist Kreativität? Gäbe es eine Definition, die sie vollständig auf andere Begriffe zurückführt, ließe sich gerade nichts Neues damit gewinnen – Kreativität würde verfehlt. Das hat sich in der Kreativitätsforschung mannigfach gezeigt. Redlicher Weise kann es also nur um den Versuch gehen, im Blick auf die Technik das Phänomen zu beschreiben und in Typen zu erfassen suchen.

Kreativität als menschliches Vermögen wird rückschließend aus kreativen Produkten gewonnen, also aus dem Vorliegen von Dingen und Strukturen, die so in der Natur nicht vorkommen und als Neues erfahren werden – von der Dichtung und Kunstwerken über ethische Prinzipien und Staatsverfassungen bis zu technischen Artefakten. Dabei wird schon Bekanntes im Blick auf eine Problemlösung in kreativen Prozessen neu zusammengefügt – weshalb im Rückschluss seitens der Psychologie auf Assoziationsvermögen und Flexibilität verwiesen wird, auf die Fähigkeit zu Analogiebildungen als Übertragung von Strukturen eines Ausgangsbereichs in ein neues Feld, sowie auf das Vermögen des Denkens in Möglichkeiten. Entscheidend ist also zum einen, dass schon ein Wissen unterschiedlichster Art vorhanden sein muss, auf das zurückgegriffen wird – was Lernvermögen zur Voraussetzung hat –, und zum anderen, dass für die Neustrukturierung ein dynamisches Vermögen geistiger Offenheit gegeben sein muss, das ein Denken in Zeitdimensionen des Zukünftigen einschließt. Doch was als kreativ Neues gesehen wird, variiert zwischen Individuen, sozialen Gruppen und ganzen Kulturen; insbesondere kommt es bei der Anerkennung von ‚echter‘ Kreativität in Abgrenzung zur ‚Spinnerei‘ zu einer gesellschaftlichen Einbindung.

Nun kann es hier nicht um Kreativität in der ganzen Breite des Phänomens gehen, sondern um jene Elemente, die für eine Anthropologie im Lichte der Technik bedeutsam sind, denn, so Tobias Deigendesch (2009: 49 u. 55), „Kreativität ist ein essentieller Bestandteil ingenieurmäßiger Entwicklung." Dabei geht es um kreative Ideen von „Originalität, Nützlichkeit und soziale[r] Akzeptanz".

Hans Lenk (2000: 107f) folgend lassen sich aus der Vielzahl der von ihm vorgenommenen Differenzierungen die folgenden Typen im Blick auf die Technik aufgreifen:

Auf unterster Ebene ist die *Regruppierungskreativität* anzusetzen, die darin besteht, gegebene Elemente in neuer Weise zu verbinden. Sie wird als produktive Kreativität dort wirksam, wo es in einem gegebenen Rahmen eine Problemlösung zu finden gilt, die im einfachsten Fall in einer Anpassung eines bekannten Lösungstyps an eine gegebene Situation besteht, in erweiterter Form aber auf einer Umgestaltung der gegebenen Typen fußt. Zumeist wird ein solches Vorgehen gar nicht als Kreativität gesehen, sondern als ein erlernbares schulgerechtes Zusammenfügen unter Berücksichtigung der situativen Anforderungen. Da dieser Kreativitätstyp Regeln folgt, die besagen, welche Teile mit welchen Funktionen auf welche Weise zu verbinden sind, lässt er sich auch in eine Lullistischen Heuristik (Jelden 1988: 119f) formalisieren und damit in einem Programm – etwa CAD, CAM oder CAE – so niederlegen, dass ein Datenverarbeitungssystem die Entwurfsarbeit zu übernehmen vermag. Dennoch liegt in dieser Kreativitätsform die elementarste Wurzel der kreativen Weltgestaltung. Ihre Bedeutung spiegelt sich zugleich in den Management-Ansätzen, diesen Kreativitätstyp zu fördern und kreative Produktentwicklung methodisch zu fundieren.

Das Beispiel des Programmierens weist hin auf eine darüber liegende Form der *Kombinationskreativität*, die sich zwar auch auf Bekanntes und Erlerntes stützt, doch ohne dass der Lösungsweg und die Lösung regelhaft erfassbar wären. In Teilen ist das gesuchte Neue in einer Intentionalen Heuristik (Jelden 1988: 128f) methodisch erschließbar, etwa durch Brainstorming oder die Delphi-Methode, die kreativitätsfördernde Randbedingungen schaffen, bislang Getrenntes aufeinander zu beziehen, ohne jedoch die Lösung schon zu beinhalten.

Allgemeiner ist die *Konstitutionskreativität*, die bislang unverbundene und nicht zueinander in Beziehung gesetzte Elemente verknüpft. Sie wird Wolfgang Beitz (1985) folgend meist als primäre Kreativität bezeichnet. Was dabei entsteht, sind neue Objekte – Dinge wie Prozesse –, die als menschliche Konstrukte zum Ge-stell werden. Zugleich zeigt sich hier eine Schichtung, denn die Kreativität ist vom Werkzeuggebrauch über die Werkzeugherstellung, die Arbeits- und Kraftmaschinen, die Entwicklungsplanung und das Programmieren, auf immer anspruchsvollere Ebenen gehoben worden. Anthropologisch wird darin die schöpferische Offenheit des Menschen sichtbar.

All diese Elemente verweisen allgemein auf menschliche Vermögen. Doch bezogen auf Technik wird Kreativität nur zugebilligt, wenn es sich nicht um irgendetwas Neues handelt, das subjektbezogen etwas Neues ist oder das relativ zum gesellschaftlich präsenten Wissen originell und etwas Besonderes ist, das bislang unbekannt war, sondern um eine Invention und Innovation, die als kreatives Produkt „dem Kriterium der Neuheit und Nützlichkeit genügt", also vor allem „dem übergeordneten Ziel einer qualitäts-, quantitäts-, kosten- und zeitgerechten Produktentwicklung" dient (Deigendesch 2009: 68 u. 82).

Kreativität hat Freiheit und Weltoffenheit und das Vermögen sich Möglichkeiten vorzustellen zur Voraussetzung. Sie geht Hand in Hand mit Vermögen wie Intentionalität und Denken in Finalität, also Zweck-Mittel-Zusammenhängen. Um diese Kategorien der Hartmannschen geistigen Ebene einordnen zu können, seien zunächst technikbezogene biologisch-anthropologische Bestimmungen betrachtet.

4. Der Mensch als Mängelwesen

Im Mythos, den Platon dem Sophisten Protagoras in den Mund legt, ohne ihm später hierin zu widersprechen, wird die Technikgenese darauf zurückgeführt, dass der Mensch ein *Mängelwesen* ist:

> „Es war einst ein Zeitalter, in dem es noch keine sterblichen Wesen gab. Als nun auch diesen die Schicksalsstunde des Werdens herannahte, schufen die Götter die Gestalten der Tiere und Menschen in den Tiefen der Unterwelt aus Erde und Feuer und anderen mit Erde und Feuer mischbaren Urstoffen. Den Brüdern Prometheus und Epimetheus befahlen sie, ihre Geschöpfe zum Kampfe des Lebens auszurüsten. Epimetheus wünschte das allein auszuführen: laß mich gewähren, bat er seinen Bruder, und beschaue Dir mein Werk, wenn es getan ist. Prometheus ließ sich überreden, und Epimetheus verteilte hierauf den Schatz der göttlichen Gaben unter die sterblichen Wesen. Dem einen gewährte er Kraft und Stärke ohne Schnelligkeit, wogegen er diese dem Schwachen zu seinem Schutze verlieh. Andere versah er mit starken Waffen, und die nicht Wehrhaften schirmte er durch andere Mittel. [...] Damit war für die Tierwelt aufs Beste gesorgt, aber den Menschen hatte der nicht allzu weise Epimetheus darüber vergessen. Für den war nichts mehr übriggeblieben; und als Prometheus das Werk seines Bruders betrachtet, sah er den Menschen nackt und bloß, ohne Decke, Schuhe und Waffen. Die Not war groß [...]. Da fand Prometheus keinen anderen Rat, als die Künste des Hephaistos und der Athene zu stehlen und das Feuer dazu, denn ohne dieses wären sie wertlos gewesen. Durch sie gewann der Mensch die Mittel, sein Leben zu fristen. Zu den Werkstätten des Hephaistos und der Athene hatte Prometheus Zutritt, und so

konnte er dort den Diebstahl verüben, den er, durch des Bruders Leichtsinn mit Schuld beladen, später so schwer büßen mußte." (Protagoras 320c-321d, freie Übersetzung von Carl Vering)

Der Mensch wird also als Mängelwesen gesehen, gekennzeichnet gerade durch das Fehlen spezialisierter Vermögen, wie sie an den Tieren zu beobachten sind. Der Begriff wurde von Gehlen (s. u.) auf Herder (1772/1891) aufbauend geprägt, denn nur dank der Wissenschaften der Athene und der Künste des Hephaistos einschließlich des Feuers – also dank der Technik und der Energie – ist der Mensch überlebensfähig. Zugleich wird die Ambivalenz dieser Gaben verdeutlicht: Sie sind gestohlen! Und was die Technik, anders als die Wissenschaften, anlangt, wurde sie überdies einem zwielichtigen Gesellen entwendet, der schon zweimal aus dem Olymp geworfen worden war, zuerst von Hera, später von Zeus; Ähnliches findet sich in der germanischen Tradition bei Loki dem Schmied. Auch der Gedanke, dass lebensnotwendige Technik nicht nur Positives enthält, ist also uralt.

Den Menschen als Mängelwesen zu sehen sollte fortan und bis in die Gegenwart Teil des Menschenbildes sein. Doch wäre es verfehlt, nicht zugleich eine hinzutretende positive Seite aufzugreifen, die Aristoteles dem platonischen Verständnis entgegenhält und die ebenfalls die biotische Seite betrifft: „Die *Hand* ist das Werkzeug der Werkzeuge" (*De Anima* III.8, 432a11; vgl. *De parte animalium* IV, 687a20), während der *Geist* das Werkzeug der Seele ist (*De anima* II.1, 412a19 - 412b6). Der Mensch vermag also, geleitet durch den Geist, etwas hervorzubringen; nur darum kann er das *tool making animal* sein: Er besitzt damit ein Vermögen, künstlich etwas zur Befriedigung menschlicher Bedürfnisse zu schaffen. So wird die Mängelwesenstruktur später von Herder positiv als Voraussetzung der menschlichen Freiheit und von Gehlen als Grundlage der *Weltoffenheit* gesehen, denn ein allein durch Mängel gekennzeichnetes Wesen wäre gar nicht lebensfähig; es müssen positive Eigenschaften hinzutreten. Damit zeigt sich, wie eine biologisch-anthropologische Bestimmung allein keineswegs ausreicht – erst mit dem Geist oder dem Bewusstsein führt sie zu einer essentiellen Charakterisierung, die die Grundlage des Selbstverständnisses des Menschen betrifft.

5. Technik als Organprojektion

Nun lässt sich der Weg der Vorstellungen vom Mängelwesen und von der Welt-offenheit hier nicht durch die Jahrhunderte verfolgen; vielmehr soll die Aufnah-me und Transformation der mit Technik verbundenen anthropologischen An-sätze mit einer im 19. Jahrhundert einsetzenden Skizze zum Ausgangspunkt gewählt werden, weil diese Zeit besonders reich an Bezugnahmen auf die Tech-nik ist, ohne doch in der heutigen Anthropologie aufgenommen worden zu sein (vgl. Schmidinger & Sedmak 2004ff; der Bezug auf Technik beschränkt sich in den sechs Bänden aber auf Ropohl 2008).

Begonnen sei mit Ernst Kapp (1877/1978) und dem ersten Werk überhaupt, das den Titel *Philosophie der Technik* trägt. In ihm steht die biologisch-anthropologische Perspektive im Vordergrund. Als Leitthese und „unbestreitba-re Thatsache" formuliert Kapp, „dass der Mensch unbewusst Form, Functions-beziehung und Normalverhältniss seiner leiblichen Gliederung auf die Werke seiner Hand überträgt und dass er dieser ihrer analogen Beziehung zu ihm selbst erst hinterher sich bewusst wird." (Kapp 1877/1978: Vorwort S. Vf) Diese zwei Vermögen der *Organprojektion* – (1) Technik wird nach dem Vorbild der Orga-ne geschaffen, und (2) dieses Schaffen ist vorreflexiv, anders gewendet: die Tech-nik hat im Menschen eine tiefere Wurzel als das Bewusstsein – dienen Kapp dazu, den Technikbezug von den Extremitäten Hand und Fuß über die inneren Organe bis zum ganzen Organismus herzustellen. Dabei bildet die Mängelwe-senthese den Hintergrund, denn Kapp stimmt emphatisch der Auffassung zu, dass der Mensch überall, wo er auftrete, „sich eine passende Lebensart erst erfin-den und durch Kunst verschaffen müsse"; eben diese „Selbstproduktion" beruhe auf „Projection" (Kapp 1877/1978: 29).

Den Beginn sieht Kapp in der Anfertigung von Waffen, um nicht allein Nä-gel und Gebiss als Angriffs- und Verteidigungsmittel zu benutzen, was zugleich erlaube, das „Raubthierähnliche" in der Menschheitsentwicklung zurücktreten zu lassen – verbunden mit dem Hinweis, dass die Technikentwicklung nicht nur die äußere, sondern auch die innere Kultur entscheidend ändert (Kapp 1877/1978: 36). Ebenso sind Werkzeuge „steigernde Vorrichtungen" der „natür-lichen Arm- und Handkraft" (Kapp 1877/1978: 39): *Organverstärkung* wird so zum ersten Anstoß der Technik, ablesbar am Weg vom Faustkeil über den ge-schäfteten zum durchbohrten Hammer; dasselbe gilt für die Verstärkung der Zähne durch Messer und Sägen aus Stein, Bronze und Eisen. Vom Mahlen als Zerreiben mit Händen und Zähnen führt so der Weg zu einfachsten Reibesteinen bis hin zu Dampfmühlen. Aus der hohlen Hand werden Becher, Krug, Fass und Tank. Dabei vollziehen sich erste Schritte ebenso unbewusst wie die Nutzung des Organismus selbst; erst später – etwa bei der Verbindung von zwei Messern zu einem Doppelmesser, der Schere – geht es, so Kapp, um planvolle Gestaltung. Immer aber bleibt das Werkzeug, von der Hand geführt, dem Körper und dem Organ nahe verbunden, das es verstärkt. Das aber gilt vielfach bis heute, ahmen doch fast alle Bagger mit ihren Schaufeln die Hände nach.

Ähnliches sucht Kapp für das Auge und das Ohr aufzuweisen: die Apparate und Instrumente zu ihrer Verstärkung sind alle Organprojektionen. Doch auch das Gittertragwerk einer Brücke sei der inneren Struktur der Knochen nachgebildet, und das Telegrafennetz dem Netz der Nervenbahnen. Selbst die inneren Organe des Menschen dienen also zum Ausgang der Organprojektion. Weil diese Projektion in Gestalt der Technik den Menschen zugleich kulturell erhebt und ihn zum Selbstbewusstsein und zur Freiheit führt, kann Kapp diese erste philosophische Anthropologie der Technik emphatisch schließen: „Hervor aus Werkzeug und Maschinen, die er geschaffen, aus Lettern, die er erdacht, tritt der Mensch, der *Deus ex Machina,* Sich Selbst gegenüber!" (Kapp 1877/1978: 351) Damit ist eine biologische Anthropologie Grundlage der Technik, die ihrerseits den Menschen zum Kulturwesen wachsen lässt.

6. Technik als Lebenstaktik

Eine andere Position vertritt Oswald Spengler. Er sieht die Technik wie Platon als eine menschliche Notwendigkeit, rückt jedoch deren Beginn aufgrund eines weiter gefassten Technikbegriffs anders als Kapp bis ins Tierreich:

> „Um das Wesen des Technischen zu verstehen, darf man nicht von der Maschinentechnik ausgehen, am wenigsten von dem verführerischen Gedanken, dass die Herstellung von Maschinen und Werkzeugen *Zweck* der Technik sei. In Wirklichkeit ist die Technik uralt [...]. Sie reicht weit über den Menschen zurück in das Leben der Tiere, und zwar *aller* Tiere", weil Tiere sich gegen die je andere Natur behaupten müssen. Deshalb gilt: „*Die Technik ist die Taktik des ganzen Lebens. Sie ist die innere Form des Verfahrens* im Kampf, der mit dem Leben selbst gleichbedeutend ist." (Spengler 1931: 6f)

Leben wird also von Spengler schlechthin als Kampf verstanden, der als Vermögen eine Lebens- und Überlebenstechnik verlangt. Ersichtlich ist dieser Technikbegriff ganz allgemein, er schließt (als Beispiel einer werkzeuglosen Technik) die

Jagdtechnik des Beute machenden Löwen ein. Spengler (1931: 14 u. 17) geht so weit zu sagen, auch der Mensch sei ein Raubtier – wobei das Raubtier die höchste Form des freibeweglichen Lebens sei und ein Maximum an Freiheit bedeute! Nur Raubtiere seien aktiv klug und auf Beherrschen angelegt, auf Haben und selbstherrliches Schalten und Walten (ebenda, 20f). Der Unterschied zwischen tierischer und menschlicher Technik aber bestehe darin, dass sie bei Tieren immer nur Gattungstechnik sei, weder erfinderisch noch lernbar noch entwicklungsfähig. Der Mensch dagegen ist das erfinderische Raubtier – durch die Entstehung der Hand als „praktische Beherrscherin" der Welt, denn mit ihr kommt es zum Werkzeug und zu technischen Verfahren: „Kein anderes Raubtier *wählt* die Waffen!" Das aber beruhe auf „persönlichem Denken" über Zwecke und Mittel, die Handlung wird zur „freien, bewußten *Einzeltat*" (ebenda, 23, 26, 27, 29 u. 33).

Die zweite große Wende in der Menschheitsentwicklung ist für Spengler durch Viehzucht und Ackerbau, Lasttiere und Zugtiere, gebaute Behausungen und verbindende Verkehrswege gekennzeichnet. Hier braucht jeder den anderen, denn es geht um gemeinsames planmäßiges Handeln; das aber setzt Sprache voraus, und damit als neues Element ein geistiges Handeln, das bis zum Berechnen führt. Das wiederum erlaubt die Trennung von Denken und Ausführen, von Denkenden und Ausführenden – es kommt zu „Führerarbeit und anzuführende[r] Arbeit", zu Befehlenden und Gehorchenden, Subjekt und Objekt – was wiederum zum Gegensatz von Individuum und Masse geführt habe (ebenda, 49, 52 u. 58). Es entsteht die bürgerliche Gesellschaft und mit ihr der „gelehrte Erfinder, der wissende Priester der Maschine" als Persönlichkeit (ebenda, 70) – doch steuert alles auf ein tragisches Ende zu, hervorgerufen durch die Mechanisierung der Welt und die Flucht der Führer vor der Maschine. Es kommt zum Verrat der Technik: „Nur Träumer glauben an Auswege. Optimismus ist Feigheit." (Spengler 1931: 88)

„Alles Unsinn", hat ein Leser 1932 an den Rand eines Exemplars geschrieben, und in vieler Hinsicht hat er recht. Doch ist wohl bedenkenswert, dass Technik erstens nicht eine Sache des Menschen allein ist, auch Tiere benutzen Werkzeuge, ja, stellen selbst welche her; und zweitens, dass Technik auf anthropologische Bedingungen bezogen werden muss. Genau das tut Platon, wenn er den Menschen als Mängelwesen deutet; eben das geschieht bei Aristoteles, wenn die menschliche Hand als Universalwerkzeug gesehen wird, denn Technik ist dann in Verbindung mit dem Geist das Mittel, den Mängeln handelnd abzuhelfen. Doch festzuhalten ist Spenglers Einsicht, dass die Beschränkung auf den Einzelnen nicht zureicht, weil die Gesellschaft einbezogen werden muss. So wird man die biologischen Bedingungen wiederum in dreifacher Hinsicht im Blick auf die eingangs genannten Ausrichtungen der Anthropologie vertiefen müssen, nämlich

- hinsichtlich der Bedingungen der Möglichkeit von Technik, die im Individuum angelegt sind,
- hinsichtlich solcher Bedingungen, die mit der Gesellschaft gegeben sind und
- hinsichtlich der historischen Genese, in der sich in einem Wechselspiel von Technik und Umgestaltung menschlicher Lebensbedingungen und Denkmöglichkeiten eben diese Bedingungen ändern.

Diese Ausweitung lässt sich bei Helmuth Plessner beobachten, der sonst fraglos als Gegenpol zu Spengler zu sehen ist: In seinen *Stufen des Organischen und der Mensch* zeigt er, wie der Werkzeuggebrauch und die Nutzung der Maschinen zwar auf Organisches aufbauen, aber in der Technik weit darüber hinaus führen: Das „Gesetz der natürlichen Künstlichkeit" verlangt, dass der Mensch „sich zu dem, was er schon ist, erst machen" muss; in seiner „Bedürftigkeit oder Nacktheit liegt [...] der letzte Grund für das *Werkzeug* und dasjenige, dem es dient: die *Kultur*." Ihrer bedarf der Mensch im Sinne einer „ontischen Notwendigkeit" (Plessner 1928: 309, 311, 321).

7.   Kultur durch Technik

Die Mängelwesen-These wird, wie erwähnt, von Herder unter dem Gesichtswinkel von Instinktbegrenzung und Freiheit aufgegriffen. Von dort her hat die Sicht über Nietzsche und Scheler bis Gehlen weitergewirkt. Ausdrücklich wird sie mit der Vorstellung verbunden, der Mensch sei „von Natur ein Kulturwesen" (Gehlen 1940/1971: 80, vgl. 38) – und zwar durch Technik. Dies gilt es – durchaus im Sinne der eben genannten Desiderata – aufzunehmen.

Viel nüchterner und ohne Pathos findet Kapps Ansatz seine wesentliche Fortführung bei Gehlen. Gegenüber dem ungetrübten Technikoptimismus Kapps macht Gehlen klar, dass wir Menschen, die wir uns immer schon der Technik bedient haben, diese stets auch zum Kampf gegen unseresgleichen eingesetzt haben (Gehlen 1957/1986: 7). Der Faustkeil ist da gerade so ambivalent wie die Atomenergie! Da aber der Mensch infolge seiner Mängel an spezialisierten Organen und Instinkten nicht an die Umwelt angepasst ist, muss er beliebige vorgefundene Naturumstände sich anpassen und umgestalten – durch technisches Handeln. Dabei kann es nicht nur um Organverstärkung oder Organüberbietung (etwa der Hammer statt der Faust) gehen; hinzuzunehmen sind *Organentlastung* (das Fahrrad statt des Gehens) und *Organersatz* (das Flugzeug für fehlende Flügel). So kann Gehlen im Sinne des sehr weiten aristotelischen Technikbegriffs betonen:

> „Wenn man unter Technik die Fähigkeit und Mittel versteht, mit denen der Mensch sich die Natur dienstbar macht, indem er ihre Eigenschaften und Gesetze erkennt, ausnützt und gegeneinander ausspielt, so gehört sie in diesem allgemeinen Sinne zum Wesen des Menschen." (Gehlen 1957/1986: 8f).

Wichtig ist Gehlen, dass diese Technik nicht etwa auf Naturvorbilder beschränkt bleibt, ganz im Gegenteil, denn die bedeutendsten Erfindungen kommen in der Natur gar nicht vor, etwa Rad und Achse, die bereits die Töpferscheibe ermöglichten, Pfeil und Bogen, das Feuerbohren durch Hand und Holz. Das gilt auch schon für das Schneiden mit einem scharfen Feuerstein, von heutiger Technik zu schweigen. Die Welt der Technik spiegelt deshalb nicht etwa die Natur, sondern den Menschen: geistreich, trickreich, einfallsreich. Die Folge ist, dass die Technik in immer tiefere Bereiche des Organischen dringt und, so Gehlen, das Organische durch Anorganisches ersetzt. Die Organkraft wird durch anorganische Kräfte von Maschinen substituiert, organische Stoffe durch Stein, Metalle oder gar Kunststoffe. Das aber geschieht in großen Kulturschüben, die ihrerseits dazu führen, ganze Perioden wie etwa Steinzeit, Bronzezeit etc. nach ihnen zu benennen. Viel enger noch werden damit Technikentwicklung und Kulturentwicklung aufeinander bezogen: Der Mensch als geschichtliches Wesen ist dieses als technikgeschichtliches Wesen; eine Kulturentwicklung wäre unvorstellbar ohne die Wechselwirkung mit der Technik.

Zentral aber ist für Gehlen die *Entlastung*, die mit aller Technik verbunden ist. Sie führt über die Stufen des Werkzeugs und der Maschine zum Automaten und besitzt eine charakteristische Eigenschaft, die von ihm ganz neu gesehen wurde: Technische Entlastungen haben die Tendenz zur Gewohnheitsbildung. Damit kommt es zu Routinen und Selbstverständlichkeiten – es entwickeln sich instinktartige Ziele, den gewünschten Effekt selbstverständlich und damit kalkulierbar werden zu lassen, weil auf diese Weise etwas Vertrautes entsteht. Wir haben es hier also mit einem triebhaften Bestimmungsstück der Technik zu tun, das zur Objektivation und zur Entlastungsfunktion führt! Von Kapp her ist zwar der Ansatzpunkt geläufig, dass die eigentlichen Wurzeln menschlicher Technik viel tiefer reichend als etwa Sprache und Kultur, zu schweigen vom Bewusstsein.

Doch weit über Kapp hinaus führt der Gedanke, dass technische Entlastungen zu Selbstverständlichkeiten werden, die in der Gesellschaft Gewohnheiten und damit eine Kalkulierbarkeit des Handeln zur Folge haben. So werden biotische, Individuen-bezogene und soziale Bedingungen in ihrer Auswirkung und Wechselwirkung durch und mit Technik gebraucht, um in der menschgeschaffenen „Kulturwelt" zu verschmelzen.

8. Antriebsüberschuss und Weltoffenheit

Alle Überlegungen zum Verhältnis von Mensch und Technik verweisen auf Eigenschaften und Vermögen, die der Mensch hat, und auf Voraussetzungen, die gegeben sein müssen, um ihn zu befähigen, Technik zu entwickeln. Vermögen, die hier ins Zentrum gerückt wurden, sind, wie der Wortstamm zeigt, Möglichkeiten – doch von besonderer Art; in der Tradition wären sie ‚Potenzen' genannt worden, um ihre Nähe zur Ausrichtung auf Verwirklichung sichtbar werden zu lassen. Doch dazu bedarf es einer dynamischen Quelle in uns, die in Kants Zeiten ‚Triebfeder' und heute seit Gehlen ‚Antrieb' genannt wird – beides technomorphe Bilder, die eine Gerichtetheit mitschwingen lassen. Nun ist entscheidend, dass der Antrieb hinter den Vermögen nicht auf Instinkten beruht, sondern gerade frei von ihnen ist, eben ein *Antriebsüberschuss*, eine von Gehlen (1940/1971: 57) eingeführte Bezeichnung. Sie meint keinen Zappelphilipp, nicht die Instinktbefriedigung, sondern „einen über jede augenblickliche Erfüllungssituation hinaustreibenden Antriebsüberschuß", weshalb der Mensch „seine Weltoffenheit damit ins Produktive wenden" kann (ebenda, 58). Genau hierum soll es jetzt gehen, denn das Mängelwesen Mensch verfügt sehr wohl über zwei hochspezifische Organe, Hand und Gehirn, die aber, anders als bei Tieren, gerade nicht spezialisiert, sondern hochgradig unspezialisiert sind. Genau dies ermöglicht es ihm

- offen zu sein, d.h. etwas als Neues wahrzunehmen, und
- unvorhergesehenen Problemen auf eine neue Weise zu begegnen.

Dabei wäre es jedoch verfehlt, in einem naturalistischen Verständnis die biotischen Voraussetzung des Gehirns mit dem zu identifizieren, was Scheler den „Geist" genannt hat – gerade dessen ontische Andersartigkeit bleibt unverzichtbar; sichtbar wird dies an der Weltoffenheit des Menschen.

Weltoffenheit ist eine entscheidende von Gehlen hervorgehobene anthropologische Bedingung, auf die sich Technik gründet. Eine zweite, nicht minder belangvolle und unmittelbar damit verbundene Bedingung besteht in der menschlichen *Willensfreiheit*, die direkt mit dem Vermögen einher geht, Technik hervorzubringen: Beide, Weltoffenheit und Willensfreiheit, hängen insofern unmittelbar zusammen, als die Offenheit zur Voraussetzung hat, dass menschliches Verhalten nicht vollkommen durch Instinkte gesteuert ist; dadurch wird Freiheit und selbstbestimmtes Handeln ermöglicht. Willensfreiheit ist dabei keine leere Sartresche Handlungsfreiheit, sondern bezeichnet mit Leibniz und Kant die vernunftgegründete Entscheidung. Dies wiederum geht Hand in Hand (und hängt wohl auch in der Evolution zusammen) mit dem Vermögen, ein Lebensproblem mit technischen Mitteln zu lösen: Der Mensch ist, wie Nietzsche (1886/1980: Aph. 62) dies rabiat formulierte, das „nicht festgestellte Thier" – er ist Homo creator.

Freiheit ist eine hehre Angelegenheit, doch zunächst stößt man bei der Analyse der Bedingungen menschlicher technischer Handlungsmöglichkeiten auf viel Unmittelbareres; stets aber ist Willensfreiheit voraussetzt: Technisches Handeln verlangt, dass wir uns im Sinne der vierten Tuchelschen Kennzeichnung, der Zweckorientierung, einen Zweck-Mittel-Zusammenhang vorstellen, d.h. über eine gegebene Realität hinaus eine Vorstellung von etwas Nicht-, ja von Noch-nie-Dagewesenem zu bilden vermögen. Damit kommt eine Zeitvorstellung als unverzichtbares Vermögen ins Spiel, wobei anders als oben hervorgehoben die Gegenwartstechnik vielfach mit einer erweiterten Erwartungshaltung verknüpft ist; denn die Fabrik der Zukunft, wie sie sich Günter Spur (1984) erträumte und zu deren Verwirklichung er Namhaftes beigetragen hat, bietet statt solcher Zweck-fixierten Maschinen echte Möglichkeitsmaschinen, die durch neue Steuerungssoftware vollkommen neue Produkte herzustellen vermögen und darum im Zukunftshorizont auf Möglichkeiten hin angelegt sind. Auf diese Weiterung der Weltoffenheit wird noch einzugehen sein.

Zurück zur Zweckorientierung. Natürlich nimmt sie ihren Ausgang davon, gemachte Erfahrung im Gedächtnis zu bewahren und auf vergleichbare Situationen wieder anzuwenden, etwas, das es bei Tieren durchaus auch gibt; doch entscheidend für zielgerichtetes Handeln (und alle Technik verlangt zielgerichtetes Handeln) ist das *Vermögen, Finalität zu denken*, eben in Zielen und Mitteln, statt beispielsweise nur in Kausalzusammenhängen. Zwecke als solche kommen in der Erfahrung nicht vor; der Zusammenhang wird von uns gestiftet. Dass die Naturwissenschaften Zwecke im Sinne der aristotelischen *causae finales* seit dem

Beginn der Neuzeit ausschließen, ist für sie richtig, nicht aber für die Bemühung Technik zu verstehen und nach ihren anthropologischen Voraussetzungen zu fragen. Hier erweist sich die Kategorie der Finalität als absolut zentral. Ohne sie wäre rationale Zielplanung, das Bedenken von Folgen und Nebenfolgen ebenso ausgeschlossen wie die Funktionsweise einer Maschine zu verstehen.

Alles eben Gesagte verlangt die Fähigkeit, sich von einer situativen Bedingtheit zu lösen, um einen langen Zweck-Mittel-Zusammenhang zu überschauen. Verbunden ist dies zugleich mit dem erwähnten gänzlich veränderten Verhältnis zur Zeit: In ständiger Gegenwart zu leben musste ersetzt werden durch einen weit vorgreifenden Blick auf Künftiges. Dies wiederum verlangt eine Zeitperspektive, ein Zeitmanagement und eine Zukunftserwartung, die im Grundsatz bei der Amortisationserwartung eines Industriebetriebs nicht anders beschaffen ist, heute aber etwa in der Ökologie auch auf mögliche negative Langzeitfolgen ausgedehnt wird. Worum es an dieser Stelle geht, ist die Feststellung, dass Technik als Mittel immer eines Denkens in der Zeitdimension bedarf. Das betrifft sowohl den Herstellungs- wie den Verwendungsprozess als auch weit in der Zukunft liegende erwartete Folgen schon beim Ackerbau. Die damit verbundene Zeit wird als einsinnig-linear gedacht, verbunden mit der Erwartung der Erfüllung des Zwecks, um dessentwillen die Technik eingesetzt wurde. Das Vorstellungsvermögen, das mit der Technik einhergeht, zielt also auf Erinnerung und Erfahrung, umgegossen in Zweck-Mittel-Kategorien, auf abstraktive Verallgemeinerung in Handlungs- und Verfahrensregeln, auf Zeiträume in der Zukunft und auf bislang Unvorstellbares. Die Weltoffenheit schließt mithin die räumliche, die zeitliche und die geistige Dimension ein.

Anders als der auf Individuen bezogene Freiheitsgedanke verlangt Technik auch eine soziale Kompetenz, was Spengler geradeso wie Gehlen festhalten. Das galt für die organisierte Jagd, den organisierten Ackerbau, die Arbeitsteilung. Insofern ist die Entwicklung der Technik auch an Kommunikation, vor allem an Sprache gebunden. Diese dient sowohl der sozialen Koordination als auch der abstrahierenden Weitergabe von Erfahrungen und Handlungsregeln als Erkenntnis und schließlich der Koordination gemeinsamen Handelns unter Ausbildung einer kollektiven Intentionalität. Das alles mag trivial klingen, ist es aber nicht, wenn wir an heutige technologische Großsysteme denken: Deren Möglichkeitsbedingungen gehen auf etwas zurück, das in der Urhorde sich abzuzeichnen begann – eben soziale Kompetenz. Nur weil dies so ist, kann und muss technisches Handeln auch unter ethischen Aspekten gesehen werden, denn die technische Seite der Weltoffenheit ist die von Tuchel als letztes Charakteristikum genannte Weltgestaltung, die ohne die normative Seite unvorstellbar wäre: Wir dürfen nicht alles tun, was wir können.

9.   Das Denken des Möglichen

Ohne Zeitvorstellung, ohne ein Denken in Zwecken und Mitteln gäbe es nicht das faszinierendste aller anthropologischen Phänomene, das Vermögen, die Vorstellung von etwas Neuem zu entwickeln, mehr noch, diese Vorstellung verwirklichen zu können – und dabei zu erfahren, dass dieses funktioniert: Der Mensch als *Homo creator*. Der Techniker, so betont Hans Sachsse (1978: 122), „kann eine Idee wirklich wahrmachen" – ein, wie er hinzufügt, „staunenswertes anthropologisches Vermögen". Dahinter aber verbirgt sich eine Fähigkeit, die zwar im zielgerichteten Handeln vorausgesetzt wird, nun aber zu allergrößter Bedeutung gelangt: das Vermögen zum *Denken in Möglichkeiten* (vgl. Hubig 2006/07). Ernst Cassirer (1930/1985: 81) hat dies deutlich gesehen und hervorgehoben:

> „Die Technik unterwirft sich der Natur, indem sie ihren Gesetzen gehorcht und sie als unverbrüchliche Voraussetzungen ihres Wirkens betrachtet; aber unbeschadet dieses Gehorsams gegen die Naturgesetze ist ihr die Natur niemals ein Fertiges, ein bloßes *Gesetztes*, sondern ein ständig *Neuzusetzendes*, ein immer wieder zu Gestaltendes. Der Geist misst stets von neuem die Gegenstände an sich und sich selbst an den Gegenständen [...]. Je weiter diese Bewegung greift [...], um so mehr fühlt und weiß er sich der Wirklichkeit »gewachsen«. Dieses innere Wachstum erfolgt nicht einfach unter der ständigen Leitung, unter der Vorschrift und Vormundschaft des Wirklichen; sondern es verlangt, dass wir ständig vom »Wirklichen« in ein Reich des »Möglichen« zurückgehen und das Wirkliche selbst unter dem Bilde des Möglichen erblicken. Die Gewinnung dieses Blick- und Richtpunkts bedeutet, in rein theoretischer Hinsicht, vielleicht die größte und denkwürdigste Leistung der Technik. Mitten im Gebiet des Notwendigen stehend und in der Anschauung des Notwendigen verharrend, entdeckt sie einen Umkreis freier Möglichkeiten. Diesen haftet keinerlei Unbestimmtheit, keine bloßsubjektive Unsicherheit an, sondern sie treten dem Denken als etwas durchaus Objektives entgegen. Die Technik fragt nicht in erster Linie nach dem, was *ist*, sondern nach dem, was sein *kann*. Aber dieses »Können« selbst bezeichnet keine bloße Annahme oder Mutmaßung, sondern es drückt sich in ihm eine assertorische Behauptung und eine assertorische Gewissheit aus [...]. Es wird damit ein an sich bestehender Sachverhalt aus der Region des Möglichen gewissermaßen herausgezogen und in die des Wirklichen verpflanzt."

So hat Robert Musil den Ingenieur im *Mann ohne Eigenschaften* treffend als Möglichkeitsmenschen gezeichnet. Dieses Möglichkeitsdenken, das unsere Kultur so nachhaltig beeinflusst hat, wurde dank der Technik in ungeahnter Weise ausgeweitet, wenn heute *Möglichkeiten von Möglichkeiten* ebenso wie *virtuelle Realitäten* zur Selbstverständlichkeit geworden sind. Gewiss, eine Schraube lässt sich für sehr unterschiedliche Verschraubungsmöglichkeiten einsetzen – doch eine Maschine zur Herstellung von Schrauben produziert nur diese (oder Schrott); ein Computer hingegen ist eine Möglichkeit für noch nicht festgelegte Möglichkeiten, nämlich sowohl hinsichtlich der Software als auch bezüglich dessen, was inhaltlich mit dieser Software zu erarbeiten ist. Gleiches gilt für Industrieroboter: Eine Produktionsstraße muss beim Modellwechsel nur mit einem neuem Programm versehen werden – sie ist eine Möglichkeit für Möglichkeiten. In gleicher Weise bedeuten computererzeugte virtuelle Welten eine unerwartete Erweiterung unseres Vorstellungsraumes – nicht etwa nur spielerisch in *Second Life*, sondern bei allen Verwendungen von Simulationsprogrammen, die, in den Wissenschaften wie in der Technikentwicklung eingesetzt, ganze Möglichkeitsspektren wie Leibniz' mögliche Welten systematisch ausbreiten, um uns als Grundlage von Entscheidungen zu dienen. Damit werden Dimensionen des Möglichkeitsdenkens geöffnet, die weit über das hinausgehen, was Cassirer als Besonderheit der Technik hervorhob – ein neuer Beitrag zur kulturellen Entwicklung als ein wesentliches Element einer Anthropologie der Technik.

10. Kommunikationstechnik als Ausweitung des Ich

Zu jenen Bereichen der Technik, die noch vor einem halben Jahrhundert kaum vorstellbar waren, gehören die Kommunikationstechniken. Gewiss, Anthropologen haben die Bedeutung der Sprache und der Schrift geradeso wie des Buchdrucks lange schon erkannt und ihre Auswirkung auf die Kultur gesehen – doch mit den ‚magischen Kanälen', die Marshall McLuhan (1964/1968) beschwor, gefolgt von Internet und Mobiltelefonen mit ihren Möglichkeiten des weltweiten Informationsaustauschs, ist auch anthropologisch eine gänzlich neue Lage und ein gänzlich unerwarteter Problemhorizont entstanden. Rein äußerlich mag dies ablesbar sein an Gesellschaften, die sich *Anthrotech* nennen – Fusion of Anthropology and Technology – oder *AnthroIT* – Anthropology Information Technology –; aber oft genug geht es dabei nur um technische und methodische Probleme anthropologischer Forschung, nicht um die viel tiefer dringende Veränderung des Menschen. Maschinen dienen nicht nur als ausgelagertes Gedächtnis, sondern werden zur Daten- und Zeichenbearbeitung eingesetzt bis hin zur Steuerung hochkomplizierter Systeme. Doch schon von ‚Steuerung‘ und ‚Bearbeitung‘ zu sprechen, von ‚Zeichen‘ und ‚Symbolen‘, die bearbeitet werden, schreibt der Informationstechnologie einen quasi-geistigen Status zu, selbst wenn Bewusstsein ausgeklammert bleibt; so spricht Dieter Münch (1998) in kritischer Absicht von der „Simulation des Menschen in Maschinen" und von „Computermodellen des Geistes".

Als Folge des aktiven und selbstbestimmten Umgangs mit Medien, die in Flugsimulatoren, Spielen und Cyberspaceaktionen neue mögliche Welten auftun, wird eine Rückwirkung auf den Menschen gesehen, die ähnlich tiefgreifend und dauerhaft sein mag wie in früheren Phasen neuer Techniken. Um es mit Hans Lenk (2010: 461) zu sagen: Nicht nur die Reaktionsmöglichkeiten, auch die Aktionsorgane werden in die künstliche computergenerierte Welt projiziert – was nicht nur auf die Arbeitssituation, sondern auch auf das Selbstverständnis des Menschen zurückwirkt: Das Selbst des Benutzers wird durch den Avatar (‚avatra‘ bedeutet im Sanskrit Hinabstieg) als Projektionsebene zur Selbstrepräsentation des Users bis hin zu einer Analogisierung als Inkarnation des Gottes Vishnu (Ommeln 2005: 277f): Der Mensch sieht sich als „‚Schöpfer‘ künstlicher Mensch-Info-Maschinen-Welten" (Lenk 2010: 464).

Nur besteht die Gefahr, dass diese Modelle als Bild des ganzen Menschen genommen werden: Wenn Aristoteles den Geist als Werkzeug der Seele sah, so mag nun der Eindruck entstehen, dieses neue elektronische Werkzeug sei wie die Hand materiell zu sehen und zu erfassen – womit der Kern der Anthropologie der Technik, den Menschen als kreatives und konstruktives Wesen zu verstehen, verloren ginge. Dass dies in die Irre führt, dass eine völlige Naturalisierung des *Homo creator* und *Homo faber* sinnlos ist, zeigt sich am deutlichsten wohl an dem menschlichen Vermögen, nie dagewesene verwirklichbare Möglichkeiten zu erdenken. Der materielle Rechner hingegen kann selbst als universale Maschine immer nur Regeln folgen, die seine Schritte festlegen. So arbeitet Jos de Mul (2003) gegen Autoren wie Hans Moravec und dessen utopische Roboterevolutions-Prognosen die Fruchtbarkeit eines bei Plessner ansetzenden Verständnisses des Menschen heraus: Die „Exzentrizität" des Menschen, seine „Wurzellosigkeit" (Plessner 1928: 341), die sich in den Formen der globalen Telepräsenz manifestiere, kennzeichnen den Menschen in seiner „existenziellen Heimatlosigkeit" (Mul 2003).

Es mag offen bleiben, ob die schrittweise Selbstbefreiung des Menschen durch seine eigene Technik – zunächst von Gedächtnislasten durch die Schrift und den Buchdruck, dann von körperlicher Arbeit durch die Übertragung von Arbeitsschemata an Maschinen, nun schließlich von Denkschemata an den Computer – tatsächlich eine solche Heimatlosigkeit zur Folge hat oder nicht vielmehr positiv gewendet eine Ausweitung des Ich bedeutet – dank eines Freiheitszuwachses, den es verantwortlich zu nutzen gilt.

*

Damit schließt sich der Kreis. Eine Anthropologie der Technik ist kaum in einer Wesensdefinition einzufangen, weil biotische, individuelle und soziokulturelle ebenso wie geistige Bedingungen in steter Wechselwirkung mit der jeweiligen Technik stehen. Dabei zeigt sich eine historische Dimension der Technikentwicklung, der eine soziale, kulturelle und geistige Entwicklung korrespondiert: So sehen sich alle hier herangezogenen Autoren genötigt, die Technikgeschichte als Kulturgeschichte einzubeziehen. Da sich eine Technikanthropologie auf menschliche Vermögen stützt und stützen muss, und da sich diese Vermögen im kulturgeschichtlichen Fortgang entwickeln und erweitern, würde eine zeitlose Wesensbestimmung ebenso zu kurz greifen wie jede isolierte biologisch-anthropologische oder soziologisch-anthropologische Fixierung. Deutlich ist dieses ablesbar an einem Problemwandel, der seit Gehlens Werk eingetreten ist. Während dieser noch die Ersetzung des Organischen durch Anorganisches als Charakteristikum der Technik sah, vermag heutige Biotechnologie selbst organische Strukturen unter Zweck-Mittel-Gesichtspunkten umzugestalten bis hin zu den Möglichkeiten, den Menschen selbst zu (ver)formen: Anders als jener Gegenstand der Technik, der mit dem engen artefaktbezogenen Begriff der Realtechnik umrissen wurde, ist der Mensch selber zum Objekt seiner Technik geworden. Die daraus resultierenden ethischen Probleme werden eine Veränderung der kulturellen Einstellung und des Verständnisses dessen nach sich ziehen, was die Natur des Menschen ausmacht – gleichviel, ob die sich abzeichnenden Möglichkeiten weiter verfolgt oder prinzipiell verworfen werden. Das aber zeigt, dass keine künftige Anthropologie, keine Kultur- und Gesellschaftsphilosophie ohne Einbeziehung der Technik und ihrer kulturgeschichtlichen Dimension möglich sein wird.

III. Technik und Erkenntnis

5. Technisches Wissen

Wissen hat viele Gestalten. Um es vom bloßen Meinen abzugrenzen, hat Platon es als wahre Meinung mit Begründung umrissen (*Theaitetos* 201), darüber hinaus wird es einer Person oder einer Gruppe zugeschrieben. Nun führt die Bindung an den Wahrheitsbegriff zu tiefgründigen Schwierigkeiten, denn was ist Wahrheit und was ist eine zutreffende Begründung – lassen sich dafür allgemeingültige Kriterien angeben? Schon die Vielfalt der Formen des Wissens zeigt, dass Wissen, Wahrheit und Begründung immer auf einen Rahmen bezogen sind. Damit werden sie nicht beliebig, sondern dank dieses Rahmens präzise und überprüfbar. Dieses sei einleitend an einigen Wissensformen verdeutlicht, die für technisches Wissen belangvoll sind.

An erster Stelle steht die Unterscheidung von *explizitem* und *implizitem* Wissen, die von Michael Polanyi (1966/1985) eingeführt wurde. Während ersteres dem Erkenntnissubjekt bewusst ist und gegebenenfalls ausformuliert werden kann, gilt dieses nicht für letzteres. Die Form impliziten Wissens tritt uns vielfach im handwerklich-praktischen Wissen entgegen, wo Regeln nicht angebbar sind, sondern in Handlungsabläufen eingeschliffen befolgt werden: Dies war der Grund, weshalb Leibniz über den Mangel an Begriffen im Handwerk und Manufakturwesen klagte, weil so eine Weitergabe des Wissens über das unmittelbare Nachmachen hinaus nicht möglich sei. Deshalb bemühte sich Diderot unter Berufung auf Leibniz, dem in seiner *Encyclopédie* durch sachgerechte Beschreibung und tausende bildlicher Darstellungen entgegenzuwirken. Insbesondere gelingt es wohl kaum, implizites Wissen als Hintergrundwissen in formalen Sprachen als Information zu darzustellen.

Eine zweite Unterscheidung ist die zwischen *Aussagewissen* und *Handlungswissen*. Aussagewissen ist verbales oder allgemein in Symbolen gefasstes Wissen, wie es den Wissenschaften zugrunde liegt. Handlungswissen oder Know-how, häufig als prozedurales Wissen bezeichnet, wäre eher implizites Wissen (beispielsweise Fahrrad fahren zu können); in Zusammenhang mit Technik ist jedoch eine andere Form bedeutsam, die als praktisch-technisches Wissen den Gegensatz zum Aussagewissen schärfer akzentuiert. Denn während Aussagen entweder wahr oder falsch sind und Aussagewissen deshalb eine Begründungsstruktur verlangt, die sich auf wahre Aussagen stützt, geht es im Handlungswissen neben der Seite der Faktenkenntnis vor allem auch um das normative Element, das in jeder Handlungsbegründung sichtbar wird: Auf welche Werte und Regeln stützt sich die Handlung?

Schließlich erweist sich eine dritte, von Jürgen Mittelstraß (1989: 45) eingeführte Unterscheidung als hilfreich – die zwischen *Verfügungswissen* und *Orientierungswissen*. Ersteres ist „ein Wissen um Ursachen, Wirkungen und Mittel", während letzteres „ein Wissen um gerechtfertigte Zwecke und Ziele" ist. Im Verfügungswissen geht es also um technisch mögliche Handlungen, im Orientierungswissen darum, warum wir so oder anders handeln sollen. Im Handlungswissen kommen beide zusammen – Handlungen haben deshalb eine doppelseitige Begründungsform.

Nun besagen diese Begriffspaare immer noch nicht, was denn Wissen ist. Um die Schwierigkeiten sichtbar werden zu lassen, seien vier Bestimmungen herausgegriffen:

- *Faktische gegenwärtige Übereinstimmung* als handlungsleitender Bestand in einem Kulturkreis, also eine *communis opinio*, die für Wissen gehalten wird. Sie wird von vielen Soziologen zugrunde gelegt (so auch Smithson 1985; vgl. auch Luhmann 1992 und Japp 1999), weil sich hierauf das gesellschaftliche Geschehen stützt, denn Meinen, das als Wissen genommen wird, ist ein gesellschaftstypischer Bestand, der handlungsleitend wirkt und der dort bewahrt und tradiert wird, wo er sich im praktischen Umgang mit der Welt bewährt hat. Auch die Rechtsprechung folgt dieser Position als *state of the art*. Das allerdings kann kein Wahrheitskriterium sein, weil auch die Bewährung eine gesellschaftstypische Wertung darstellt. So verwundert es nicht, dass es ganze Bücher über die Wissensgesellschaft gibt, die gar nicht erst versuchen zu umreißen, was da unter Wissen verstanden wird.
- *Intersubjektive Übereinstimmung* zu verlangen wäre die aus philosophischer Sicht bessere Variante; aber worauf gründet sich diese Übereinstimmung, wenn sie für alle denkenden Subjekte bestehen soll?
- Versteht man deshalb mit Platon (*Menon* 98a) unter Wissen *wahre Meinung mit Begründung*, so ist Wissen etwas, das sich auf eine Aussage bezieht, die zwingend als wahr eingesehen wird; wir haben dann zu klären, was mit dem Prädikat ‚wahr' gemeint ist, worin Einsicht besteht und wie sich beides im Sinne einer Begründung verbindet, die intersubjektiv gültig ist. Die heute in der Analytischen Philosophie als „Gettiers Problem" (Gettier 1963/1987) bezeichneten Einsprüche gegen Platons Begriffsbestimmung machen dieses Verständnis keineswegs obsolet, denn alle Verfechter suchen als heimliche

Platonisten nach einer Begründung ihrer von ihnen für wahr gehaltenen Einwände.
– Dagegen hat Poppers (1935) Kritik insbesondere an den Aussagen der Wissenschaft dazu geführt, heute unter Wissen viel vorsichtiger *methodisch begründete Aussagen mit Hypothesenstatus* zu verstehen. Thomas S. Kuhn (1962/1967) schließlich machte deutlich, dass die jeweiligen Kriterien für eine Begründung von Geschichte und Kultur abhängen.

Im Blick auf die Technik und die Technikwissenschaften wird sich eine weitere Differenzierung als erforderlich erweisen, die bereits im Ontologie-Kapitel verwendet wurde, nämlich zwischen theoretischem Wissen (wissen warum), handlungspraktischem Wissen (wissen wie, Know-how) und Wertewissen (wissen wozu); hinzuzunehmen ist an erster Stelle das einfache Sachverhaltswissen (wissen dass). Das Wertewissen wird in philosophischem Kontext wegen seiner Zugehörigkeit zur praktische Philosophie und Ethik zumeist als ‚praktisches Wissen' bezeichnet; dies soll hier vermieden werden, weil die Praxisorientierung aller Technik und Technikwissenschaft im Allgemeinen in einer Synthese aller vier Wissensformen besteht – schon allein deshalb, weil alle Technik und Technikwissenschaft auf Anwendbarkeit ausgerichtet ist. Doch gilt es festzuhalten, dass auch das handlungspraktische Wissen wertbesetzt ist wie jede Handlung – die getroffene Unterscheidung bezieht sich also auf den inhaltlichen Mittel-zu-etwas-Charakter des Know-how.

1. Handlungswissen: Der praktische Syllogismus

In zweierlei Weise wirft Technik erkenntnistheoretische Probleme auf – zum einen in Gestalt der Frage, was technisches Wissen ist, und zum zweiten, wie dieses in den Technikwissenschaften so organisiert wird, dass es begründet ist, gelehrt und gelernt werden kann. Beide Fragen weisen trotz aller wechselseitigen Bezogenheit in eine unterschiedliche Richtung, denn während sich technisches Wissen als *Handlungswissen* als Know-how direkt auf die Entwicklung und den Umgang von und mit Technik bezieht, zielen Technikwissenschaften ganz und gar auf eine Versprachlichung in einem Möglichkeitsraum; dabei ist mit Sprache die Fachsprache einschließlich symbolischer Darstellungen in Formeln, Grafiken, Tabellen, Modellen und Computerprogrammen gemeint. Vom Hintergrundwissen, das fraglos auch im technischen Handeln bis hinein in die Technikwissenschaften eine Rolle spielt, wird deshalb gefordert, es in technischen und technologischen Zusammenhängen explizit zu machen (Banse & Grunwald 2009: 167). Es geht dort also um ein theoretisches technisches Wissen. Das Bindeglied zwischen Know-how und Technologie bildet fraglos die Handlung, doch das Wissen hat je unterschiedliche Gestalt: Technisches Wissen als Know-how ist situativ auf Handlungssituationen bezogen, technikwissenschaftliches Wissen hingegen auf die sprachliche Darstellung der Handlungsstruktur und der Struktur des Know-how. Im Entwerfen und Entwickeln kommen beide zusammen.

Nun wurde in Zusammenhang mit der Artefaktontologie schon gesagt, ein Artefakt sei materialisiertes theoretisches Wissen, praktisches Know-how und normatives Wissen unter Einschluss der tragenden Kultur. Erläuternd wurde hinzugefügt, dass es sich dabei um eine Interpretation einer strukturell im Artefakt angelegten Information handelt. Dies alles gilt es jetzt als technisches Wissen etwas weiter zu differenzieren.

Die Wissensformen des technischen und des technikwissenschaftlichen Wissens sind erst in jüngster Zeit in den Blick der Philosophie beziehungsweise der Wissenschaftstheorie der Technikwissenschaften getreten, als Fragestellung entwickelt von Wybo Houkes (2009) und in „Präliminarien zu einer Theorie technischen Wissens" ausgearbeitet von Klaus Kornwachs (2012: 223-280). Der Grund für die Unterlassung bestand wohl vorwiegend in der Unterstellung, Technologie sei angewandte Naturwissenschaft, weshalb sich technisches Wissen nicht von erfahrungswissenschaftlichem Wissen unterscheide. Das aber ist grundsätzlich irreführend; denn um es mit einer handlichen Formel in Anlehnung an Mario Bunge (1966/1974: 20) zu sagen: Naturwissenschaftler suchen nach *general laws*, Technikwissenschaftler hingegen nach *better ends* (Poser 1998). Für Techniker sind allgemeinste Gesetze der Natur zwar nicht zu umgehen, aber für ihre Tätigkeit völlig belanglos; hingegen gibt es kein allgemeines Gesetz für das allgemeine Auto oder für den Computer schlechthin.

Doch was gibt es dann? Genau hier ist eine andere Perspektive gefordert, eben eine handlungstheoretische, denn *better ends* als Ziele stehen im Zentrum einer jeden Handlung. Technisches Wissen ist also ein spezifisches Handlungswissen. Dabei soll unter einer Handlung im Folgenden stets ein absichtsvolles, also intentionales Tun verstanden werden. Handlungen aber lassen sich in ihrer Struktur nicht erfassen mit dem Erklärungsschema der Erfahrungswissenschaften, dem Hempel-Oppenheim-Schema, sondern mit dem schon in der Einleitung kurz erwähnten aristotelischen *praktischen Syllogismus*:

> Person P will den Zustand *A* in den Zustand *B* überführen.
>
> <u>Um *B* zu erreichen, muss man *C* tun.</u>
>
> Also: P tut *C*

Nun hat Georg Henrik von Wright (1963/77; 1972/1977) schon vor Jahrzehnten auf die Voraussetzungen dieses Schemas aufmerksam gemacht. So bezeichnet die erste Prämisse (die auch ein Sollen ausdrücken kann) eine Intention oder eine Norm – jedenfalls eine Bewertung des gegenwärtigen Zustands *A* als unbefriedigend gegenüber einem gedachten Zustand *B*, der als befriedigender empfunden wird, eben als better end; diese Prämisse wird deshalb treffend wertende oder *normative Prämisse* genannt, denn wenn nach einer Begründung für sie gefragt wird, besteht die Antwort in dem Verweis auf Normen und Werte; und fragt man dann weiter, gelangt man zu allgemeineren Normen und Werten. Die Begründung dieser Prämisse und damit sie selbst gehört also dem Orientierungswissen an. Die zweite Prämisse dagegen ist von völlig anderer Art: Sie bringt ein Wissen darüber zum Ausdruck, dass *C* ein Mittel ist, um *B* von *A* aus zu erreichen. Sie wird deshalb *kognitive Prämisse* genannt; und wenn eine Begründung für sie verlangt wird, besteht die Antwort im Verweis auf einen regelmäßig zu beobachtenden Zusammenhang zwischen Zuständen vom Typ *A*, *B* und *C*. Es geht also um ein Verfügungswissen. Hier schimmert so etwas wie eine Naturgesetzlichkeit durch; doch es wäre falsch, an dieser Stelle von einem Naturgesetz, gar von einem universellen Naturgesetz zu sprechen, denn tatsächlich genügt eine Regelmäßigkeit, die beispielsweise in einer Gesellschaft eine Konvention sein mag, auf die man sich verlassen kann. In jedem Falle bezeichnet die zweite Prämisse ein Mittel *C*, das intendierte Ziel *B* zu erreichen. Doch um dem Handlungsstrukturcharakter gerecht zu werden, muss noch weiteres hinzutreten: Die Person P muss diese Regelmäßigkeit als Regel erstens kennen, zweitens sachgerecht anwenden können (wie oft das auf Schwierigkeiten stößt, zeigt das häufige Scheitern beim Befolgen von Gebrauchsanweisungen). Damit nicht genug – eine solche Regel ist hinreichend, aber keineswegs ist man gezwungen, ihr zu folgen, um das gewünschte Ziel *B* zu erreichen; denn stets gibt es dafür im Grundsatz unendlich viele andere Möglichkeiten. Doch es ist nicht einmal zwingend, eine dieser Möglichkeiten zu ergreifen; denn wenn sich für den Handelnden zeigt, dass er nicht über die Mittel verfügt, die nötig wären, im Augenblick *C* zu tun, kann er sein Ziel modifizieren zugunsten eines höheren Zieles, das über einen anzustrebenden Zustand *B** erreichbar ist. Die Begründung stützt sich dabei auf die Hierarchie gesellschaftlicher Normen und Werte. – Nun zur Konklusion: Sie stellt einen Sachverhalt dar. Schon Aristoteles war klar, dass es sich hier nicht um einen logischen Schluss handelt, sondern allein um die Struktur, die unserem praktischen Handeln als Begründungsstruktur zugrunde liegt. Das gilt auch dann, wenn die Handlung nicht zum intendierten Ziel *B* führt, weil P fälschlich glaubte, *C* sei ein hinreichendes Mittel. Da dies ganz allgemein für alle menschlichen Handlungen gilt, wird hier nicht nur die Irrtumsmöglichkeit, sondern auch das Element der Willensfreiheit sichtbar, das hinter jedem intentionalen Tun steht; denn wir könnten trotz aller Einsicht auch anders handeln, weil wir frei sind in der Wahl der Ziele und der Mittel wie auch in der Bewertung der jeweiligen Möglichkeiten.

Das klingt sehr abstrakt und weit entfernt von technischem Handeln; aber ein einfaches Beispiel von Wrights mag verdeutlichen, worum es geht. Wir sehen jemanden im Winter aus seiner Hütte kommen und mit einem Arm voll Holz zurückkehren. Wir deuten dies in einem praktischen Syllogismus etwa folgendermaßen:

P will seine Hütte heizen. Um zu heizen, muss man Holz holen. Also holt P Holz.

Doch angenommen, P kennt diese Regel, hat aber kein Holz – dann kann er beispielsweise Holz sammeln oder wie in Indien mit getrocknetem Dung heizen oder einen Ölofen aufstellen oder, oder. Aber auch eine ganz andere Lösung ist denkbar: Warum will P seine Hütte heizen? Weil er friert – und das zu ändern ist sein oberstes Ziel. Das zu erreichen gibt es aber tausenderlei andere Möglichkeiten, etwa Kniebeugen, den Griff zur Whiskyflasche, den Besuch der nächsten geheizten Kneipe – oder noch höherrangig: eine stoische Lebenshaltung und ein willensstarkes Unterdrücken des Unbehagens des Frierens. Schon am Beispiel zeigt sich, wie das Handlungswissen nicht nur ein praktisches Know-how als Regelwissen und ein normatives wertebezogenes Wissen umfasst, sondern auch eine Einschätzung der gegebenen Sachlage im Blick auf die Mittel und das erstrebte Ziel; ein theoretisches Wissen mag hierbei hilfreich sein, ist aber nicht zwingend vorausgesetzt. Ersetzt man nun „Hütte heizen" durch „Fluss überqueren", so zeigt sich, dass alle Überlegungen – vom Floß- bis zum Brückenbau – die nämliche Struktur besitzen.

2. Wissen um Regeln und Funktionen

Nun erweist es sich als erforderlich, bei *Regeln* im Blick auf die Technik etwas stärker zu differenzieren:

- Regeln können *auf Erfahrung beruhen* – sie sichern den erwarteten und gewünschten Erfolg, wenn man sich an sie hält. Solche Handlungsregeln sind nicht wahr oder falsch; aber sie müssen *effektiv* sein, also das intendierte Handlungsresultat garantieren. Inhaltlich drücken technische Regeln ein Mittel-Ziel-Verhältnis aus. Dieses gilt für alle Handwerksregeln geradeso wie für ihre verwissenschaftliche Form der Technikwissenschaften. Überprüft werden sie in Tests.
- Regeln können *konventionell* sein wie Schachregeln: Konventionen sind im Grundsatz frei und änderbar, aber wenn man Schach mit anderen spielen will, muss man sich an sie halten. Das galt für handwerkliche Zunftregeln, doch es gilt in gewissem Umfang auch für technologische Lösungsansätze unterschiedlicher Schulen in der Tradition der Hochschulen: Hier sind die Regeln *präskriptiv*. In noch höherem Maße gilt diese normierende Kraft für Regeln, die als rechtliche oder ethische Festlegungen in einer Gesellschaft fixiert sind: DIN- und EURO-Normen geradeso wie VDI-Richtlinien sind nicht ‚absolut‘ bindend, doch im Falle eines Rechtsstreites wird ihre Nichtbefolgung geahndet.

Schon der Fall einfacher Handlungen zeigt, dass eine Regel beide Elemente – die Effektivität geradeso wie die präskriptive Regeleinhaltung – beinhalten kann. So wären beispielsweise Sicherheitsnormen unsinnig, wenn sie nicht auch erfahrungsgemäß Sicherheit gewährleisten.

Was wir für das technische Handeln gewonnen haben, ist nun deutlich: Technik ist als Artefakt wie als Prozess ein Mittel, ein Ziel zu erreichen. Technisches Wissen betrifft die Entwicklung, Herstellung und Anwendung dieses Mittels ebenso wie eine Kenntnis der zugrunde gelegten Regelstruktur und der Bewertungsmaßstäbe. Zu diesem Wissen wird auch eine Kenntnis darüber zählen, wie ein Mittel durch ein anderes ersetzt werden kann. Das aber führt uns auf den im Ontologie-Kapitel eingeführten Begriff der *Funktion*, nicht im mathematischen Sinne, auch nicht im Sinne von Funktionieren, sondern im Wissenskontext im Blick auf die Lösung einer Aufgabe: Das Mittel erfüllt eine bestimmte Funktion. Die aber kann auch durch andere Mittel erfüllt werden; deshalb ist die

Substitution eines Mittels durch ein anderes möglich, wenn beide dieselbe Funktion erfüllen. Genau hierauf beruht die Bedeutung des Funktionsbegriffs, denn er erlaubt uns, vom jeweiligen konkreten Mittel abzusehen. Nun sind nicht nur Zwecke und Mittel nicht beobachtbar, sondern auch die Funktion; diese Begriffe werden vielmehr von uns im Handlungsverstehen herangetragen. Zwar lässt sich die Zeigerbewegung einer Uhr beobachten, aber sie als eine Funktion zu verstehen die Zeit anzuzeigen, bedeutet stets ihren Zweck zu kennen. Weder in der Physik noch in der Chemie kommen Funktionen vor, wohl aber in der Biologie, wo sie deskriptiv erfassbar zu sein scheinen; doch schaut man genauer hin, wird ein Maschinenmodell des Organismus unterstellt, das es erlaubt, beispielsweise das Herz als eine Pumpe zu verstehen, die den Zweck hat, den Blutkreislauf in Gang zu halten – und genau in dieser Perspektive wird es unter dem Gesichtswinkel der Funktion möglich, ein krankes Herz durch ein gesundes oder gar durch ein mechanisches Pumpwerk zu substituieren. Biotische Prozesse werden dabei als ein Mittel-Ziel-Verhältnis gedeutet, das sich von technischen Prozessen dadurch unterscheidet, dass keine dahinter stehende Intention angenommen wird. Das klingt selbstverständlich, ist es aber nicht; so wird beides, die Herztransplantation wie das Kunstherz, in der japanischen Kultur abgelehnt, weil es weder zulässig erscheint, das eigene Herz durch das eines fremden Toten noch durch eine Maschine zu ersetzen, weil der eigene Körper gerade nicht als Maschine gesehen wird.

Betrachtet man nun das technikwissenschaftliche theoretische Wissen, so kann es in ihm nicht mehr um dieses oder jenes konkreter Mittel gehen, sondern um dessen Funktion, wobei die Funktionserfüllung wiederum in (Funktions-) Regeln zu fassen ist. Bemerkenswert ist hierbei, dass nicht nach der Wahrheit der Regeln gefragt wird, ebenso wenig werden solche Regeln als Gesetzeshypothesen gesehen – vielmehr geht es allein darum, dass diese Regeln *effektiv* sind; damit ist gemeint, dass die von der Regel ausgesagte Überführung einer Situation vom *Typ* A in eine vom *Typ* B (und das ist genau die zu erfüllende Funktion) tatsächlich erfolgt. Ob ein der Regel genügendes Mittel *effizient* ist, beispielsweise günstig im Material- und Energieaufwand, stellt eine weitergehende Forderung dar, zu der noch viele andere hinzutreten. Daraus ergibt sich, dass ein vielschichtiges technisches System, in dem zahlreiche Mittel zum Erreichen eines Globalziels koordiniert werden müssen, in der Technikwissenschaft als eine Regelstruktur erscheint. Das aber bedeutet zugleich, dass der begriffliche Zusammenhang nicht einem Deduktionsideal verpflichtet ist, sondern einer an der Effektivität zu messenden Kohärenz der Teilregeln. Das mag erklären, wieso es bislang nur Ansätze einer Wissenschaftstheorie der Technikwissenschaften gibt; doch gilt es, diese Herausforderung aufzunehmen, um Ansätze für eine angemessene Technikwissenschaftstheorie zu entwickeln.

3. Zielorientiertes Wissen

Eine bekannte Geschichte: Der Wagen eines Autofahrers will nicht anspringen. So bemüht er einen Mechaniker. Dieser greift zum Hammer, versetzt dem Motor einen Schlag – und der Motor läuft. „Macht 25 \$", sagt er, doch der Wagenbesitzer traut seinen Ohren nicht und verlangt eine spezifizierte Rechnung. Die liefert der Mechaniker: „1 Hammerschlag: 1 \$. Gewusst wo: 24 \$".

Technisches Wissen ist von grundsätzlich anderer Art als das Wissen in den Wissenschaften. An erster Stelle steht traditionell ein Können, das *Know-how*, das im Deutschen früher auch als Wissen bezeichnet wurde: „Der Baumeister weiß ein Haus zu bauen." In das technische Know-how gehen neben einem Sachverhaltswissen heute ein empirisch-wissenschaftliches Wissen und ein Handlungs-Können ein. Die Besonderheit technischen Wissens beruht vor allem auf der Eigenschaft von Technik, eine grundsätzlich andere ontologische Struktur zu besitzen als Gegenstände der Natur. Sie wurde im Ontologie-Kapitel als *Teleologie* bezeichnet: Das Know-how ist ein erfahrungsgegründetes zielorientiertes Prozesswissen.

Doch technisches Wissen geht weit über das Können hinaus. Die Besonderheiten werden schon in der Begriffsbestimmung Dessauers (1927/1956: 234) deutlich, der Technik als *„Realisierung von Ideen durch finale Gestaltung"* bezeichnete. Hier wird ein Spannungsverhältnis sichtbar, denn auf der einen Seite geht es um vorgängige Ideen, auf der anderen um deren Realisierung, Verwirklichung, Umsetzung in Materielles oder Prozessuales. Die Umsetzung geschieht intentional, sie ist absichtsvoll-zielgerichtet. Genau dieses intentionale Element schlägt sich in einer korrespondierenden Wissensform nieder.

Auch Kunst ist Verwirklichung von Ideen, auch Kunst wird intentional hervorgebracht, auch die Kunst bedient sich dabei eines in Regeln gefassten Wissens bis hin zur absichtsvollen Regelverletzung. Doch die Werke der ‚schönen Künste', wie man früher sagte, unterscheiden sich von den Werken der mechanischen Künste durch die besondere Art des Zwecks: das technische Artefakt wird, mit Heidegger gesagt, als ein Zuhandenes begriffen. Da Technik auf Funktionserfüllung im Hinblick auf das Ziel ausgerichtet ist, argumentieren Technikwissenschaftler nicht in Deduktionen aus universellen Gesetzen, sondern wie in Handlungsbegründungszusammenhängen in Modellen, Regeln und Prozessen, wie ein Sachverhalt vom Typ A in einen Sachverhalt vom Typ B zu überführen sei. Insbesondere ist es gleichgültig, auf welche Weise diese Transformation gelingt, mit welchen Mitteln also die Funktion erfüllt und das Ziel erreicht wird – entscheidend ist nur, *dass* es erreicht wird. So soll eine Brücke eine Verbindung über eine Trennung hinweg schlagen – eine Funktion, die in gleicher Weise von Holzstegen, Steinbogenbrücken oder Hängebrücken erfüllt wird. Darum kann man beim technischen Wissen von einem *zielorientierten Wissen* sprechen, dessen Besonderheit darin liegt, dass das Ziel von außen – etwa als Bedürfnis oder gesellschaftliche Vorgabe – herangetragen wird. Damit dürfte umrissen sein, in welchem Sinne technisches Wissen als zielorientiert und in diesem Sinne als teleologisch bezeichnet werden kann.

Beziehen wir dieses zusammenfassend nochmals auf die Frage, worin technisches Wissen sich von anderen Formen des Wissens unterscheidet. Natürlich ist in jeder Konzipierung, Entwicklung, Fertigung und Anwendung von Technik auch kognitives Wissen vorausgesetzt, doch treten entscheidende neue Elemente hinzu, weil ein kognitives Wissen frei von Intentionen, Zwecken und Funktionsvorstellungen ist. Charakteristisch für Intentionen, Zwecke und Funktionen ist es, nicht in ein deduktives Gefüge von Aussagen eingebettet zu sein. Sicherlich lassen sich einzelne Intentionen allgemeineren Intentionen unterordnen, gleichfalls können Zwecke als Mittel für allgemeinere Zwecken fungieren; und ebenso lassen sich umfassende Funktionen als aus elementareren Funktionen zusammengesetzt denken. Doch stets geht es hierbei um inhaltliche Beziehungen, nicht um begriffliche Ableitungen. Deshalb dürfen Technikwissenschaften nicht einfach als angewandte Erfahrungswissenschaften verstanden werden, sondern müssen gemäß der Struktur von Handlungen modelliert werden, die durch eine Verknüpfung von *Zielvorstellungen* mit empirisch gegründetem *Wissen um Funktionen* und mit einem *Wissen um dafür passende Mittel* sowie durch bestimmte Formen des *Könnens* gekennzeichnet sind. Darum auch gilt für technische Artefakte geradeso wie für Handlungen, dass sie gar nicht direkt beobachtbar sind, sondern in ein Interpretationsschema eingepasst werden. Wissen, dass ein bestimmter Blechhaufen ein Auto ist, bedeutet seine Zwecke zu kennen. Werden solche Blechhaufen mit Beton umgossen und in vertikaler Position aufgestellt, sind sie eine Skulptur – wie jene still vor sich hin rostenden Cadillacs von Wolf Vostell auf dem Rathenau-Platz in Berlin – *2 Betoncadillacs in Form der nackten Maja* von 1987. Entsprechend ist das Wissen in den Technikwissenschaften nur zum Teil in einem empirischen Gesetzes- oder Regelwissen einzufangen, nämlich dann, wenn es um den rein kognitiven Anteil geht. Vielmehr muss ein Wissen um Zweck-Mittel-Beziehungen und um Zweck-Mittel-Hierarchien hinzutreten, das allererst erlaubt, zu Zwecken Funktionen und nachfolgend geeignete Mittel zu bestimmen, um eine Verwirklichung des intendierten Artefakts zu ermöglichen. Dass diese vielgestaltige Form des Wissens zumeist keine besonderen Schwierigkeiten bereitet, liegt entscheidend daran, dass wir mit den zugrunde liegenden Strukturen aufgrund unseres Handlungsverständnisses vertraut sind. Technisches Wissen als theoretisches Wissen, als Know-how und als Wertewissen schließt damit wesensmäßig eine Interpretationskomponente ein, die zumeist auf eine eindeutige Standard-Interpretation abzielt.

4. Die Dynamik technischen Wissens

Die Dynamik der technischen Entwicklung verändert radikal das Alltagsleben geradeso wie das friedliche und kriegerische, geschäftliche und informationelle Zusammenleben der Individuen, Institutionen und Staaten. Die Technikdynamik ist – anders als eine natürliche Dynamik – vom Menschen hervorgebracht, obgleich sie als von ihm unabhängig erfahren wird. Wenn sie steuerbar sein soll, bedarf es eines Technikverständnisses, das die Brücke schlägt zwischen dem technischen Handeln der Individuen und der als Phänomen gar nicht zu bestreitenden Eigendynamik der Technikentwicklung, die unabhängig von Individuen ist oder zu sein scheint. Dabei kommt der Wissensdynamik eine ganz ausgezeichnete Bedeutung zu, denn die Technikdynamik beruht nicht auf einer eigenständigen Evolution, sondern auf einem Wissenszuwachs, der sich in neuen Produkten und neuen Anwendungsweisen niederschlägt. Es gilt abschließend, auch dies in das entwickelte Konzept einzufügen.

Technikdynamik scheint von zweierlei Art zu sein – die eine betrifft die massenhafte Ausbreitung einer gegebenen Technik – sei es das Auto oder das Mobiltelefon – mit Folgen für die Gesellschaft, deren Strukturen sich wandeln, im Falle von Auto und Mobiltelefon von der Mobilität bis zur ständigen Erreichbarkeit. Die zweite betrifft die dynamische Weiterentwicklung einer Technik, sei es das Auto oder das Mobiltelefon, weil immer neue erweiterte Möglichkeiten damit angeboten werden. Doch schon die Beispiele zeigen, dass beide Arten nicht voneinander zu trennen sind; deshalb ist auf die Gemeinsamkeit zurückzugehen, die im Wissen um die mit der Technik verbundenen Möglichkeiten besteht. Diese Möglichkeiten werden von den Individuen dank ihres Antriebsüberschusses als Anreiz empfunden, sie für sich zu nutzen. Das aber führt auf der

Seite der Entwickler zur Bereitstellung immer neuer Möglichkeiten. Der Antriebsüberschuss, Grundlage der Weltoffenheit, bewirkt die Übernahme von zuvor nicht gekannten Bedürfnissen, was eine sich steigernde Technikdynamik auslöst. In ihr aber besteht die von Jaques Ellul (1954/1964) vertretene Autonomie der Technik, die uns zu versklaven droht. Betrachten wir deshalb die Wissensform, die mit solcher Dynamik verbunden ist.

Anders als die *genesis* der Lebewesen beruht die *poiesis* der Artefakte auf einer Idee, einer Erfindung. Diese verlangt ein Wissen auf der einen Seite, auf der anderen die Bewertung eines gegebenen Zustands als unbefriedigend, verbunden mit der Vorstellung von einem möglichen besseren Zustand, worauf sich eine Intention gründet, den besseren Zustand zu verwirklichen. Damit erweist sich die Intention als Basis der Dynamik, den besseren Zustand zu verwirklichen. Die Erfahrung hat die Aufgabe, Zusammenhänge festzumachen, die als Mittel dienen können, den ersten Zustand in den zweiten zu überführen. Nun gehört es wesentlich zum aristotelischen Verständnis des Stoff-Form-Verhältnisses, dass der Form stets weiterführende, nämlich dynamische und gerichtete Möglichkeiten, *Potenzen*, innewohnenden, deren Verwirklichung nicht allein von inneren, sondern auch von kontingenten äußeren Bedingungen abgehängt. Dieses Verständnis von Potentialität aufgreifend lässt sich nun dank der Intentionalität auch die Eigendynamik der als teleologisch verstandenen Technik beschreiben. Damit wird folgender Zusammenhang verständlich: Obwohl alles Machen, alle Technik immer poiesis, Hervorbringen durch den Menschen ist, und obwohl die Dynamik ihren Impuls allein aus dem intentionsgegründeten Handeln von Individuen erhält, erscheint diese technische Potentialität als dynamische aristotelische Möglichkeit einer genesis. Dem korrespondiert zwar die dem Artefakt bereits zugesprochene Telos-Orientierung aufgrund der in ihm materialisierten Zweckbestimmung; hier aber tritt sie uns als Wissensdynamik entgegen, die sich im praktischen Syllogismus spiegelt. Dies gilt es genauer zu umreißen.

Technik ist als Verwirklichung von Ideen die Verwirklichung von Möglichkeit. Da ein technisches System wissensbasierte Potenzen bereitstellt, handelt es sich um dynamische Möglichkeiten. Ebenso geht es bei der Machbarkeit als zentraler Denkform der Gegenwart um Möglichkeit, nämlich des Machens. Doch diese Möglichkeitsformen unterscheiden sich sehr: Die Möglichkeit einer Idee, die verwirklichbar sein soll, ist zunächst eine ontische Möglichkeit als Seinsmöglichkeit. Aber sie ist mehr, nämlich ein mögliches Mittel, bezogen auf ein Ziel, also eine *Funktionserfüllungs-Möglichkeit* – was ein teleologisches Moment beinhaltet. Doch der Zugang hierzu ist nur über ein Wissen von Kausalbeziehungen,

Prozessen, Anfangsbedingungen und seitens der Gesellschaft herangetragener Zielvorstellungen gegeben. Das bedeutet aber, dass die ontische Möglichkeit in einer epistemischen Möglichkeit im Wissen um kausale und finale Zusammenhänge gründet.

Wird nun Technik als *Potenzen bereitstellende Möglichkeit* gesehen, so ist jede Maschine als Materialisierung von Wissen, Können, Werten und Kulturformen eine Potenz für die Erreichung des ihr eingeschriebenen Zwecks. In einem ganz anderen Sinne sind heutige technische Systeme wie die Energieversorgung, die Verkehrs- und Informationssysteme ein Potentialitäts-Angebot. Wenn wir es nutzen, lassen wir uns auf die Bedingungen des Systems ein und dynamisieren und verstärken damit zugleich seine Potentialität.

Nun wurde die Verfügbarkeit technischen Wissens als Grundlage der Potentialität selbst dynamisch erweitert. Über die Weitergabe in Lehr- und Wanderjahren des Handwerksgesellen hinaus haben Druckwerke (man denke an Georg Agricolas *De Re Metallica,* an Diderots *Encyclopédie* oder an die technischen Lehrbücher des 19. Jahrhunderts) und die Medien der Informationstechnologie zu einem breiten Angebot an Wünsche erregenden Möglichkeiten auf Seiten der Nutzer und zu verdichteten Verwirklichungsmöglichkeiten in Theorie und Praxis geführt. Diese Dynamik beruht zwar mittelbar auf der Intentionalität der handelnden Subjekte, doch sie ist nicht teleologisch: Sie ist nicht die direkte Folge unseres Wissens, Könnens und Wollens. So kommt es zu der als autonom erscheinenden Technikdynamik. Da diese Dynamik aber auf einer Wissensdynamik beruht, verlangt der sachgerechte Umgang mit solchen Systemen einschließlich ihres Ausbaus eine Analyse dieser Dynamisierung auch unter Einbeziehung des Wissens, um einen Zugang zur Technikdynamik zu finden. Darum ist über das Verfügungswissen und dessen Wachstum hinaus ein Orientierungswissen und gegebenenfalls dessen Fortschreibung gefordert, um der Dynamik dort Einhalt zu gebieten, wo dieses aus ethischen Gründen notwendig wird. Deshalb fordert Jürgen Habermas (1968: 118), „eine politisch wirksame Diskussion in Gang zu bringen, die das gesellschaftliche Potential an technischem Wissen und Können zu unserem praktischen Wissen und Wollen rational verbindlich in Beziehung setzt." Diese Diskussion wird inzwischen geführt, mehr noch, sie ist jeder Technikentwicklung immanent, so dass es nicht darum geht, im jeweiligen Einzelfall den Techniker zu sensibilisieren, weil er immer schon den Ausgleich von Verfügungswissen und Orientierungswissen, von praktischer und theoretischer Vernunft suchen muss (Mittelstraß 1982:44); doch gilt es die globalen Konsequenzen zu ziehen und in geeigneten globalen Regeln Sorge dafür zu tragen, die Dynamik steuerbar zu machen. „Der Mensch ist auch das Wesen [...], das ‚Nein' sagen kann" (Mühlmann 1962: 8). Doch das genügt nicht, es bedarf der Erweiterung des technischen Wissens von solcher Steuerung in einer Synthese von Verfügungs- und Orientierungswissen. Die menschliche Weltoffenheit, getragen vom Antriebsüberschuss, erzwingt keineswegs eine autonome Technik; vielmehr erlaubt sie die rationale Begrenzung, so hypothetisch das zur Begründung herangezogene Wissen immer sein mag.

6. Zwischen Information und Erkenntnis

1. Das Gehirn in der Nährlösung

Informationssysteme und Informationsverarbeitungssysteme sind zentrale Techniken der Gegenwart, die zugleich das Handwerkszeug eines jeden Technikers und Technikwissenschaftlers bilden. Darum sei in Fortführung der Wissensproblematik der Zusammenhang von Information und Erkenntnis näher beleuchtet.

Seit Platon Meinung, *doxa*, von Erkenntnis, *episteme*, unterschied und in der *Begründung* die alles entscheidende Differenz sah, die zur wahren Meinung hinzutreten müsse, um ihr die Dignität einer Erkenntnis zu verleihen, ist alle Wissenssuche auf eben solches Begründen ausgerichtet und angewiesen. Doch als menschliche Wesen bedürfen wir hierzu geeigneter Verfahren, weil uns die Möglichkeiten intuitiver Einsicht selbst beim kleinen Einmaleins sehr schnell verlassen. Leibniz war es, der mit aller Schärfe herausarbeitete, dass menschliche Erkenntnisgewinnung unumgänglich angewiesen ist auf *Zeichen* in einem ganz weiten Sinne, verbunden mit deren formaler Kombination – von den natürlichen Sprachen, ihren phonetischen Zeichen und der zugehörigen Grammatik über Schriftzeichen bis hin zu den Zeichen und Zeichenregeln formaler Kalküle, die, wie die Symbole der Integral- und Differentialrechnung, für je abgegrenzte Bereiche entwickelt sind.

Alle Erkenntnis, alles Wissen, doch ebenso sehr alles Meinen ist nicht anders als in solchen Zeichenverknüpfungen ausgedrückt. Aber Papier ist bekanntlich geduldig: Es kommt nicht auf die Zeichenfolgen allein an, sondern darauf, dass das in ihnen Verschlüsselte eine *wahre* Aussage ist, wenn damit beansprucht werden kann, es handele sich um eine Erkenntnis. Die Aussage bedarf also der Begründung. Auch hierfür entwickelte Leibniz eine bis heute äußerst wirkmächtige Vorstellung; denn es komme darauf an, die Zeichensysteme so zu verfeinern, dass sie eine Überprüfung einer Aussage durch Calculatio, durch korrekten Regelgebrauch im bereichsspezifischen Kalkül erlauben; dies war der Grundgedanke seiner Ars judicandi. Doch auch hierüber geht er weit hinaus: Nach seiner Auffassung lassen sich alle formalen Zeichenoperationen durch eine entsprechende Maschine beherrschen. So entwickelte er nicht nur die erste allgemein bekannt gewordene Rechenmaschine für alle vier Grundrechnungsarten, er entwarf eine Maschine zur Kodierung und Dekodierung von Geheimschriften, konzipierte Logikkalküle, deren Operationen in Zahlenkalkülen ausgeführt werden sollen, und er erfand die Binärzahlen, kurz, er legte den Grundstein zu der unser Informationszeitalter kennzeichnenden Vorstellung, alle Erkenntnis lasse sich, abgebildet in eine binäre Arithmetik, als Information speichern und verarbeiten: Nicht nur das Buch der Natur, sondern alle Erkenntnisinhalte überhaupt sind in Zahlen geschrieben, also digitalisierbar, also dem Computer zugänglich und mit dessen Mitteln überprüfbar. Wissenstransfer reduziert sich auf den Transfer binärer elektrischer Impulse.

Auf dem skizzierten Hintergrund stellt sich nun die Frage nach dem Verhältnis von Erkenntnissubjekt und Welt neu und anders. Wenn alle formalen Operationen, die wir üblicherweise Denkoperationen nennen – etwa logische Schlüsse ziehen oder mathematische Rechnungen durchführen –, auch von einer Maschine ausgeführt werden können, stehen wir nicht nur vor dem erkenntnistheoretischen Problem, warum das Subjekt das Objekt erkennen kann, sondern auch vor der Frage, ob dieses Erkennen nicht selbst eine formale, also mathematisierbare, mithin mechanisierbare Angelegenheit ist. Trifft dies zu, so gibt es keinen Unterschied zwischen technisch beherrschter Künstlicher Intelligenz und unserer menschlichen Vernunft; es würde uns bislang nur am nötigen Interface für die Mensch-Maschine-Schnittstelle fehlen, um in einer Informations- oder Wissensgesellschaft beides, Information und Wissen wie deren Verarbeitung, einer geeigneten Maschine zu überlassen. Dabei wird *Wissen* als etwas verstanden, das nur dem Subjekt (oder einer Gesellschaft von Subjekten) zukommt, während *Information* eine Sequenz von Symbolen ist, die weitergegeben wird und aus der erst durch die Interpretation des Subjekts ein Kandidat für Wissen wird, also eine doxa, die allein mit einer Begründung den Status des Wissens erlangt.

In den Umkreis dieser Fragestellung gehört ein Gedankenexperiment, das Hilary Putnam (1981/1982: 21) vorgetragen hat, das Gedankenexperiment vom Gehirn in der Nährlösung, meist zitiert als „Gehirne im Tank":

„Man stelle sich vor, ein Mensch (Du kannst Dir auch ausmalen, daß Du selbst es bist) sei von einem bösen Wissenschaftler operiert worden. Das Gehirn dieser Person (Dein Gehirn) ist aus dem Körper entfernt worden und in einen Tank mit einer Nährlösung, die das Gehirn am Leben erhält, gesteckt worden. Die Nervenenden sind mit einem superwissenschaftlichen Computer verbunden worden, der bewirkt, daß die Person, deren Gehirn es ist, der Täuschung unterliegt, alles verhalte sich völlig normal. Da scheinen Leute, Gegenstände, der Himmel usw. zu sein, doch in Wirklichkeit ist alles, was diese Person (Du) erlebt, das Resultat elektronischer Impulse, die vom Computer in die Nervenenden übergehen. Der Computer ist so gescheit, daß, wenn diese Person ihre Hand zu heben versucht, die Rückkopplung vom Computer her bewirkt, daß sie ‚sieht‘ und ‚fühlt‘, wie die Hand gehoben wird. Darüber hinaus kann der böse Wissenschaftler durch Wechsel des Programms dafür sorgen, daß sein Opfer jede Situation oder Umgebung nach dem Willen des bösen Wissenschaftlers ‚erlebt‘ (bzw. halluziniert). Er kann auch die Erinnerung an die Gehirnoperation auslöschen, so daß das Opfer den Eindruck hat, immer schon in dieser Umwelt gelebt zu haben. Dem Opfer kann es sogar so scheinen, daß es dasitzt und diese Worte hier liest, die von der amüsanten, doch ganz absurden Annahme handeln, es gebe einen bösen Wissenschaftler, der den Leuten die Gehirne herausoperiert und sie in einen Tank mit einer Nährlösung steckt, durch die die Gehirne am Leben erhalten werden. Die Nervenenden sollen mit einem superwissenschaftlichen Computer verbunden sein, der bewirkt, daß die Person, deren Gehirn es ist, der Täuschung unterliegt, daß ...“

Nun geht es in den folgenden Überlegungen nicht um die philosophischen Probleme der Künstlichen Intelligenz (etwa darum, wieweit ein solches Gehirn in der Lage ist festzustellen, ob es sich in einer Nährlösung befindet und bloß an einen Computer angeschlossen ist oder vielmehr ein erkennendes Subjekt, das Wissen von der Außenwelt besitzt). Es geht darum, deutlich werden zu lassen, dass wir uns als Mitglieder der Informationsgesellschaft als Folge einer neuen, die Gesellschaft transformierenden Technik in genau der gleichen Situation befinden wie das Gehirn im Tank: Wir entnehmen unsere Information dem elektronischen Netz, das uns mit der Welt verbindet, wir surfen durch das Internet, wir rufen gespeicherte Daten ab, fügen selbst welche hinzu, wir E-mailen (sicher in dem Glauben, am anderen Ende der Leitung sei ein menschliches Wesen – aber woher wollen wir das wissen?), kurz, wir nähren unser Wissen (oder das, was wir dafür halten) aus dem digitalen Datenstrom. Ob allein das Gehirn in einer Nährlösung steckt oder ob ich mit meinem PC einen neuen Entwurf erarbeite oder in meinem Studierzimmer eingeschlossen bin, bedeutet dabei keinen großen Unterschied.

Welches Bild malen manche Informatikfreaks von der Universität von morgen: Datenträger, Informationssysteme, Daten-Clouds und E-mail-Korrespondenzen prägen ihr Bild. Wo noch vor zwanzig Jahren die Suche nach Passagen mit Zentralbegriffen im Werk eines Philosophen ein Jahr in Anspruch nahm, spuckt der PC aufgrund eines Datensatzes irgendwo auf der Welt in einer nur durch technischen Kleinkram begrenzten Geschwindigkeit das Gesuchte im Handumdrehen und mit Kontext aus. Wo aufreibende Messungen im Verlauf eines Experimentes nötig waren, finden sich irgendwo im Internet die gesuchten Werte, und an anderer Stelle wieder ein Simulationsprogramm, welches das ganze Experiment durch eine Rechnung substituiert. Wo ein Architekt mühsam am Zeichenbrett Grund- und Aufrisse entstehen ließ und in Zeichnungen umsetzte, damit sich der Auftraggeber ein Bild machen könne, erlaubt eine passende Software, in einer Videoanimation gleich einen Spaziergang durch das am Rechner gestaltete Gebäude anzutreten. 3D-CAD-Softwareprogramme ersetzen die alten Entwicklungsprozesse, Lernprogramme bringen uns jede gewünschte Fremdsprache bei, wenn sie nicht schon das Übersetzen besorgen, und die Interpretation von Eichendorffs „Aus dem Leben eines Taugenichts" wird bei allen Taugenichtsen dank der elektronisch verfügbaren Analysen standardisiert: DIN heißt dann nicht mehr „Deutsche Industrienorm" (die ohnedies der Euronorm weicht), sondern „Deutsche Interpretationsnorm" als standardisierte Schrumpfform einstiger Germanistenkünste. Verlage verkaufen keine Bücher mehr, sondern Online-Lizenzen; die Universitäten experimentieren mit Lehraufträgen für Dozenten, die per Modem mit den Heimarbeits-Studenten das Pensum durchgehen, und im nächsten Schritt werden die Dozenten sicherlich durch einen virtuellen Professor ersetzt werden. Die Universität schrumpft zu einer Vielzahl automatisch abfragbarer Programme; die einstige Universitätsbibliothek wird nur hin und wieder von der raren Spezies der Wissenschaftshistoriker aufgesucht, die den Bücherstaub mit dem Stein der Weisen verwechseln. Selbst die DFG scheint sich hierauf einzustellen, wenn ihr Präsident schon vor Jahren die „fortschreitende Durchsetzung unserer Wissenschaftswelten mit Informationsmedien" konstatiert, neue „(Tele-)Formen des Lehrens und Lernens" sich abzeichnen sieht (Frühwald 1996: 5 bzw. 12) und schließlich fördert. All dieses wird als Kennzeichen der technikgenerierten Transformation der Gesellschaft zur Informationsgesellschaft gesehen.

Nicht nur für jeden Bücherfreund, sondern für jeden Anhänger der abendländischen Wissenschaftskultur, die auch in den Naturwissenschaften ohne Sprache, Schrift und Druck nicht denkbar wäre, ist dies fraglos ein Horrorszenario; doch können und sollen wir daraus ausbrechen? Zur Beantwortung müssen wir uns Klarheit darüber verschaffen, wieweit die Nährlösung tatsächlich nährt, und vor allem, wo sie uns verhungern lässt. Dabei wird es nicht um die taktilen Qualitäten eines bewundernswerten Einbandes, den optischen Reiz einer gelungenen Typographie oder die bildhafte Kraft lyrischer Sprache gehen, auch nicht darum, dass niemand statt seines Krimis ein Laptop für die Ferienlektüre mit in die Dünen nehmen wird; die Überlegungen beziehen sich allein auf die Wissensproblematik insbesondere des wissenschaftlichen Wissens, das selbst die Grundlage der Informationsgesellschaft bildet. Dies soll in fünf Schritten geschehen, ausgehend von einer Gegenüberstellung von Information und Wissen, weiterführend über die postmoderne Wissenskritik zu den Grenzen der Formalisierbarkeit und zum Informationsmanagement, um am Ende die Problematik des Orientierungswissens aufnehmen zu können.

2. Information und Wissen

Informations- und Kommunikationstechnologie ist zur Leittechnologie geworden – nach der Textil-, der Schwer-, der Chemo-, der Elektro- und Autoindustrie. Doch die Entwicklung ist weit mehr als eine technisch-wirtschaftliche, sie ist eine kulturelle Umwälzung. Sie greift in das Arbeits- und Sozialgefüge wie in das politische Gefüge ein und sie verändert nicht zuletzt das, worauf alle Kultur beruht, das Lehren und Lernen, die Weitergabe des erworbenen Wissens. In einem ganz umfassenden Sinn von Wissen ist hier sowohl das Verfügungswissen (Sachwissen, wissen wie) als auch das Orientierungswissen (ein Wissen über mögliche Handlungsziele und deren Rechtfertigung, wissen warum) gemeint.

Sicher gibt es bei der Informationstechnologie durchaus strukturelle Entsprechungen zur Erfindung der Schrift als Möglichkeit, ein gewonnenes Wissen nicht nur mitzuteilen, sondern zu bewahren und einem Dritten ohne direkte Begegnung über Raum und Zeit hinweg zugänglich zu machen. Ebenso gibt es Entsprechungen zur Erfindung des Buchdrucks, nämlich in Gestalt einer Übermittlung des Wissens an eine Vielzahl von Lesern. Als die Bibliothek von Alexandria ausbrannte, verbrannte unwiederbringlich eine ganze Kultur; wenn heute eine Bibliothek abbrennt (einschließlich der längst verfilmten Handschriften), so geht es um Wiederbeschaffungssummen, kaum um unwiederbringlich verlorene Textkorpora. Dagegen wird die Bibliothek der elektronischen Zukunft gar nicht abbrennen können, weil es sie nach Meinung einiger nicht mehr gibt: Was in alten Zeiten Regale füllte, findet sich irgendwo im Internet. Wir müssen uns nicht um einen Platz im British Museum, eine Leseerlaubnis der Bibliothèque Nationale, einen Zugang zu Bodleian Library bemühen – diese Kulturtempel sind durch die Tastatur des eigenen Rechners verdrängt. Die Informationen, die wir erhalten, sind anonymisiert, ja ubiquitär. Was wir an Daten und Informationen gewinnen, scheint in seiner Anonymität zugleich Wissen pur zu sein. Alles Individuelle ist abgestreift; geblieben ist eine Pseudokommunikation, in der ich als Nutzer das Gegenüber – den Schachcomputer wie den virtuellen Professor –

erst konstituiere. Denn tatsächlich hänge ich in einem Netzwerk, dessen Stränge und dessen Quellen ich nicht sehen, nicht verorten und nur strukturell identifizieren, nämlich über eine Ziffern- und Buchstabenkombination individuieren kann. In unserer elektronischen Nährlösung sitzend hoffen wir, Erkenntnisse zu gewinnen; und die Anonymität suggeriert Objektivität. Doch wie verhält sich Wissen als Erkenntnis zu Daten und zur Information?

Es gibt eine Vielzahl differenzierender Daten-, Informations- und Wissensbegriffe, die hier weder einführt noch diskutiert werden können; eine kurze Vergewisserung reicht. Ein *Datum* ist ein isoliertes Zeichen. Daten werden zu einer *Information*, wenn sie in einen strukturellen Zusammenhang gebracht und in einem Modell gebündelt werden, also mit einer Standardinterpretation verbunden werden. Solch ein Modell ist erst dann ein *Wissen*, wenn eine Reihe von Bedingungen erfüllt ist:

- Erstens müssen die Bedingungen der Datenerhebung ebenso bekannt sein wie die impliziten Voraussetzungen des Modells einschließlich der Standardinterpretation.
- Zweitens müssen die Überprüfungsregeln und Anerkennungsverfahren für die Datenerhebung und für die Inhalte des betreffenden Modells bekannt sein.
- Drittens müssen die Daten und das Modell diesen Regeln und Verfahren standhalten.
- Viertens wird die Information erst durch die Interpretation der Daten von einem Erkenntnissubjekt unter den genannten Bedingungen zu einem Wissen.

Diese Bedingungen ergeben sich aus der erwähnten Platon-Bedingung. Die aber setzt in unserem Falle voraus, den Zusammenhang von Daten, Modell und Überprüfung zu *verstehen*. Damit ist erstens gemeint, dass der strukturelle Zusammenhang der Daten im Modell nicht mit syntaktischen Regeln alleine erfasst werden kann, sondern dass eine Semantik unverzichtbar ist. Leibniz glaubte, dieses Wissen auch in Regeln, nämlich in bereichsspezifischen Regeln, festhalten zu können, sowie in passend gewählten Zeichen – eine Hoffnung, der man zwar als Leitschnur folgen mag, deren Erfüllung jedoch keineswegs gewährleistet werden kann, weil sich die Semantik nie vollständig in semantischen Regeln fassen lässt. Deshalb gründet dieses Verstehen zweitens in einem praktisch-hermeneutischen Wissen, das über jedes formalisierbare Wissen hinausgeht und deshalb seinerseits nicht speicherbar und in Daten übersetzbar ist, die zu einer Information verarbeitbar wären. Wissenschaftliche Ausbildung beispielsweise besteht primär in der Vermittlung eben dieser Bedingungen, die die *Wissensvorstellungen* im Rahmen eines Wissenschaftsparadigmas ausmachen. Allererst auf dieser Grundlage wird Information zur Wissensvermittlung, also sinnvoll.

Das Gesagte gilt für das Buch geradeso wie für die Neuen Medien; doch das Buch verarbeitet nicht von sich aus die in ihm enthaltene Information, sondern verlangt dies vom Leser. Es setzt mithin beim Lesen immer Verstehen voraus, die Seite der Semantik ist also stets mitgedacht. Jede informationstechnische *Verarbeitung* kann sich hingegen nur auf das stützen, was formalisierbar ist, in erster Linie also die Syntax (also die formalen Regeln der Zeichenverknüpfung, die Leibniz im Auge hatte), und dazu jene Elemente der Semantik, die in Regeln fixierbar sind.

Damit zeichnet sich der Grundgedanke der folgenden Grenzbestimmung ab: Um eine aus Daten gewonnene Information als Erkenntnis, also als ein Wissen ansehen zu können, genügt es nicht, dass derjenige, der die Daten bereitstellt, die mit ihnen verbundene Information als Wissen gemäß den gerade formulierten Bedingungen geprüft und begründet hat, sondern dass der *Empfänger* ein Wissen darum besitzt, wie er selbst eine solche Überprüfung anzustellen hätte. Dazu aber muss er mit den Methoden der Gewinnung und den Grenzen der behaupteten Erkenntnis vertraut sein.

Um zu verdeutlichen, worauf die Überlegung abzielt, sei an die sogenannten Expertensysteme erinnert. Sie dienen dazu, aufgrund eingespeicherter, gut bewährter Hypothesen ausgewählte Daten zu einer bestimmten vielschichtigen Sachlage einzugeben und eine Analyse der Lage vorzunehmen. So dienen medizinische Expertensysteme dazu, auf der Grundlage von Labordaten eines Patienten eine Diagnose und Therapie vorzuschlagen. Hieran ist zweierlei abzulesen, zum einen, dass das, was da gespeichert ist, nicht schon Information ist, ja, nicht einmal eine Verknüpfung von Zeichen, denn um etwas als Zeichen für etwas zu verstehen, das nicht das Zeichen ist, muss eine Deutung erfolgen. Dies gilt noch viel mehr für die „gespeicherte Information", von der gängiger Weise die Rede ist: Erst indem ein mit der Bedeutung der Zeichen und Zeichenverknüpfung, also mit der zugehörigen Semantik Vertrauter sich der Daten annimmt, werden diese zur Information. Darum dienen Computer allenfalls der Datenverarbeitung, nie aber der Informationsverarbeitung. Das System wird also erst in der Hand des Experten zum Expertensystem. Zweitens: Nach Aussagen der Kenner ist das Diagnoseverfahren eines medizinische Expertensystems im Kernbereich äußerst zuverlässig und treffsicherer als ein einzelner Arzt; nur „an den Rändern", wie man zu sagen pflegt, werden die Systeme unzuverlässig. Wer aber gibt Auskunft darüber, ob ich mich im Kern oder am Rand bewege? Das System selbst fraglos nicht! Wenn ich ihm die Symptome meines von Rost rotpickeligen Autos eingebe, wird es sicher eine Diagnose finden, denn es muss eine finden; und sie wird wohl lauten: „Masern"! Derjenige also, der die Information des Expertensystems nutzen will, muss, um zwischen sinnloser Information und Erkenntnis unterscheiden zu können, selbst das nötige methodische und inhaltliche Wissen besitzen, das zur Erhebung, Überprüfung und Einordnung der der Information zugrunde gelegten Daten und Modellstrukturen vorausgesetzt ist. Dieses Wissen lässt sich seinerseits nicht in digitalisierter Form vermitteln, denn es beruht auf praktisch-handelndem und reflektierendem Umgang mit dem Ausgangsbereich selbst. Ein Chemiker muss seine Stoffe zu riechen gelernt haben, ein Physiker muss die Tücke des Objekts – einer Hochvakuumpumpe etwa – aus eigenem Umgang mit ihr kennen, um die Validität von im Hochvakuum ermittelten Daten beurteilen zu können; und manches Archivmaterial stellt sich dem Historiker im Original ganz anders dar als die abfragbare, aufbereitete Textversion, ganz zu schweigen von Statistiken.

3.   Postmodernes Wissen im Informationszeitalter

Die eben formulierten Bedingungen setzen voraus, dass es Erkenntnis und Wissen überhaupt gibt. Dies aber wird heute vielfach in Frage gestellt und in der postmodernen Diskussion zum Angelpunkt der Kritik. Der Einwand ist so grundlegend, dass man sich ihm stellen muss.

In seinem Buch *Postmodernes Wissen* vertritt Jean-François Lyotard die These, die heutigen Kommunikationstheorien wirkten uniformierend, und dies nicht, weil alle vor den selben Fernsehkanälen sitzen, sondern weil eine Änderung der Struktur des Wissens zu verzeichnen sei:

> „In dieser allgemeinen Transformation bleibt die Natur des Wissens nicht unbehelligt. Es kann die neuen Kanäle nur dann passieren und einsatzfähig gemacht werden, wenn die Erkenntnis in Informationsquantitäten übersetzt werden kann. Man kann daher die Prognose stellen, daß all das, was vom überkommenen Wissen nicht in dieser Weise übersetzbar ist, vernachlässigt werden wird. [...] Mit der Hegemonie der Informatik ist es eine bestimmte Logik, die sich durchsetzt, und daher auch ein Gefüge von Präskriptionen über die als ‚zum Wissen' gehörig akzeptierten Aussagen [...]. Das alte Prinzip, wonach der Wissenserwerb unauflösbar mit der *Bildung* des Geistes und selbst

der Person verbunden ist, verfällt mehr und mehr. [...] Das Wissen ist und wird für seinen Verkauf geschaffen werden, und es wird für seine Verwertung in einer neuen Produktion konsumiert und konsumiert werden: in beiden Fällen, um getauscht zu werden. Es hört auf, sein eigener Zweck zu sein" (Lyotard 1979/1986: 23f).

Wolfgang Welsch hat die Folgen treffend charakterisiert: „Die Informatik filtert nach den ihr eigenen Kriterien und macht diese so zu den effektiven Wahrheitskriterien der Gesellschaft. Nuancen werden hinfällig, Wortspiele sinnlos, Dunkelheiten inexistent. Widersprechendes braucht nicht erst widerlegt zu werden, es hebt sich schon von selbst auf, indem es eigentlich sagbar nicht mehr ist: Was nicht programmierbar ist, darüber muss man schweigen." (Welsch 1993: 219) Die Kennzeichnung trifft schon Leibnizens frühaufklärerisches Ideal der Ars judicandi, die alle Dunkelheiten beseitigen und Streitfälle durch Rechnen schlichten sollte. Allerdings, so muss man hinzufügen, sah Leibniz sehr wohl auch die Grenzen, denn nicht nur Dichtung entzieht sich solchen Methoden; vielmehr betont er, dass Kalküle im Gegensatz zu natürlichen Sprachen nicht flexibel sind und sich damit nicht von sich aus neuer Probleme annehmen können, sondern dazu der Veränderung bedürfen. – Der von Lyotard beschworenen Uniformierung will Welsch im Namen der Vielgestaltigkeit postmoderner Vernunft entgegenwirken. Dazu seien zwei Voraussetzungen zu erfüllen, der freie Zugang zu Datenbanken und die Phantasie von Gruppen, die Daten zu gänzlich unerwarteten neuen Zwecken zu nutzen (Welsch 1993: 219). Doch mit diesem Remedium kommen wir nicht weit; freie Datenbanken sind eine vertretbare liberale Forderung, doch lösen sie weder unser Wissensproblem noch sichern sie, dass bei Freibankdaten, anders als beim Freibankfleisch, das Ungenießbare vorher ausgesondert wäre.

Die grundsätzliche Gefahr, die Lyotard und andere benannt haben, besteht in der technikgegründeten Auflösung allen Wissens durch eine Beliebigkeit des Informationsangebots. Das Problem hat zwei Teilaspekte. Der eine besteht in der praktischen Aufgabe herauszufiltern, welches die wissensrelevanten Daten und Informationen sind. Der zweite betrifft die theoretische These, dies sei gar nicht möglich, weil es grundsätzlich keine Wahrheitskriterien gebe; vielmehr sei gerade die Facettenhaftigkeit, ja Unüberbrückbarkeit der isolierten Thesen, Auffassungen und Entwürfe Ausdruck des Zusammenbruchs des Programms der Moderne: Ein nach einheitlichen Prinzipien geordnetes Wissen in Gestalt einer Cartesischen Mathesis universalis oder einer Leibnizschen Scientia generalis lasse sich schlechterdings nicht mehr gewinnen, denn nach Einstein und Heisenberg, nach Gödel, Thom und Mandelbrot sei dafür auch theoretisch kein Platz mehr. Salvador de Madariagas Roman erweist sich so als Schlüsseltext der Postmoderne: „Die Wahrheit – ein Strauß von Irrtümern".

Zunächst gilt es, die postmoderne These der Wünschbarkeit solcher Beliebigkeit einzudämmen; denn träfe sie zu, wären wir der Informationsflut nicht nur ausgeliefert, wir müssten diese geradezu befürworten! Doch indem diese These selbst argumentiert und auf Wissensbestände aufbaut, wenn sie sich auf Einstein, Heisenberg, Gödel usf. beruft, führt sie sich selbst ad absurdum. Aus der Relativitätstheorie folgt überdies nicht beliebige Relativität, sondern eine präzise Beziehung zwischen Raumzeitkoordinaten in gegeneinander beschleunigten Systemen. Aus der Unschärferelation folgt keine beliebige Unschärfe, sondern die von Masse und Impuls im Mikrobereich. Aus dem Gödelschen Theorem der Unbeweisbarkeit der Widerspruchsfreiheit in hinreichend aussagekräftigen Logiksystemen folgt nicht Widersprüchlichkeit. Aus der Chaostheorie folgt kein Gegensatz zum geordneten Kosmos, sondern angesichts wohldefinierter Systeme nichtlinearer Differentialgleichungen die äußerst sensible Abhängigkeit späterer Zustände von Anfangsbedingungen. In jedem Falle handelt es sich also um fundiertes Wissen, natürlich bezogen auf einen je spezifischen Methodenkanon. So ist zwar richtig, dass wir kein so einfaches Wissensideal mehr haben wie Descartes, aber daraus folgt alles andere als Beliebigkeit, wie sie manche Postmoderne glauben verkünden zu sollen. (Der Wahrheit die Ehre – weder Lyotard noch Welsch gehören hierzu.) Vielmehr haben wir sehr wohl disziplinspezifische Kriterien zur Verfügung, ob etwas eine Vermutung, eine bewährte Hypothese, ein bewiesenes Theorem, eine widerlegte Aussage oder auch blanker Unsinn ist. Das gilt für eine Geisteswissenschaft geradeso wie für eine Naturwissenschaft oder für eine technische Disziplin, auch wenn die Kriterien von Fach zu Fach wechseln. Die theoretische These von der Auflösung allen Wissens ist also unzutreffend.

4.   Grenzen der Formalisierbarkeit

Lyotard sieht eine Transformation des Wissens sich abzeichnen, nämlich eine Einengung auf formalisierbares, also technisch handhabbares Wissen. Was er als Faktum hinstellt, ist vielmehr als Gefahr zu verstehen – auch für die ‚harten' Wissenschaften einschließlich der Technikwissenschaften. Darum gilt es, ein etwas tieferes Verständnis der Grenzen der Formalisierbarkeit als Basis der Informationstechnik zu gewinnen.

Grundsätzlich ist zu unterscheiden zwischen einem Träger von Daten und deren Verarbeitung zu einer Information mit Hilfe einer Informationstechnologie. Die Verarbeitung setzt eine Mathematisierbarkeit der Daten und ihrer Struktur voraus. Auch hier gibt es eine Vielzahl theoretischer Modelle, die noch stärker differenzieren und die den Weg von der Signalverarbeitung über die Datenverarbeitung und Informationsverarbeitung zur Wissensverarbeitung fassbar zu machen suchen. Ein Buch speichert auch Daten – lauter Buchstaben –, aber erst dem Leser wird daraus Information, und wenn er deren Bedingungen kennt und sie anwenden könnte, ein Wissen. Daran ändert sich nichts, wenn das Buch in elektronischen Medien erfasst wird. Zwar wird damit eine Textbearbeitung möglich; doch seitens der Maschine ohne Sinn und Verstand – oder technisch gesprochen: nur soweit sich dies auf der formalen, auf der syntaktischen und einer in Regeln fixierten semantischen Ebene bewegt. Man denke an Heinrich Bölls *Doktor Murkes gesammeltes Schweigen* – nämlich die Ersetzung des Phonems „Gott" in einer Sprachaufzeichnung durch das Phonem „jenes unaussprechliche höhere Wesen". Derlei lässt sich elektronisch bewerkstelligen; aber sollte die Maschine an „Gotthold Ephraim Lessing" geraten, käme heraus: „Jenes unaussprechliche höhere Wesen hold Ephraim Lessing". Nein – die Elektronik verarbeitet Daten, versteht sie aber naturgemäß nicht – man denke an die Korrekturvorschläge im Rechtschreibprogramm des PC. Alle Informationsspeicherung und -verarbeitung ist aber sinnlos, wenn sie nicht einem vorgängigen Verstehen dient; Verstehen muss dem Datenerfassen ebenso vorangehen wie die Informationsaufbereitung begleiten.

Nun sind solche Beispiele leicht zu durchschauen; es gilt zu Grundsätzlicherem vorzustoßen. Mathematische Begründungen haben eine sich verzweigende Ordnung von den jeweiligen Voraussetzungen zu dem, was aus ihnen gefolgert wird. Das entspricht dem cartesischen Ideal einer Mathesis universalis und dem Traum rationaler axiomatischer Ordnung. Doch weder ist unser naturwissenschaftliches Wissen überall von der Struktur eines Axiomensystems, noch trifft dies für die Technikwissenschaften zu, noch gar gilt es für die Human- und Geisteswissenschaften, wo derlei völlig unangemessen wäre. Eine zyklische, in sich kreisende Form etwa, wie sie im Rundgang des Verstehens auftritt, eine dialektische Argumentation, wie sie sich bei Platon, Hegel oder Fichte findet, muss ebenso zum Zusammenbruch eines technischen Informationsverarbeitungssystems führen wie eine Argumentation in Analogien und Metaphern. Ironie entzieht sich vollends solchem Vorgehen, denn mehr als stupide heuristische Strategien sind nicht formalisierbar. Das gedankliche Aufstoßen des Tores zu einem neuen Bereich und dessen Konstituierung durch eine Analogie oder ein Gedankenexperiment bleibt dem menschlichen Denken vorbehalten – zu schweigen von allem Neuen, das kreativ hervorgebracht ist. Genau hierauf aber ist wissenschaftliche Forschung und technische Entwicklung ausgerichtet; und die Voraussetzungen hierzu müssen im Studium, ja in der Schule durch sogenannte Transferaufgaben gelegt werden. Die aber sind allenfalls in schematischer Weise in Lernprogramme integrierbar. Man sage nicht, hier handele es sich um eine Trivialität: Die sinnlose Anwendung unverstandener technischer Medien auf irgendwelche Daten spricht eine deutliche Sprache. So bleibt also die Aufgabe, sich ständig bewusst zu machen, welche Einengung der Ausdrucksmöglichkeiten mit dem Übergang von einem Text als Information zu einer elektronischen Datenverarbeitung zwangsläufig verbunden ist.

5. Wissen und Informationsflut

Heute stehen wir vor dem praktischen Problem der Bewältigung der Informationsflut. Die neuen Speicherkapazitäten erlauben nicht nur Bild und Ton, sondern in Video-Animation von Entwürfen die Bewegungsmöglichkeiten festzuhalten. Diese Datensammlungen und die zugehörigen Such- und Bearbeitungsprogramme scheinen die geeigneten Werkzeuge, die Flut nicht nur zu bewältigen, sondern auf ganz neue Weise neue Erkenntnisse zu ermöglichen. Was Wunder also, dass jüngst ein Bibliothekswissenschaftler euphorisch den Übergang von der Buchbibliothek zur Medien-Bibliothek gefordert hat, denn eine hohe technische Lesesicherheit erlaube die Bearbeitung der Texte, die sich mit äußerst geringer Fehlerquote kopieren lassen und deshalb dem Speichermedium Papier „weit überlegen" seien (Umstätter 1995: 41). Doch das Zentralproblem bleibt: Was fangen wir mit der neuen Informationsflut an?

Angesichts eines im wesentlichen exponentiellen Wissenschaftswachstums – nicht zuletzt deshalb, weil 90% der Wissenschaftler aller Zeiten unsere Zeitgenossen sind –, angesichts begrenzter Speicherkapazitäten – die Mikrochips dringen in die Größenordnung von Molekülen vor, so dass die Miniaturisierung bald nicht mehr weitergehen wird –, angesichts der zeitlichen und inhaltlichen Grenzen unserer geistigen Verarbeitungsmöglichkeiten und angesichts der Unmöglichkeit, künftige Auswahlkriterien vorherzusagen, stehen wir bei der Wissensspeicherung vor einem Problem nicht geahnten Ausmaßes. Es verlangt ein vielschichtiges Informationsmanagement. Früherer Lösungen bestanden in historischer Reihenfolge im Sammeln von Büchern, in Bücherlisten und in Katalogbüchern nach Sachgebieten, seit dem 18. Jahrhundert ergänzt durch Namen- und Sachregistern in den Büchern selbst oder durch alphabetisch angelegte Enzyklopädien, Bibliographien, Karteikarten, noch vor einigen Jahren in Mikrofiche-Katalogen oder heute im weltweiten Zugriff auf Online-Kataloge; selbst der elektronische Zugriff auf die Originaltexte bis hin zu den Patentschriften bietet keinen Ausweg.

All dies sind fraglos wesentliche, unverzichtbare Hilfsmittel. Je besser die Ausstattung mit ihnen ist, je früher der Umgang mit ihnen erlernt wird, desto schneller sind die Voraussetzungen für den Gebrauch vorhandenen Wissens für Anwendungen wie für eine Weiterentwicklung gegeben. Doch was bleibt, ist die Informationsflut. Die Lösung dieses Problems kann nur darin bestehen, Informationen *Auswahlkriterien* zu unterwerfen; doch welchen? Innerhalb einer Disziplin bis hinunter zu einem Forschungsvorhaben gibt es natürlich solche Kriterien. Dass diese ebenso wie die Daten und Informationen selbst nicht von Ewigkeitsdauer sind, sondern jeweils vom Forschungsstand und von der Ausbildungsanforderung bestimmt werden, ist selbstverständlich; dies bildet bei Daten die Legitimation für Neubearbeitungen von Nachschlagewerken und (vor allem wegen des schnelleren Zugriffs auf neueste Werte) von entsprechenden Updates und Online-Diensten. Die entscheidende Frage lautet, ob Kriterien so formulierbar sind, dass sie der maschinellen Datenverarbeitung überantwortet werden können. In Trivialfällen – etwa in allen deutschsprachigen Printmedien der Nachkriegszeit nach Stellen zu suchen, wo die Begriffe „Technologietransfer“ und „Information“ zusammen vorkommen – gelingt dies (fast) auf Anhieb, nur wäre das Resultat immer noch völlig unbefriedigend. Es gibt verschiedene Möglichkeiten, zu besseren Ergebnissen zu gelangen, beispielsweise indem man das Begriffsnetz enger knüpft; aber Entscheidendes könnte verlorengehen. So kommt der Begriff „Technologietransfer“ vor etwa 1970 vermutlich gar nicht vor, obgleich die Sache vertraut war. Darum müssen zu den Suchbegriffen Synonyma hinzugenommen werden. Synonymie wiederum kann keine Maschine feststellen, sondern nur jemand, der mit einer Sprache und ihrer Entwicklung vertraut ist. Selbst ein Synonym-Wörterbuch im Internet würde nicht weiter helfen. Doch verbirgt sich hinter der Fragestellung ein bösartiges Problem, das mit semantischen Regeln allein nicht zu lösen ist. Dort nämlich, wo Zusammenhänge auf unserem Alltags- und Hintergrundwissen beruhen, scheitert jede Datenverarbeitung. Deren Protagonisten werden jetzt laut rufen: „Vorläufig, vorläufig!“ Sie werden auf Versuche mit „Hypertext“ verweisen und auf Ansätze der Formalisierung unseres Hintergrundwissens; aber entsprechende Programme kommen nur mühselig voran. Dabei sollen sie etwas ganz Harmloses leisten, beispielsweise aus einem Stoß von Bildern eines mit einem nassen Menschen heraussuchen. Dass die explizite Ausformulierung des Hintergrundwissens allgemein gelingt, ist schlechterdings unmöglich; denn die Analyse von Dispositionsbegriffen und irrealen Konditionalsätzen (deren Problem äquivalent mit dem der Gesetzesartigkeit ist) hat deutlich gezeigt, dass wir virtuos im Alltag zwischen sinnlosen und sinnvollen irrealen Konditionalsätzen zu unterscheiden vermögen, ohne doch das verwendete Alltagswissen formalisieren zu können. Zwei Beispiele sollen dies verdeutlichen: „Wenn ich meine Brille fallen lassen würde, würde sie zerbrechen." Jeder von uns wird dies für einen sinnvollen, ja wahren Satz halten. Dagegen: „Wenn meine Katze bellen würde, wäre sie ein Hund." ist offenbar sinnlos. Auch der Grund ist klar: Wir kennen aus unserem Alltag die Regel, dass fallendes Glas zerbricht, ja, wir denken beim Begriff „Glas" die Disposition Zerbrechlichkeit unzweifelhaft mit. Hingegen kennen wir keine Regel, der zufolge sich bellende Katzen in Hunde verwandeln. Man wende nicht ein, dies liege schon daran, dass es keine bellenden Katzen gebe: Wir haben keine Schwierigkeiten, einen Satz wie „Wenn einige Löwen Fische wären, wären einige Fische Löwen" als wahr anzuerkennen, obwohl es solche Verwandlungskünste nicht gibt. Vielmehr sehen wir im Falle der Brille einen kausalen Zusammenhang, der im Katzen-Hunde-Falle fehlt, während wir im Falle der Löwen-Fische nur die formallogische Struktur betrachten. Nun gelingt aber weder die Formalisierung einer Kausalimplikation, noch die irrealer Konditionalsätze, und darum ist das uns ganz gegenwärtige Hintergrundwissen nicht formalisierbar. Genau dieser Zusammenhang führt zwangsläufig dazu, dass Expertensysteme an den Rändern unscharf werden. Insbesondere aber sind die Hoffnungen, über Hypertexte eine Bewältigung der Informationsflut erreichen zu können, deshalb äußerst begrenzt, sowohl theoretisch wie praktisch.

Auch wenn es innerwissenschaftliche Bewertungskriterien gibt, lassen sich diese durchaus nicht mathematisieren. Erforderlich wäre nämlich eine Reduktion des Datenangebots und der Information auf das für ein gegebenes Problem *Wesentliche*. Das aber ist mit technischen, informationstheoretischen Mitteln nicht zu bewältigen, weil der Unterschied zwischen Wesentlichem und Unwesentlichem, zwischen Akzidentiellem und Notwendigem nur im Kopf des Erkenntnissubjektes existiert, nicht aber in der Mathematisierung und Digitalisierung – einfach deshalb, weil es dort keinen anderen Begriff von Notwendigkeit als den der formalen Notwendigkeit geben kann, und der ist hier nicht einschlägig. Damit stellt sich hinsichtlich der Information die doppelte Aufgabe, Informationen immer schon aufgearbeitet und unter Kriterien sortiert anzubieten. Das war Leibnizens Gedanke einer Scientia generalis, deren Ordnung nach theoretischen Gesichtspunkten sich wissenschaftsorganisatorisch in der Akademie und ordnungssystematisch im ersten, eigens für Bibliothekszwecke errichteten Bauwerk, der einstigen Wolfenbütteler Bibliothek, zeigen sollte. So verfährt natürlich jeder Buchhändler, wenn er Romane in ein Regal, Sachbücher in ein zweites und Fachbücher in ein drittes stellt, und die Verlage helfen ihm, indem sie die Werke von Anbeginn entsprechend rubrizieren und mit Klappentexten versehen. Doch interessant sind oft gerade jene Titel, die nicht passen wollen: Ist ein Werk von Stanislav Lem Science fiction oder Sozialutopie oder Gesellschaftskritik? Ist Umberto Eco ein postmoderner Literat, ein Sachbuchschreiber oder ein Linguist? Die Antwort hängt von der jeweiligen Perspektive ab, doch niemand kann vorher wissen, welche Perspektiven möglich, wichtig, fruchtbar sind! Wer hätte gedacht, dass man aus erhaltenen Küchenrechnungen des Papsthofes in Avignon Essgewohnheiten rekonstruieren, aus überlieferten Landsknechtssoldabrechnungen Angaben über phantastische Heeresgrößen auf realistische Maße reduzieren würde und aus Analysen der Hinterlassenschaften in mittelalterlichen Latrinen – doch lassen wir das! Es geht hier nur darum zu verdeutlichen, dass es Science fiction ist zu glauben, demnächst sortierten sich die Daten und Informationen gewissermaßen von allein unter Wesentlichkeitsgesichtspunkten auf jedes gewünschte Ziel hin. Stattdessen müssen *wir* werten und sortieren – und dazu ausbilden, zu solchem Sortieren zu befähigen, verbunden mit dem Wissen, dass unter veränderten Fragestellungen ganz andere Kriterien maßgeblich werden können. Natürlich liegt hierin eine unüberwindliche Schwierigkeit für alle Stellen, die Daten sammeln, vom Archiv über die Bibliothek bis zu Datenpools; aber Bibliotheken und Archive haben immer schon „auf Verdacht", also in einem vortheoretischen Zugriff im Hinblick auf denkbare Wichtigkeit gesammelt: Sonst besäßen wir weder die Küchenrechnungen aus Avignon, noch die Landsknechtssoldabrechnungen, noch manches Buch, das in großen Bibliotheken zwei oder drei Jahrhunderte nach seinem Erscheinen heute einen ersten Leser findet.

Das Informationsmanagement-Problem besteht nicht nur in der Bereitstellung des notwendigen, einschlägigen Wissens, sondern ebenso im *Entsorgungsproblem* als seinem Pendant. Unmöglich können wir alles aufbewahren. Doch welches Wissen ist unwichtig? Die Beantwortung der Frage hängt davon ab, was wir als Problem ansehen, mithin von unseren (derzeitigen) Interessen, und davon, was wir als Lösungsmethode akzeptieren, also von unseren Wissensvorstellungen. Leibniz glaubte, die Aufgabe schon an der Quelle durch eine Bücherkommission lösen zu können, da doch neun von zehn Büchern, die auf der Leipziger Messe erscheinen, Irrtümer verbreiten oder zumindest überflüssig seien: Die Zensuraufgabe – keine politische Zensur, sondern ein Anliegen der Vernunft – sollte von den Akademien übernommen werden. Wie dem auch sei, unser Problem ist der „Entsorgungsdruck" (Kornwachs), die Beseitigung von „Wissensmüll" (Hubig), ohne doch den Wissensbedarf, die Wissensentwicklung, die künftige Veränderung von Bewertungskriterien aufgrund einer Verschiebung von Problemakzeptanz und Problemlösungseffizienz zu kennen. Deshalb die Hände in den Schoß legen zu wollen, wäre fraglos unverantwortlich, vielmehr bedarf es der Information über Information, soweit dies irgend möglich ist, um *erstens* herauszufinden, wo welche Information zu finden ist, um *zweitens* die Selektion unter Erkenntniskriterien, also von Wissen, *drittens* Komprimierung auf den Anwendungsfall und *viertens* die Entsorgung des Wissensmülls zu ermöglichen. Die erste Aufgabe verlangt eine Systematik, die selbst innerhalb eines Wissensgebietes in der Regel nicht vorliegt. Bei der zweiten Aufgabe geht es um die Scheidung von doxa und episteme, bei der dritten nicht um eine bloße Redundanzbeseitigung als Unterdrücken des „Rauschens", sondern um eine Generalisierung und Systematisierung und um ein Einrücken in neue Perspektiven, um von dort her die vierte Aufgabe angehen zu können. Das aber kann keine Informationswissenschaft, das vermag nur disziplinäre Forschung anzugehen und zu bewältigen. Ein Patentrezept also kann es nicht geben, wohl aber die vorbereitende Zuarbeit von Wissenschaftlern und Studierenden wie von den auswählenden Verwaltern von Information, seien es Lektoren, Buchhändler, Bibliothekare oder kommerzielle Datenanbieter, um aus der Flut von Nährlösung nicht eine alles verschlingende Sintflut werden zu lassen. Vielleicht ist also die Kurzlebigkeit der elektronisch gespeicherten Information eine List der Vernunft.

6. Orientierungswissen: Selbstdenken statt der Nährlösung

Kulturen, so die These der Toronto-Schule oder allgemein der historischen Medienforschung, sind nach der knappen Formulierung von Aleida Assmann (1994: 6) „durch die Kapazität ihrer Medien, d.h. ihrer Aufzeichnungs-, Speicherungs- und Übertragungstechnologien definiert". Ebenso knapp und treffend charakterisiert sie den Schritt von der multimedialen Inszenierung von Dichtung in oralen Kulturen, wo Musik, Tanz und Rhythmus mit der menschlichen Stimme zusammengehen, zur Lektürekultur, deren Notationssystem allein die Sprache wiedergibt – überdies ohne deren klangliche Verkörperung und auf wenige Zeichen, meist Buchstaben, reduziert. Zunächst auf Tontafeln, dann auf Papyrusrollen, auf Pergamentblöcken und schließlich auf Papier geschrieben, mit jeweils eigenen Kulturen des Schreibens und Abschreibens. Der nächste radikale Schritt bestand in der Erfindung Gutenbergs, deren Folge war, dass fünfzig Jahre später mehr Bücher gedruckt waren, als je seit den Jahren Konstantins geschrieben und abgeschrieben worden waren. Doch die „sozialen, kulturellen und politischen Bedingungen für die informationstechnologische Mobilisierung der Kommunikation sind weder bekannt, noch in Verhaltens-, Wissens-, Erfahrungsstrukturen abgelegt", klagten die Herausgeber des Büchleins *Inszenierungen von Information* (Faßler & Halbach 1992: 5). Als dessen Beiträge entstanden, wurde vom „286er" geschwärmt und auf den „386er" PC gehofft. Inzwischen ist das längst Geschichte, aber an der Feststellung hat sich nicht viel geändert. Auch die Herausforderung ist geblieben.

Bisher haben wir die Informationstechnik unter dem Gesichtswinkel des Verfügungswissens betrachtet; doch handelt es sich nicht nur um eine technologische, sondern auch um eine kulturelle Revolution, weil wir vor völlig neuen Denk- und Entscheidungsformen stehen, die wir uns durch veränderte Wissens- und Gedächtnisformen und veränderte Formen der Informationsanhäufung und -verarbeitung einschließlich ihrer prinzipiellen Grenzen aufzwingen lassen. Deshalb muss abschließend auf die Bedeutung für das Orientierungswissen eingegangen werden. Dazu müssen wir uns fragen: Warum wollen wir eigentlich Information schneller verfügbar haben und schneller verarbeiten können? Die unmittelbaren Gründe – Vermeidung von Doppelarbeit in den Wissenschaften gerade so wie in den Entwicklungsabteilungen der Industrie mit all ihrem Zeit- und Mittelaufwand; die Korrektur von Daten, um die Zuverlässigkeit von Theorien im Hinblick auf deren Anwendung zu verbessern; die Nutzung arbeitsteiliger Vorgehensweise und synergetischer Effekte durch den Austausch zwischen benachbarten Forschungs- und Entwicklungsprogrammen –, all diese unmittelbaren Gründe zielen auf Ressourcen-Schonung und schnellere Forschung und Entwicklung. Diese Intention spiegeln auch jene Werke, die sich für die Neuen Medien in der Aus- und Weiterbildung einsetzen. Dahinter aber steht zweierlei, das Angewiesensein des Menschen auf Wissen und der Fortschrittsgedanke.

Menschen sind auf Wissen angewiesen, weil sie seiner zur Sicherung des Lebens und Überlebens bedürfen. Darum stahl Prometheus die Wissenschaften der Athene und die handwerklichen Künste des Hephaistos – der erste folgenreiche Wissens- und Technologietransfer. Wissen ist aber immer an Wissensvorstellungen gebunden, es ist Wissen mit Bezug auf eine Beschreibungsebene, unter einem bestimmten Aspekt und innerhalb eines Zusammenhangs, der im schwächsten Fall narrativ, im Falle strengster Ordnung ein deduktives System ist. Dies alles muss verstanden sein – Wissen ist immer *verstandenes Wissen*. Und weil es uns stets nur in begrenztem Umfang erwerbbar, nämlich erlernbar und verstehbar ist, stehen wir immer vor einer natürlichen Schranke, der wir durch Komprimierung, Auswahl und Ersetzen der Wissensinhalte zu genügen haben. Informationsmanagement ist also als Wissensmanagement etwas zutiefst Menschliches.

Während das Informationsmanagement eine lange Tradition hat – von den fixierten Formen der Weitergabe in oralen Kulturen über die in Stein gehauenen, in Erz gegossenen antiken Gesetzestexte, um ihnen Dauer zu verleihen –, sind die Fortschrittsidee und der Gedanke einer Wissensdynamik recht jung; sie bestimmen seit Bacon das neuzeitliche Denken. Das Fortschrittsideal betraf jedoch keineswegs nur das Kognitive, das Verfügungswissen, sondern es schloss von Anbeginn das moralische, das Orientierungswissen ein. Zu Descartes' Mathesis universalis sollten Physik, Medizin und Ethik gleichermaßen gehören. Der Zusammenhang wird im 18. und 19. Jahrhundert noch klar gesehen, denn, so die sokratische Hoffnung, wenn ich mehr über die Folgen meines Handelns weiß, werde ich von allein diejenigen Handlungen unterlassen, die zu Resultaten führen, die mir und anderen schaden. Darum, so die Überzeugung, bewirke jeder Wissenschaftsfortschritt auch einen moralischen Fortschritt, und darum gebe es eine moralische Verpflichtung zur Wissenschaftsentwicklung, zum Sammeln des Wissens und schließlich zum Wissenstransfer: So brachte die Aufklärung die wohl größte Enzyklopädie hervor, die es bislang gegeben hat, nämlich Zedlers Universallexikon. Diderot und d'Alembert, geradeso durchdrungen von aufklärerischem Optimismus, fügten ihrem Werk tausende von Kupferstichen bei, um auf dem Wege über die bildliche Anschauung auch etwas von den handwerklichen und technischen Methoden weiterzugeben. In Deutschland entstand die Lesekultur des Bürgertums, es folgte die Schulpflicht und die Humboldtsche Universität; die Schnellpresse sorgte für Lesestoff, und die Entwicklung der modernen Massengesellschaft wäre ohne die Masseninformation durch Massenmedien undenkbar.

Doch wo ist heute der Anspruch auf Entwicklung und Vermittlung eines Orientierungswissens geblieben? Er ist scheinbar verschollen, doch nur scheinbar. Denn gerade über den Wissensanspruch einer Information bleibt er gegenwärtig. Das beginnt mit der Engführung von Lesekultur und Bildung. So gibt es einen entscheidenden Unterschied zwischen bildhafter und in Schriftform niedergelegter Information; denn Abstrakta sind in Bildern nicht oder nur begrenzt zu vermitteln, und Argumentationen gar nicht. Das „Denken in Kategorien", die „rationale Verarbeitung" (Wössner 1994: 113), kurz, das Nach-Denken als tragende Kulturleistung bleibt darum an ein Medium gekoppelt, das Schrift übermittelt. Ein mathematischer Beweis ist – jedenfalls nach unserer Vorstellung von Beweisen – nur in Schriftform denkbar. Auch wenn es Formen des bildhaften Denkens und Vorstellens gibt – so bei Handlungsabläufen, geometrischen Beweisen oder architektonischen Entwürfen –, in der Regel ist doch begrifflich-argumentatives Denken verlangt. Wo heute mathematische Beweise am Computer geführt werden, liegt solches Denken dem Programm wie der Interpretation der Resultate zugrunde. Die empirischen Daten häufig fernsehender und kaum lesender Jugendlicher sprechen für sich: unter ihnen sind nur 5% in der Lage, einen komplizierten Text zusammenzufassen, also zu verstehen. Schlaglichtartig wird daran deutlich, welch tiefgreifende Kulturleistung, nämlich Verstehensleistung und Orientierungsleistung die Bewältigung der Informationsverdichtung ist und wie gefährlich möglicherweise ein Abgehen von der Schriftkultur zugunsten einer primär bildhaften Informationsvermittlung sein könnte.

Weiter ist alles wissenschaftliche Denken zugleich mit Handlungskompetenz verbunden, es reicht also immer bis in die Sphäre des Handelns und dessen ethischer Bewertung hinein; die Diskussion um Wissenschaftsethik und Technikfolgenabschätzung macht dies deutlich. Wissen, in den Wissenschaften wie außerhalb, steht also immer unter ethischen Wertungen.

Zum dritten setzt ein auf Handlungen, auf Anwendung ausgerichtetes Wissen, wie es die Wissenschaften dokumentieren, eine Handlungsreflexion und Handlungsbegründung voraus, wie sie durch die vorwiegend schriftlich festgehaltene Form des wissenschaftlichen Wissens wesentlich ermöglicht wird. So manifestiert sich das Orientierungswissen darin, zu verstehen, was wissenschaftliches Wissen ausmacht, nämlich analytisch gewonnenes, argumentativ vertretbares, in der Anwendung der Kriterien sorgfältig gegründetes Wissen zu sein. Dies zu verlieren ist eine der größten Gefahren, die mit dem Übergang von der kulturellen Grundlage der Schriftkultur zu einer multimedialen technologisch implementierten Kultur gegeben sein könnten, nicht nur, weil Information noch kein Wissen ist. An die Stelle der ursprünglich oral und praktisch gegründeten Wissens- und Wissenschaftsvermittlung mit ihrer Vertiefung in der Lesekultur des Nachdenkens könnte eine Pseudokommunikation treten. An die Stelle der schöpferischen Transferleistung träte ein vorprogrammierter, weil nur so überprüfbarer Transfer, an die Stelle des auf Verstehen gegründeten Wissens droht ein Pseudowissen zu treten, weil die Rückbindung an die Regeln der Wissensbegründung verloren ginge. Vor allem aber wäre die Bindung an die Handlungsregeln des Orientierungswissens abgebrochen.

Die Gehirne im Tank führten auf die Frage nach dem Verhältnis von Information und Wissen. Dem Wissen hat Popper (1972/1973: 125) eine eigene ontologische Existenzform in Gestalt seiner Welt 3 zugewiesen und mit einem Gedankenexperiment begründet:

> „Experiment 1. Alle unsere Maschinen und Werkzeuge werden zerstört, ebenso unser ganzes subjektives Wissen einschließlich unserer subjektiven Kenntnis der Maschinen und Werkzeuge und ihres Gebrauchs. Doch die *Bibliotheken* bleiben erhalten sowie *unsere Fähigkeit, aus ihnen zu lernen.* Es ist klar, daß unsere Welt nach vielen Widrigkeiten wieder in Gang kommen kann.
>
> Experiment 2. Wie vorhin werden Maschinen und Werkzeuge zerstört sowie unser subjektives Wissen einschließlich unserer subjektiven Kenntnis der Maschinen und Werkzeuge und ihres Gebrauchs. Aber diesmal werden *alle Bibliotheken ebenfalls zerstört,* so daß unsere Fähigkeit, aus Büchern zu lernen, nutzlos wird.
>
> Wenn man über diese beiden Experimente nachdenkt, dann wird einem die Realität, die Bedeutung und der Grad der Selbständigkeit der Dritten Welt vielleicht etwas klarer. Denn im zweiten Fall wird unsere Zivilisation jahrtausendelang nicht wieder erstehen."

Was würde aus dem Gedankenexperiment, wenn statt der Bücher CD-ROM-Plastikscheiben übriggeblieben wären? Ohne Laser, Feinmechanik, PC mit passender Software und Stromversorgung wären sie sinnlos. Doch hat Popper recht? Genügen die Bücher, um das Wissen wiederzugewinnen? Die Mühsal der Rekonstruktion antiken wissenschaftlichen Wissens selbst dort, wo wir heute breite Kenntnisse haben, zeigt, dass dies nur gelingt, weil wir – innerhalb einer vergleichbaren Wissenschaftskultur – über das notwendige Verstehen der jeweiligen Voraussetzungen verfügen. Wären wir nichts als Gehirne im Tank, so könnten wir von der elektronischen Nährlösung nur leben, wenn uns diese Erfahrung, dieses Verstehen als angeborene Idee mitgegeben wäre. Das aber hätte schon Descartes zurückgewiesen, denn seine Erkenntnisbegründung baut nicht auf Information, sondern auf zweifelndes, reflektierendes Denken, auf Selbstdenken statt einer Nährlösung.

Alle beschriebenen Probleme scheinen erkannt und deshalb gegenstandslos, wenn in letzter Zeit nicht mehr von der Medien- und Informationsgesellschaft als Kennzeichen der Gegenwart die Rede ist, sondern von der Wissensgesellschaft. Die Wortschöpfung ist nicht ganz neu (vgl. Böhme & Stehr 1986); aber als der sozialwissenschaftlichen Gesellschaftsanalyse verhaftet (vgl. Stehr 1994), berührt der Begriff die hier behandelten Probleme nur am Rande: Die Wissensgesellschaft der Soziologen ist, in einer an Platon angelehnten Ausdrucksweise, eine Meinungsgesellschaft, denn in ihr geht es nicht um die Sicherung von Erkenntnis; daran haben auch Mahnungen und an den Terminus geknüpfte Hoffnungen (so Frühwald 1996) nichts zu ändern vermocht. Immer noch gilt es, bloße Meinung von Erkenntnis zu unterscheiden, und mehr denn je erfordert dies ein Wissen um Gründe und ein Können im Umgang mit den Kriterien, die es erlauben, aus bloßer Information das auszuwählen, was nach unserem Stand der Erkenntnis als Wissen gelten darf. Informationstechnologien ändern die Formen der Gewinnung, Verarbeitung und Speicherung von Informationen, sie verändern damit unsere Kultur tiefgreifend, wie dieses schon andere Techniken getan haben – doch darf darüber nicht vergessen werden, dass all dieses nur sinnvoll ist, wenn es der regulativen Idee der Wahrheit folgt.

7. Technik und Modalität

1. Formen der Modalität

Der Ingenieur, so Robert Musil im *Mann ohne Eigenschaften*, ist ein Möglichkeitsmensch. Wie wichtig Modalbegriffe für das Verständnis von Technik sind, belegt das Cassirer-Zitat im Anthropologie-Kapitel, und in der Artefakt-Ontologie werden Modalbegriffe Nicolai Hartmann folgend zu den Fundamentalkategorien gezählt; auch in andern Abschnitten zeigte sich das Möglichkeitsdenken als zentral für die Technik. Dieses gilt es in einer Analyse technikrelevanter Modalitäten zu vertiefen, um Formen technischer Notwendigkeit und Möglichkeit bis zur Fiktionalität und Virtualität zu betrachten. Das allerdings erfordert zunächst unterschiedliche Formen der Modalität einzuführen.

Modalbegriffe sind in jedem Argumentationszusammenhang geradeso wie in jedem philosophischen System unverzichtbar, weil sie erlauben, zwischen Notwendigem, Wirklichem, bloß Möglichem und Unmöglichem zu unterscheiden – und dieses bezüglich der Ontologie, der Epistemologie, der physischen Welt und dem Bereich der Normen. *Logische Modalitäten* betreffen Aussagen, deren Möglichkeit durch Widerspruchsfreiheit definiert ist, was eine formalisierte Sprache verlangt. *Ontische Modalitäten* betreffen Sachverhalte, was einen bestimmten Gegenstandsbereich von der raumzeitlichen Wirklichkeit bis zum Reich der Ideen und dazu gesetzesartige Relationen zwischen den Gegenständen voraussetzt. *Epistemische Modalitäten* beinhalten eine Beziehung des Erkenntnissubjekts zu einer Aussage, was eine jeweilige Form von Erkenntnis erfordert. *Deontische Modalitäten* drücken die Bewertung von etwas – vor allem einer Handlung – aus, was Normen und Werte zur Voraussetzung hat. – Kant (KdrV A 74/B 100) hebt an Modalaussagen hervor, dass sie „nichts zum Inhalte des Urteils beitragen, sondern nur den Wert der Copula in Beziehung auf das Denken überhaupt angeben." Damit wird ihr reflexiver Charakter besonders deutlich zum Ausdruck gebracht. Deshalb ist es kaum verwunderlich, dass sie bis heute von Interesse sind, obwohl Rudolf Carnap, Williard Van Orman Quine und Nelson Goodman sie heftig angegriffen hatten. Doch Saul Kripke hat eine Semantik der Modalsprachen entwickelt und damit den Vorwurf widerlegt, sie seien sinnlos. Die Folge war eine breite Literatur, die sich jedoch weder mit kausaler und physischer, noch gar mit technischer Möglichkeit und Notwendigkeit beschäftigte.

Es ist wichtig daran zu erinnern, dass sich Modalbegriffe in keiner Weise durch nicht-modale Begriffe definieren lassen, sonst hätte Kant sie nicht als Kategorien einführen müssen. Heute gibt es wenigstens drei Sichtweisen der Modalbegriffe – die radikalste hält sie für sinnlos, die moderate sucht nach einer Rückführung auf andere Begriffe, während die dritte sie als gewissermaßen von innen beschreibbar betrachtet. Diese Position soll hier eingenommen werden. Für das Folgende ist zunächst eine knappe allgemeine Darstellung der Eigenheiten der Modalbegriffe unverzichtbar.

Die traditionellen logischen Verknüpfungen innerhalb einer der eben unterschiedenen Ebenen sind bis zu Christian Wolff und der Wolffschen Schule die folgenden:

(1) $Na = \neg M \neg a, \quad Ma = \neg N \neg a, \quad Ua = \neg Ma = N \neg a, \quad Ca = Ma \wedge \neg Na$

(N: notwendig; M: möglich; U: unmöglich, C: kontingent; a: Objekt des Gegenstandsbereichs)

Die Kontingenz ist also eine ‚gemischte Modalität‘. – Die Formeln sind so zu verstehen, dass logische, ontische, epistemische und physische Notwendigkeit (hier abgekürzt als N_l, N_o, N_e und N_{ph}) sich inhaltlich unterscheiden und deshalb unterschiedliche Gegenstandsbereiche haben, aber alle dieselbe in (1) wiedergegebene logische Struktur besitzen.

Zur Verdeutlichung: Legt man als Gegenstandsbereich wahre und falsche Aussagen zugrunde, lassen sich die Verhältnisse bildhaft so darstellen:

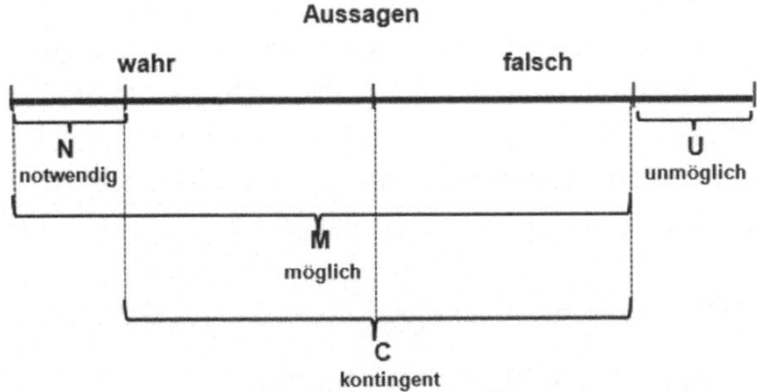

Eine gewisse Schwierigkeit bereitet die Deutung von ‚Unmöglich', wenn man nicht Aussagen betrachtet, sondern Objekte; denn was soll ein unmögliches Objekt sein, da es doch ausdrücklich nicht existieren kann! Man könnte meinen, derlei sei für die Technik ohnedies Unsinn und könne deshalb übergangen werden. Doch tatsächlich möchte man nicht nur sagen können, ein viereckiger Kreis sei unmöglich, sondern beispielsweise auch ein Perpetuum mobile (nach dem von den erfahrensten Technikern bis heute immer wieder gesucht wird), oder auch eine Sonnenlandefähre sei im Gegensatz zu einer Mondlandefähre wegen der Sonnenoberflächentemperatur unmöglich. In der Tradition hat man sich mit „uneigentlichen Gegenständen" zu helfen gesucht; aber das löst die Schwierigkeit nicht. Vielmehr bietet sich für unsere Zwecke an, zu sagen, diese „unmöglichen Objekte" seien etwas, das dem Bereich der Intentionen zugehört und insofern zwar einen Inhalt, aber keinen Objektstatus hat und das überdies nicht verwirklichbar ist – eine modale Kennzeichnung, auf die noch einzugehen sein wird.

Doch zurück zu den formalen Eigenschaften der Modalitäten. Zwischen ihnen gilt das sogenannte *Modalgefälle*:

$$(2) \quad Na \rightarrow Wa \rightarrow Ma \qquad\qquad (W: \text{wirklich});$$

dabei sind die Modalitäten wie schon in der Aristotelischen Logik mit einer Existenzvoraussetzung verbunden, es gibt also Objekte des jeweiligen Gegenstandsbereichs. Diese logischen Äquivalenzen und Implikationen besagen, dass etwas, das wirklich gegeben ist, auch möglich ist – und natürlich insbesondere, wenn es notwendig ist. Doch häufig ist auch eine *bloße Möglichkeit* gemeint – etwas, das nicht existiert, aber möglich ist; dabei wird ein Gegenstandsbereich möglicher Objekte angenommen.

Nun gibt es neben der aristotelischen Sicht der Modalbegriffe eine radikal davon abweichende und von Aristoteles kritisierte Sicht, die *megarischen Modalitäten*. Nach Auffassung der Megariker ist etwas nur dann möglich, wenn es wirklich ist – und dann auch notwendig; denn wenn der Möglichkeit etwas fehlt, um wirklich zu sein, dann ist es auch keine Möglichkeit. Formal geschrieben gilt also

$$(3) \quad N_{meg}\, a \;=\; Wa \;=\; M_{meg}\, a,$$

Eine ‚bloße Möglichkeit' ist mithin ausgeschlossen.

Für die *deontischen Modalitäten*, also Modalitäten moralischer Gebote und Verbote, die Aristoteles geradeso wie Leibniz heranzieht, gilt der Zusammenhang (1); hingegen weichen sie von (2) insofern ab, als für das, was ethisch geboten, also deontisch notwendig ist, keineswegs gilt, dass es dann auch geschieht; für die deontischen Modalitäten fällt darum in (2) das Mittelglied aus. Stattdessen gilt nur:

(4) $N_d\,a \rightarrow M_d\,a$ (N_d: geboten, M_d: erlaubt, a: Handlung)

Mit der Unterscheidung von logischen, ontischen (traditionell: de re-) Modalitäten und epistemischen (traditionell: de dicto-) Modalitäten, die alle wieder von deontischen Modalitäten zu trennen sind, zeigt sich, wie weit das Spektrum ist; hypothetische Modi als bedingte Modalitäten können dabei auf all diesen Ebenen auftreten.

Eine weitere Vorbemerkung ist angezeigt, denn Modalitäten sind häufig keineswegs so unmittelbar sichtbar wie in den eben skizzierten Fällen ‚reiner‘ Modalitäten; vielmehr drücken alle deutschen Adjektiva und Adverben auf -lich und -bar eine Möglichkeit aus – etwa ‚zerbrechlich‘, ‚herstellbar‘ oder ‚berechenbar‘. Allgemein sind alle Dispositionsbegriffe ganz prägnante hypothetische Möglichkeiten – und dies an Stellen, wo man geneigt ist, von handfesten ‚Materialkonstanten‘ wie dem Schmelzpunkt eines Metalls oder der Zerreißfestigkeit eines Materials zu sprechen. Dies geschieht auf eine so selbstverständliche Weise als handele es sich um simple Tatsachenaussagen, weil die modale mit einer inhaltlichen Komponente verkoppelt ist. Ebenso verbirgt sich hinter ‚können‘ eine Möglichkeit, hinter ‚müssen‘ eine Notwendigkeit, die oft genug nicht explizit benannt werden.

Eine letzte Anmerkung: Die grundlegende Modalität ist Wirklichkeit, doch sie lässt sich in keiner Weise definieren: Das zeigt die Auseinandersetzung um Sein und Existenz von Parmenides bis Heidegger, die sich in der Einleitung zur Artefakt-Ontologie spiegelt. Vielmehr nehmen wir die Wirklichkeit als *factum brutum*, als manifest Gegebenes und Ausweis der Existenz von Etwas – und nicht als etwas bloß Begriffliches. Natürlich ist Wirklichkeit eingebettet in die anderen Modalitäten, wie sich das bei Nicolai Hartmann bereits andeutete: Mit ihnen wird eine begriffliche Struktur aufgebaut. Damit ist Wirklichkeit als Gegebensein aufzufassen – etwa von technischen Artefakten und Prozessen, Netzwerken und ganzen Systemen; doch immer in der Doppelheit einer ontischen und einer begrifflichen Seite. Deshalb ist Wirklichkeit nicht auf raumzeitliche Objekte beschränkt; das mag zwar für ein Wasserversorgungsystem gelten, das aus zahlreichen Objekten besteht, die zusammen ein System bilden und einen wohlbestimmten Prozess ermöglichen – aber vom Computer und seiner Software oder vom Internet als einem offenen System lässt sich das so nicht sagen. Auch Biofakte entziehen sich einer engen bloß materiellen Fassung von Wirklichkeit, wie dieses von Aristoteles geradeso wie von Leibniz betont wird und sich bei Nicolai Hartmann in seinen vier Schichten des Wirklichen spiegelt. Oder um es mit Ladrière (1998: 72) zu sagen: „Der Unterschied zwischen einem natürlichen und einem technischen Objekt zeigt sich am Unterschied von *genesis* und *poiesis*. Dies sind zwei Modalitäten der *provenance*, nämlich des Prozesses, in dem ein Ding zur Existenz gelangt."

Diese kurzen Bemerkungen sollen für die unterschiedlichen modalen Sprechweisen bezüglich der Technik eine Sensibilität wecken, die helfen mag, die dort zu beobachtenden vielgestaltigen modalen Zusammenhänge besser zu verstehen. Da aber Technik jede Ebene des menschlichen Lebens berührt, ist es nicht verwunderlich, dass Modalitäten nicht nur auf die unterschiedlichste Weise Verwendung finden und miteinander verknüpft sind, sondern so selbstverständlich hingenommen werden, dass es bisher kaum Versuche gegeben hat, sie genauer zu betrachten, ja überhaupt zu beachten, obwohl Technik als die „Kunst des Möglichen" bezeichnet wird. Ausnahmen sind Cassirer (1930/1985), Freyer (1928) und Hubig (2006/07); doch sie verfolgen durchweg andere Ziele.

Nun würde eine vollständige Behandlung auch nur der reinen Modalitäten zu weit ausholen; deshalb soll hier in einem quasi-phänomenorientierten Vorgehen ein erster Überblick über die unterschiedlichen Formen und Ebenen der technischen Modalitäten gewonnen werden. Die Leitidee ist die Frage, wie Modalitäten als Mittel der Reflexion in einer sehr charakteristischen Weise unser Verständnis von Technik konstituieren. Dazu erweist es sich als zweckmäßig, beim Notwendigkeitsbegriff zu beginnen.

2. Technik und Notwendigkeit

Technische Problemlösungen müssen *möglich* sein – sonst taugen sie nichts; gleichwohl sind sie keineswegs im strikten Sinne notwendig, denn immer sind auch andere Problemlösungen möglich. Seit Logik und Mathematik in den Technikwissenschaften geradeso wie in anderen Wissenschaft ihren Platz haben, gibt es dort natürlich auch eine Apriori-Notwendigkeit; doch es besteht keine Veranlassung, diese hier zu behandeln. Vielmehr geht es um Formen technischer Notwendigkeit, die Heidegger (1954/1962: 7) so zusammenfasst: „Wo Zwecke verfolgt, Mittel verwendet werden, wo das Instrumentale herrscht, da waltet Ursächlichkeit, Kausalität."

Nun gibt es wenigstens vier technische Notwendigkeiten sehr unterschiedlicher Art:

2.1 Naturgesetzliche oder physische Notwendigkeit $N_{ph}\,a$
Ontologische Bedingungen *naturgesetzlicher* oder *physischer Notwendigkeit $N_{ph}\,a$* betreffen technische Artefakte und Prozesse unmittelbar, und zwar zunächst als eine Vorbedingung: Außerhalb kausaler Abläufe ist Technik unvorstellbar – was die Berücksichtigung stochastischer Prozesse für eine technische Nutzung nicht ausschließt, aber doch unter ganz besondere Anforderungen stellt; man denke an die Ermittlung der Lottozahlen. Dass diese naturgesetzliche Notwendigkeit keine Trivialität ist, zeigen die unzähligen Versuche, ein Perpetuum mobile zu konstruieren und zu bauen – selbst nachdem Descartes ein Prinzip der Erhaltung der Bewegungskraft und Leibniz den Energieerhaltungssatz formuliert hatten. Naturgesetzliche Notwendigkeit wird als ontische Notwendigkeit verstanden – sie gilt, auch wenn wir die betreffenden Gesetze nicht kennen, sondern allenfalls über Hypothesen verfügen. Naturgesetzliche Notwendigkeit konstituiert aber keine Sachverhalte – diese bleiben kontingent. Eben darum hat nicht nur Kant die naturgesetzliche Notwendigkeit als eine hypothetische Modalität gesehen: Sie bringt zum Ausdruck, dass *dann* ein Sachverhalt *b* kausal herbeigeführt wird, *wenn* ein Sachverhalt *a* gegeben ist. Kausale Notwendigkeit als un-bedingt zu verstehen bedeutet nur, sie auf Naturgesetze zu beziehen und damit auf Prozesse, die sie als unvermeidlich beschreiben, solange nichts eingreift. Genau hierauf baut Hartmann, um Finalität einführen zu können. Bis heute gibt es keine befriedigende Formalisierung der sogenannten Kausalimplikation, weil sie die Zeit nicht als bloßen Parameter enthalten darf, sondern in einer Form, die den unaufhebbaren Unterschied zwischen der nicht mehr veränderbaren Vergangenheit und der offenen Zukunft zum Ausdruck bringt – ein Element der Gegenwart, das in der Physik keinen Platz finden würde, jedoch für die Technik von allergrößter Bedeutung wäre.

Selbst wenn Naturgesetze aus all diesen Gründen heute nicht mehr als ein Apriori gelten, müssen sie seitens der Technik als eine Notwendigkeit genommen werden, die sich nicht überwinden lässt. Ein Naturprozess, der gänzlich ungeordnet abläuft (also weder im Sinne des deterministischen Chaos, noch im Sinne stochastischen Gesetzen folgender Prozesse), könnte niemals ein Kandidat für die Technik sein, weil Technik auf Mitteln beruht, die zuverlässig zu einem bestimmten Ziel führen. Es geht hier nicht darum, ob das Universum durchgängig Kausalgesetzen gehorcht, wie Leibniz und Newton annahmen, oder ob das transzendentale Subjekt den Phänomenen die Kategorie der Kausalität aufprägt, wie Kant annahm, sondern um ein Verständnis der Kausalgesetzlichkeit in der Sicht der Technik: Hier erweist sie sich im Sinne des „funktionalen Apriori" von Arthur Pap (1955: 138) als handlungspraktische Apriori-Voraussetzung. In genau diesem Sinne bildet die naturgesetzliche Notwendigkeit in einer quasi-kantischen Perspektive eine ontische Notwendigkeit als eine Bedingung der Möglichkeit von Technik.

2.2 Zweck- und Funktionserfüllungs-Notwendigkeit N_f a

Kausale Notwendigkeit allein genügt nicht: Ein Artefakt muss einwandfrei funktionieren, sonst ist es gerade nicht die fragliche Maschine, sondern Schrott; denn auch wenn eine Maschine Ausschuss produziert, arbeitet sie kausal – nur nicht im Sinne ihrer Aufgabe. Es geht also um eine *Zweckerfüllungs-Notwendigkeit*. Wir müssen, wie man zu sagen pflegt, Störungen (also kontingente Ereignisse) ausschließen, damit die kausalen Mechanismen ,ihre Aufgabe erfüllen'. Eben darum ist die Verbindung von Artefakt und Zweck eine *unbedingte* Notwendigkeit – nämlich rein begrifflicher Natur, weil ein technisches Artefakt durch seinen Zweck wesensmäßig definiert ist. Man könnte einwenden, ein Auto, das nicht anspringt, bleibe immer noch ein Auto; aber wenn wir an seine Wesensbestimmung als Transportmittel denken, so ist diese jedenfalls im Augenblick nicht erfüllt. ,Wesen' oder ,Essenz' ist dabei nicht als ein ontologisches Merkmal zu verstehen, sondern als der Zweck, den wir dem Artefakt zuschreiben. Die besondere Schwierigkeit liegt hier darin, dass diese begriffliche Kopplung nahe legt, es gebe nur diesen einen im Artefakt oder Prozess vorgegebenen Weg, das gewollte Ziel zu erreichen; hingegen ist allein das viel engere Beziehungsverhältnis zwischen dem vorliegenden Artefakt und dem jeweils mit ihm verbundenen Zweck gemeint. Das schließt natürlich nicht aus, dass ein Cadillac für den Besitzer nur ein Mittel ist, seinen Reichtum zur Schau zu stellen, hingegen für ihn als Transportmittel belanglos. Das scheinbare Gegenbeispiel zeigt ganz im Gegenteil, dass der Zweck keine Essenz im Sinne der Scholastik ist, sondern auf unserer jeweiligen Zuschreibung beruht, die auch anderer Art sein könnte.

Hier zeichnet sich eine allgemeine Eigenschaft ab, die den schon mehrfach behandelten Funktionsbegriff betrifft, nun in einer Modalperspektive gesehen: Unter einer *Funktion* wird in der Technik ein Zweck-Mittel-Verhältnis verstanden. Die Funktion eines Objekt-Typs oder Verfahrenstyps als ein Mittel besteht darin, einen Typ von Transformation zu gewährleisten, die Ziel-führend ist. Nun hat jedes Element eines Artefakts oder Prozesses notwendigerweise seine Funktion zu erfüllen. Dieses lässt sich als *Funktionserfüllungs-Notwendigkeit* $N_f a$ bezeichnen. Diese Art Notwendigkeit gilt für das Ganze (als Typ) ebenso wie für die Einzelelemente (ebenfalls als Typ). Zugleich ist sie das Leitprinzip bei der Entwicklung von der Planung über den Entwurf bis hin zur Ausarbeitung. Hinsichtlich des Prototyps als letztem Schritt der Entwicklung liegen die Dinge nur insofern anders, als es nicht mehr um den Typ, sondern um ein reales Mittel geht, das der abstrakten, typenbezogenen Funktion in einer Zweckerfüllungs-Notwendigkeit in allen Elementen, also auch bezüglich aller Unterziele, technisch effektiv genügen soll. Diese beiden Gestalten von Notwendigkeit gehören zu den zentralen und essentiellen Modalitäten der Technik.

Nun zeigt sich eine bemerkenswerte Seite dieser beiden Notwendigkeitsmodi: Notwendigerweise hat jedes existierende Artefakt oder jeder existierende Prozess a ebenso wie deren Elemente der Funktionserfüllungs-Notwendigkeit zu genügen, um die Zweckerfüllungs-Notwendigkeit zu erfüllen. Es gilt also jene eben schon hervorgehobene unbedingte Notwendigkeit, mithin nicht nur $N_f a \rightarrow W a$, sondern ebenso $W a \rightarrow N_f a$, folglich auch $N_f a = W a$. Denn fragt man nach der korrespondierenden Möglichkeit bezogen auf Artefakte und Prozesse, von denen wir sagen wollen, sie seien nicht verwirklicht, also nicht existent, aber möglich im Sinne der Zweckerfüllungseigenschaft, so bleibt uns nur, diese bloße Möglichkeit zu negieren: Die Lage ist genau jene der 100 Silbertaler Kants: Wir können mit ihnen nichts kaufen, weil sie den Zweck des Geldes nicht erfüllen. Eine ‚Zweckerfüllungs-Möglichkeit‘ ist nur sinnvoll, wenn sie real ist; von Zweckerfüllung zu sprechen hat nur mit Bezug auf real existierende Artefakte oder Prozesse einen Sinn – wir begegnen also einer Existenzvoraussetzung wie in der Aristotelischen Logik. Natürlich werden alle Artefakte so geplant, dass die Zweckerfüllung gewährleistet ist, *wenn* sie verwirklicht werden; aber darum geht es hier nicht. Begriffstheoretisch belangvoll ist vielmehr, dass wir hier auf Megarische Modalitäten gestoßen sind! Doch anders als bei einer megarischen Ontologie glauben wir keineswegs, dass Notwendigkeit, Wirklichkeit und Möglichkeit zusammenfallen – die ganzen Überlegungen zeigen einzig den Sinn, in dem wir einem Prozess oder Artefakt seine Essenz, sein Wesensmerkmal zusprechen. Der Sinn, die Essenz, das Wesensmerkmal ‚Zweckerfüllung‘ ist aber eine Angelegenheit der Semantik. Die eben untersuchten Modalitäten sind also nicht nur megarische statt aristotelischer Modi, sondern sie betreffen einen grundsätzlich anderen Gegenstandsbereich – nämlich diejenigen Begriffe, die besondere Objekte als Mittel bezeichnen, die mit besonderen Sachverhalten, die als Ziele gesehen werden, unter einem Zweckgesichtswinkel verbunden werden: Diese Modalitäten sind mithin epistemische, genauer: semantische Modalitäten de dicto.

2.3 Lebensnotwendigkeit

Lebens- und Überlebensbedingungen für die ganze Menschheit zu sichern ist
eine Notwendigkeit, die allein technisch zu erfüllen ist – wie dies Platon im *Protagoras* vor Augen geführt hat: Technik ist für den Menschen als Mängelwesen
eine *Lebensnotwendigkeit*. Dies ist eine *bedingte* Notwendigkeit, denn *wenn* wir
menschliches Leben auf der Erde erhalten wollen, *dann* ist Technik notwendig.
Sie setzt voraus, dass wir aus moralischen Gründen verpflichtet sind, sicherzustellen, dass die Menschheit überlebt – von Hans Jonas (1979/1984) formuliert
als *Prinzip der Verantwortung* mit seinem neuen, zukunftsorientierten kategorischen Imperativ. Welche Art von Technik es jedoch sein muss, ist mit diesem
Prinzip keineswegs gesagt. Folgt man Ortega y Gasset (1939/1978: 10), so ist „das
Leben – Notwendigkeit der Notwendigkeiten", formuliert von ihm als Einsicht
dank einer tiefgehenden Analyse dieser Art von Notwendigkeit.

> „Technische Handlungen [...] sind nicht gerade diejenigen, durch die der Mensch die
> Notwendigkeiten, die ihm Umwelt oder Natur unmittelbar zu spüren geben, zu befrie
> digen sucht, sondern gerade jene, die die Umwelt zu verbessern und diese Notwendig
> keiten aus ihr nach Möglichkeit dadurch zu entfernen trachten, daß sie die Umstände
> und die Mühe, die ihre Befriedigung kosten, aufheben oder vermindern." (Ebenda, 15)

Deshalb sei Technik die Anpassung der umgebenden Natur an den Menschen;
doch seien technische Objekte, genau genommen, keine Notwendigkeit – vielmehr sei Technik „die Erzeugung des Überflüssigen, heute so gut wie in der
Steinzeit" (ebenda, 15). Dennoch steht eine für den Menschen essentielle Notwendigkeit dahinter: „Das Wohlbefinden und nicht das Sich-Befinden ist für den
Menschen die grundsätzliche Notwendigkeit, die Notwendigkeit der Notwendigkeiten" (ebenda, 17), wobei die Bedürfnisse sich stets wandeln. Technik als das
Überflüssige, Kontingente und zugleich Menschen-Notwendige wird damit zu
dem, was Kultur ermöglicht. So wird die Spannung deutlich, die in den beiden
modalen Thesen von Notwendigkeit und Überflüssigkeit zum Ausdruck kommt.

2.4 Sachzwang und Sachgesetzlichkeit

Ein auch sprachlich neuer Notwendigkeitstyp ist der sogenannte *Sachzwang*, also
eine durch die Sachlage gegebene Notwendigkeit, die zu behaupten vielfach als
Überredungsstrategie zur Rechtfertigung politischer Handlungen dient. Doch

selbst in der Informatik wird dieses Problem aufgegriffen; in der Zusammenfassung seiner Dissertation sagt Simon White (2000), sein Ziel sei eine formale Charakterisierung von constrains im Sinne von Sachzwängen zu finden, genauer, „to demonstrate the use of constraint technology to *specify* necessary conditions for achieving a problem-solving goal." Dabei werden Sachzwänge in einem technischen Kontext gesehen.

Helmut Schelsky (1961: 16f) hatte früher schon ungleich neutraler von „Sachgesetzlichkeit" gesprochen und damit die sozialen Zwänge bezeichnet. Sie entsteht durch die von Menschen in die Welt gesetzten technischen Lösungen als neue, zu bewältigende und wiederum nur technisch zu lösende Problematik. Ausdrücklich wird diese Form von Notwendigkeit dem „Naturzwang" an die Seite gestellt, doch als eine Angelegenheit des „Selbstbezugs des Menschen", der alle seine sozialen und geistigen Lebensbereiche einschließt. Dabei geht es um eine Sicht einer durch Technik induzierten Lage, die im Blick auf ein Handlungserfordernis eingenommen wird; es wird also eine deontische Handlungsnotwendigkeit mit Bezug auf eine technische Lösung diagnostiziert. Aus einem moralischen Müssen folgt aber nur eine Handlungsaufforderung; einen der Naturgesetzlichkeit ähnelnden Sachzwang daraus abzuleiten ist deshalb Ideologie. Vor allem aber verlangt der soziale Zwang zwar eine Problemlösung – doch wie diese beschaffen sein kann (übrigens wieder Modalbegriffe: ‚Zwang', ‚verlangen', ‚können'), ist damit nicht gesagt; die Ideologie des sogenannten Sachzwangs gründet sich also erstens darauf, eine deontische als eine ontische Modalität zu behandeln und dabei zweitens kausale Notwendigkeit zu unterstellen.

Zur Sachzwangproblematik gehört auch die häufig zitierte Verteidigung Robert Oppenheimers (1945), der zur Entwicklung der Atombombe erklärte, „the reason that we did this job is because it was an organic necessity"; doch was ist eine organische Notwendigkeit? Davis Blaird (2000) deutete dies als „zwei zentrale Aspekte der Autonomie der Technik. Als erstes wird eine Autonomie der Technik anerkannt. Hier liegt eine Notwendigkeit vor. Aber es handelt sich nicht um eine logische Notwendigkeit oder eine Apriori-Notwendigkeit. Es ist eine organische Notwendigkeit. Ich verstehe diese als eine Veränderung in der Zeit und eine Veränderung bezüglich unserer Entscheidungen über Technologien." Gemeint ist damit der Sachzwang, der keine kausale Notwendigkeit besitzt, sondern auf einer quasi-organischen Entwicklung in der gegebenen Situation beruht.

Eine vergleichbare Form von Notwendigkeit wird unter dem Stichwort *technologischer Imperativ* in zwei oder drei Varianten diskutiert. Am bekanntesten ist er in der Frederick Taylor zugeschriebenen Äußerung: „Tue, was du kannst" oder auch „Is implies ought". Diese Form von Notwendigkeit wäre im Rahmen der deontischen Notwendigkeit zu behandeln, gäbe es nicht starke Gegenargumente; denn jede Ethik, jede Moral beruht seit dem Dekalog gerade auf Regeln, die etwas verbieten, gerade weil wir es tun können. So hat sich Lewis Mumford (1970/1977: 548) schon vor vielen Jahren gegen diesen unmoralischen Imperativ gewandt:

> „Die westliche Gesellschaft hat einen technologischen Imperativ als unanfechtbar akzeptiert, der ebenso willkürlich ist wie das primitivste Tabu: nicht bloß die Pflicht, Erfindungen zu fördern und fortlaufend technologische Neuerungen herbeizuführen, sondern ebenso die Pflicht, sich diesen Neuerungen bedingungslos zu unterwerfen, nur weil sie angeboten werden, ohne Rücksicht auf ihre Folgen für den Menschen. Man kann heute ohne Übertreibung von einer technologischen Zwanghaftigkeit sprechen".

Doch im Blick auf Biotechnologie ist die Diskussion erneut aufgebrochen, nämlich als Frage, ob wir dem technologischen Imperativ in der Medizin nicht folgen müssen: Haben wir dort nicht die Verpflichtung zu tun, was wir können, um dem Grundprinzip der Medizinethik *Neminem nocere, bonum facere* gerecht zu werden? Doch gerade dieses Argument zeigt, dass nur solche bio- oder medizintechnischen Mittel zuzulassen sind, die diesem Grundprinzip gehorchen – dann aber wird einer deontischen Notwendigkeit gehorcht, denn die Implikation lautet nun genau umgekehrt: ‚Sollen gebietet Tun' oder ‚Ought demands is'.

Eine extreme Form des technologischen Imperativs steht hinter dem *Technikdeterminismus*. Er besagt entweder „Wir tun immer, was wir können" als eine Tatsachenbeschreibung unserer Handlungsintention, oder er wird als Konsequenz der inneren Dynamik einer technischen Notwendigkeit gesehen, die unser Handeln determiniert; einen knappen Überblick vermittelt Daniel Chandler (2000). Die zweite Auffassung hat Jaques Ellul nachdrücklich vertreten. Für ihn sucht die moderne Technik nicht nach Mitteln zu Zwecken, sondern ist selbst zum Zweck an sich geworden: Unter dem Stichwort „Autonomie der Technik" hebt er hervor, Technik zeige sich selbst als eine intrinsische Notwendigkeit: „Die eigenen internen Notwendigkeiten der Technik sind bestimmend. Technik ist zu einer eigenständigen selbst-bestimmten Realität geworden, mit ihren eigenen Gesetzen und Abwegen." (Ellul 1954/1964: 134; vgl. 1977/1980).

Dreierlei ist hier bedeutsam: Zum Ersten – Ellul spricht hier von *Gesetzen*, die die innere Notwendigkeit der Technik und deren Autonomie betreffen: „Diese Autonomie zeigt ihre institutionelle Seite in der Selbstorganisation" (Ellul 1954/1964: 141). Zum Zweiten – ihre Determination ist die Folge einer „gesellschaftlichen Realität": „Ich glaube, dass es eine gesellschaftliche Wirklichkeit gibt, die unabhängig vom Individuum ist. Ich bin der Auffassung, dass individuelle Entscheidungen immer im Rahmen dieser gesellschaftlichen Wirklichkeit getroffen werden, die selbst vorgegeben und mehr oder weniger bestimmend ist. Ich habe einfach versucht, die Technik als gesellschaftliche Wirklichkeit zu beschreiben." (Ellul 1964, Vorwort zur amerikanischen Ausgabe, S. xxviii). Ein heutiges Beispiel solcher technischen Systeme wäre das Internet: Wie die mathematischen Modelle solcher Strukturen zeigen, schließt Komplexität sowohl Vorhersagen als auch Steuerungsmöglichkeiten aus; sie folgen also ihrer eigenen inneren technischen Determination als einer neuen, nicht-physikalischen Kausalität. Es geht an dieser Stelle nicht darum, diese Auffassung zu diskutieren; doch wenn sie radikal vertreten würde, gäbe es keinerlei Raum für Freiheit und Kreativität, die beide essentielle anthropologische Bedingungen der Technik sind. Darum muss diese Form von Determination allenfalls als bedingte Notwendigkeit in Abhängigkeit vom soziotechnischen System angesehen werden. Für Ellul ist die Freiheit der Individuen stets gesichert; doch Handlungen, die politische Aktivitäten einschließen, seien nur dann erfolgreich, wenn sie mit den Gesetzen der technischen Entwicklung konform gehen. Ob dies als Ausweg genügt, um Freiheit zu sichern, ist mehr als fraglich. Zum Dritten – diese Gesetze schließen neue moralische Regeln ein, denen die Individuen zu gehorchen haben: „Technik verlangt bestimmte Tugenden vom Menschen (Präzision, Genauigkeit, Zuverlässigkeit, eine realistische Haltung, und vor allem die Tugend der Arbeit) und eine bestimmte Einstellung zum Leben (Bescheidenheit, Hingabe, Zusammenarbeit). Technik ermöglicht sehr klare Werturteile (was ist erheblich und was nicht, was ist effektiv, effizient, nützlich, etc.). Diese Ethik wird auf diese konkreten Gegebenheiten gebaut." (Ellul 1977/1980: 338) Tatsächlich kommen hier deontische Modalitäten ins Spiel, sie sind von Ellul treffend gekennzeichnet, aber sie führen vom Gegenstand Technik nicht zu einem die Gesellschaft bestimmenden und das Individuum determinierenden pseudomoralischen Sachzwang, sondern entsprechen durchaus dem für Handlungen allgemein geltenden moralischen Rahmen.

All diese technikbezogenen Modalitäten vom Sachzwang über die organische Notwendigkeit bis zum technischen Determinismus sind gemischte Modalitäten: Sie nehmen Sachverhalte auf und verbinden sie mit deontischen Prinzipien, die für Handlungen gelten. Es empfiehlt sich deshalb, sie als neuen Typ zu sehen und als *Handlungsmodalitäten* zu bezeichnen.

*

Vergleicht man die vier Notwendigkeitsformen 2.1 bis 2.4 miteinander, so zeigen sich vier unterschiedliche Ebenen der Reflexion; die erste betrifft die naturgesetzliche Basis, die zweite die semantisch-begriffliche Ebene, die dritte die finale Ebene der Zwecke und die letzte die Handlungsebene in sozialen Bezügen von deontischen Modalitäten, die Freiheit voraussetzen, bis zu einer Notwendigkeit, die individuelles wie gesellschaftliches Handeln in bedingter Weise bestimmt.

Diese höchst unterschiedlichen technikbezogenen Modalitäten sind insofern von Bedeutung, als wir zumeist nicht nach den damit verbundenen Bedingungen und Voraussetzungen fragen. Die betrachteten Typen erscheinen je nach Kontext so einsichtig für unseren Umgang mit Technik, dass eine tiefergehende Reflexion überflüssig zu sein scheint. Das mag daran liegen, dass uns diese Denkfiguren aus dem alltäglichen Handeln im Sinne einer aristotelischen *poiesis* so wohl vertraut sind:

- Alles Handeln hat der naturgesetzlichen Notwendigkeit N_{ph} zu gehorchen; selbst wenn wir diese Gesetze nicht kennen, genügt es, angemessenen Regeln zu folgen – wie dieses auch in der Technik geschieht.
- Bei jeder Handlung folgen wir dem Weg einer Zweckerfüllung – sonst wäre unser Handeln sinnlos. Darum projizieren wir dieses Vorgehen auf jedes Artefakt als Mittel für einen Zweck; das gilt auch für die Funktionserfüllungsnotwendigkeit N_f.
- Jede Handlung ist stets mit ontischen und deontischen Elementen verknüpft, weil sie Mittel mit Zwecken verbindet; damit wird die deontische Notwendigkeit N_d einbezogen.
- Lebensnotwendigkeiten, auch wenn sie von der Kultur abhängen, werden als Motivation und Verpflichtung gesehen, im Einklang mit ihnen zu handeln. Diese Sicht wird auf die Technik übertragen bis hin zu der extremen Vorstellung, in einer gegebenen Lage gebe es nur einen – und damit notwendigen – Ausweg.

Nun lässt sich eine systematische Verknüpfung der Modalitäten auch noch auf andere Weise finden: Werden all diese Notwendigkeiten als Grenzbedingungen technischer Möglichkeit gesehen, gelangt man zu folgendem Ergebnis: Die allgemeinste und weiteste Bedingung ist *logische Notwendigkeit* als conditio sine qua non und als konstitutives Element der in jede Technologie eingehenden Mathematik und damit einer jeden Technikwissenschaft. Dabei gilt es festzuhalten, dass sich diese Notwendigkeit allein auf die Schlüsse bezieht, nicht aber auf die gewonnenen Ergebnisse, die keinerlei andere Notwendigkeit besitzen können als die der vorausgesetzten Ausgangsaussagen. – Die nächstfolgende engere Bedingung besteht in der physischen oder *naturgesetzlichen Notwendigkeit*. Dabei ist es innerhalb der Technik gänzlich unerheblich, ob wir schon vollständige Theorien eines Bereichs besitzen, wie die heutige Nanotechnologie zeigt. Es genügt, effektive Regeln, gegründet auf reproduzierbare Effekte solcher Art zu besitzen, dass sie als Funktionen für eine Zweck-Mittel-Beziehung einsetzbar sind, die als *Zweckerfüllungs-Notwendigkeit* gekennzeichnet worden war. – Eine dritte und noch engere Bedingung technischer Möglichkeit zeigt sich in der *Sachgesetzlichen Notwendigkeit*, die die materialen und sozialen Möglichkeiten begrenzt. Diese könnte man mit Ellul als Gesetze des soziotechnischen Systems deuten, die die autonome Selbstorganisation des Systems beschreiben und dabei den Status *praktischer und deontischer Notwendigkeit* haben. Verallgemeinert sind diese Zusammenhänge schematisch in Abb. 7.1 am Ende des Kapitels dargestellt.

Zusammenfassend lässt sich sagen: Jede weitere Analyse der technischen Möglichkeit neuer und verwirklichbarer Ideen hat diese Formen von Notwendigkeit als Rahmen zu berücksichtigen. Werden die aufgezeigten Entsprechungen als systematischer Hintergrund nicht nur der technischen Modalitäten, sondern eines allgemeinen Verständnisses von Technik gewählt, so gilt es nun, diesen Rahmen zu füllen und die Betrachtung von technischer Möglichkeit, Kontingenz und virtueller Realität als Folgeschritt anzuschließen.

3. Technik und Möglichkeit

Technik muss möglich sein – sonst taugt sie nichts. Aus der Bedingung der naturgesetzlichen Notwendigkeit $N_{ph}\,a$ folgt, dass möglich ist, was nicht gegen die Naturgesetzlichkeit verstößt – aber eine solche der Formel (1) korrespondierende physische Möglichkeit $M_{ph}\,a$ mag einen Physiker befriedigen, weil sie Einsteins Gedankenexperiment von einem Fahrstuhl im sonst leergeräumten Weltall zulässt; aber keinem Fahrstuhlfabrikanten ist damit geholfen. Technische Möglichkeit muss viel prägnanter angesetzt werden. Dem wollen wir uns schrittweise nähern. Dennoch bilden die logischen geradeso wie die physischen Modalitäten den äußersten und stets vorauszusetzenden Rahmen aller technischen Modalitäten.

Was Cassirer unter Bezugnahme auf Dessauer anspricht, ist das schwierigste Modalproblem der Technik: Bevor ein Artefakt wirklich ist, besteht er in nichts als einer *Idee*, also in einer *nur vorgestellten Möglichkeit*, die keine oder noch keine raumzeitliche Wirklichkeit besitzt. Doch anders als bei literarischen Fiktionen erwartet man, dass diese Möglichkeit in raumzeitliche Wirklichkeit, in ein Artefakt oder einen Prozess der ersten oder zweiten Hartmannschen Schicht überführt werden kann. Überführt werden können – wiederum eine modale Kennzeichnung, die *Verwirklichbarkeit* – ist eine spezifisch *technische Möglichkeit* $M_t\, a$, die es weiter zu untersuchen gilt. Natürlich verletzt diese technische Modalität nicht den Zusammenhang (2), denn aus ihr folgt ja nicht, dass sie verwirklicht wird, sondern allein, dass a in einer menschlichen Handlung verwirklicht werden kann oder könnte. Von Kornwachs (2008) ist für dieses Bedingungsgefüge ein formales System vorgeschlagen worden, das einen Handlungsoperator $\mathcal{B}\,per\,\mathcal{A}$ und Elemente der Zeit-Logik verwendet. Damit zeigt sich, was für eine ungewöhnliche Modalität die Verwirklichbarkeit ist. Schließlich ist der Mensch nicht nur ein tool making animal, sondern ein kreatives Wesen, das bezüglich der Technik neue Ideen hervorbringt, die in völlig neue Dinge und Prozesse der raumzeitlichen Wirklichkeit überführbar sind.

3.1 Technische Möglichkeit – eine epistemische oder eine ontische Modalität?
Nun stellt der Begriff der verwirklichbaren Möglichkeit in der Philosophie schon lange eine ungeheure Herausforderung dar, denn er verlangt eine Klärung der Begriffe Möglichkeit und Wirklichkeit und wie sie aufeinander zu beziehen sind. Diese Frage hat sich bereits mit Platon entzündet als das Verhältnis der Idee zu ihrem vom Demiurgen zu schaffenden Abbild in der raumzeitlichen Wirklichkeit. In der aristotelischen Tradition wird ein Weg beschritten, der dem der Megariker entgegengesetzt ist, denn wenn Diodoros Kronos die Möglichkeit von a als die vollständige Angabe aller Bedingungen und Eigenschaften des Sachverhalts a auffasst, fällt sie sowohl mit der Wirklichkeit wie mit der Notwendigkeit von a gemäß (3) zusammen. Aristoteles versteht dagegen unter Möglichkeit ein Set von Bedingungen, das unvollständig und insbesondere offen ist: ein Baumstamm kann zu vielerlei, etwa als Balken oder auch als Feuerholz verwendet werden. Um nun zugleich Platon und Aristoteles folgen zu können, um der Präexistenz des Geistigen und zugleich der raumzeitlichen Wirklichkeit einen Platz zuweisen zu können, nahm die christliche Tradition eine göttliche *creatio ex nihilo* an. Doch wie lässt sich eine Brücke zwischen den von Descartes geschiedenen ontischen Bereichen der *res cogitans* und der *res extensa*, zwischen der gänzlich neuen Idee und dem aus ihr hervorgehenden sachhaltigen Ding überhaupt denken? Bei Leibniz wie bei Christian Wolff wird dazu das logisch-

begriffstheoretisch fundierte Konzept möglicher Welten im Ideenreich entwickelt, unter denen Gott wählt, wie dieses der Techniker unter Lösungsmöglichkeiten tut. Doch zur Verwirklichung muss ein *complementum possibilitatis* angenommen werden, ein göttliches „Fiat!", das Kant wiederum mit Spott abtun sollte. Nun hilft der Kantsche Möglichkeitsbegriff uns nicht weiter, denn Kant versteht Möglichkeit als Wirklichkeit minus konkrete Situation (möglich ist das, was zu irgendeiner Zeit wirklich ist): „Das Schema der Möglichkeit ist die Zusammenstimmung der Synthesis verschiedener Vorstellungen mit den Bedingungen der Zeit überhaupt [...], also die Bestimmung der Vorstellung eines Dinges zu irgend einer Zeit." (Kant: KdrV B 184). Würde man dort einsetzen und darauf verweisen, dass das Erdachte im Falle der Technik ja zu irgendeiner Zeit wirklich sein werde, auch wenn dieser Zeitpunkt in der Zukunft liegt, müsste man ganz gegen Kants Intention voraussetzen, dass im Raum der Ideen alle uns als neu und kreativ erscheinenden und später zu verwirklichten Ideen schon gegeben sind, wie Dessauer dies annahm: Der Ingenieur ist für ihn Entdecker, er findet in einer platonischen Welt die Lösungsgestalt vor. Der metaphysische Preis für ein solches ewig-überzeitliches Patentamt ist nicht nur sehr hoch – er hilft nicht weiter; denn welches wären die Kriterien für die Unterscheidung von Lösungen und Scheinlösungen, von Science fiction, Verwirklichbarem und irgendwann faktisch Verwirklichtem? Vor allem – wie soll ein menschliches ‚fiat' beschaffen sein? Natürlich ist der Blick auf Technologie ein Blick vonseiten der Möglichkeit, genauer, der *Machbarkeit*, denn wir intendieren eine Erweiterung der Sphäre der raumzeitlichen Wirklichkeit. Dieser sehr spezifische Möglichkeitsbegriff der Machbarkeit als Verwirklichbarkeit setzt keine platonische Ideenwelt, kein Leibnizsches Reich der Vernunftwahrheiten oder gar der möglichen Welten voraus – doch er verlangt eine tiefergehende Klärung, die insbesondere das Zeitmoment einbezieht.

Was lässt sich hieraus über die technische Möglichkeit entnehmen? Sie kann nicht vom megarischen Typ sein, doch auch nicht auf einen präexistenten Ideenhimmel zurückgreifen, denn wir sind es, die unterschiedliche Problemlösungen als Idee zu entwickeln und zu vergleichen vermögen. Werden diese als epistemische Möglichkeiten verstanden, müsste man Aussagen untersuchen; werden sie als ontische gesehen, wären sie als mögliche Sachverhalte, Artefakte oder Prozesse zu behandeln. Ladrière (1998: 76) spricht von einer kreativen „Information", vorgelegt als „Projekt-Repräsentation", die dann in eine „Handlungs-Repräsentation" überführt wird. Er bezieht dies auf Erfindungen, aber es gilt natürlich für jede der Verwirklichung vorausgehende Idee, die in geeigneter

Weise dargestellt und festgehalten werden muss, um damit den Status eines Plans, einer Blaupause oder eines Modells zu erhalten. Dennoch bleibt es bei einem hybriden Zustand, nämlich einerseits in Gestalt einer epistemischen Modalität als Information, andererseits als eine ontische Möglichkeit, die als intendiertes Artefakt durch die Wirklichkeit der Blaupause nicht selbst schon Wirklichkeit erlangt. Nun ist dieses alles bei Ladrière mit einer Reduktionsthese verbunden, die nicht einleuchtet: Er erklärt, was ‚Gedanke‘ genannt werde, sei nur ein anderer Name für die eine Erfindung hervorbringende Aktivität des Gehirns; und es sei unbezweifelbar, dass das Denken nur mit einer Gehirnaktivität möglich ist (Ladrière 1998: 77). Wenn wir Denken als abhängig von einer komplexen neuronalen Struktur auffassen, mag man vielleicht erklären können, wie es zu neuen neuronalen Impulsen kommt; aber innerhalb solcher Komplexitäts-Modelle ist es unmöglich, dass wir zielgerichtet auf eine Lösungsidee kommen, um frei und rational unter Möglichkeiten zu wählen. Das aber ist unverzichtbar, da sich die Willensfreiheit als anthropologische Voraussetzung nicht nur der Technik erwies, während komplexe Systeme weder Prognosen erlauben, noch Steuerungsmöglichkeiten hin zu einem wünschenswerten Strange attractor als einer relativ stabilen Struktur. Hingegen gilt es, die Überlegung Ladrières aufzunehmen, dass zwischen der Idee und ihrer Verwirklichung so gut wie immer deren Repräsentation in einer geeigneten Zeichen-Form steht: Die Verwirklichungs-Möglichkeit liegt also in Gestalt von Symbolen vor, die eine ontische Möglichkeit repräsentieren. Dieses mag in Aussagen oder Plänen, in Blaupausen oder Computerdarstellungen geschehen. Dabei werden weitere Voraussetzungen sichtbar: Erstens verlangt die symbolische Darstellung zwingend ein Wissen um die Konzeptualisierung der betreffenden Möglichkeit. Zweitens beinhaltet diese nicht ein individuelles Objekt, auch wenn sie so gemeint sein mag (etwa ein bestimmtes Tunnel an einer bestimmten Stelle). Vielmehr kann es sich nur um einen *Typ* handeln, sonst wäre Technik nicht als Technikwissenschaft lehr- und lernbar; denn was gelernt wird, sind Regeln, die Funktionen beinhalten, welche ein Zweck-Mittel-Verhältnis ausdrücken. Damit wird deutlich, dass technische Möglichkeit sich von klassischer epistemischer Möglichkeit geradeso unterscheidet wie von klassischer ontischer Möglichkeit, weil sie die Kategorien von Mitteln und von Zwecken einschließt und überbrückt.

3.2 Verwirklichbarkeit

Um beim Problem der Verwirklichung einer Lösung näher zu kommen empfiehlt es sich, die Blickrichtung einmal zu ändern und nicht von der Möglichkeit auf deren Verwirklichung, sondern von der Wirklichkeit auf die vorausgegangene Möglichkeit zu schauen. Dies ist sozusagen ein technikorientierter Blick auf mögliche Welten, wie ihn Jaakko Hintikka (1963/1978: 67) vorgeschlagen hat, als er danach fragte, wie man von der existierenden Welt ausgehend begrifflich mögliche Welten erreichen kann.

Nehmen wir den Ausgang vom *verwirklichten Artefakt oder Prozess* – beide als existierend und *im Sinne der Zweckerfüllungs-Notwendigkeit funktionierend*; die *kausale Notwendigkeit* ist dabei natürlich vorausgesetzt und erfüllt. Heidegger (1954/1962: 11f) spricht von „Her-vor-bringen" und erläutert, es komme darauf an, dieses „in seiner ganzen Weite" und im Sinne der griechischen *poiesis* zu denken; er fährt fort, das „Wesen der Technik" bestehe im „Entbergen", und „im Entbergen gründet jenes Her-vor-bringen. [...] In ihm beruht die Möglichkeit aller herstellenden Verfertigung".

Zeitlich zurückblickend von der Wirklichkeit auf die vorausgegangene Möglichkeit treffen wir auf die *Blaupause* des noch nicht existierenden, aber in allen Details vorgezeichneten Artefakts. Nun ist die Blaupause selbst ein Modell und ein wirkliches Artefakt, nämlich eine umfassende und vollständige Symbolisierung des noch nicht existierenden intendierten Artefakts; das gilt auch dann, wenn an die Stelle der Zeichnung auf dem Papier eine Darstellung am Computerbildschirm tritt. Dem wirklichen Modell, das ein verwirklichbares Artefakt repräsentiert, kommt damit eine Brückenfunktion zu. Deshalb soll ‚Blaupause' hier und im Folgenden für eine erste sachgerechte symbolische Darstellung des zu Entwickelnden stehen.

Der Begriff des Modells bedarf einer Erläuterung, weil er umgangssprachlich sehr weit ist und auch in den Wissenschaften höchst unterschiedliche Verwendung findet. Es gibt Modelle von etwas (das Spielzeug-Matchbox-Modell eines VW-Käfers) und Modelle für etwas (das Bohrsche Atommodell als Analogiebildung zum Planetenmodell oder das Kirchenmodell als Illustration für den Bauherren). Es gibt materielle Modelle (die Renaissance-Holzmodelle von Kirchen), bildliche Modelle (die Blaupause) geradeso wie rein gedankliche Modelle in Gestalt einer Formel (die Kreisgleichung für den Kreis, oder das Informatik-Modell auf dem Rechner für einen Prozess). Allen Modellen ist gemeinsam, dass sie etwas symbolisch dazustellen haben. Die für die Technik relevanten und für den Weg von der Idee zum Artefakt belangvollen Modelle sind solche für etwas, nämlich für das intendierte Artefakt. Dabei bildet ein Modell als eine Ganzheit die als relevant angesehenen Eigenschaften des zu verwirklichenden Artefakts ab

– es ist also bereits eine Darstellung des technischen Wissens in dem weiten, im vorigen Kapitel entwickelten Sinne.

Um die Stellung und Bedeutung des Modells würdigen zu können, sei an eine alte scholastische Auffassung von Idee und res (Ding, Sachverhalt in einem sehr weiten Sinne) erinnert, die bis zu Leibniz noch zu finden ist: Während Idee und res ontologisch zwei gänzlich geschiedenen Bereichen angehören, bilden beide doch für das göttliche Denken eine Einheit. Das menschliche Denken jedoch muss zwei Zwischenschritte einlegen – auf der Seite der Idee bedarf es der notio, also eines Begriffes, um die Idee denken zu können. Doch der Begriff allein genügt nicht – er muss stets mit einem signum, einem Zeichen, meist ein Wort, verbunden sein; das Zeichen, gesprochen, geschrieben oder in Stein gemeißelt, gehört der raumzeitlichen Welt an, es bildet also die entscheidende Brücke zwischen der rein geistigen Idee und der sachhaltigen res. Alles Denken geschieht darum, so Leibniz, durch Zeichen. In genau diesem Sinne lässt sich sagen: Alles technische Erfinden, Entwerfen und Entwickeln geschieht im Ausgang von der Idee mithilfe von Modellen als derjenigen Form der Zeichen, in denen die Möglichkeit des zu verwirklichenden Artefakts sachgerecht zum Ausdruck gebracht wird. Jedes Element ist verzeichnet, ohne etwa schon eine Maschine zu sein – es handelt sich um eine Verwirklichungsmöglichkeit, die zugleich die Zweckerfüllungs-Notwendigkeit sicherstellen wird. Aber woher wissen wir das? Hier gibt es drei Antworten:

–   Die *einfache Antwort* im Falle klassischer schulmäßiger technologischer Lösungen lautet: Das Artefakt wird zweckerfüllend funktionieren, weil wir alle Komponenten von früheren Verwirklichungen kennen, d.h. wir kennen ihre Konstruktion, also (a) alle Teile, und wissen von ihnen, dass die ihnen gemäß gebauten Artefakte ihre *Funktion* erfüllen; darüber hinaus wissen wir, dass (b) diese Teile *technisch kompossibel* in dem strengen Sinne sind, dass das Funktionieren des Ganzen gewährleistet ist.

Damit sind wir auf zwei weitere Modalitäten gestoßen, nämlich *Funktionserfüllung* und *Kompossibilität*. Eine *Funktion zu erfüllen* ist ein ganz zentraler Begriff, weil auf ihm jede technische Erklärung und jede technische Entwicklung fußt; das zeigte sich schon bei der Betrachtung der Funktionserfüllungs-Notwendigkeit. Bislang gibt es nur wenige Analysen des Begriffs der technischen Funktion. An erster Stelle ist hier Ropohl (1999a: 63) zu nennen; doch er nimmt ihn nur „in der beschreibenden Bedeutung des Wortes". Damit allerdings wird die entscheidende Verbindung zur Zweck-Mittel-Beziehung gekappt. Auch die im Ontologiekapitel genannten Ansätze helfen nicht weiter, denn eine Funktionserfüllung ist keineswegs allein auf eine Beobachtung der Wirklichkeit gegründet, weil neben dem deskriptiven Anteil Finalität vorausgesetzt wird, nämlich die Möglichkeit, einen gegebenen oder intendierten Zweck oder ein Ziel mit dem gegebenen Mittel zu erreichen. Zwar werden in der Biologie Funktionen vielfach wie etwas Deskriptives behandelt, tatsächlich aber geschieht das vermittels einer Projektion von Technik. Doch bloße Kausalbeziehungen können in der Natur keine Funktion sein: Niemand würde sagen, die Gravitation habe die Funktion, die reifen Äpfel vom Baum fallen zu lassen. Dies ist so, weil die Begriffe Ziel und Mittel keinen Platz in physikalischen Prozessen haben, seit die aristotelische Teleologie aus ihr verbannt wurde. Damit wird der Gebrauch physischer Prozesse als Mittel zu einem Zweck nicht ausgeschlossen – man denke an eine Fallbirne, die auf der Gravitation beruht; aber nicht die Gravitation ist das Mittel, sondern die Fallbirne, und deren Funktion ist es, das zu zerstören, worauf sie fällt.

Hier gilt es den modalen Status des Funktionsbegriffs zu betonen; denn es ist bemerkenswert, dass jede Funktion zugleich als eine Disposition gesehen werden muss – also als eine inhaltliche Möglichkeit des fraglichen Artefakts, die die Funktionserfüllungs-Notwendigkeit zum Ausdruck bringt. Eine Funktion zu kennen bedeutet, die zugehörige Zweck-Mittel-Relation als Typ und als Modalität zu kennen: Genau darauf beruht die Erwartung der Funktionserfüllung als Funktionserfüllungs-Notwendigkeit. Dieser Zusammenhang zwischen der Funktion und dem Zweck-Mittel-Relationstyp führt auf eine *Regel* als empirisch belegte Erkenntnis über die Effektivität der Funktionserfüllung. Regeln wiederum sind, wie bereits betont, weder wahr noch falsch; sie sind keine Aussagen, sondern Handlungsanweisungen, die effektiv ein müssen, wenn sie in einer zielgerichteten Handlung befolgt werden. Zusammenfassend belegt die Betrachtung des Funktionsbegriffs nicht nur, warum wir die alte Blaupause heute so gut wie immer durch eine Computerdarstellung ersetzen können – sie zeigt vor allem, dass sich die Verwirklichungsmöglichkeit auf die Kenntnis von Dispositionen und Regeln als Möglichkeitsformen stützt, die genau diese Verwirklichbarkeit zum Ausdruck bringen: Glas ist zerbrechlich (eine Disposition); was besagt: es zerbricht, wenn ich es fallen lasse (Verwirklichung). Oder dichter an der Technik: Wenn wir die Regeln kennen, lässt sich die Blaupause in einer Computerdarstellung generieren, weil Regeln sich in Programme übersetzen lassen.

Am Umgang mit Dispositionen wird deutlich, dass wir, indem wir sie alltäglich wie Eigenschaften auffassen, etwas als wirklich denken, das eine Möglichkeitsform als Wirklichkeit einschließt. Damit wird eine zweite Brückenfunktion sichtbar, die es noch weiter zu entwickeln gilt.

Technische *Kompossibilität* oder Kompatibilität, der zweite Modalterm, ist mehr als physische, naturgesetzliche Verträglichkeit, also mehr als widerspruchsfreie Vereinigung zweier naturgesetzlicher Theorieelemente. Sie betrifft das Ineinandergreifen von Funktionen dergestalt, dass der Gesamtzweck als oberes Ziel garantiert wird – was wiederum die Zweckerfüllungs-Notwendigkeit für alle Elemente zur Bedingung hat. Formal gesehen bedarf es einer Regel des Typs $N_f x \wedge N_f y \to N_f(x \wedge y)$ für Mittel des Typs x und y. Doch Vorsicht – hier handelt es sich nur scheinbar um logische Symbole, weil die Konjunktion das physische Zusammenwirken von Mitteln bezeichnet, die durch die Kombination ihrer Funktionen eine neue umfassende Funktion erlangen, was wiederum durch den Pfeil symbolisiert wird. Ein formales System für Regeln zu entwickeln ist hier nicht beabsichtigt; wollte man das, müsste man Elemente der Handlungslogik und der Zeitlogik verschmelzen, weil man unterscheiden muss zwischen Regeln, die gleichzeitig und solchen, die nacheinander befolgt werden. – Zurück zu Funktionen. Was die Formel zum Ausdruck bringt, ist eine Hierarchie der Funktionen, der eine Hierarchie der Mittel und damit auch der Teile des Artefakts oder Prozesses entspricht. Die Regeln, die den Funktionen korrespondieren, müssen auf allen Ebenen effektiv sein: Genau hierauf beruht der entscheidende Unterschied zwischen Technikwissenschaften und deskriptiven, an Gesetzen orientierten Erfahrungswissenschaften, weil damit auf beiden Seiten eine gänzlich unterschiedliche Argumentations- und Begründungsstruktur vorliegt.

Vom einfachsten bis zum komplexesten Fall von Kompossibilität sind die eingehenden Modalitäten mit Finalität verwoben. Die Verwirklichung, die unter diesen Kompossibilitätsbedingungen vorgenommen wird, das *fiat*, besteht hier im regelgeleiteten zielorientierten Handeln. – So viel zum Fall der ‚einfachsten‘, nämlich regelbezogenen Antwort.

– Die *komplexere Antwort* lautet: Sobald eine Neuerung für einen Teil erforderlich ist, weil sie vom Kunden oder gesetzlich verlangt wird (beispielsweise ein Motor mit geringerem Abgasvolumen einer bestimmten Art), kann man diesen Teil optimieren (das wäre das klassische Vorgehen) oder ein völlig neues Teil entwickeln (beispielsweise einen entsprechenden Katalysator). Beide Schritte beruhen dann auf zielorientierter Forschung, an deren Ende ein zweckerfüllendes, mit dem Ganzen kompatibles und damit verwirklichtes Teil steht, das in der Blaupause als verwirklichbar ausgewiesen werden konnte: Die Verwirklichbarkeit gründet sich auf die vorausgegangene empirische Forschung. Hierauf beruht das erweiterte *fiat*, es gründet sich auf Resultate ideengeleiteter zielorientierter Forschung, die allererst die Handlungsregeln entwickelt.

– Die Antwort auf der *obersten Ebene* besteht in einer vollkommen neuen Technologie, die auf der genialen Verbindung neuer Elemente beruht – Elemente, die noch nicht auf ihre Verwirklichbarkeit geprüft und deren Kompossibilität erst zu testen ist. Dieses wird für jedes Einzelelement entsprechend der zweiten, der komplexeren Antwort durchgespielt. Das *complementum possibilitatis* des *fiat* hat eben diese Schritte zur Voraussetzung.

Damit zeigt sich, was Cassirer anmerkt, dass die Sicht der Technik in der Möglichkeitsperspektive viel komplexer ist als das Schreiben eines Romans, denn die technologische Lösung besteht stets darin, sich letztlich auf Elemente zurückzuziehen, für deren Verwirklichbarkeit und Kompossibilität es gute Gründe gibt, weil die fraglichen Eigenschaften zumindest für ähnliche Teile schon bekannt sind. Allerdings gilt, dass es neue kreative Ideen sind, welche die Technik vorantreiben. Deshalb ist im Bereiche der technischen Möglichkeiten stets nicht nur die Verwirklichbarkeit mitzudenken, vielmehr sind zugleich Testhandlungen und gegebenenfalls Alternativen einzubeziehen: Versuch und Widerlegung, für Popper das Herz empirischer Forschung, sorgen auch hier für die Überbrückung, wenngleich mit einem belangvollen Unterschied: Experimente der Naturwissenschaften dienen der Hypothesenüberprüfung – technische Tests hingegen untersuchen die Funktionserfüllung. So sind technische Tests in einer Theorie technischer Möglichkeiten mitzudenken. Doch während Kant seine epistemischen Modalitäten als Bedingung der Möglichkeit nicht nur der Erkenntnis, sondern auch der Erkenntnisgegenstände sah, also als ontische Modalitäten, gilt es festzuhalten, dass technische Modalitäten von Anbeginn mit Handlungen verknüpft sind, und deshalb mit Intentionen, Zielen und der Suche nach Mitteln. Handlungen aber gehen in Raum und Zeit vor sich; und im Blick auf das denkende und handelnde Subjekt konstituieren sie eine Synthese von Ideen und raumzeitlicher Modifikation des Objekts. All dieses gilt selbst dann, wenn die menschliche Handlung durch das Operieren einer Maschine ersetzt wird, weil die Operationsbedingungen ebenso wie die Interpretation des Ergebnisses auf menschliches Handeln zurückgehen. Die ontologische Differenz jedoch bleibt bestehen, nur ist

die Einstellung im Möglichkeitsraum immer mit der Reflexion auf Verwirklichbarkeit verwoben, verbunden zugleich mit Verwirklichungsversuchen und der
Berücksichtigung von Alternativen.

3.3 Elementare und theoretische technische Möglichkeit
Von Handlungsmöglichkeit zu sprechen setzt Freiheit und freien Willen voraus;
anders wären neue Ideen und eine vernünftige Entscheidung über Alternativen
nicht vorstellbar. Bezogen auf die Technik verlangt dies zwei unterschiedliche
Ansätze zu verfolgen – einen theoretischen, der nach einer Grundlegung dieser
Bedingungen fragt, und einen praktischen nach Art der Technikbewertung und
Technikfolgenabschätzung.

Der bemerkenswerte Punkt der eben aufgefächerten Ebenen vom einfachen
Operieren bis hin zur Forschung ist nun, dass jeder Schritt unter Kategorien der
Finalität steht, da der Gebrauch von Technik von Beginn die Handlungen des
Homo sapiens kennzeichnet. Dabei lernen wir, welche Techniken ihre Funktion
erfüllen, also als Mittel zu einem Zweck geeignet sind, wir lernen mithin, worin
ihre Möglichkeiten bestehen. Zu lernen, was *menschliche Möglichkeiten der Verwirklichung* sind, unterscheidet sich völlig von der Popperschen Methode der
Falsifikation von Hypothesen. So ist es nicht verwunderlich, dass wir all die verschiedenen Möglichkeitstypen, von denen die Rede war, scheinbar ohne eine
vorgängige Reflexion auf Möglichkeiten oder Hypothesen ganz unmittelbar zu
denken und handelnd zu verwirklichen vermögen. Schließlich beruhen all unsere
Handlungen auf Regeln, die Ziele, Mittel und Funktionen einschließen, auf der
Vorausschau auf Möglichkeiten und auf erwartete Folgen einer Handlung.
Durch unseren beständigen Umgang mit Dispositionen sind wir von Anbeginn
damit vertraut, im Wirklichen zugleich Möglichkeiten zu sehen. Darum gelingt
der Umgang mit und das Verstehen von Technik als aus dem Handeln wohlbe-
kannter Umgang mit Wirklichkeit und inhärenter Möglichkeit. Weil uns aber
aus unserer Handlungserfahrung ein solcher Umgang mit Möglichkeit und Finalität ganz selbstverständlich ist, wird dieses nicht eigens als reflexiver Akt erfahren. Deshalb soll dieser Typ der technischen Möglichkeit als *elementare technische Möglichkeit* bezeichnet werden, um ihn von anderen nun zu betrachtenden
Formen abzusetzen.

Die eben entwickelte Sicht stellt das Möglichkeitspendant zur semantischen
Zweckerfüllungs-Notwendigkeit dar; doch ist diese Ebene noch zu allgemein,
denn selbst die oben skizzierte ‚einfache Antwort' ist komplexer als die eben
eingeführte elementare Möglichkeit. Die theoriegeladene Antwort, wie sie von

den Technikwissenschaften schon an Technischen Fachhochschulen gelehrt wird, soll *theoretische technische Möglichkeit* genannt werden. Die Theorie garantiert dank ihrer getesteten Regeln zweifellos eine Form der theoretischen Begründung der Verwirklichbarkeit. Doch wie abertausende nicht umgesetzte Patente bezeugen, ist solche Theorie weit von der harten Realität entfernt. Deshalb muss diese Kluft ernst genommen werden – und deshalb kommt dem sehr neuen Typus von Modalität größte Bedeutung zu: der Machbarkeit (oder für Neudeutschliebhaber: Feasibility), nun über das in Kapitel 4.5 und 4.6 Gesagte hinaus in modaler Hinsicht. Kein Politiker verzichtet in seiner Rhetorik auf diesen Begriff; und wenn ein engagierter Artikel zur Energieproblematik den Titel trägt „Notwendigkeit und Machbarkeit einer Energiewende", so zeigt sich, dass Modalbegriffe für eine Reflexion über die stupide Wirklichkeit hinaus unverzichtbar sind. Der Machbarkeitswahn, von einem unreflektierten Fortschrittsoptimismus beflügelt, soll hier übergangen werden. Betrachtet seien Machbarkeitsstudien, *Projektstudien* genannt, wie sie heute an der Tagesordnung sind und für die es inzwischen sogar eine Norm gibt: DIN 69901.

Solchen Projektstudien als Möglichkeitsstudien wird große Bedeutung beigemessen, weil sie herausarbeiten sollen, ob eine theoretische technische Möglichkeit von zunächst abstrakter Verwirklichbarkeit in einer gegebenen realen Situation *tatsächlich verwirklichbar* ist. Man mag deshalb in Anlehnung an Nicolai Hartmann von einer *realen Möglichkeit* sprechen. Deutlich tritt in dieser Modalität an die Stelle der Wirklichkeit schlechthin eine ganz konkrete Lagebeschreibung, die – bei aller Komplexitätsreduktion – als Elemente das vorhandene Wissen, das tatsächliche Können (das Know-how), die Verfügbarkeit von Arbeitskräften, Energie, Material und Infrastruktur, die lokalen geographischen, geologischen und klimatischen Bedingungen einbezieht, um schließlich neben der technischen Verwirklichbarkeit auch deren Kosten, Folgen und Folgekosten abzuschätzen. So kommt es über die theoretische technologische Verwirklichbarkeit hinaus (die uns nur sagt, was gemäß dem theoretischen Wissen der Technikwissenschaften möglich ist) zu einem ganzen Bündel heterogener modaler Anforderungen wie rechtliche Zulässigkeit, Ressourcenverfügbarkeit, organisatorische Umsetzbarkeit, wirtschaftliche Vertretbarkeit und Risikoabwägung. So ist es recht eigentlich diese Form der Reflexion, welche als wesentlicher Ausbau der Brückenfunktion des Modells die Verbindung herstellt zwischen der technikwissenschaftlichen Theorie und dem, was in der je gegebenen Lage verwirklichbar ist.

Zugleich zeigen Machbarkeitsstudien Bedingungen auf, unter denen eine Verwirklichung erfolgen kann, wenn man Wissen und Know-how vergrößert, Arbeitskräfte ansiedelt, die Energie- und Materialversorgung sicherstellt und so fort. Doch damit nicht genug – in die Machbarkeit gehen auch soziale und kulturelle Bedingungen als Begrenzung der Machbarkeit ein; oder sie fordern unter Berufung auf den ‚Sachzwang' Lösungen, die ebenfalls technischer Natur sind (wie etwa bei Ansiedlung neuer Arbeitskräfte, Wohn- und Versorgungsmöglichkeiten, die medizinische Versorgung, den Bau von Kraftwerken, Wasserwerken, Straßen, Schulen, Kirchen, Moscheen oder Tempeln – was alles wieder Bauarbeiter, Geschäftsleute, Techniker, Mediziner, Lehrer und Priester verlangt).

Gesehen in einer Machbarkeitsperspektive zeigen sich dabei zwei Grenzfälle: So werden mache vorgeschlagenen Techniken in Anhängigkeit von den gegebenen begrenzenden Bedingungen als *unmöglich* bezeichnet (etwa ein Perpetuum mobile, eine Zeitreise für Menschen, der Bau einer Brücke durch ein Naturschutzgebiet), während andererseits eine *Notwendigkeit* vertreten wird, diesen oder jenen Weg als den einzig gangbaren einzuschlagen. Das neue Element der Machbarkeits-Modalität, die mithin von der Notwendigkeit über die Möglichkeit bis zur Unmöglichkeit reicht, ist die systematische Reflexion im Möglichkeitsraum über die Verwirklichbarkeit; damit aber erweitert sich der Horizont des menschlichen Möglichkeitsdenkens gegenüber dem bisherigen unreflektierten oder in der Reflexion begrenzten Umgang, weil – zwar auf der gleichen Ebene liegend wie die Notwendigkeitsbehauptung der Sachzwänge, aber ohne deren ideologischen Anspruch – systematisch Bedingungen einbezogen werden, die von der gegebenen Sachlage bis in den Bereich der Normen und Werte reichen: Im Denken muss abwägend ein gemeinsames Maß für sie gefunden werden.

3.4 Die Potentialität eines Artefakts

Jedes Artefakt wird verwirklicht, damit es seine Funktion erfüllt. Eben dieses ist die Möglichkeit des verwirklichten, existierenden Artefakts, genau diese Potentialität oder Disposition zu besitzen, als ein Mittel einen gegebenen Zustand a in einen erwünschten Zustand b als Ziel zu überführen. Diesen beabsichtigten Prozess als Aufgabe erfüllen zu können ist wesentlich und deshalb, wie sich zeigte, notwendig für das Artefakt. Diese intrinsische ontische Möglichkeit lässt sich als Umsetzung einer Information sehen, die in einer Regel niedergelegt ist, welche besondere Mittel mit besonderen Zielen verknüpft und so nicht nur als Disposition, sondern als eine intrinsische Teleologie des Artefakts zu sehen ist. Natürlich lässt sich der Prozess zugleich als Kausalprozess beschreiben, der durch einen

Steuerungsmechanismus geführt wird. Verstanden als Potentialität, also als Modalität, werden beide Betrachtungsweisen miteinander verknüpft. In diesem Sinne kann man ein technisches Artefakt nach Ladrière (1998: 19) als „objective possibility" bezeichnen, denn es transformiert etwas in einem Prozess, der auf gespeicherter, eingebauter Information beruht, in ein gewünschtes Ziel. Darum muss selbst das Artefakt in einer modalen Perspektive gesehen werden, wie Ladrière betont: In diesem Prozess „erfährt die Operation einen wahrhaft ontologischen Zug, weil das Mögliche, als Modalität, zum Sein [Being] gehört" (ebenda). Nun bereitet diese Art von Sein begriffliche Schwierigkeiten: „Wenn es aber eine objektive Möglichkeit gibt, die als Möglichkeit zur Wirklichkeit selbst gehört, dann bedeutet das, dass es im Sein [Being] selbst einen Mangel an Seiendem [being] gibt." So wie er es sieht, wird das Sein „durch Bedingungen in Schach gehalten, die es von innen begrenzen". Nun muss man Ladrière darin nicht folgen; es wird angemessener sein, statt die Differenz zwischen Sein und Seiendem zu bemühen, von Potentialitäten und Dispositionen zu sprechen, und dabei die unzulässige Sicht zurückweisen, sie als manifeste Prädikate zu verstehen. Wenn wir ein Artefakt planen und verwirklichen, so geschieht dieses, um in ihm die gewünschte Potentialität sicherzustellen. Der Unterschied zwischen bloßer Möglichkeit und Potentialität besteht darin, letztere als verbunden mit einem inneren Streben zu verstehen, das einen gegebenen Zustand in einen bestimmten künftigen Zustand überführt. Das gilt offensichtlich für eine Maschine, sobald sie mit Energie versorgt – eingeschaltet – wird; aber es gilt bereits für einen Stein, den wir aufnehmen, um mit ihm eine Nuss zu knacken: Wir sprechen dem Stein als Werkzeug die Potentialität zu, eine Nuss knacken zu können, selbst wenn die Energieversorgung in unserer Hand liegt. Leibniz spricht in seiner Monadologie von einem *appetitus,* in seinen naturwissenschaftlichen Schriften von einem *conatus,* und im Rahmen seiner Ontologie von einem *existiturire* als einem Sterben der Möglichkeiten nach Verwirklichung. Oder wiederum mit Ladrière (1998: 88f): Zwischen der *genesis* der Natur und der *poiesis* unseres Handelns werden wir konfrontiert mit einer „parapoiesis" im „technischen Universum". Sie bezeichnet diesen bemerkenswerten Unterschied, denn sie trägt eine zeitliche Dynamik in das Seiende. Mit diesem letzten Schritt, dem Artefakt selbst eine Möglichkeitsform zuzusprechen, wird rückblickend verständlich, wieso die oben aufgewiesenen Brückenfunktionen das gesuchte ‚fiat' zu vermitteln vermögen.

4.   Der Umgang mit Kontingenz

Ein Sonderfall der Möglichkeit ist die Kontingenz, also eine Möglichkeit, die zugleich Unnotwendigkeit ist – im Deutschen vielfach als Zufall, gar als schöpferischer Zufall bezeichnet (vgl. Weiss 2007). Wir sind zumeist überzeugt, dass – makroskopisch gesehen – Zufall eine epistemische Modalität ist, so dass wir mangels anderen Wissens nur Wahrscheinlichkeitsaussagen zu machen vermögen: *Wir* wissen nicht, was herauskommt, wenn wir den Würfelbecher schütteln. Doch schon beim Zerfall eines einzelnen Atoms eines radioaktiven Stoffes liegt eine ontische, keine bloß epistemische Zerfallswahrscheinlichkeit vor, weil es, physikalisch gesehen, keinen weiteren Parameter gibt, den wir dazu kennen müssten. Gleiches gilt für quantenmechanische Vorgänge wie für komplexe kausale Systeme, von denen sich schon am mathematischen Modell des deterministischen Chaos nachweisen lässt, dass wir keine Langzeitprognosen machen können. Wie aber geht man technisch mit all dem um? Meist gilt Zufall als unerwünscht; davon später. Wenn oben gesagt wurde, technische Artefakte müssten kausal zuverlässig und funktionserfüllend arbeiten, so ist dies auch auf Techniken zu beziehen, die gerade auf den Zufall abzielt und ihn in Dienst nehmen: Die Ziehung der Lottozahlen zeigt eine Maschine, deren Zweck genau darin besteht; und regelmäßig wird sie wie jeder Roulett-Tisch von Spezialisten geprüft, ob dieser Zweck erfüllt wird. Damit ergeben sich mehrere zu unterscheidende Fälle:

–   Im Falle eines Würfels geht es um ein einfaches Artefakt, dessen Zweck eine Gleichwahrscheinlichkeit für die sechs seiner Flächen bei einer größeren Zahl von Würfen ist. Wir suchen also den ‚idealen Würfel‘ und nicht einen manipulierten zu verwirklichen.
–   Im Falle eines Atommeilers gerade so wie bei einer medizinischen Behandlung mit radioaktiven Materialien stützen wir uns in der Technologie auf die Halbwertszeit – und vermögen so sehr wohl, technisch die Wahrscheinlichkeit in Dienst zu nehmen.

Die eingangs gemachte Voraussetzung einer naturgesetzlichen Notwendigkeit darf also nicht auf Kausalität eingeschränkt werden – entscheidend ist allein, dass die Gesetzmäßigkeit die jeweilige Zweckerfüllung sichert, so dass sich effektive Regeln für eine Zweck-Mittel-Beziehung angeben lassen.

Allen ist der Begriff des ‚kreativen Zufalls‘ geläufig, der inzwischen als Serendipity Furore macht. Für solche Fälle genügt es nicht, mit Whitehead und vielen Komplexitätstheoretikern anzunehmen, dass auch die Natur kreativ sei, denn das Ergebnis muss letztlich der Zweckerfüllungs-Notwendigkeit genügen. Das führt auf das Problem eines Neuen in Gestalt einer Zufallsbeobachtung, die eine positive Bewertung erfährt. Diese setzt voraus, dass die Beobachtung nicht intendiert war, aber für einen technischen Zweck nutzbar gemacht werden kann. Auf den glücklichen Zufall kann man weder warten noch auf ihn setzen noch gar lehren, wie man ihn herbeizwingt.

Ganz anders verhält es sich hingegen mit seinem Gegenteil, dem *unglücklichen Zufall*. Er wird gesehen im störenden Zusammentreffen unvorhergesehener Ereignisse in einem singulären Fall. Er ist geradeso kontingent – aber es wird alles getan, ihn zu vermeiden. Dieses zeigt, dass auch *Gefahr* ein Modalbegriff ist, nämlich die Möglichkeit, dass eine gegebene Lage in eine für uns unerwünschte Lage übergeht. Eine *wirkliche* Gefahr ist nichts anderes als ein emphatischer Ausdruck für eine unerwünschte, vor der Verwirklichung stehende Möglichkeit. In der Technik tun wir alles nur irgend Mögliche, um eine Gefährdung der Zweckerfüllungsfunktion nicht eintreten zu lassen.

Das Problem besteht nun darin, dass das Auftreten von Gefährdungen nicht planbar ist. So werden *mögliche Störfälle* imaginiert, um ihr Wirklichwerden durch geeignete technische Maßnahmen zu verhindern. Sicherheitseinrichtungen gab es schon im Neolithikum, als nach dem Sesshaftwerden Wälle, Zäune, Gräben und Mauern zum Schutz des eigenen Lebens um die Siedlungen errichtet wurden. Im frühneuzeitlichen Bergbau nehmen sie ihren Anfang in der Technik und werden seit der zweiten Hälfte des 19. Jahrhunderts systematisch als Sicherheitstechnik entwickelt (vgl. St. Poser 1998). Sie reichen vom Fliehkraftregler über Verkehrsampeln bis zu Betonhüllen um einen Reaktor. Damit wird eine nochmalige Erweiterung des technologischen Möglichkeitsdenkens greifbar, weil in die Blaupause nicht nur Zwecke und Funktionserfüllung eingehen, sondern gleichermaßen und in zunehmendem Umfang Kontingenzvermeidungsmechanismen: Bestimmte nicht vorhersagbare, aber mögliche kontingente Sachverhalte sollen unmöglich gemacht, also einer Verwirklichbarkeit entzogen werden. Die Risikogesellschaft, in der wir angeblich leben, ist gerade dadurch gekennzeichnet, dass sie in viel höherem Maße als jede frühere Gesellschaft nicht bereit ist, Unsicherheit zu ertragen, gerade weil wir seitens der Technik die Vermeidung von Störungsmöglichkeiten erwarten (Lübbe 1990).

5. Epistemisch-technologische Möglichkeit

Technische wie wissenschaftliche Erfindungen und Innovationen – kurz alle
grundlegenden Neuerungen – setzen die gar nicht selbstverständliche Fähigkeit
des Menschen voraus, NEUES zu denken; dem sprichwörtlichen Ochs ist dagegen das neue Scheunentor ein Hindernis. Menschen sind kreative Wesen. Doch
damit nicht genug – wir müssen befähigt sein, das erdachte Neue auch anderen
mitzuteilen, sei es durch metaphorische Bedeutungserweiterung in der Sprache
(téchne bedeutete im Griechischen wie im Germanischen zunächst Flechtwerk,
dann Holzbau, bevor es zu der uns vertrauten Bedeutungserweiterung kam), sei
es durch gänzlich neue Begriffe. Das alles verlangt die Fähigkeit, in Möglichkeiten zu denken. Das wiederum ist – wie Cassirer hervorhob – wohl der grundlegende Beitrag der Technik zur Kultur, weil das Denken in verwirklichbaren, aber
noch nicht bestehenden Möglichkeiten einen Blick in die Zukunft erlaubt, der
die Vorstellung neuer Konstellationen von Umwelt und Gesellschaft beinhaltet.

Eben diese Form des Möglichkeitsdenkens hat ihrerseits eine gänzlich neue
und erweiterte Form angenommen, nämlich im schon hervorgehobenen *Denken
der Möglichkeit von Möglichkeit*. Hierauf hat bereits Freyer (1960/1970: 139)
hingewiesen: „Schon die einfachste Dampfmaschine ist [...] kein Werkzeug mehr.
Aber sie bedeutet ja nur den ersten Anfang der neuen Linie. Potenzen bereitzustellen für freibleibende Zwecke wird seither zur zentralen Intention der Technik." In der Vergangenheit wurden Ziegel für den Bau dieser bestimmten Kirche
oder jenes bestimmten Hauses gebrannt. Heute hingegen werden Teile hergestellt, um für beliebige Bauwerke verfügbar zu sein: Sie sind Möglichkeiten für
Möglichkeiten. Noch deutlicher wird dieses beim Computer sichtbar: Der Verwendungszweck ist, für Möglichkeiten offen zu sein – mehr noch, für nicht vorher bekannte Programme, die ihrerseits nicht festgelegt sind auf einen bestimmten Zweck, sondern auf *mögliche Zwecke*: Nicht eine bestimmte, sondern beliebige Konstruktionszeichnungen können erstellt werden, um als Blaupause (immer
noch eine Möglichkeit) ausgedruckt werden zu können. Dieses Phänomen gilt
heute für ganze mit Fertigungsrobotern bestückte Produktionsstraßen, die sich
mit neuer Software füttern lassen und damit für die offene Möglichkeit eines
Modellwechsels konzipiert sind. Gewiss gibt es Ansätze zu iterierten Modalitäten
schon in der stoischen Logik – aber dieser heute selbstverständliche Umgang mit
iterierten technischen und technologischen Möglichkeiten ist ein neues Phänomen und bedeutet eine weitere beachtliche Erweiterung der Dimension menschlichen Denkens und Reflektierens.

6. Fiktionalität

Die Erweiterung des Möglichkeitsdenkens hat erstaunliche Parallelen in den fiktionalen Welten des Cyberspace. Sie gehören nicht wie Novellen oder Romane der literarischen Welt an, sondern existieren in einer vollkommen technikbasierten immateriellen Region. Das Erstaunlichste hieran beginnt damit, dass man sich für ein Doppelleben entscheiden kann, wie es Alber Camus im „vivre le plus" oder Max Frisch als „Mein Name sei Gantenbein" literarisch imaginiert hatten – mit dem gravierenden Unterschied, dass man in diesem fiktional-realen Leben mit veränderter Identität in eine ganze Kommunität eintreten kann, sich für wirkliches Geld imaginäre Wohnungen und Wohnungsausstattungen zuzulegen vermag und an imaginäre Briefpartner wirkliche Mails schreiben kann, die wirklich beantwortet werden. Dieses alles unterscheidet sich grundlegend von jemandem, der im Spiel als „Gothic" in die Rolle eines Mittelaltermenschen schlüpft, sich Helm und Schild und eine Ritterrüstung zulegt, die alle aus wirklichen Materialien bestehen – solches Spiel hat es immer gegeben, auch als Spiel im Spiel und als Spiel zwischen Scherz, Ironie und tieferer Bedeutung. Doch die Accessoires der Cyberspace-Bewohner sind völlig fiktiv: Technik hat die Leibnizschen möglichen Welten, die im göttlichen Reich der Ideen existieren, auf den Computerschirmen ermöglicht. In einer nie dagewesenen Weise verschmelzen Bild, Imagination und Wirklichkeit im Denken und Empfinden. Selbst wenn die Nanobots von Ray Kurzweil Science fiction sind – seine Sprechweise von „realer virtueller Realität" (Kurzweil 1999/2001: 230) zeigt, wie mit diesen Möglichkeiten umgegangen wird. Michael Heim hat schon etwas früher seine *Metaphysics of Virtual Reality* verfasst, die sich an Heidegger und McLuhan anlehnt (Heim 1997: 55-72). Überall auf der Erde finden zurzeit Tagungen über Virtual reality statt, zumeist auf den Computer bezogen, doch darüber hinaus auf das Verhältnis von Information und Gesellschaft. Das belegt die Wichtigkeit des Themas, das unmittelbar Fragen des Verhältnisses von Technik und Modalität betrifft.

6.1 Virtualität, Realität und Wirklichkeit

Probleme mit der Virtualität beginnen schon bei der Begrifflichkeit: Während ‚virtuell‘ im Deutschen umgangssprachlich besagt, etwas sei völlig unwirklich und rein fiktional, in der physikalischen Optik hingegen ein Scheinbild, im Französischen wiederum nimmt man es als eine (teilweise dynamische) Möglichkeit zu handeln. Im Englischen ist das Wesen, die Essenz von etwas gemeint, wenn auch laut Merriam-Websters Dictionary nicht formell anerkannt. All dies zeigt, dass es ein Hybrid-Konzept ist – insbesondere in der Verknüpfung ‚virtuelle Realität‘, die für deutsche Ohren klingt wie ‚gefrorene Wärme‘. Eric Champion (2007) zitiert aus einer unveröffentlichten Schrift von Niklas Weckström (2004):

> „Eine virtuelle Welt stützt sich auf folgende Faktoren: Es muss ein Gefühl des Gegenwärtigen geben, die Umwelt muss stabil sein, Interaktion muss unterstützt werden, es muss eine Repräsentation des Benutzers geben, und es muss ein Gefühl von spezifischer Weltartigkeit vermittelt werden.“

Heim zählt sieben verschiedene Bedeutungen von Virtual Reality auf, zurückgehend auf die geistigen Väter – vom Fotorealismus bis zu fiktiven Welten –, und kommt als *The essence of Virtual Reality* zu dem Schluss: „Hinter der Entwicklung von allen wichtigen Technologien liegt eine Vision. [...] Die Vision fängt die Essenz der Technologie ein und setzt die erforderliche kulturelle Energie frei, um sie voranzutreiben.“ (Heim 1993: 118) In seinem Werk *Virtual Realism* nutzt er eine umfassende Formulierung, abhängig von drei Eigenschaften: „Virtuelle Realität ist ein invasives [nämlich die Sinne beeinflussendes] interaktives System, das auf berechenbaren Informationen basieret.“ (Heim 1998: 6) Darunter versteht er virtuelle Realität „im strengen Sinne“ – beruhend nämlich auf „vollständiger sensorischen Einwirkung – ohne Tastaturen und Monitore“ (Heim 1998: 46f). Das ist fast ein Weberscher Idealtyp, dem jene Agenten nahe kommen, die sich mit einem Helm und Handschuhen ausgestattet in ihrer virtuellen Umgebung bewegen. Da aber der Begriff in den meisten Fällen im schwachen Sinn gebraucht wird, wobei von Virtueller Realität geradeso gesprochen wird wie von möglichen Welten, soll hier keine Beschränkung auf den ‚starken‘ Sinn des Begriffs erfolgen.

Auch wenn „die Essenz des amerikanischen Raumfahrtprogramms [...] auf ‚Star Trek‘ zurückgeht“, wie Heim (1993: 123) sagt, bleibt die Herausforderung, völlig fiktive Kunst mit Verwirklichbarkeit und Aktualität zu verknüpfen. Sein Fazit lautet: „VR [Virtual Reality] verspricht keinen besseren Staubsauger oder ein fesselnderes Kommunikationsmedium oder gar eine freundlichere Computer-Schnittstelle. Es verspricht den Heiligen Gral“ (1993: 124) dank eines „esoterischen Wesens“ dieser Technologie. Hinsichtlich der Modalitäten bestehe das Bemerkenswerte nicht so sehr in der Esoterik mythischer Träume wie Richard Wagners *Parsifal* – Heims Lieblingsbeispiel –, sondern in der Erweiterung der Wirklichkeit und ihrer Öffnung für eine Verschmelzung mit Virtualität. Dies ist allerdings seit jeher Teil der Kulturen in Mysterienspielen und Riten und war stets mit den magischen Techniken der Priester verknüpft: Tänze, Riten,

Rhythmen und Lieder, die zu einer Trance führen, welche den Unterschied zwischen Wirklichkeit und Virtualität aufhebt. Doch die heutige Technik wirft neue Fragen auf, weil alle Kriterien Weckströms dem genügen, was wir als aktual, als wirklich bezeichnen. Denn tatsächlich sollen sie dazu dienen, virtuelle Realität im Verhältnis zur Wirklichkeit abzuwägen, einer Wirklichkeit mit der wir so selbstverständlich vertraut sind, dass es keiner weiteren Diskussion zu bedürfen scheint. Was hier, im Falle der Virtuellen Realität, als ‚Realität' bezeichnet wird, sind also nur ausgewählte Elemente der Wirklichkeit.

Nun war es immer schon möglich, etwas für wirklich zu halten, das in echtem Gegensatz steht zu unserer Lebenswelt der meso-kosmischen Welt der Handlungen und Erfahrungen, der Geschichte und der Endlichkeit des Lebens: Man denke an Platons Ideen, Plotins Weltseele, Cantors Mengen und Alephs – aber all das gehört nicht zu den modaltheoretischen Phänomenen der Virtuellen Realität. Natürlich – „Realität" ist geradeso ein Modalbegriff wie jener der „Wirklichkeit", der hier bisher als unproblematisches Fundament vorausgesetzt wurde. Die Atomphysik und insbesondere die Quantentheorie haben dies in Frage gestellt und die lebensweltliche Wirklichkeit durch elektromagnetische Felder ersetzt, so dass die Wirklichkeit des Mikrokosmos in einer Wahrscheinlichkeitsverteilung statt in Partikeln besteht, während die Astrophysik heute von kosmischen Wurmlöchern und vollständigen Welten dahinter spricht, von dunkler Materie und Energie, um darin die Wirklichkeit des Makrokosmos zu sehen. So erhebt sich die Frage, was etwa lebensweltliche Wirklichkeit im Vergleich zu anderen ‚Wirklichkeiten' ist, insbesondere also im Vergleich zur Realität des Virtuellen. Es hat Sinn, meine Träume real zu nennen, meine Wahrnehmungen zu unterscheiden vom wahrgenommenen Gegenstand und doch als real zu bezeichnen, ebenso zu sagen, dass Kausalität real ist, dass die legislative, die judikative und die exekutive Gewalt real sind, und so weiter. Deshalb hat Hubig 2003 in einer Vorlesung „Realität, Virtualität, Wirklichkeit" vorgeschlagen, eine klassische Unterscheidung von Realität und Wirklichkeit aufzugreifen: Descartes spricht von *realitas formalis sive actualis* als die Weise, in der eine *res* in ihrer Natur gegeben ist, während *realitas objectiva* – gänzlich abweichend vom heutigen Sprachgebrauch – die *res* als das Objekt des Denkens bezeichnet, nämlich als eine Idee. Dies geht zurück auf die scholastische Unterscheidung von *realitas* und *actualitas*: *Actualitas* betrifft die *res* in der Welt in ihren kausalen Abläufen und Verknüpfungen, *realitas* hingegen unsere Vorstellung hiervon. Unter Verwendung dieser Unterscheidung ist es möglich, virtuelle Realität als realitas oder Realität zu sehen, nicht aber als actualitas oder Wirklichkeit: Virtuelle Realität bezieht sich auf die Imagination, die Vorstellung, die abweicht von der Wirklichkeit der beteiligten Techniken und unserer Lebenswelt. Dies erlaubt von ‚Wirklichkeit' einerseits, ‚Realität' andererseits zu sprechen: Der Abdruck dieses Kapitels als ein Papier ist wirklich – aber sein Inhalt als verwirklichbares Artefakt ist real. Genau das kennzeichnete auch die immateriellen Artefakte der Artefaktontologie.

Die Realität, die technisch erzeugten virtuellen Objekte zugesprochen wird, sollte Weckströms Kriterien erfüllen. Das zeigt, wie wichtig Formen der Anschauung und Empfindung sind, da so viel wie möglich von ihnen erfüllt sein soll – was jedoch immer nur zum Teil geschieht, so dass die Virtuelle Realität durch drastische Einschränkungen gekennzeichnet ist (virtuelle Gerüche und Temperatur gehören – zumindest bislang – nicht zum Bereich der technischen Möglichkeiten; die Mittel werden auf Farben und Klänge konzentriert, wobei vorausgesetzt wird, dass der Benutzer sie als dreidimensionale Inhalte auffasst). Dies zeigt, dass eine Virtuelle Realität nie eine vollständige, technisch erzeugte harte Wirklichkeit in ihrer Vielschichtigkeit werden kann. Deshalb hat sie die Struktur der epistemischen Möglichkeiten, soweit sie nur Typen repräsentiert, nicht aber wirklich Individuelles im Sinne von Token. Damit aber werden die erkenntnistheoretischen Kategorien und ein Wissen vorausgesetzt, weil der Benutzer ohne beides keine Chance hätte, seine Eindrücke als dynamische Objekte zu interpretieren.

6.2 Virtualität und Möglichkeit

Nun gehören technische Artefakte und Prozesse zur Wirklichkeit. Es ist trivial, dass Weckströms Kriterien für virtuelle Realität auch da erfüllt sind, weil sie der Lebenswelt entstammen und verwendet werden, zu zeigen, wie klein der Unterschied zwischen virtueller Realität und Wirklichkeit zu sein scheint. Aber der Unterschied bleibt immer bestehen – Vorstellungen handeln nicht (oder nur scheinbar). Dennoch ist die Situation viel komplizierter, da die technikbasierten virtuellen Realitäten sehr unterschiedlicher Art sind:

(i)   Es gibt computergenerierte Verfahren zur Planung und Entwicklung neuer Maschinen, Schiffe, vollständiger technischer Systeme, ebenso für Architekturentwürfe von Häusern und Wolkenkratzer bis hin zu ganzen Siedlungen.

(ii)   Es gibt computerbasierte virtuelle Realitäten, die einen enormen Einfluss auf unsere wirkliche Welt haben, weil sie für die Aus- und Weiterbildung eingesetzt werden – wie beispielsweise Flugsimulatoren.

(iii) Und es gibt Spiele, die völlig fiktive imaginäre Welten produzieren und darin imaginäre Handlungen erlauben.

Die erste Art besteht in der unmittelbaren Verlängerung des klassischen Vorgehens der Erstellung eines Modells als Blaupause: CAD wurde ursprünglich entwickelt, um die Arbeit von Technikern an einem Reißbrett zu ersetzen, so dass die gesamte Konstruktion bis zu den Plänen und Stücklisten durchgeführt werden kann, überdies unter Berücksichtigung aller technischen Normen und einschlägigen Gesetze. Heute erzeugt 3D-CAD virtuelle Eindrücke der Teile, ihre Verbindungen etc., so dass der erfahrene Techniker sich entscheiden kann, ob die mögliche Problemlösung, die er auf dem Bildschirm sieht, akzeptabel ist oder geändert werden sollte. All dies geschieht ohne Bauplan, ohne physisches Modell, ohne Tests, die die Kompatibilität sicherstellen, weil das bereits vorausgesetzt und in den technischen Regeln als Teil der Software enthalten ist: Deshalb kann das Design verändert werden, und durch DMU (Digital Mock-Up) lassen sich auch Funktionen überprüfen und virtuelle Prototypen entwickeln. Eine Pilotfunktion hatte hierbei die Automobilindustrie, wo die Entwicklungszeit eines neuen Modells inzwischen halbiert wurde. All diese Fälle beruhen auf Technologien, die eine eindrucksvolle Verbindung zwischen der wirklichen Welt und einer technisch erzeugten fiktiven Welt erstellen. Der Einsatz des Computers ermöglicht es, Pläne von Artefakten, also von verwirklichbaren Möglichkeiten zu entwickeln. Neu ist hieran, dass alle erforderlichen technischen Regeln, verbindlichen Gesetze und Normen, also deontische Modalitäten des Gebotenseins, Teil des Programms sind. Darüber hinaus ist es möglich, direkt Alternativen zu entwickeln und sichtbar zu machen. Diese letzten beiden Elemente – die aktive Intervention und deren Visualisierung – werden hier als virtuelle Realität verstanden. Das Ziel der fraglichen Technologie ist die *Produktion von Möglichkeiten*, nämlich verwirklichbarer Abwandlungen eines intendierten Artefakts.

Die zweite Art verbindet Virtualität und Aktualität in einer spezifisch neuen Weise: Flug-Simulatoren sind der heutige Standard der Pilotenausbildung; doch gleichzeitig werden sie genutzt, um neue Steuerungs- und Sicherheits-Ausrüstungen zu testen, bevor sie tatsächlich in Flugzeugen installiert werden. So verdankt die TU Berlin ihren Simulator eben diesen beiden Zwecken. – Ganz ähnlich sind die Bedingungen für minimal-invasive Operationen in einem Krankenhaus, wo der Arzt den Gebrauch elektronischer Steuerungsinstrumente zunächst am Simulator trainiert (also in einer virtuellen, nur imaginierten Realität), um später die tatsächlichen Instrumente bedienen und kontrollieren zu können: Er verfolgt seine Handlungen auf dem Bildschirm, als sähe er tatsächlich in den Körper des Patienten. – Virtuelle Firmen in einer virtuellen Gesellschaft werden verwendet, um Geschäftsleute mit Hilfe von virtuellen Business-Unternehmen zu trainieren: Sie lernen, wie man eine Firma leitet, wie man auf Marktbewegungen zu reagieren hat etc. Eine virtuelle Umgebung – sichtbar und scheinbar autonomes Handeln ermöglichend – ist ein *Bild* einer Wirklichkeit, etwa eine Flughafen-Projektion an der Wand sowie die Cockpit-Steuerungsanlage: Beide sind scheinbar wirklich, aber jeder weiß, dass sie nur die Wirklichkeit eines Bildes haben. Dieses Bild wird durch wirkliche Technik hergestellt, und das Ziel ist es, spezifische Bewegungsmuster (des Piloten oder des Arztes) zu trainieren oder jemanden, der in Übereinstimmung mit praktischen Regeln in erwartbaren Situationen entscheiden soll (die Banker), zu erziehen. All dieses ist auf Situationen bezogen, die als Bilder der Lebenswelt erscheinen, so dass später in einer wirklichen Situation der entsprechenden Art in der angemessenen Weise reagiert wird. Daher werden mögliche Situationen durch die Technik als *Typen* dessen präsentiert, was wirklich der Fall sein kann. Diese Möglichkeiten als Virtualitäten haben die Aufgabe, die Ausbildung ohne Risiken zu ermöglichen: Die Technik, die für diese Zwecke entwickelt wird, verdankt ihre Aktualität dem Prinzip der Kontingenzvermeidung, um Risiken zu minimieren.

Der letzte Typ, die Spiele in ihren höchst unterschiedlichen Formen, erzeugt virtuelle Realität als scheinbar mögliche Welten: Es besteht keine Verwirklichbarkeits-Notwendigkeit, das Ziel ist vielmehr Vergnügen. Die mit diesen virtuellen Welten verbundene Faszination beruht auf der wirklichen Möglichkeit des Spielers, die wirkliche Welt hinter sich zu lassen. In Heims ‚strengem Sinne' virtueller Realität ist die Verbindung zur eigentlichen Wirklichkeit gänzlich abgeschnitten: „*Virtuelle Welten repräsentieren nicht die primäre Welt.* Sie sind nicht im Sinne des Foto-Realismus realistisch. Jede virtuelle Welt ist eine funktionelle Einheit, eine Parallelwelt, die die primäre Welt, in der wir leben, nicht repräsentiert oder sich einverleibt." (Heim 1998: 47f, 138) Der Realismus der Virtual Reality, so betont er, „ergibt sich aus [...] Bewohnbarkeit" (1998: 48). Dieser modale Begriff bezeichnet den Entwurf einer möglichen Lebenswelt – Leibniz hätte von einer möglichen Welt mit einem anderen Adam gesprochen –, und das ermöglicht eine Reflexion über das Wesentliche und die Probleme unserer Lebenswelt: Diese „neue Realitätsschicht bringt eine ontologische Wende", die Heim wichtig ist, denn es ist die Kunst, die davon Gebrauch macht: „Die Kunst der virtuellen Realität führt uns tiefer – nicht in die Natur, sondern in die Technik." (Heim 1998: 50 bzw. 73) Modal gesehen besagt dies, dass diese

Technik neue Möglichkeits-Erfahrungen eröffnet, auch in Spielen und in den Künsten, weil es darum geht, wie man mit Möglichkeiten umgeht – nicht nur in einer begrifflichen Gestalt im Reich der Ideen, sondern zugleich im Bereich der Sinneserfahrungen und der Emotionen.

All dieses geschieht auf fiktive Weise. Das bedeutet: Die Vorstellung ist es, die die Elemente als wirkliche Elemente einer Maschine, eines bestehenden Flughafens, des Patienten, der Firma oder einer Raumstation erscheinen lässt, während sie tatsächlich nur die Wirklichkeit der geistigen Sicht haben. Das neue Element dieser virtuellen Realitäten als mögliche Welten besteht in ihrer Weise der Darstellung der Wirklichkeit nicht nur in Begriffen (wie dies für Leibniz' mögliche Welten galt) oder durch feste oder bewegte Bilder wie in Science-Fiction-Filmen, sondern durch eine dynamische Synthese von Formen des Denkens und Formen der Anschauung. Es ist das aktive und wahrnehmende Subjekt, das die Daten aus ihren elektronischen Kodierungen in einen visuellen Eindruck umwandelt und künstliche Klänge und tatsächliche Bewegungen (beispielsweise des Flugsimulators) interpretiert, um eigenständig auf sie zu reagieren: Dies setzt nicht so sehr theoretisches Wissen voraus, sondern praktische Erfahrung für die Interpretation dieser Elemente als scheinbar wirklich, zugleich wissend, dass sich all das vom geschichtsträchtigen und endlichen menschlichen Leben unterscheidet. Aber das *Handeln* des Piloten im Simulator, des Arztes, des Bankiers wie des Technikers an seinem Computer geradeso wie das Handeln des Spielers mit oder ohne Helm gehört der wirklichen Welt an. Darüber hinaus haben diese Handlungen Auswirkungen in der wirklichen Welt: Der Pilot, der Arzt und der Bankier lernen ihren Job, nämlich wie in der wirklichen Welt zu handeln. Das Handeln des Technikers bewirkt Änderungen innerhalb der technischen Möglichkeiten, die vom Computer angeboten werden, um zu einem neuen Entwurf zu führen. Der Spieler hat die Möglichkeit, sich als Mitglied der Star Trek Crew zu sehen. Dies ist wiederum eine bemerkenswerte Neuerung: Die mit diesen Techniken erzeugten Ergebnisse in Form einer virtuellen Realität erlauben eine sofortige Nutzung der Möglichkeiten in der wirklichen Welt. Die Faszination des Chattens beruht – neben dem spielerischen Element – beispielsweise auf der Möglichkeit, wirkliches Geld dabei zu verdienen oder die virtuelle Realität durch ein tatsächliches Treffen mit dem imaginären Partner in Wirklichkeit zu verwandeln.

Jede Computersimulation in Wissenschaft und Technik hängt von einer mathematischen Abbildung der natürlichen, sozialen oder technischen Prozesse ab, die als resultierende Verlaufsmöglichkeit nichts anderes erlaubt als ein vom Modell abhängiges Ergebnis. Doch sie werden interpretiert, als handle es sich um

Bilder der (möglichen) Wirklichkeit, wenn sie tatsächlich für Entscheidungen verwendet werden. Im nächsten Schritt könnten auch diese Entscheidungen in das Programm integriert werden: Mensch-Maschine-Schnittstelle ist ein harmloser Name für die Verbindung der Möglichkeit, als Realität genommen, mit der Wirklichkeit. Doch schwieriger wird es, wenn man den wirklichen Einfluss berücksichtigt: Erik Champion (2007: 3) beschreibt beispielsweise die Spieler von *World of Warcraft* folgendermaßen: „Sie kaufen diese Spiele nicht, weil die Spiele programmiert sind, Rahmenbedingungen und einen Auslöseknopf haben, sie spielen diese Spiele nicht, weil sie regelbasierte Systeme sind; sie spielen diese Spiele, weil die Spiele sie herausfordern die Welt zu verändern und um zu erkunden, ob diese vorgegebenen Charakterrollen Aspekte ihrer eigenen Persönlichkeit ausdrücken." Alle diese Elemente der virtuellen Welt, von der Seite der Wirklichkeit als Möglichkeiten gesehen, haben einen Einfluss auf die individuelle Psyche und die wirklichen Veränderungen in der Gesellschaft.

6.3 Denken in neuen Modalitäten

Die Frage ist nun, wie diese neuen Elemente unsere Kultur und unser Verständnis der wirklichen Welt beeinflussen. Der Begriff ‚virtuelle Realität' und die ihren Phänomenen zugeschriebene Realität weist bereits die Richtung – nämlich diese Art Möglichkeit in die Wirklichkeit einzuschließen. Das unterscheidet sie nicht nur von den klassischen Modalitäten – es handelt sich mehr noch um einen Wandel in unserer Lebenswelt, nicht im Sinne eines Verlustes der Wirklichkeit, sondern als eine Erweiterung der Lebenswelt. Es beginnt mit der Frage, ob die von der Wirklichkeit zu unterscheidende Virtualität überhaupt als eine Möglichkeit gesehen werden kann: Sie als technische Möglichkeit im oben genannten Sinne aufzufassen könnte sich als schwierig erweisen, weil die technisch erzeugten Ergebnisse als real verstanden werden. Gewiss ist die Technik wirklich, sie ist Zweck erfüllend, Mittel und Zwecke sind klar: Das Ziel ist gerade, eine Möglichkeit als eine virtuelle Realität vorzuführen, um damit weiterführende Ziele zu erreichen – vom Lernen bis zum Spielvergnügen. So könnte es günstiger sein, mit Heim (1993: 128) von einer „erweiterten" Wirklichkeit zu sprechen. Dies zeigt sich in allen Bemühungen, eine neue Art Ethik von der Computer-Ethik bis hin zu Fragen einer Cyber-Ethik für Maßnahmen innerhalb der virtuellen Realität zu entwickeln (vgl. Brey 2007: 3), während moralische Regeln für Möglichkeiten nur unter der Voraussetzung der Verwirklichung sinnvoll sein könnten. Gleichzeitig zeigt sich hier eine neue Sichtweise der Modalitäten, da diese Ausweitung die möglichen Welten zum Teil der wirklichen Welt werden lässt. Es ist die wirkliche

Technik, welche die Erweiterung um Virtualität ermöglicht. Von Nelson Goodmans *World making* unterscheidet sich dies jedoch, weil wir für ihn gleichzeitig in verschiedenen Welten leben. Die technikgenerierten Welten sind hingegen so beschaffen, ‚als ob‘ sie wirklich seien – nicht allerdings im umfassenden Sinn von Hans Vaihingers *Philosophie des Als-Ob*, weil wir überzeugt sind, dass es einen Unterschied zwischen Virtualität und Realität gibt. Doch was ist eigentlich Wirklichkeit? Solange Artefakte Maschinen waren, schien dieses klar zu sein, aber wie steht es um die softwaregesteuerten Vorgänge in der Hardware? Uninterpretiert sind sie sinnlos; physikalisch werden sie als elektrische Prozesse interpretiert, computertechnisch als Bits und Bytes, dann wiederum als farbige Pixel, weiter als ein Bild von etwas, um schließlich als virtuelle Realität genommen zu werden. Dies kann aber nur geschehen, wenn wir mit dem Wirklichen vertraut sind: Die virtuellen Realitäten können als solche nur verstanden werden, wenn wir wissen, welcher Art von Möglichkeit eine bloße Möglichkeit ist (also ohne notwendig und wirklich zu sein) und wie sie sich von derjenigen Wirklichkeit unterscheidet, zu der die fragliche Technik gehört. Technik – und darum geht es hier – stellt Mittel bereit, die diese Art von Vorstellung von etwas in einer tatsächlich viel universelleren Weise ermöglichen als jede Form traditioneller Literatur, Bild-, Theater- oder Filmdarstellung. Es ist diese Erweiterung der modalen Vorstellung, die, statt eines reinen Denkens in Modalitäten, diesen neuen Schritt in mögliche Welten als eine virtuelle Realität charakterisiert.

Betrachten wir nun die Bedeutung der Virtualität und ihrer Arten von Realität in Erweiterung der Modalität der Wirklichkeit. Die Techniken, die die virtuelle Realität ermöglichen, haben nicht nur die wissenschaftliche Methodik verändert (Peschl & Riegler 2001), sondern auch die Kultur (Champion 2007: 12), denn: „Unsere Realitäts-Begriffe sind tatsächlich kulturelle Begriffe einer Realitätskonstrukion", weil – so Eward Relph (2007: 20) – „jedes Medium der Kommunikation nicht nur Menschen oder Ideen, sondern auch das kulturelle Umfeld verwandelt, zu dem sie gehören". Dazu zählt der Verlust regionaler Bindungen durch die Globalisierung, vorangetrieben von der Verwendung der gleichen Software überall auf der Welt. Solche Software zerstört die Geschichtlichkeit eines Ortes, denn die virtuelle Welt und ihre Orte haben keine solchen Bindungen an die Geschichte – weder von Orten noch von Individuen und Gesellschaften: Globalisierung bewirkt Abstreifen der Geschichte. Doch im Gegenzug kommt es zu Sichtweisen, die zugleich eine Rückbindung intendieren (Jacobsen & Holden 2007): Der Einsatz von Methoden der virtuellen Realität, Geschichte als Virtuelles Erbe zu rekonstruieren, könnte ein Gegenmittel sein, weil es ihr

„eigentliches Ziel ist, alte Kulturen zu verstehen". So ist es bemerkenswert zu beobachten, dass diese Globalisierung, von einer virtuellen Realität verursacht, gemischt mit oder genommen als Wirklichkeit, zugleich und im Ausgleich intensiv für den Schutz von Geschichte als Weltkulturerbe eintritt und eine wachsende Rückbesinnung auf regionale Traditionen bewirkt (Coyne 2007: 29 u. 32). Es wäre also verfehlt, einseitige Schlüsse aus der Globalisierung und Virtualisierung zu ziehen.

Virtuelle Realität ermöglicht auf der einen Seite die Förderung der Handlungsfähigkeit, während sie auf der anderen Seite mögliche Szenarien für eine Weiterentwicklung der Prozesse, Techniken und Strukturen in Natur und Gesellschaft als hypothetische Möglichkeiten entwickelt, abhängig von der Wahl des Modells, seiner Parameter und der Ausgangsbedingungen. Wissend um diese Unterschiede und Voraussetzungen sind Technik-basierte virtuelle Realitäten eine wichtige Bereicherung menschlichen Denkens und menschlicher Erfahrung. Sie haben den Horizont des Denkens und Umgehens mit Möglichkeiten erweitert unter Einbezug iterierter Möglichkeiten bis hin zu dynamischen Möglichkeiten, die eine Reflexion über andere Welten erlauben.

Dieses alles mag Anlass zur Hoffnung geben, die Harmonie in unserer virtuellen als auch in unserer Lebenswelt werde sich vergrößern. Tatsächlich fordert Hans Jonas' *Prinzip der Verantwortung* gerade diese Art modaler Reflexion über Möglichkeiten. In seiner modaltheoretischen Formulierung lautet sein Grundsatz: „Handle so, daß die Wirkungen deiner Handlung nicht zerstörerisch sind für die künftige Möglichkeit solchen [echten menschlichen] Lebens". (Jonas 1979/1984: 36)

7. Erträge

Nimmt man all die hier herausgearbeiteten Elemente zusammen, so zeigt sich, dass Technik keinen isolierten Bereich technischer Möglichkeit aufspannt, sondern konstituiert wird durch die Verbindung verschiedener Anteile, wie sie in Abb. 7.1 zusammengefasst sind, wobei die Kreise jeweils als Inklusionen zu verstehen sind: Die logischen Modalitäten bestimmen alle weiter innen liegenden Modalitäten, entsprechend die physischen Modi, und so fort. Unter Voraussetzung der aristotelischen logischen Modalitäten und der megarischen semantischen Modalitäten (nämlich der Funktionserfüllungs-Notwendigkeit N_f) folgen solche der Physis (naturgesetzliche Möglichkeit M_{ph}), der Erkenntnis (elementare und theoretische technische Möglichkeit M_t) und der Gesellschaft (als wirtschaftliche, ressourcenbedingte Machbarkeit), verbunden mit deontischen Modalitäten (moralische und legale Zulässigkeit M_d). Die beiden Letztgenannten reichen dabei in die Ebene von Mehrfachmodi, erstere, indem iterierte Modalitäten wie die Möglichkeit der Möglichkeit etc. einbezogen werden, letztere, weil dort die technische Modalität mit normativen, vor allem ethischen, also deontischen Modalitäten, in Handlungsmodi wie der Sachgesetzlichkeit verbunden wird. Innerhalb jeder dieser Modalebenen gelten die einleitend dargestellten formalen Zusammenhänge – nun aber bezogen auf konkrete Inhalte.

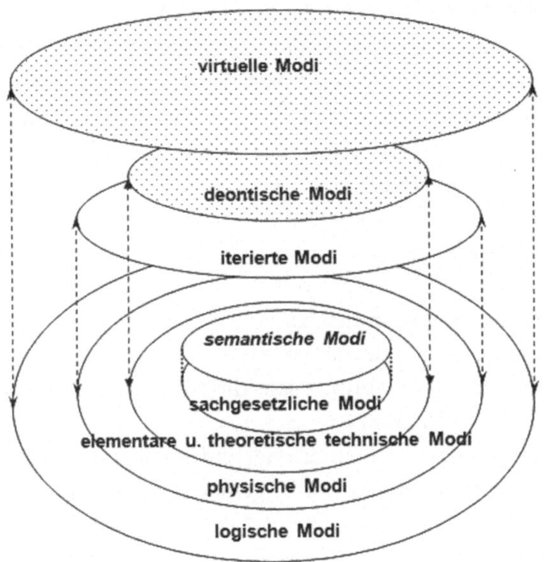

Abb. 7.1: Modalitätenschema

Die unterschiedenen Bereiche und Ebenen gehen alle zugleich in technologische Überlegungen der Technikwissenschaften ein. Dabei wird eine stete Querverbindung zwischen ihnen hergestellt. So bildet die Verwirklichbarkeit die Brückenmodalität zwischen der epistemischen Denkbarkeit und der ontologischen Wirklichkeit. Die Modalität der Sachgesetzlichkeit als soziale Möglichkeit hat die Brücke zwischen technologischer Möglichkeit, situativer Wirklichkeit und normativer Möglichkeit zu schlagen. Darum umgreifen technologische Kategorien weit mehr als ein positivistisches Wirklichkeitsverständnis, denn sie müssen Möglichkeiten und Funktionen, Zwecke und Ziele, Zukunftsperspektiven und normative Horizonte einbeziehen. Nicht Technik als solche ist es, die den Menschen vom Tier unterscheidet, sondern dieser weite Umkreis eines modalen, kreativen und an selbstgesetzten Zielen orientierten Denkens und Handelns.

Dennoch bleibt das philosophische Problem der Grundlage der Verwirklichbarkeit einer Möglichkeit noch offen. Die Platonische Lösung hängt von zu weitreichenden metaphysischen Voraussetzungen ab. Die pragmatische Haltung, die man hinter dem hier eingeschlagenen Weg vermuten könnte, wäre nichts anderes als eine Überzeugung, aber kein Argument; doch mag man sie im Sinne Nicolai Hartmanns Aufbau der Ontologie verstehen – nämlich als die Freilegung von Bedingungen, die sich in der Erfahrung zeigen. Die kulturhistorische Sicht, für die Cassirer zu argumentieren scheint, kann für sich genommen nicht der Schlüssel sein. So zeichnet sich folgende Lage ab: In der Tat sind Menschen kreativ, wir haben die Welt durch ganz neue Substanzen, Artefakte, Prozesse und Netzwerk-Systeme erweitert, und in der Tat vermögen wir in Möglichkeiten sowie in Möglichkeiten von Möglichkeiten denken. Wir können dies, indem wir unterschiedliche formaler Strukturen für unterschiedliche Modalitäten heranziehen und überbrücken. In der Tat sind die Modalitäten nicht reduzierbar auf nicht-modale Konzepte. Um all dies zu erklären, müssen wir die Voraussetzungen vergrößern wie Kant es tat, als er die Kategorien als die unverzichtbaren Bedingungen a priori der Erkenntnis sah, die zugleich die Ontologie durch das Erkenntnissubjekt konstituieren.

Kants System ist bekanntlich zu eng und hat keine Flexibilität. Doch hat Whitehead einen fruchtbaren Vorschlag gemacht, als er von der kreativen Entwicklung von Gedankenschemata in der Geschichte der Ideen sprach: Unsere philosophischen Systeme spiegeln diese Kreativität geradeso wie die Erfindung mathematischer und logischer Strukturen im 20. Jahrhundert. Hierin sollte man den Grundstein für die Entwicklung der Modalkategorien als kreative Erfindungen des menschlichen Geistes sehen, die im Handeln, im Denken in Mitteln und Zwecken, mit Projektionen in die Zukunft und in der Reflexion über all diese Elemente miteinander verwoben sind. Diese intellektuelle Entwicklung hat ihre Parallele im Handeln: Der Weg führt vom natürlichen Material, als Werkzeug gebraucht, über die Herstellung von Werkzeugen, die Teilung der Arbeit und so fort bis hin zu modernen technischen Systemen. All dies ermöglichte die Entwicklung dieser neuen Gedankenschemata – in und außerhalb der Technik. Die grundlegende Voraussetzung besteht also in den anthropologischen Voraussetzungen der Technik: Das Mängelwesen, das Platon wie Kapp im Auge hatte, ist, positiv gewendet, nicht vollständig durch Instinkte festgelegt. Daher sind Menschen frei, wie Herder sagt, sie sind von einer Offenheit, die Gehlen als Weltoffenheit gekennzeichnet hat, und sie sind kreativ, wie Whitehead dies für die ganze Natur voraussetzt. Heutige Komplexitätstheorien lassen sich in ihrer Verwendung bei der Beschreibung biotischer und sozialer Systeme sowie der Strukturen unseres neuronalen Netzes als Unterstützung heranziehen: Die mathematische Struktur zeigt, dass diese sozialen und neuronalen Systeme neue Ordnungsstrukturen entwickeln können. Die mathematischen Strukturen – die wir brauchen, um diese Aussagen machen zu können – sind das Ergebnis der formalen Kreativität bezüglich der Strukturen und des kreativen Denkens bezüglich der technischen Möglichkeiten, von denen die Computer und ihre Software als deren Ergebnisse zeugen. Doch in unseren Vorstellungen von Wirklichkeit, in unserer Begrifflichkeit, mit der wir sie erfassen, geradeso wie in unserer praktischen Handlungserfahrung, wird immer schon die Brücke von der Wirklichkeit zur Möglichkeit geschlagen: Dispositionen geradeso wie Funktionen erweisen sich als solche selbstverständlichen Synthesen. Dieses Denken hat insbesondere mit den neuen Informationstechnologien eine überaus bedeutsame kategoriale Weiterung im Modalbereich erfahren. Ein Denken, das Dispositionen, Potenzen, Materialkonstanten kennt und dauerhafte Eigenschaften in die Zukunft verlängert, das Möglichkeiten von Möglichkeiten systematisch zu entfalten vermag, findet im darin schon angelegten *fiat* seine handlungsgegründete Ergänzung als Verwirklichung des Möglichen.

8. Technikentwicklung – Provolution statt Evolution

1. Technik und Evolution

Die Evolutionstheorie hat die letzte Bastion der Finalität in den Naturwissenschaften geschleift und durch ein Modell einer Dynamik ohne vorgegebenes Ziel und ohne vorgegebenen Zweck ersetzt: Es bedarf keines Schöpfers, der in weiser Voraussicht die biologische Entwicklung geplant und erschaffen hat. Wie aber steht es um die Technikentwicklung, die vielfach als Evolutionsprozess gesehen wird, und wie verträgt sich das mit dem Gedanken, die Wurzel der Technik sei auf Finalität beruhende menschliche Kreativität, sei Produkt des Homo creator? Eine scheinbar randständige Frage rückt damit ins Zentrum.

Vor zweihundert Jahren wurde Darwin geboren – Zeitungen und Fernsehen berichten über seine Ideen fast täglich; aber das erklärt nicht, warum sich seine Evolutionstheorie ausbreitete und zunächst als Sozial-Darwinismus auf die Gesellschaft, später und bis heute auf zahlreiche Phänomene bezogen wird, nämlich auf die Kultur wie die Religion bis hin zur Ausbildung einer Evolutionären Ethik und Evolutionären Erkenntnistheorie; einen Überblick gibt Chris Buskes (2006/2008). Warum ist es so faszinierend, ein Modell der Biologie in großer Breite fast überall aufzunehmen? Bis zum 17. Jahrhundert wurde Geschichte als eine Folge kontingenter Tatsachen verstanden, die als solche jede Art der Erklärung ausschloss. Doch damals wurde offensichtlich, dass die Erde eine Geschichte hat, weshalb sich die Geschichte der Natur von einer bloßen Aufzählung und Beschreibung unabhängiger Tatsachen unterscheiden musste. Das Verständnis von Geschichte änderte sich damit grundlegend. So ist das 18. Jahrhundert die erste Periode, in der Werke beispielsweise zur Geschichte der Philosophie verfasst wurden, die versuchten, eine Verknüpfung zwischen den aufeinander folgenden Positionen herzustellen. Doch zugleich wird das Grundproblem sichtbar: Wie lässt sich der Zufall bändigen, wie kann man Ordnung in Kontingentes hineintragen, um eine Orientierung auch hier zu gewinnen? Eine Prägung Hermann Lübbes aufnehmend kann man dieses Anliegen als Kontingenzbewältigung bezeichnen. Er bezieht diesen Begriff auf die Religion; doch seine Analysen der Technikevolution lassen die Übertragung fraglos zu (Lübbe 1990: 131 u. Kap. 9, Technische Evolution als Faktor der Selbsthistorisierung unserer Zivilisation).

So war das Erfordernis offensichtlich, eine theoretische Möglichkeit zu finden, historische Prozesse zu verstehen: Alle dynamischen Prozesse haben eine Geschichte und bedürfen deshalb einer Art Erklärung. Kausale Modelle erwiesen sich jedoch als zu eng und scheiterten, wohingegen andere Ansätze tiefgehende metaphysische oder ideologische Annahmen machten – man denke an Hegel oder Marx, Spengler oder Toynbee. Die Voraussetzungen einer darwinistischen Evolution schienen hingegen ein annehmbares Angebot zu sein, eine Ordnung im Kontingenten einzuführen, selbst wenn Darwin grundsätzlich unvorhersehbare Änderungen annimmt, die Mutationen oder Variationen: Mit diesem Zufallselement war ein Sinnverlust der Geschichte verbunden; die einzige Tröstung bestand und besteht auch heute noch für viele darin, dass der Evolutionsweg meist als Höherentwicklung und Fortschritt gedeutet wird. So breitete sich das Modell aus, um in sehr verschiedenen Feldern Verwendung zu finden. Das mag der Grund sein, weshalb das Konzept einer *Kulturevolution* weithin akzeptiert ist. Doch demgegenüber wird die Frage fast vernachlässigt, ob es Sinn hat, in einer prägnanten Form von einer *Technikevolution* zu sprechen, noch dazu da der technische Fortschritt heute als ambivalentes Phänomen gesehen wird.

Wählen wir drei Beispiele, beginnend mit einem aus dem Bereich der *Konstruktion*, nämlich drei Steinbrücken aus drei Jahrtausenden, etwa die aus großen Felsen aufgetürmte mykenische Steinbrücke bei Nauplia um 1700 v. Chr., dann die römische Bogenbrücke über den Tiber, die Ponte Fabricio aus dem Jahre 62 v. Chr., deren Bögen dank der etruskischen Technik mittels keilförmiger Steine errichtet wurden statt eines Pseudogewölbes wie noch die mykenischen Gräber; und vergleichen diese wiederum mit der eleganten türkischen Lösung der Alten Brücke von 1566 in Mostar, die 1993 zerstört und vor einigen Jahren wieder aufgebaut worden ist: Hier sind über die Jahrhunderte sowohl die Funktion als auch das Material konstant geblieben, hingegen hat sich die Bautechnik geändert. – Betrachten wir nun die Entwicklung von *Werkzeugen* des *tool making animal*, und sehen uns Messer an von der Steinzeit über Bronze- und Eisenzeit bis zum heutige Tage: Die Entwicklung vom geschäfteten Feuerstein über die gegossene Bronze zum geschmiedeten Stahl ist offensichtlich. Dabei ist die Funktion erhalten geblieben, hingegen hat sich das Material und damit auch die Herstellung geändert. – Oder schauen wir schließlich in ein Technikmuseum – etwa für Autos als ein Beispiel einer *Maschine* des Homo creator: Sofort sehen wir, dass es eine Art Evolution vom aller ersten Augenblick bis jetzt gegeben hat. Man denke an das erste Automobil von Carl Benz, der vor mehr als einem Jahrhundert einen Otto-Motor in einen Pferdekutschwagen gebaut hatte, und vergleiche es mit einem neuen Mercedes der E-Klasse: Es ist immer noch ein Auto, doch es hat tausende von Mutationen erfahren: Seine Materialien haben sich völlig verändert, die Technik wurde fortentwickelt, seine Funktionen vom sportlichen Herrenfahrzeug zum Reisegefährt für den Geschäftsmann verkehrt, ein Hybridantrieb ist der nächste Schritt, und so fort.

Kaum jemand würde daran zweifeln, es sei unmittelbar zu sehen, dass Technikentwicklung, wie sie in diesen Beispielen dokumentiert ist, einer darwinistischen Art der Evolution folgt. So könnte man Linien der Entwicklung entwerfen, recht ähnlich jener berühmten Darwinschen Zeichnung, die wie die Zweige eines Strauches aussehen. Außerdem zeigen die Beispiele, dass es plötzliche Variationen oder Mutationen, abhängig von neuen und unerwarteten, unvorhersehbaren Erfindungen gegeben hat; und als nächsten Schritt beobachten wir eine Selektion als ein Prozess, der auf dem Markt weitergeht: Käufer akzeptieren das neue Modell oder weisen es zurück, mit der Folge, dass es für eine Weile erhalten bleibt oder aber vom Markt verschwindet, ausstirbt wie Organismen. Das gilt bereits für Steinwerkzeuge aus Obsidian von Sizilien, die in der Steinzeit überall um das Mittelmeer vertrieben worden waren, bis Bronze aufkam. Mithin scheint die Technikentwicklung eindeutig eine Art darwinistische Evolution zu sein. Trifft das zu?

Hier soll die These entwickelt werden, dass Technikentwicklung keineswegs nach dem Modell einer Bio-Evolution verstanden werden kann, weil sie trotz gewisser Analogien eine grundsätzlich andere Struktur aufweist, die späterhin – einem Vorschlag von Kai Weiß folgend – als *Provolution* bezeichnet werden wird.

Obgleich es wichtig ist die Technikdynamik zu verstehen, gibt es bislang nur eine kleine Zahl von Werken zur Technikevolution, etwa von George Basalla (1989) und John Ziman (2000). Einen breiten Überblick über Theorien des technischen Fortschritts vermittelt Johan Hendrik Jacob van der Pot (1985). Verwandte Positionen, darunter knapp auch die Technikevolution, werden behandelt von Jon Elster (1983). Die Antwort scheint nicht einfach zu sein; so geht es zunächst darum, die unterschiedlichen Auffassungen darzustellen und gegeneinander abzuwägen, um darauf aufbauend einige Elemente aufzunehmen und zu einem Vorschlag zu integrieren. Dabei geht es nicht allein um ein Modell zum besseren Verständnis der Technik und ihrer Geschichte durch Kontingenzbewältigung, denn handelte es sich bei der Technik um eine autonome Evolution, würde man eine Art inneren dynamischen Entwicklungsprozess akzeptieren müssen, der eine Steuerung durch vernünftige und moralische Entscheidungen ausschließt. Deshalb geht es um ein bedrückendes Problem, weil unsere ganze

Lebensweise geradeso wie die Lebensbedingungen künftiger Generationen von der Technik und ihrer Entwicklung abhängen.

Zunächst ist zu klären, was unter *Technik* und unter *Evolution* zu verstehen ist. Erinnert sei an die Technik-Definition von Tuchel, die als wesentliche Elemente der Technik hervorhebt, dass es um Artefakte und Prozesse geht, um individuelle wie gesellschaftliche Bedürfnisse, um Elemente des Schöpferischen und des Konstruktiven, um Zweckorientierung und Weltgestaltung. Darin zeigen sich bereits die großen Unterschiede im Vergleich zur Biologie, denn dort gibt es keine Artefakte (oder nur erzeugt durch die Medizin- und insbesondere durch Gen-Technik), keine Bedürfnisse (so lange wir ‚survival of the fittest‘ oder das ‚egoistische Gen‘ nicht als eine Art Bedürfnis sehen), keine Kreativität (wenn wir metaphysische Positionen wie Whiteheads Prozess-Philosophie ausschließen, die der Natur Kreativität zuschreibt), und keine Ziel-Orientierung (so lange wir religiöse Interpretationen der Genesis weglassen). Deshalb muss von einer Evolution der Technik zu sprechen in sehr abstrahierender Weise geschehen, wenn es denn überhaupt sinnvoll ist.

Nun ist zu klären, was unter *Evolution* verstanden wird. Auch hier gibt es wie bei ‚Technik‘ einen breiten Gebrauch des Wortes, von einer bloßen Entwicklung über eine, die mit Fortschritt verbunden ist, zu Sichtweisen der Biologie, die durch Lamarck eine Schema-Gestalt erhielt, um dann im darwinistischen Schema zu münden, das seinerseits in der Anwendung außerhalb der Biologie zahlreiche Mutationen erfuhr. Alle diese Modelle haben bekanntlich drei wesentliche Elemente gemeinsam:

1. Eine unvorhersehbare, nämlich kontingente oder sogar blinde *Mutation* oder Variation eines Gegenstands als eine Änderung innerhalb einer gegebenen Struktur, so dass es zu einer neuen und bisher unbekannten Struktur oder Eigenschaft kommt.
2. Dieser Mutation folgt eine *Selektion* gemäß einem Optimierungsprinzip.
3. Um sicherzustellen, dass es relativ stabile Strukturen gibt, muss es eine Art Wiederstabilisierung oder *Retention* geben.

Vorauszusetzen sind hierbei

4. ontologisch gesehen *Möglichkeiten* von zweierlei Art, nämlich
   – Mutations-Möglichkeiten innerhalb einer gegebenen Struktur, und
   – Selektions-Möglichkeiten unter gegebenen Mutanten;

5.   erkenntnistheoretisch gesehen *Begriffe, die fortdauernde Entitäten bezeich-
      nen* (nicht nur Organismen wie ‚Säugetier', sondern auch für Artefakte wie
      Messer, Autos, Brücken), die uns erlauben, einen Zusammenhang zwischen
      den veränderten Mutanten zu etablieren.

Die Differenzierungen können auch anders vorgenommen werden; so hat
Campbell (1965/1969) die Begriffe ‚blind variation' und ‚selective retention' eingeführt; er zieht also die Punkte 2 und 3 zusammen. Seine Sicht wird oft als
BVSR-These bezeichnet. Für die hier verfolgten Zusammenhänge ist jedoch eine
Trennung hilfreich. Dabei ist zweierlei entscheidend: Zum einen handelt es sich
bei der Trias Mutation / Selektion / Retention um eine inhaltliche Unterscheidung, die zugleich eine zeitliche, aber nicht-kausale Abfolge bezeichnet; in diesem Sinne sind die drei Elemente *unabhängig* voneinander. Zum anderen ist die
Voraussetzung eines *ontischen Zufalls* für das Auftreten einer Mutation unverzichtbar. Damit sind weitreichende Bedingungen verbunden, die nicht unter-
schlagen werden dürfen:

–   Trotz der Zufälligkeit und der Unabhängigkeit der Elemente werden diese
     als Teile eines *Ordnungssystems* gesehen. Dabei gilt keineswegs jede Verän-
     derung bereits als Mutation, sondern nur eine solche Variante, die auf eine
     mögliche Selektion bezogen ist; umgekehrt ist eine Selektion nicht irgendei-
     ne positiv/negativ-Separierung, sondern nur eine solche, die durch eine Mu-
     tation veranlasst ist. Es geht also, wie Niklas Luhmann (1997, T.1, Kap. 3,
     Evolution: 451) hervorhebt, erkenntnistheoretisch gesehen bei Mutation, Se-
     lektion und Retention „um korrespondierende Begriffe, die außerhalb der
     Evolutionstheorie keine Verwendung haben". Insofern erfährt die Unab-
     hängigkeit der Mutation von der Selektion eine system- oder modellbezoge-
     ne Eingrenzung, die es jeweils auszuweisen gilt.
–   Entscheidend ist hierbei die Form der Zufälligkeit. Sie wird nicht als ein
     bloßer Wissensmangel verstanden (wie dies beim Wahrscheinlichkeitsbe-
     griff der klassischen Thermodynamik angenommen wurde), sondern als ei-
     ne prinzipielle Unbegründetheit, also als ein *ontischer* Zufall: Dieses ist die
     tiefliegende metaphysische Voraussetzung aller Evolutionstheorien, denn
     entgegen aller Tradition, die einen nach Gründen und Gesetzen geordneten
     Kosmos annahm, müssen Zufallsereignisse als konstitutives Element des
     Weltaufbaus anerkannt werden. Man mag das abschwächen und daran fest-
     halten, dass es nicht um Ursachlosigkeit geht, sondern um eine systemspezi-

fische Unauflösbarkeit; doch eingedenk der Mahnung Kants, dass die Bedingungen der Möglichkeit der Erkenntnis zugleich die Bedingungen der Möglichkeit der Gegenstände der Erkenntnis sind, führt solche Abschwächung nicht aus der Voraussetzung einer ontischen Zufälligkeit heraus. Vielmehr zeigt sich auch hier das Erfordernis, den System- oder Modellbezug aufzuweisen bis hin zu den ontologischen Voraussetzungen.

Modelle der Evolution dienen der Kontingenzbewältigung, gerade weil sie dem Zufall einen systemspezifischen Platz zuweisen (Poser 2007c). Nun ist ‚Evolution‘, als Metapher gebraucht, hilfreich, wenn es gelingt, das Bild zu einem Modell zu erweitern und zu schärfen. Metaphern und Analogien besitzen drei Arten von Elementen (vgl. Hesse 1963/1966),

- solche, die das Positive einer strukturellen Entsprechung beider Seiten beinhalten,
- solche, die ausgeschlossen sind, sozusagen die „Negativ-Analogien", von Ziman (2000: 5f) als „disanalogies" bezeichnet, und
- neutrale Elemente, die einer weiteren Untersuchung bedürfen.

Fragen wir uns also, welche Elemente des Darwinschen Modells im Blick auf die Technik zur positiven Seite gehören. Gewiss sind dieses Mutation und Selektion, die zu einer dynamischen Struktur führen, welche wiederum einer Stabilisierung als Retention bedarf. Doch gilt es zu bedenken, dass das Darwin-Modell in der Biologie als Neo-Darwinismus oder als Synthetische Evolutionstheorie selbst mehrere Veränderungen erfahren hat. Dazu zählt an erster Stelle, dass sich alle Mutationen auf dem elementarsten Niveau der Gene, dem Genotyp, abspielen; an zweiter Stelle finden wir viele Evolutionsmodelle, die durch große Unterschiede in den Selektionsprinzipien auf der Ebene des Phänotyps gekennzeichnet sind.

Die Negativ-Analogien im Blick auf die Technikevolution sind offensichtlich – nämlich rein biologische Eigenschaften wie Sexualität, Selbst-Reproduktion, Bevölkerung, Genom, Phänotyp usw. Darum wird sich die Frage stellen, ob die Analogie von Technikentwicklung und Bioevolution zu Recht vertreten wird – und wenn ja, welche Bedeutungsveränderungen im Sinne der neutralen Anteile an den Grundbegriffen Mutation, Selektion und Retention vorzunehmen sind, um dem Phänomen Technik gerecht werden zu können.

Beim Vergleich mit der Bioevolution zeigt sich bereits, worin die Schwierigkeiten bestehen könnten:

- Was ist eine *Mutation* bezüglich der Technik? Genauer: Was ist der Gegenstand der Evolution? Ist es ein materieller Gegenstand als ein neues Artefakt – oder ist es etwas davon völlig Verschiedenes, nämlich die neue Idee, die neue Erfindung, d.h. etwas in der Einbildungskraft, oder ist es gar erst die Änderung in der Gesellschaft, die mit einer Technik verbunden ist? Und welches sind die dahinter liegenden *Möglichkeiten*? Das ist eine *ontologische Frage*.
- Ist eine technische Idee, Erfindung oder Neuerung etwas *Blindes*, Unerwartetes, wie dies für biologische Mutationen gilt? Und was ist technische *Kreativität*? Das ist eine *erkenntnistheoretische Frage* nach dem Status des Zufalls.
- Was sind die *Kriterien* der Selektion, was ihre Gegenstände und wie wirken die Selektions-Mechanismen? Betreffen die Selektionskriterien die Erfindung – also die Invention –, die nachfolgenden Entwicklungsschritte, den Prototyp oder gar erst die Innovation, also die Markteinführung? Das ist eine *normative Frage*, die zugleich der strukturellen Beziehung zwischen Mutation und Selektion gilt.
- Was sind die *Kräfte* hinter der Technikentwicklung? Hängen sie von individuellen oder sozialen Bedürfnissen ab? Sind sie mit den Selektionskräften identisch? Diese Fragen zielen auf eine Erklärung der Dynamik der Technikentwicklung – nicht nur als eine Frage der Geschichte, sondern auch in systematischer Hinsicht bezüglich der Wechselwirkung von Individuen und Gesellschaften, die die Technik und ihre Mutationen bewirken.

Das Vorgehen wird nun folgendes sein: Zunächst sollen Gründe benannt werden, warum die Idee einer Technikevolution irreführend sein könnte. Sie sollen positiv gewendet dazu dienen, die Unterschiede zur Bioevoluition in einem Modell der Technikentwicklung – der Provolution – festzuhalten. Im zweiten Schritt geht es um mehrere Vorschläge für Modelle der Technikevolution. Den Abschluss soll eine Zusammenführung zu einem Vorschlag für ein Modell der Provolution bilden.

2. Gründe für die Zurückweisung einer quasi-biologischen Technikevolution

Es gibt viele Unterschiede zwischen der Bioevolution und der Technikentwicklung, die verständlich machen, dass es nicht sehr nützlich sein mag, eine der darwinistischen analoge Technikevolution zu modellieren:

– Die Bioevolution hängt von Sexualität und von der Selbstreproduktion einer Art ab – was für die Technik anzunehmen sinnlos ist.
– Es gibt in der Technik keine Entsprechung zu den Genen als einfachsten Bausteinen.
– Im Gegensatz zu Organismen sind Artefakte keine zufälligen Produkte, sondern absichtsvoll geplante Gegenstände, abhängig von Wissen und Erfahrung.

Damit wird deutlich, dass sich eine Technikentwicklung wesentlich von der Bioevolution unterscheiden wird. So könnte von einer technischen oder sogar einer kulturellen Evolution im darwinistischen Sinn zu sprechen eine *schlechte* Metapher sein. Vielleicht hat es in früheren Zeiten Zufalls-Erfindungen gegeben – aber seit Jahrhunderten ist eine Erfindung in den meisten Fällen kein blindes Ereignis, denn selbst die Neu-Kombination von alten Elementen erfolgt unter der Perspektive von Zielen. Es gibt heute kaum eine blinde technische Mutation oder Variation – sie hängen von zielgerichteten Intentionen und Entscheidungen ab, selbst wenn zufällige Erfindungen mitspielen. Die Konstruktionsgeschichte ist in Theorie und Praxis der beste Beleg hierfür: Es wäre sinnlos, von Konstruieren im Sinne der Tuchelschen Definition zu sprechen, wenn nicht eine ziel- und zweckgerichtete Absicht dahinter stünde. Der zentrale Punkt besteht darin, dass im Unterschied zur Bioevolution bei der Technikentwicklung Veränderungen (also Mutationen) in den meisten Fällen mit der Selektion und der Retention funktionell über Ziele verbunden werden. So wohnt dem ganzen Entwicklungsprozess eine Art Vernunft inne, die die zentralen Elemente einer darwinistischen Evolution ausschließt. Das ist die Position von fast allen, die eine Technikbewertung verteidigen.

Ein weiterer Punkt mag verdeutlichen, dass auch die Struktur der Technikentwicklung ganz anders beschaffen ist als jene Bio-Evolution, die Darwin zu der bekannten Baum-Darstellung der Entwicklung geführt hat: Wenn einmal eine Trennung der Arten erfolgt ist, kann es sehr bald nicht mehr zu einer Rekombination kommen (oder sie bleiben wie beim Maultier ohne weitere Nachkommen). Das aber verhält sich bei der Technik vollkommen anders. Bezüglich kultureller Artefakte hat dieses Alfred L. Kroeber (1948: 260) in einer plakativen Skizze zum Ausdruck gebracht (Abb. 8.1), denn die Entwicklungszweige streben nicht etwa ständig auseinander, sondern verwachsen zu etwas gänzlich Neuem. Als Beispiel für die Technikentwicklung verweist Basalla (1985: 138) auf die Verbindung des Zweigs des Verbrennungsmotors mit dem der Pferdekutsche, wie dieses Benz mit dem Otto-Motor tat, was zum Motorrad, zum Auto und zum Lastkraftwagen führte. Heute mag man das angesichts der Suche nach anderen Antriebsformen weiterführen, denn diese Fahrzeuge werden zunehmend mit Elektroantrieb versehen. Damit zeigt sich, dass es – wie auch Basalla hervorhebt – keinen Sinn hat, allenthalben in der Technikentwicklung nach Parallelen zur Bio-Evolution zu suchen; oder radikaler formuliert: Wir stoßen hier auf einen sehr eindrucksvollen Fall der negativen Analogie, denn die Verknüpfung bislang separater Artefakt- und Prozessformen zu Neuem bildet fraglos das zentrale Element der Technikentwicklung.

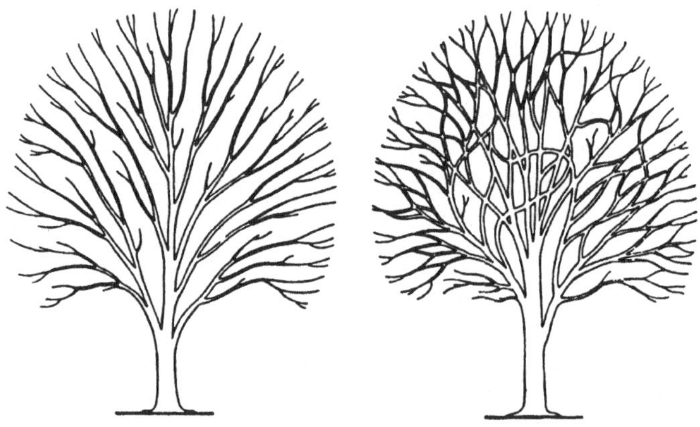

Abb. 8.1: Stammbäume nach Alfred L. Kroeber

3. Am Artefakt orientierte Modelle der Technikevolution

Entgegen der skizzierten ablehnenden Haltung gibt es sehr wohl bemerkenswerte Modelle der Technikevolution, die von den Artefakten ausgehen. So haben mehrere bekannte Autoren die Technikevolution als unmittelbare Fortsetzung der Bio-Evolution gesehen, beispielsweise Stanislaw Lem (1964/1976: 30), der ausdrücklich von einer „morphologischen Analogie zwischen der Dynamik der Bio- und der Technoevolution" spricht. Oder Serge Moscovici (1968/1982: 57), der die Geschichte der Technik als eine Fortsetzung der Geschichte der Natur begreift. Den eben dargestellten Schwierigkeiten entgehen sie, weil sie eine rein mechanistische Evolution – etwa eine autonome Roboterentwicklung – annehmen. Das alles ist jedoch eingebettet in Science fiction.

Betrachten wir stattdessen zwei Modelle, die ebenfalls von der Artefaktentwicklung ausgehen. Das erste entstammt der Biophysik – als Vertreter wähle ich Rudolf Reichel (2002; 2006). Er sucht zu zeigen, dass ein darwinistisches Modell auf die Technikentwicklung angewendet werden kann. Dabei versteht er Technik als ‚zweite Natur' und sieht eine bedeutende Analogie zwischen Bio- und Techno-Evolution. Es würde zu weit führen, das hier im Einzelnen darzulegen; es mag genügen anzumerken, dass diese Analogie die Artefakte in eine komplexitätstheoretische Perspektive und in die Entropie-Problematik einbettet. Damit sind allerdings zwei bedeutsame Punkte übertragen; denn zum einen verlangen Artefakte Energiezufuhr – sie können wie Lebewesen nur jenseits eines thermodynamischen Gleichgewichts existieren. Zum anderen sind beide in ihren Abläufen geradeso wie gesellschaftliche Prozesse als komplexe Systeme zu sehen, also als Systeme mit Bifurkationen, die zu einem nicht prognostizierbaren Fortschreiten (die Mutation) auf dem einen oder dem anderen möglichen Zweig führen, während es zu Stabilisierungen (als Retention durch Selektion) in nicht vorhersehbaren Strange attractors kommt: Der ontische Zufall hat damit in der so gesehenen Technikentwicklung einen Platz gefunden. Von den Selektionskriterien wird dabei angenommen, dass sie sich „im Prinzip aus der Thermodynamik bzw. der allgemeinen Evolutionstheorie ableiten" lassen (Reichel 2002: 84). Dieser durchaus interessante Ansatz erfasst jedoch in seiner Nähe zu den Naturwissenschaften allerdings fraglos nur *eine* Seite der Technik: Er betrachtet Artefakte losgelöst von ihren Entwicklungsprozessen. Seine Theorie wäre also die angemessene Basis für jene rein mechanistische Evolution, die Lem und Moscovici beschwören. Reichel klammert damit all jene Leistungen aus, die vom tool making animal bis zum homo creator dem Menschen und damit aller Technik, wie wir sie kennen, zugesprochen werden.

Als zweites sei die rein ökonomische Sichtweise von Technik herangezogen. Sie geht zurück auf Josef A. Schumpeter (1939/1961: 15) und seine Zyklentheorie der wirtschaftlichen Entwicklung, die in ihren heutigen mathematischen Marktmodellen ebenfalls von Komplexitätstheorien Gebrauch macht. Für Schumpeter ist eine *Invention*, also eine Erfindung – kontingent in ihrem Inhalt – gänzlich unwichtig; nur dann hat sie Bedeutung, wenn sie in entwickelter Form zu einem verkäuflichen Artefakt führt, das als *Innovation* auf den Markt gebracht wird. Man bedenke, dass 95% aller Patente nie von der Industrie aufgegriffen werden, sondern nur von den Technikhistorikern: Diese Selektion der Patente ist aus ökonomischer Sicht unwichtig, weil die „echte" Selektion auf dem Markt geschieht. Es ist also allein das innovative Artefakt, das berücksichtigt wird, und zwar – gesehen in einer Evolutionsperspektive – als eine Mutation auf dem Markt. Die nachfolgende Selektion kann stark durch Werbung beeinflusst werden, woraus hervorgeht, dass für die Neuentwicklung keine wirklichen Bedürfnisse bestehen, sondern erst herbeiführt werden müssen (was zugleich zeigt, dass sich Bedürfnisse erzeugen lassen). Die Selektion erfolgt durch den Verbraucher, und dies bedeutet im positiven Fall das Überdauern des Artefakts auf dem Markt, also die Retention. Hier könnte ein Evolutions-Modell durchaus hilfreich sein: In der Tat versuchen die Unternehmen ihre neuen Prototypen bis zur Markteinführung geheim zu halten, so dass die Innovation für die Kunden ein unverhofftes Ereignis des Auftreten eines neuen Artefakts ist. Zugleich machen Unternehmen große Anstrengungen, deren Wahl zu manipulieren, wissend, dass ihre eigene Firma sterben könnte, wenn das Artefakt durch Selektion stirbt.

Zusammengenommen aber zeigt sich, dass diese beiden Modelle nicht zu einer Begründung der Technikentwicklung taugen, nicht zuletzt, weil als Gegenstand der Mutation allein die Artefakte – im ersten Beispiel als materielle Gegenstände, im zweiten als innovative Marktobjekte – berücksichtigt werden, so dass Ideen und Intentionen ausgeschlossen sind. Gibt es etwa einen Markt für Brücken, Tunnel, Staudämme? Und wie steht es um den Markt der Ideen, Patente und Software, kurz, von Informationen? So könnte Schumpeters Ansatz für Markt-Mechanismen von Interesse sein; als Grundlage einer allgemeinen Theorie der Technikevolution ist er zu eng. Das aber gilt auch für Reichels biophysikalisches Modell, weil in ihm neue Ideen, intentionale und kulturelle Elemente keinen Platz finden.

4. Popper, Campbell und das Modell einer Lamarckschen Evolution

Ein attraktiver Vorschlag, der sich gerade nicht auf Artefakte bezieht, sondern zunächst auf die Wissenschafts- und Kulturentwicklung, geht zurück auf Karl R. Popper und Donald T. Campbell. Dabei gilt es festzuhalten, Kultur immer in ihrer Doppelheit von immateriellen und materiellen Anteilen zu verstehen, also Technik in ihrer Theorie und in ihren Artefakten einzubeziehen, auch wenn das Schwergewicht bei Popper wie Campbell deutlich auf der Wissenschafts- und Wissensseite und damit beim immateriellen Anteil liegt. Den Hintergrund bildet bei beiden ihre evolutionäre Erkenntnistheorie, wonach die Erkenntnis im Fortschreiten von alten zu neuen Problemen durch das Verfahren von Vermutung und Widerlegung, durch trial and error wächst – was Popper (1972/1973: 285 u. 288) zufolge in den Wissenschaften als Selektion über die „natürliche Auslese von Hypothesen" erfolgt. Campbell (1974b: 413) formuliert in bemerkenswerter Weise: „Evolution – auch in ihren biologischen Aspekten – ist ein Wissensprozess", der eine Verallgemeinerung auf „Lernen, Denken, Wissenschaft" zulässt; darum sei hier erlaubt hinzuzufügen: auch auf die Technik und ihre Entwicklung.

In seinen Überlegungen beschäftigt sich Popper in erster Linie mit der Selektion als einem rationalen Prozess von Versuch und Irrtum, während Campbell auch die Mutation einbezieht – aber, und dies ist bedeutsam, nicht im Darwinschen, sondern im Lamarckschen Sinn: „Das Modell Blinde-Mutation-und-Selekive-Retention scheint unangemessen", wie Lamarckianer hervorgehoben haben (Campbell 1974b: 426). Deren Auffassung besteht in der Annahme der Vererbung erworbener Eigenschaften. Dies aber ist eine wesentliche Voraussetzung für die Entwicklung von Wissenschaft, denn wenn eine Hypothese erfolgreich ist, wird sie in Zukunft angewandt. Oder mit anderen Worten: Lernen des verfügbaren Wissens – das immer eine gerichtete Tätigkeit ist – ist von größter Bedeutung in der wissenschaftlichen wie in der kulturellen Tradition. Das gleiche gilt für die Technik, wie etwa die Konstruktionsmethode einer Steinbrücke verdeutlicht: Wenn sich zeigt, dass sie die Erwartungen bezüglich der Selektionskriterien Zweckerfüllung, Stabilität, Kostenrahmen, Schönheit, Dauerhaftigkeit der Brücke etc. über einen gewissen Zeitraum erfüllt, wird die Methode aufgenommen und auch in Zukunft zur Anwendung kommen.

Poppers Leitgedanke ist, dass wir nicht von Beobachtungen ausgehen, sondern stets von Problemen in Situationen, in denen wir in Schwierigkeiten geraten sind: „Der Erkenntnisfortschritt bewegt sich von alten Problemen hin zu neuen, und zwar mittels Vermutungen und Widerlegungen". (Popper 1972/1973: 285) Er denkt dabei an naturwissenschaftliche Theorien, aber man kann dies sofort auf Technik als Theorie *und* Praxis übertragen, auch wenn er das abzulehnen scheint, wenn er sagt, der „evolutionäre Baum unsere Werkzeuge und Geräte" sei zwar dem Baum des Erkenntnisfortschritts als reine Erkenntnis ähnlich, doch letzterer habe „eine völlig andere Struktur" (Popper 1972/1973: 289), da Theorien auf Erklärungen zielen und daher einer rationalen Kritik ausgesetzt sind. Nun besitzen wir dank der Technikwissenschaften nicht nur Theorien der Technik, die der Kritik offen stehen – wir können auch technische Artefakte kritisieren, nämlich ob und wie weit sie im Sinne der Selektionskriterien die geforderten Funktionen erfüllen. Ebenso können wir nicht nur das theoretische Wissen erlernen, sondern auch das nötige praktische Können, das Know-how, das in den meisten Fällen eine Art Routine ist. Poppers Ansatz lässt sich also auf die Technik übertragen.

Ein weiterer fruchtbarer Punkt ist der folgende: In ihrer evolutionären Erkenntnistheorie heben Popper und Campbell hervor, dass die Kantschen Erkenntniskategorien nicht a priori sind, sondern einem Entwicklungsprozess entstammen. Ohne an dieser Stelle auf die Grundsatzproblematik der evolutionären Erkenntnistheorie eingehen zu können, lässt sich auch dies unbeschadet der Kritik fruchtbar auf das technische Wissen beziehen: Es gibt kein Apriori als dessen Grundlage. Das wird anders aussehen, wenn man nach Bedingungen der Möglichkeit von Technik fragt, etwa nach den Vermögen des Denkens in Möglichkeiten, in Raum-Zeitlichkeit, in Mittel-Ziel-Relationen oder gar nach dem Vermögen der Kreativität; ihre Ausprägung allerdings erfahren auch sie in einem umfassenden Zusammenspiel von Kultur und Technik. Dies ist ebenfalls ein Prozess des Lernens, dessen Inhalte gespeichert und auf andere übertragen werden. Doch wird man Apriori-Voraussetzungen schon vom Ansatz her nicht in ein Evolutions-Modell aufnehmen, das die Kontingenz geschichtlicher Abläufe in ihrer Geschichtlichkeit zu erfassen trachtet, denn entweder man greift Leibniz' Argumente gegen Locke auf und nimmt als Apriori sich historisch entfaltende Dispositionen an – was Teil einer Anthropologie der Technik wäre –, oder die Bedingungen müssen wie es Whitehead sieht als aus einem geschichtlichen kreativen Prozess hervorgegangene Ideen-Schemata gedeutet werden. In jedem Falle gilt festzuhalten, dass ein Evolutionsmodell selbst ein Whiteheadsches Ideen-Schema ist, nämlich unser geistiges Bemühen um Kontingenzbewältigung, nicht aber eine ‚objektive' Darstellung eines Sachverhalts.

Fassen wir zusammenfassen: Es besteht keine Notwendigkeit zur grundsätzlichen Ablehnung eines Evolutionsmodells der Technik, weil es fraglos kontingente kreative Neuerungen als Mutationen gibt; jedoch wird das Modell eine andere Struktur haben müssen, etwa Lamarck folgend, da Handwerker wie Techniker Erfahrungen nutzen und anderen weiter vermittelt. Außerdem ist die Technikdynamik – von der Invention über die Innovation zur Distribution – darauf gerichtet, Probleme zu lösen. Dies ist stets verbunden mit einer Bewertung der jeweiligen Schritte im Hinblick auf die zu erfüllenden Funktionen: Hierauf beruht die Selektion. Damit sind die drei oben genannten kritischen Punkte umgangen, weil sie in einem solchermaßen verstandenen Evolutionsmodell gar nicht wirksam werden. Ob es allerdings zweckmäßig ist, für die Technikentwicklung die heute zumeist biologistisch verstandene Bezeichnung ,Evolution‘ heranzuziehen, mag bezweifelt werden.

5.   Ellul, SCOT und die soziale Dynamik der Technikentwicklung

Popper und Campbell gehen entsprechend ihren Modellen der Wissenschaftsevolution davon aus, dass die Technikevolution zumindest in ihrer Grundrichtung von rationalen Entscheidungen vorangetrieben wird. Dem stehen zwei Sichtweisen entgegen, die beide die Gesellschaft einbinden und beide von einer Technikevolution sprechen, wobei sie sich jedoch in der Weise ihres Vorgehens wechselseitig ausschließen.

Die eine Richtung ist vertreten durch Jaques Ellul und ähnlich von Langdon Winner (1977). Ellul (1954/1964: 85 u. 87) sieht Technik als Techno-Evolution, vorangetrieben durch „Selbst-Vermehrung“:

> „In der Gegenwart hat die Technik einen solchen Punkt ihrer Evolution erreicht, dass sie umgewandelt ist und fast ohne entscheidende Intervention durch den Menschen voranschreitet.“ Und: „Es handelt sich bei allem, was die Technik betrifft, um ein automatisches Wachstum (das heißt, ein Wachstum, das nicht kalkuliert, gewünscht oder gewählt wurde).“

Für dieses Wachstum als eine „Technikevolution“ (ebenda, 90) formuliert er zwei *Gesetze der Selbst-Vermehrung*:

> „I. In einer jeweiligen Zivilisation ist der technische Fortschritt irreversibel.
> II. Der technische Fortschritt neigt dazu, nicht in einer arithmetischen, sondern in einer geometrischen Progression zu wachsen.“(Ebenda, 89)

Das zweite Gesetz nimmt an, dass jede technische Neuentwicklung auf der Kombination vorhandener Techniken beruht – weshalb die Entwicklung sich sowohl in verschiedenen Zweigen als auch in der Geschwindigkeit von Ort zu Ort unterscheidet und sogar zu einer Regression führen kann (ebenda, 91). All dies geschieht auf autonome Weise:

> „Autonomie ist die wesentliche Voraussetzung für die Entwicklung der Technik [...] Technik ist autonom in Bezug auf Wirtschaft und Politik. [...] Ebenso ist sie unabhängig von der sozialen Lage. [...] Technik wählt und konditioniert den sozialen, politischen und wirtschaftlichen Wandel. Sie ist die treibende Kraft für alles übrige, trotz des gegenteiligen Anscheins und trotz des menschlichen Stolzes, der vorgibt, menschliche philosophische Theorien seien immer noch der bestimmende Einfluss [...]. Technik ist zu einer Realität an sich geworden, autark, mit ihren eigenen Gesetzen und ihrer eigenen Bestimmung." (Ebenda, 133)

Denn: „Nur technische Kriterien sind relevant." (Ebenda, 85 u. 133f) Und bedeutsamer noch für unsere Fragestellung:

> „In dieser entscheidenden Evolution spielt der Mensch keine Rolle. Technische Elemente verbinden sich selbst, und sie tun das mehr und mehr spontan. [...] Das Band, das die einzelnen Aktionen und die vereinzelten Individuen verknüpft, ihre Arbeit koordiniert und systematisiert, ist nicht mehr ein Mensch, sondern es sind die internen Gesetze der Technik." (Ebenda, 93)

Folglich ist alles nur durch die Beziehung der technischen Systeme untereinander bestimmt – sie gehorchen nicht menschlichen Befehlen, vielmehr haben die Menschen sich an die Befehle der Maschinen zu halten (ebenda, 137f)!

Ellul (ebenda, 111f) verweist als Beispiel auf die Entwicklung der Textil-Industrie: Als John Kay 1733 das Flying shuttle, das Fliegende Weberschiffchen erfunden hatte, wurde eine stärkere Produktion von Garnen notwendig. Da dies mit traditionellen Methoden unmöglich war, löste James Hargreaves das Problem 1764 durch die Erfindung der Spinning Jenny. Dies erhöhte die Produktion von viel mehr und viel besseren Garnen – was wiederum zu Edmund Cartwrights berühmten Power loom, einem maschinengetriebenen Webstuhl, führte. Ellul verschweigt allerdings, dass Cartwright in Konkurs ging, weil die Arbeiter protestierten und die Fabrik anzündeten. Was Ellul zu zeigen beabsichtigt, ist hingegen folgendes: „In dieser Folge von Ereignissen sehen wir in einfachster Form die Wechselwirkung, die die Entwicklung von Maschinen beschleunigt. Jede neue Maschine stört das Gleichgewicht der Produktion, die Wiederherstellung des Gleichgewichts erfordert die Schaffung eines oder mehrerer zusätzlicher Maschinen in anderen Tätigkeitsbereichen." (Ebenda, 112)

Ellul zufolge gilt all dies für die Technik von heute, wenngleich nicht für die Entwicklung vor dem 18. Jahrhundert. Er liefert jedoch keine explizite Theorie der Technikevolution, weder für die Vergangenheit noch für die Gegenwart – er gibt nur Hinweise, die klar aussagen, dass die Technikentwicklung eine Evolution ist und zumindest heute ihren eigenen Gesetzen folgt: Die Individualität der Erfinder spielt keine Rolle, und die Gesellschaft ist so organisiert, dass jedes Mitglied den von der Technik vorgegebenen Gesetzen zu folgen hat. Dies könnte man als darwinistische Evolution sehen, da sie von unvorhersehbaren Mutationen abhängt; doch steht dem entgegen, dass sie einer schwachen Form von Finalität gehorcht, da die Technik nach technologisch befriedigenden Lösungen sucht, nämlich nach der „besten Organisation" (ebenda, 88). Als weiteren wichtigen Aspekt zeigt Ellul, dass es falsch wäre, sich nur mit dieser oder jener Art von Artefakten zu beschäftigen, wenn man den Evolutionsweg analysieren möchte, sondern auf der einen Seite mit dem Verhältnis von Gesellschaft und Technik und auf der anderen Seite mit der Netzwerk-Struktur von Techniken, da die Entwicklung entscheidend von diesen Verbindungen abhängt. Damit aber ist klar, dass es sich um ein eigenständiges Modell, nicht aber um eine Analogie zur Bio-Evolution handelt, weil es in der Technik keine isolierten ontologischen Objekte gibt, die Mutationen erfahren, sondern stets eine ganze Gruppe von Objekten, Prozessen, Erfindern, die ebenso wie die jeweilige Gesellschaft einzubeziehen sind.

Ellul wurde in vielerlei Hinsicht kritisiert, weil seine Ideen zur Technokratie führen würden – eine Regierungsform, die mit außerordentlichen Problemen belastet ist. Darüber hinaus ist die Annahme völlig falsch, Technik suche nach „the one best way", da es immer viel mehr als nur eine Lösung gibt – nicht zu vergessen, dass die Entscheidungen für oder gegen eine mögliche Lösung in vielen Fällen von Traditionen, Ideologien, Moden und Vorurteilen abhängen. Tatsächlich interpretiert Ellul (1964, Foreword to the Revised American Edition, S. xxvii ff) seinen Ansatz später selbst als bloße Beschreibung des Status quo und deutet diese als Warnung.

Die Position Elluls hat ihre Entsprechung und zugleich ihr Gegenstück in SCOT – der Social Construction of Technology, entwickelt von den Technik-Historikern und -Soziologen Wiebe Bijker und Trevor Pinch (Bijker & Pinch 1984) auf der Grundlage der Schriften von Thomas P. Hughes. Wie Ellul sind sie sicher, dass man die Gesellschaft betrachten muss, um Technik zu verstehen –

aber in einer gänzlich anderen Weise. Die Anhänger von SCOT sind davon überzeugt, dass der sogenannte technische Erfolg und Fortschritt keine technische Kategorie ist, weil die Kriterien von Interessen, von Einstellungen und der Macht sozialer Gruppen abhängen, so dass sie keineswegs einheitlich und schon gar nicht technogen sind. Dies zeige sich in unterschiedlichen Interpretationen der Artefakte geradeso wie in den differierenden Traditionen der Konstruktionstechnik – was bedeute, dass die Entwicklung nicht auf technischen Kriterien beruht. So ist das Ziel der Sozialkonstruktivisten die Öffnung der „Black Box" der Technikentwicklung – insbesondere der Selektionskriterien – mithilfe soziologischer Methoden. Prinzipiell hat dieser Ansatz Grenzen, weil die Soziologie keine Instrumente besitzt, normative Gründe zu analysieren; so kann sie allein genommen keinen theoretischen Ansatz liefern, Technik zu verstehen (vgl. die tiefdringende Kritik von Winner 1993). Doch zeigen die SCOT-Überlegungen entgegen Ellul: Es ist nicht die Technik, die die Gesellschaft regiert, weil die gesellschaftliche Seite, die Social Construction, eine herausragende Rolle spielt. Aber wie dies geschehen könnte – gesehen von der Seite der Normen und Werte als auch von der Seite der technischen Kriterien – ist bislang offen geblieben.

6. Dawkins' Meme als grundlegende Elemente der kulturellen Evolution

Die SCOT-Position zeigt, dass es notwendig ist, die Kultur einzubeziehen. Nun hat Richard Dawkins als beredter Vertreter der Synthetischen Evolutionstheorie einen einflussreichen Ansatz für den Umgang mit Technik als Teil der kulturellen Entwicklung in Analogie zu seinem Verständnis der biologischen Evolution vorgelegt. In der Bio-Evolution unterscheidet er ontologisch zwei Ebenen, die eine ist die Mikroebene der Gene, die für den Genotyp von Organismen den Bereich von Variationen oder Mutationen bildet, die zweite Ebene ist die Makroebene der physischen Lebewesen als Phänotyp, wo primär die Selektion stattfindet. In Dawkins' Analogie bilden die Artefakte die zweite, den Organismen entsprechende Ebene, während er in Analogie zu den Genen das Konzept der *Meme* als grundlegendes Element der Kultur auf der Mikroebene einführt (Dawkins 1976/2007: 321). Meme beinhalten Ideen, Wissen und kulturelle Phänomene. Bezogen auf die Technik stehen sie als Einheit eines Mem-Clusters hinter den Artefakten und technischen Prozessen. Als Beispiel nennt Dawkins (ebenda, 321f) im Blick auf Handwerk und Technik, wie man Töpfe macht und Bögen baut.

Zunächst seien die Struktur, die Dawkins' Vorschlag beinhaltet, und die damit verbundenen Voraussetzungen skizziert. Erstens sollen Meme (wie Gene) die Basis bilden, so dass Artefakte (wie Organismen) daraus abgeleitet sind. Dies ist die hier wichtige Sichtweise. Zweitens sollen Meme die kleinsten kulturellen Bausteine in Gestalt von Sinneinheiten sein, die mitgeteilt und damit in der Gesellschaft soziokulturell und durch Veränderung evolutiv wirksam werden können (so wie Gene die kleinsten Erbinformationseinheiten sind, die auf Nachkommen übertragen und dabei verändert werden können); dies läuft auf einen Mem-Atomismus hinaus. Drittens sollen Meme und Artefakte (wie Gene und Organismen) materiell sein – was verlangt, dass nicht Sinneinheiten – also etwa Begriffe – die eigentliche Grundlage bilden, sondern Gehirnzustände.

Gerade die zweite und dritte Voraussetzung sind vielfach kritisiert worden: Für einen Sinn-Atomismus fehlt jede Basis; selbst die Vertreter einer Ontology Technology suchen zwar nach einer Begriffsbasis für eine Wissenschaft – doch geleitet von der pragmatischen Idee einer Verknüpfung isolierter Theorieteile im Blick auf eine rechnergestützten Darstellung, nicht aber getrieben von der Suche nach absoluten Einheiten. Die dritte Voraussetzung, die auf Dawkins' materialistische Auffassung zurückgeht, führt auf das nach wie vor heiß diskutierte, aber ungelöste Leib-Seele-Problem, bei dem sich gezeigt hat, dass radikal reduktionistische Ansätze scheitern. Deshalb wurde im Ontologie-Kapitel auf Hartmanns reicheren Realitätsbegriff aufgebaut. So bleibt einzig Dawkins' Eingangsposition als diskutierenswerter Vorschlag zurück.

Fruchtbar ist an Dawkins' Ansatz, dass er sich auf den hinter den Artefakten liegenden Wissenshorizont bezieht. Bevor ein Artefakt zu einem realen Objekt werden kann, wird es mit Begriffen einer Sprache, in Zeichnungen und in Symbolen dargestellt und diskutiert; das war der wesentliche Punkt für Popper und Campbell. Zieht man für diese Ausgangselemente den Begriff des Mems heran, so wären sie es, die ein tiefes und breites Wissen repräsentieren – nämlich ein theoretisches, ein praktisches und ein normatives Wissen als *wissen warum*, *wissen wie* und *wissen wozu*. So gesehen stehen Meme für eine Art multidimensionales Wissen.

Weiter können Meme von einem Menschen zu einem anderen, von einer Generation zur nächsten weitergegeben und in Büchern oder Datenbanken gespeichert und dabei absichtsvoll verändert und weitergeführt werden. Sie sind überaus wichtige Replikatoren, die die Retention bewirken. Sie haben dabei in Poppers Welt 3 der Ideen ihren Platz. Deshalb sind Meme geeignet, die Kontinuität wie auch den Fortschritt oder die Transformation der technischen Entwicklung zu erklären. Die Kontinuität gründet sich auf die Universalität der Begriffe – „Brücke" lässt sich auf Brücken aus Holz, Stein, Stahl oder auch aus Lianen im Dschungel anwenden; und der Begriff ist offen genug, um Hängebrücken gerade so wie künftige Entwicklungen zu bezeichnen, weil er eine Funktion ausdrückt.

Schließlich können wir ein Artefakt verstehen, wenn wir die dahinter stehende Idee, nämlich seinen Zweck kennen, was zugleich Kenntnisse über den Zusammenhang zwischen Zielen und Mitteln ebenso wie die Kenntnis der individuellen und sozialen Bedürfnisse hinter diesen Zielen voraussetzt. Das heißt, Technik ist, was sie ist, nur in Verbindung mit Memen, die viel mehr beinhalten als nur die Bedeutung eines Wortes. Die Entwicklung der Technik wäre daher unbegreiflich, wenn sie sich nur auf die materiellen, gemachten Dinge wie bei George Basalla (1989: S. vii) bezöge oder wie SCOT ausschließlich auf gesellschaftliche Bedingungen: Artefakte sind, das zeigte die Artefaktontologie, immer zugleich Dokumente der dahinter stehenden Ideen von Individuen.

Die Erweiterung des isolierten Mems um ein Mem-Cluster als Begriffscluster ist wichtig für eine Theorie der Technikentwicklung, denn solche Cluster sind unverzichtbar, weil Wissen, Ideen, Konzepte und Theorien in aufeinander bezogener Form notwendige Voraussetzungen für eine technische Entwicklung und ihr Verständnis sind: Genau diese Sicht vertreten die Autoren von *Technological Innovation* (Ziman 2000: 314, End-word by all contributors). Entscheidend für ein Modell der Technikentwicklung ist hieran, dass allein von Artefakten auszugehen unzureichend ist und dass alle Formen des Wissens in einem sehr umfangreichen Sinne ihren Platz im Entwicklungsprozess finden müssen: Die Meme bezeichnen also die rationale Seite der Technik.

Nun gilt es, Mutation, Selektion und Retention einen Platz zu geben. Hier ist Dawkins' Sicht fruchtbar, die Mutation auf der Ideen- und Wissensseite anzusetzen: Jedes neue Artefakt (oder jeder neue Zweck eines gegebenen Artefakts) geht auf eine neue, kreative Idee zurück. Die Mutation wird dabei neben der eigenen Reflexion durch den Gedankenaustausch, also durch das gesellschaftliche Umfeld, entscheidend gefördert: Damit erhält ein SCOT-Ansatz ebenso wie die auf Searle zurückgehende soziale Seite der Doppelnatur des Artefakts einen systematischen Ort. – Auch die Selektion findet ihren Platz, denn sie wäre in Dawkins' Perspektive allein auf der Artefaktebene anzusiedeln, genauer auf der gesellschaftlichen Ebene des erfolgreichen oder unzureichenden Nutzens. Dass hier in der Weitergabe des technischen Wissens zusammen mit der gemachten Erfahrung die Selektion zu einer Retention als Replikation des Artefakts geradeso wie einer Festigung des Wissenskanons führt, ist unmittelbar zu sehen. In diesem

Zusammenhang wird sich allerdings eine Ausweitung des Selektionsbereichs als erforderlich erweisen, was wiederum bedeutet, dass der Mem-Ansatz zu eng ist.

Schließlich bleiben entscheidende Fragen ungelöst, weil die *Verwirklichung* des Memclusters als Artefakt von entscheidender Bedeutung ist und hinzugenommen werden muss, wie James Fleck (2000: 255) hervorhebt. Das würde Dawkins zwar nicht bestreiten – gerade der Biotechnologie hat seine Synthetische Evolutionstheorie eine handfeste Basis geliefert, beispielsweise für die im Vorwort dieses Buches erwähnten Synthetisierung eines neuen Bakteriums aus DNA-Basissequenzen; aber ontologisch liegen diese biotischen Objekte auf ein und derselben Ebene, während das für Ideen und materielle Artefakte nicht gilt.

Ob eine Theorie der Meme überhaupt sinnvoll entwickelt werden kann, ist offen; bisherige Ansätze sind nicht sehr vielversprechend. So finden sich gerade im Bereich der kulturellen und der Gesellschaftsevolution auch gänzlich andere Modelle, etwa im systemtheoretischen Ansatz Luhmanns (1997, T. 1, Kap. 3, Evolution) und in der Untersuchung der Kulturevolution von Gerhard Schurz (2009). Bei deren Berücksichtigung für die Technikentwicklung wird es noch schwieriger, weil Wissen und Können ebenso wie Normen und Werte, Bedürfnisse und Funktionen, Mittel und Ziele, also gänzlich Heterogenes in seinen wechselseitigen Beziehungen und im Blick auf Verwirklichbarkeit seinen Platz finden müsste. Vor allem aber ist das eigentlich Anliegen Dawkins', einen Mem-Atomismus in Form elementarer Gehirnzustände als materialistische Basis anzunehmen, gänzlich abwegig. Darum wäre es irreführend, den Mem-Begriff auch in einer veränderten Form weiter zu verwenden. Vielmehr soll im Folgenden von *Technik-Wissen* in einem Sinne gesprochen werden, der das Können als eine Wissensform einbezieht und damit Poppers konzeptualistische Welt 3 erweitert. Dieses Technik-Wissen, das Know-how, theoretisches Wissen und Werte-Wissen einschließt, ist als ein tragendes Element in der Erfassung der Technikentwicklung unverzichtbar.

7.   Rechenbergs Evolutionsstrategie der Technikentwicklung

Eine Theorie des Technik-Wissens unabhängig von Artefakten hätte zur Folge, Artefakte erst (wie den Phänotyp der Gene) mit der Selektion einzuführen und im Falle des Schumpeter-Modells gar zu einem Element des Markt-Mechanismus zu degradieren – das wäre unangemessen. Daher kann es hilfreich sein, einen Blick auf eine Methode zu werfen, welche die Selektion bereits als Teil der Technikentwicklung begreift.

Seit den 60er Jahren des vergangenen Jahrhunderts kennen wir neue Techniken die Natur nachzuahmen, im Englischen treffend Biomimetik genannt. Ein berühmtes Beispiel ist die Stuttgarter Flughafenhalle, wo die Pfeiler sich oben Doldengewächsen vergleichbar verzweigen. Nun geht es hier nicht um solche Imitationen, sondern darum, mit Ingo Rechenberg einen theoretischen Schritt zurück zu gehen. Er entwickelte 1964 ein Konzept zur Problemlösung in der Technik, das er als *Evolutionsstrategie* bezeichnet. Sein Ziel war nicht die Nachahmung biotischer Objekte, sondern eine Methode zu entwickeln, die die natürliche Evolution in einem quasi-darwinschen Verständnis imitiert. Die Grundidee lässt sich am besten anhand einer Skizze seiner ersten Studie erläutern: Welche Form einer Fläche hat den geringsten Luftwiderstand? Nun, wir wissen es natürlich – eine ebene Fläche, eine Platte. Aber wie lässt sich das vermittels einer evolutionären Strategie herausbekommen? Hierzu fügte Rechenberg (2000: 2) mehrere Bretter mit Scharnieren wie eine Ziehharmonika zusammen (Abb. 8.2). Durch das Würfeln des Anstellwinkels zwischen den einzelnen Platten als Ausgangsmutation wird eine unregelmäßige Zick-Zack-Faltung der Bretter erzeugt. Von diesem Objekt wird in einem Windkanal der Luftwiderstand gemessen. Die ganze Prozedur wird drei Mal wiederholt, um unter den 4 ‚Mutanten‘ die beste Faltung, also die mit dem geringsten Luftwiderstand, im Sinne der ‚Selektion‘ für den nächsten Schritt auszuwählen. Daraus werden durch Würfeln wieder 4 Mutations-Objekte erzeugt, um das beste zu wählen, und so fort. Der Weg führt also von der ‚blinden‘, weil zufälligen Mutation über eine Selektion nach dem Prinzip des Besseren bereits nach 200 Faltungen zu einer fast ebenmäßigen Platte (Rechenberg 2000: 2)!

Rechenberg (1994) hat all dies in der wesentlich erweiterten Fassung seines Werkes von 1973 in eine mathematische Theorie überführt, die hier nicht dargelegt werden kann. Tatsächlich ist seine Methode äußerst erfolgreich; aber wichtiger für uns ist die Frage, ob es sich wirklich um eine Evolutionsstrategie handelt. Denkt man dabei an ein Darwinsches Modell, so wird man das kaum sagen können, weil im Gegensatz zur Darwin-Evolution keine Unabhängigkeit der drei Elemente Mutation, Selektion und Retention vorliegt. Vielmehr ist die Rechenberg-Strategie eine klassische Parametervariation unter festliegenden Bedingungen bei einer klaren Zielvorgabe, zu der eine Wegoptimierung gesucht wird. Selbst wenn wir uns hierzu mathematischer Methoden bedienen, finden wir, dass alle Elemente eingehen, die Tuchel als Wesensbestimmungen der Technik benannt hat – was bedeutet, dass Rechenbergs sogenannte Mutationen und Selektionen Elemente einer rationalen Auswahlmethode sind. Deshalb fügt sich das

Rechenberg-Verfahren vollständig in das zielorientierte Vorgehen eines jeden Technikers ein – eben einer Provolution: Die Ziele sind festgeschrieben. Das allerdings ist zu eng für ein Modell der Technikevolution, weil ein für die Technikentwicklung charakteristisches Element das ständige Wechselspiel von Zielen, Mutation und Selektion ist. Teil dieses Prozesses sind dabei Zieltransformationen und Hypothesenüberprüfungen im Sinne Poppers, verbunden mit Tests und theoretischen Vorstellungen: Dies sind die Eckpfeiler der Entwicklung einer jeden technischen Konstruktion. Darum soll ‚Provolution' im Folgenden für die Technikentwicklung schlechthin stehen.

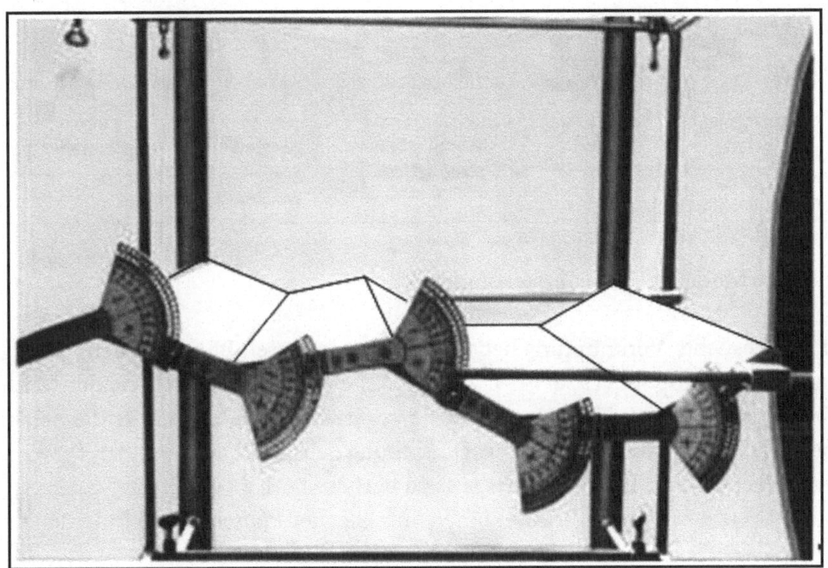

Abb. 8.2: Rechenbergs Zick-Zack-Platte im Windkanal

8.   Der Entwicklungsprozess der Technik

Die bislang skizzierten Modelle der Technikevolution sind durch sehr unterschiedliche Ausgangspositionen gekennzeichnet: Popper und Campbell sehen Technik als eine Frage des Wissens; das entspricht Richard Dawkins' Auffassung, entwickelt für eine Theorie der Kulturevolution, gestützt auf das Konzept der

Meme. Sie alle sind nicht an Artefakten interessiert, sondern nur am Technik-Wissen, während biophysikalische geradeso wie die an der Marktentwicklung orientierten ökonomischen Modelle sich auf die Artefakte beschränken und die Seite des Technik-Wissens vernachlässigen. Im nächsten Schritt muss deshalb in Erweiterung des Rechenberg-Ansatzes gezeigt werden, wie beide, Technik-Wissen und Artefakte, in einer Ko-Evolution als Provolution zusammen kommen, um der Technik in ihrer Breite im Sinne der Tuchelschen Definition gerecht werden zu können. Schematisch ist dies in Abb. 8.3 dargestellt.

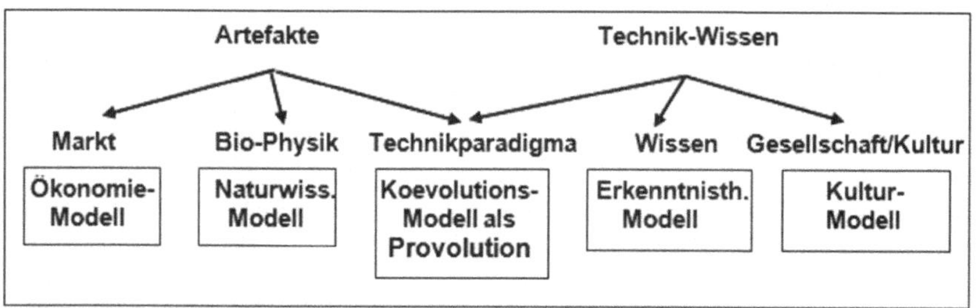

Abb. 8.3: Modelle der Technikevolution

Für die gesuchte Verknüpfung bedarf es eines genaueren Blicks auf den Entwicklungsprozess. Ropohl (1978/1999: 259 u. 262) entfaltete eine Theorie der technischen Ontogenese als Teil seiner *Systemtheorie der Technik*, in der er das Selektionsverfahren in zwei Schemata zur Darstellung gebracht hat, wo in der Tat einige der Elemente ihren Platz fanden, die es zu berücksichtigen gilt.

Das erste Schema (Abb. 8.4) bezeichnet die vier Phasen der technischen Ontogenese, und zwar

(i)   das Wissen auf der Basis wissenschaftlicher Forschung als Hintergrundkenntnis, gefolgt von
(ii)   der Erfindung als technische Konzeption, dann
(iii)   die Innovation als technisch-wirtschaftliche Verwirklichung, bis hin zur
(iv)   Verbreitung, nämlich der Verwendung der neuen Technik innerhalb der Gesellschaft.

Anders als Schumpeters rein ökonomisch orientierte Stufen beginnt bei Ropohl die Entwicklung mit einer ersten wissensorientierte Phase, während er die Selektion auf dem Markt auslässt, weil dies keine Frage der Technik ist.

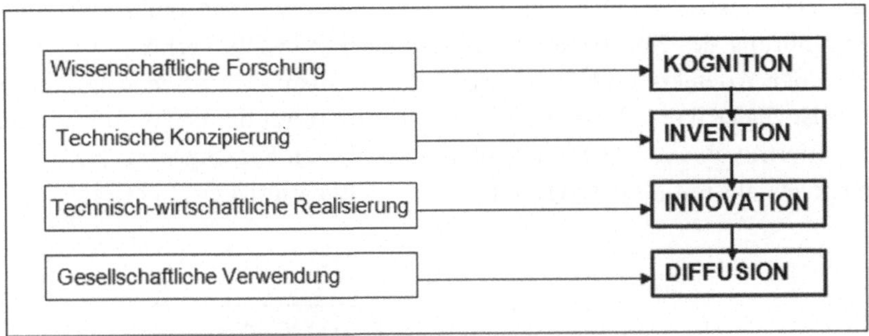

Abb. 8.4: Phasen der technischen Ontogenese (nach Günter Ropohl 1999: 259)

Dieses einfache Schema bedarf nun einer wichtigen weiteren Differenzierung bezüglich des Weges von der Erfindung zur Innovation. Ropohl nennt das die *Ablaufstruktur der Technikgenese* und stellt sie in einem zweiten Schema (Abb. 8.5) als eine Regelkreisstruktur dar. Bedeutsam hieran ist zum einen, dass die technische Entwicklung mit der Formulierung des Ziels beginnt, und zum anderen, dass es Schleifen und Rückkopplungen gibt (die Ropohl in seinem Werk noch weiter differenziert), so dass das gesamte Vorgehen zwar kein deterministischer Prozess, wohl aber ein rationales Verfahren ist.

Für die hier gesuchten Zusammenhänge ist wichtig, dass dieses zweite Schema die Möglichkeit bietet, es über die von Ropohl intendierte Strukturerfassung hinaus gehend mit der Popper-Campbell-Position und mit dem erweiterten Ansatz des Technik-Wissens zu verbinden: Das technische Wissen und das Wissen um kulturelle Werte und gesellschaftliche Bedürfnisse wird erweitert durch praktische Erfahrung, die in positiver Richtung als Bewährung und auf der negativen Seite als Selektion zumindest von Teilen einer Konzeption wirksam wird. Dies geschieht in aller Regel bereits in den Forschungs- und Entwicklungsabteilungen im Zuge der Ausarbeitung – es gilt jedoch ebenso für spätere Negativerfahrungen: Man denke an den berühmten Zusammenbruch der Tacoma Narrows Bridge im Jahr 1940, verursacht durch Wind. Der Wind hatte die Fahrbahn der Hängebrücke so in Schwingungen versetzt, dass sie einstürzte. Diese Art von Brücken ist aus praktischen Gründen ‚ausgestorben' (negative Seite der

Selektion) – um doch zugleich auf der positiven Seite zu lernen, wie sich die horizontalen Elemente versteifen (US-Lösung) oder im Profil konstruktiv so gestalten lassen, dass der Windeinfluss beherrschbar bleibt (europäische Lösung). Die praktische Erfahrung zieht also einen Lerneffekt mit zielorientierter Weiterführung des Konstruktionsansatzes nach sich: Die Technik-Wissensseite ist mit der Artefakt- und Handlungsseite in einem Ablaufschema verwoben. Dieses ist zugleich eine Verknüpfung der Selektion mit der nächsten Mutation – weit entfernt von einer Darwin-Evolution; in dessen Sprachgebrauch haben wir es hier allenfalls mit ‚Züchtung' zu tun, nicht mit ‚natürlicher Zuchtwahl'.

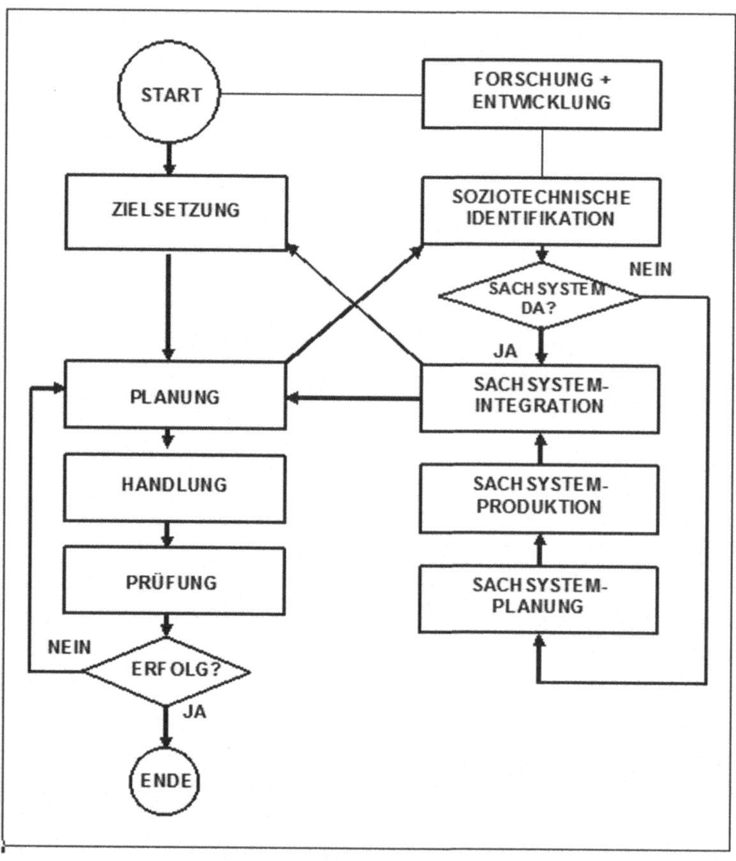

Abb. 8.5: Ablauf der Technikgenese nach Ropohl 1999: 262

Damit haben wir das wichtigste Element der Technikentwicklung als Provolution gefunden – nämlich die Verbindung des Technik-Wissens als epistemisches, imaginatives und normatives Element mit der handlungspraktischen und der materialgebundenen Seite der Erprobung neuer Kombinationen von Elementen, um neue Objekte und Prozesse zu entwickeln. Mutation, Selektion und Retention sind also keineswegs isoliert, sondern stehen in ständiger Wechselwirkung. Allerdings – und dies gilt es festzuhalten – ist diese Sicht kleinteilig; sie trifft damit gerade nicht jenen großen Entwicklungsprozess, den einzufangen das zentrale Anliegen eines Technikentwicklungsmodells auch sein muss.

9.   Systematische Folgen

Eingangs wurde eine Reihe von Fragen aufgeworfen, die nun auf dem Hintergrund des bisher Erarbeiteten behandelt werden sollen.

9.1 Möglichkeit und das Problem der Mutationsobjekte: Die ontologische Frage
Die verschiedenen vorliegenden Evolutionsmodelle und die Suche nach einer Verknüpfung belegen, dass die erste, die ontologische Frage keineswegs einfach zu beantworten ist; das zeigen bereits die von Tuchel benannten Elemente der Technik.

Das erste ontologische Problem betrifft die *Gegenstände* der Technikentwicklung als Provolution. Man könnte an Artefakte und Prozesse, an Brücken, Autos und Schiffe denken, aber da sie das Ergebnis vorangehender Ideen, Planungen und zielgerichteter Problemlösungsprozesse der Entwicklung sind, ist es nötig, das Technik-Wissen einzubeziehen – allerdings nicht statt der Artefakte, sondern in Bezug auf sie. Dieser Bezug ist schärfer zu fassen, denn auch Science-Fiction gehört zu den Ideen, doch so formuliert, als handele es sich um ein Technik-Wissen, obwohl diese fiktiven Ideen nicht realisierbar sind. Die ontologische Frage ist daher in einer übergreifenden Weise zu beantworten: Die Elemente einer Mutation sind, gesehen von der Seite der Technik, *Ideen beruhend auf Technik-Wissen, gedacht als verwirklichbare Möglichkeiten*; dabei muss das Artefakt mitgedacht werden. Dies schließt nicht aus, dass es Zufallsfunde in Gestalt eines Artefakts im praktischen Umgang mit Materialien geben mag; ein Artefakt im Vollsinn des Wortes liegt erst vor, wenn mit dem materiellen Gebilde der Zweck begrifflich gebunden mitgedacht wird. Hierin liegt fraglos eine Begrenzung, weil dieser Artefaktbegriff beispielsweise Schrott – also gewisse Formen nichtintendierter Folgen – nicht einschließt; allerdings ist mir kein Technikentwicklungsmodell bekannt, das Müllberge als Technik begreift, wohl aber als ein Problem, das einer technischen Lösung bedarf. Allerdings gilt die Aufmerksamkeit heute in starkem Maße trotz der Verharmlosung als ‚Kollateralschaden' eben jenen unerwünschten Folgen, die es im Vorhinein zu vermeiden gilt. – Jedenfalls ist auszuschließen, dass wie in der ökonomischen Markt-Perspektive nur Artefakte die Gegenstände der Technikevolution sind.

Ein schwieriges Problem ist das der *Möglichkeiten*, das sich bereits bei der Bestimmung des Mutationsgegenstandes zeigt: In den Bio-Evolutionsmodellen muss man voraussetzen, dass die Gene neben dem Replikationsvermögen eine Disposition zur Mutation ihrer Struktur haben – aber ohne dass eine Chance bestünde, die Änderungen vorherzusagen, weder wann sie auftreten, noch bezüglich ihrer neuen Qualität; das ist mit jener ‚blinden' Kontingenz gemeint. In Theorien der kulturellen Evolution wurde die Frage der Möglichkeit fast nie gestellt – selbst Luhmann, der das Modalproblem der Kulturevolution sieht, diskutiert nur die Möglichkeit der Selektion, also die Möglichkeit, zwischen den bestehenden Variationen oder Mutationen als Kandidaten zu wählen (Luhmann 1998: 7-71). Wie aber steht es um die Technik als „Kunst des Möglichen" (Hubig 2006/07) im Blick auf die Dynamik der Provolution?

Artefakte gelangen nicht von alleine zur Existenz oder zu einer Neuinterpretation für einen neuen Zweck; darum ist vor allem menschliches Denken und Handeln die wesentliche Bedingung – und das heißt: die Willensfreiheit. Dabei ist dieses Handeln intentional und zielgerichtet, gegründet auf Reflexion geradeso wie auf die Erinnerung an schon bestehende Lösungen; diese Elemente werden also in einem konstruktiven und kreativen Denken verbunden, um zugleich die Realisierbarkeit von allem zu erwägen, was bislang nur die virtuelle Realität einer Vorstellung besaß, die als verwirklichbare Möglichkeit gedacht wurde.

Wenn alle technischen Artefakte in jedem Element auf freien Willensentscheidungen beruhten, gäbe es keinen Ort für blinde Kontingenz. Tatsächlich aber sind neue Ideen als kreative Quelle kontingent im Sinne einer Unvorhersagbarkeit, sie sind weder notwendig noch unmöglich – aber dennoch in den meisten Fällen an Zielen ausgerichtet. Während Theorien der Kulturevolution Kontingenz als Ausschluss jeder Art von Determinismus verstehen, ist zu berücksichtigen, dass die Technikentwicklung von Anbeginn eine ‚weiche' Finalität aufweist – weich, weil es keine aristotelischen Finalursachen gibt, wohl aber die Auszeichnung einer Suchrichtung, die beispielsweise praktische Machbarkeit, Nützlichkeit, Sicherheit einschließt. Als das primäre und wichtigste Ergebnis ist deshalb festzuhalten: Technische Möglichkeit beruht auf zielorientierten, aber damit nicht zielfixierten kreativen Konstruktionen des menschlichen Geistes, die von Anbeginn als verwirklichbare Ideen neuer Artefakte und neuer Prozesse gedacht werden. In dieser Offenheit der Zielrichtung ist ein Möglichkeitsspielraum konstitutiver Bestandteil der Technikentwicklung. Dabei vereint die ontologische Basis drei normalerweise getrennt ontologische Ebenen – nämlich Ideen oder *Intuitionen*, wertabhängige *Ziele* als Zielrichtung und geformte *Materie*.

Die ontologische Frage ist darum aus der Sicht der Provolution so zu beantworten: Die Elemente der Mutation sind im Blick auf die Technik solche Ideen, die verwirklichbare Möglichkeiten darstellen. Damit sind Artefakte durchaus nicht als Gegenstände der Mutation ausgeschlossen; aber sie treten unverzichtbar, wenn auch sekundär, zu den Ideen hinzu. Die Dynamik hingegen, ohne die eine Provolution, gegründet auf Neuentwicklung oder Neuinterpretation, basiert – wie Aristoteles dies sah – nicht auf den Artefakten, sondern auf menschlichem Handeln in all seinen Komponenten, die der praktische Syllogismus aufzeigt, nur dass die Einzelhandlungen nicht durchgängig koordiniert sind: Genau dies führt auf der Makroebene zur Nichtvorhersagbarkeit und Kontingenz als Element aller Evolutions- und Provolutionsmodelle.

9.2 Das Problem der Kreativität: Die Wissensfrage

Es würde das Anliegen eines Modells der Technikentwicklung sprengen, eine eigenständige Theorie der Kreativität zu entwickeln, weil dazu das Phänomen des Neuen auf psychischer, sozialer und Artefakt-Ebene zu klären wäre. Es mag an dieser Stelle genügen festzuhalten, dass es neue Ideen, neues Wissen, neue Wertsetzungen und neue gesellschaftliche Strukturen geradeso gibt wie nie dagewesene Artefakte, künstlich erzeugte Materialien und Prozesse. Kreativität ist also die Basis aller technischen Mutationen. So hält Basalla (1989: 134) nach einer breiten Sichtung des Materials fest, es gebe gute Gründe für das Fehlen einer Kreativitätstheorie der Technik, weil Spiel und Phantasie ebenso zu berücksichtigen seien wie die rationale und die ökonomische Seite; vor allem aber sei eine solche Theorie für die von ihm intendierte rein Artefakt-bezogene Technikevolution überflüssig. Dagegen hatte Campbell die Auffassung vertreten, alle Evolution sei ein Wissensprozess. Dieser Prozess ist bezüglich der Technik besonders kompliziert, denn das Wissen bietet in der Regel Werkzeuge, Probleme zu lösen, während die Technik deren Lösung in Artefakten verkörpert (Mokyr 2000: 55): Das Artefakt ist materialisierte praktische Erfahrung – und, so können wir hinzufügen, materialisierte Kreativität.

Neue Techniken, neue Erfindungen, neu entwickelte Artefakte als Kombination von bereits Bekanntem zeitigen genau jene Art von Fortschritt, der von Popper als (Lamarck-)Evolution gesehen wird: Er beruht auf einer Wissensakkumulation, die neben dem Bereich der Werte nicht nur die Sammlung von positiven Erfahrungen einschließt, sondern theoriehaltiges Grundlagenwissen (auch wenn es irreführend wäre, Technik als ,angewandte Wissenschaft' zu sehen). Artefakte sind die Verwirklichung einer Problemlösung, beruhend entweder auf kreativen Ideen einer Synthese oder auf erlernbaren Problemlösungsschemata (einschließlich deren Anpassung an eine neue Situation). Beides hat eindeutig keinerlei Parallelen in der Biologie – dort tritt beides erst in der Biotechnik und insbesondere der Gen-Technik auf.

Dennoch wäre es zu einfach sich damit schon zufrieden zu geben, weil kreativitätsspezifische Schwierigkeiten erst genau an dieser Stelle beginnen. Denn es ist notwendig, anderen nachzuweisen, dass eine neue, unbekannte (Ideen-) Kombination wirklich eine Lösung für ein bestimmtes Problem ist, damit es zu der von Campbell herausgestellten Wissensevolution überhaupt kommen kann. Die Mitteilbarkeit setzt die Fähigkeit zur Erläuterung der neuen Idee voraus, und hier zeigt sich, dass geeignete begriffliche Konzepte verfügbar sein oder kreativ ausgebildet werden müssen, denn zumindest für die Technik von heute wäre es inakzeptabel, mit einer Verwirklichung – etwa eines Brückenbaus – zu beginnen, wenn man nicht erwarten kann, dass es funktionieren wird. Natürlich ist die Geschichte voll von Beispielen für Wunschdenken – die Pläne für die mächtige Kathedrale, die man in Siena in der Spätgotik zu bauen begann, zeigen es; deren Ruinen sind ein beredtes Beispiel für einen Denkfehler (und eine Attraktion für heutige Touristen). Kurz, neue und kreative Techniken sind verknüpft mit einer hermeneutischen Frage des Verstehens – sonst wäre ihre Verwirklichung unmöglich. So geht die Mutation in der Provolution mit einer Wissensevolution Hand in Hand.

Ein weiterer wichtiger Gesichtspunkt ist der folgende: Wie sich in Ropohls und Poppers Schriften beobachten ließ, ist Technik nach klassischem Verständnis ein Problemlösungsverfahren zur Erfüllung individueller und sozialer Bedürfnisse, wie es bei Tuchel heißt. Das Ziel ist es, die technischen Mittel zur Befriedigung dieser Bedürfnisse bereitzustellen. Nun beruht ein bedeutender Teil der Technikentwicklung auf der kreativen Verwendung gegebener Mittel für neue Ziele; die Zweck-Mittel-Relation wird also umgekehrt. Wer hätte bei der Entwicklung eines Lasers an einen CD-Player gedacht – oder bei Mobiltelefonen an die Synthese mit einem Fotoapparat oder gar einem ganzen Computer. Neue

Techniken sind hier keine Antwort auf bestehende Bedürfnisse, sondern sie erzeugen diese erst! Dabei ist festzuhalten, dass dieser Prozess nicht so rational abläuft wie die Wissenschaftsentwicklung, und in einem viel grundsätzlicheren Sinne gibt es keine Prognose für den weiteren Weg, weil diese neuen Techniken, die eine ganze Kultur zu verändern vermögen, als kontingente Ereignisse außerhalb des Horizonts einer rationalen Planung liegen. Dennoch sind sie nicht blinde Vorkommnisse, weil sie darauf beruhen, dass bereits bestehende Artefakte eine neue Interpretation im Lichte möglicher Bedürfnisse erfahren.

9.3 Selektion und Retention: Die normative Frage

Das Ergebnis einer technischen Entwicklung sind reale Dinge und reale Prozesse – man denke an die einleitend genannten Beispiele. Aber sie wären nicht zustande gekommen, wenn ihnen nicht Vorstellungen, Intuitionen, Ideen, Konzepte und Möglichkeiten einschließlich Blaupausen oder Modelle vorausgegangen wären. Der Weg von einer ersten vagen Intuition zu einem Prototyp beruht auf einer Folge von *Bewertungen*: Dies ist ein wesentlicher Bestandteil der technischen Entwicklung.

Eine Selektion erfolgt, wenn unter den gegebenen Umständen mehr als ein Kandidat vorliegt. Während sich die Selektion im Biotischen primär auf der Phänotyp-Ebene abspielt, um dann auf die Genotypebenen zurückzuwirken, beginnt die Selektion bei der Technik, wie das zweite Ropohl-Schema verdeutlichte, schon viel früher in einem typischen Prozess der Planung und Elementerstellung. All dies hängt ab vom verfügbaren Wissen und dem zu erwartenden Nutzen unter wertenden Bedingungen mannigfacher Art, so dass die Frage nach der Machbarkeit in dem weiten Sinne heutiger Projektstudien die Grundlage der Selektions-Entscheidung ist – also anders als bei der Markt-Selektion, weil die Planungs-Selektion der Provolution sich im Rahmen der Möglichkeits-Reflexion vor der Existenz des marktfähigen Artefakts weitgehend auf dem Rechner abspielt. Die Region der *primären technischen Selektion* ist also die der Ideen der erweiterten Popperschen Welt 3 des Wissens, der Werte, der Üblichkeiten und begrifflich eingefangener Erfahrung des Könnens. Was zur Wahl steht, sind bei diesem ersten Schritt verwirklichbare Möglichkeiten. Die technische Entwicklung ist also gleichzeitig mit einer Lamarckschen Evolution der Welt 3 verwoben: Wir nutzen das Wissen der anderen und können alte und fast vergessene Ansätze wieder aufnehmen.

Im Blick auf die Selektionskriterien zeigt sich ein weiter Horizont von Werten, die naturgemäß auf der begrifflichen, also auf der Ideen-Ebene angesiedelt sind. Zwar werden Funktionieren und Wirtschaftlichkeit erst auf der Faktenebene zu prüfen sein, doch in den Planungsprozess gehen sie entscheidend antizipierend mit ein – zusammen mit Sicherheit, Gesundheit, Umweltverträglichkeit bis hin zu personalen Wertsetzungen geradeso wie zu ethischen, ästhetischen und allgemeinsten gesellschaftlichen Werten. So verlangt die Technikentwicklung, schon im Ansatz jene Werte zu berücksichtigen, die der VDI in seiner *Richtlinie 3780* (2000: 12-25) formuliert hat. Die primäre Selektion beruht also auf sehr heterogenen Auswahlkriterien, denn hinzu kommen noch Bedingungen wie die Beherrschung eines Prozesses, die Verfügbarkeit von Wissen und Erfahrung, die notwendigen Material- und Energieversorgung, die Erfüllung technischer Normen geradeso wie der Wünsche des Kunden, die alle bereits auf der Ideen- und Planungsebene angesiedelt sind.

Nun wäre es viel zu einfach, die Selektion der Technik allein auf der Ebene der Ideen anzusiedeln, also außerhalb der Ebene der Artefakte, denn wie das Ropohl-Schema (Abb. 8.5) illustriert, bezieht der Entwicklungsprozess bereits bestehende Objekte ebenso ein wie Entwicklungstests. Ideen sind die eine Seite der Ontologie der Technik – die andere Seite sind die Objekte; und da Ideen allgemeine Eigenschaften charakterisieren, weil Begriffe immer universell sind, muss es entsprechende Ähnlichkeiten zwischen Artefakten geben – nämlich derjenigen Objekte, die Informationen über ihre Qualität, ihre Verwendung, ihre Möglichkeiten als Mittel zum Zweck für den verstehenden und interpretierenden Betrachter sichtbar machen. Daher erfolgt eine *zweite technische Selektion* auf dem Weg von der Erfindung zur Innovation, von der Idee einer Konstruktion zu ihrer materiellen Verwirklichung. Das Artefakt verkörpert die erwartete Funktionserfüllung. Doch handelt es sich nicht um die Prüfung einer wissenschaftlichen Hypothese, sondern um einen Test zur Tauglichkeit eines Verfahrens. In der Ausrichtung auf eine Problemlösung liegt ein Popperscher Anteil vor – doch nicht als Wahrheitssuche im Sinne einer regulativen Idee, sondern als Suche nach einem Handlungserfolg. Dieser Prozess der Prüfung der Funktionserfüllung im Test liegt als Selektion weit vor jeder Schumpeterschen Marktselektion.

Bei einem positiven Ausgang hat der Test-Selektionsprozess als unmittelbare Rückwirkung eine stabilisierende Wirkung im Sinne der Retention auf solche Techniken, die die intendierte Funktion erfüllen. Nehmen wir zum Beispiel das Rad – wahrscheinlich wurde es etwa 5.000 v. Chr. in Indien und Mesopotamien nicht für Karren, sondern als Töpferscheibe erfunden und gegen 3.700 v. Chr. erstmals für Wagen eingesetzt. Die Elemente, also Rad und Achse, wirken nun nicht als Ideen, sondern als Objekte in ihrem Funktionieren als „Replikatoren":

Artefakte wurden, wie Joel Mokey (2000: 60) es ausdrückt, zu „Transporteuren nützlichen Wissens", so dass sie *zusammen* mit ihrem Informationsgehalt als Elemente des Evolutionsprozesses einbezogen werden müssen, denn sie allein korrespondieren der Verwirklichbarkeitsvoraussetzung der technischen Ideen des Technik-Wissens. „Die Tatsache, dass ein bestimmtes Artefakt in dieser Kultur tatsächlich ‚funktioniert', kann als Erfolg im Sinne eines Popperschen Experiments gesehen werden", betont Edward Constant (2000: 226), nämlich im Sinne einer Bewährung derjenigen Ideen, die in einer großen Artefakt-Population in einer Kultur ihren Niederschlag gefunden haben. Gerade diese Ideen haben – zusammen mit Techniken, sie als Information zu speichern, zu vervielfältigen und zu verbreiten – zu der enormen Beschleunigung der technischen Entwicklung in den letzten Jahrhunderten geführt. Die Frage nach der Funktionserfüllung führt also unmittelbar auf die Technikdynamik.

Die Replikation, die ein Artefakt ermöglicht, indem es zum Vorbild wird, ist genau die Form, in der ein Artefakt-Typ ‚überlebt': Hier hat die Retention ihren Platz. Ropohls Schema zeigt, dass Dutzende von Selektionen auf dem Weg von der Erfindung zum fertigen Artefakt stattfinden – Selektionen, die auch und gerade in der Wahl vorliegender Replikatoren als Vorbilder dienen. Die zweite Form der technischen Selektion belegt, dass die Kriterien nicht nur technischer Art sind, wie Ellul meinte, noch allein von der Gesellschaft abhängen, wie SCOT oder Luhmann es sahen – sie fügen beide Seiten zusammen und berücksichtigen überdies einzigartige Bedingungen einer gegebenen Situation. Bedeutsam für ein Modell der Technikentwicklung als Provolution ist also, dass es nicht etwa *ein* der Selektion zugrunde liegendes Optimierungsprinzip gibt, sondern zahlreiche, vielfach einander zuwiderlaufende und darum gegeneinander abzuwägende Werte (z.B. Sicherheit versus Gewinnerwartung wegen der Zusatzkosten) – Werte, die überdies vom jeweiligen kulturellen Umfeld mitbestimmt sind, dieses aber aufgrund technischer Lösungen rückwirkend prägen: Man denke an die heute ungleich höheren Sicherheitsanforderungen als im 19. Jahrhundert.

Zwischen diesen beiden Formen der Selektion liegt heute eine neue *dritte technische Selektion*, die mit einer besonderen Schwierigkeit belastet ist: Gegenwärtige Machbarkeitsstudien suchen einen systematischen Überblick über eine Vielzahl von Möglichkeiten zu geben und über Lösungsmöglichkeiten bestimmter Probleme unter je gegebenen Bedingungen und Kriterien bei gleichzeitiger Offenheit für Änderungen in allen genannten Elementen. Wir nutzen Simulationsprogramme zur Entwicklung einer Problemlösung, um auf deren Grundlage eine Entscheidung im Sinne einer Selektion vorzunehmen. Der Computer ist tätig; und denkt man an die komplizierte Verflechtung moderner Bauten, Fabrikanlagen, Raumstationen, so wirft der Rechner nach einer Weile eine Lösung aus – vielleicht nach Art einer Rechenberg-Methode –, aber wir sind nicht in der Lage zu verstehen, warum dies nun eine Lösung sein sollte! Selbst wenn wir das System nichtlinearer Differentialgleichungen und die spezifischen Parameterreduktionen des Simulationsprogramms verstehen, fehlt uns das intellektuelle Vermögen, die errechnete Lösung nachzuvollziehen und zu beurteilen. Dies zeigt, dass Elluls Warnung, wir gehorchten der Technik, statt sie in Dienst zu nehmen, hochaktuell ist. Für das hier verfolgte Thema bedeutet dies aber, dass die Annahme einer quasi-autonomen Technikevolution unter bestimmten Bedingungen nicht von der Hand zu weisen sein könnte.

Da die Technikentwicklung ein offenes System ist, ändern sich sogar die Regeln des Systems (vgl. Turnbull 2000: 117). So spiegelt die Vielfalt der Parameter die Vielschichtigkeit des fraglichen Ideen-Clusters. Doch sei zugleich daran erinnert, dass diese Machbarkeitsstudien den Status von Hypothesen haben, die damit einer Popperschen Welt 3 zugehören.

9.4 Die Dynamik der technischen Entwicklung: Die Frage der Kräfte

Von einer Evolution oder Provolution zu sprechen setzt eine vorantreibende Kraft voraus. Der in der Technik-Anthropologie herangezogene Antriebsüberschuss ist zwar die letzte Grundlage, jedoch bedarf es im Blick auf die Technik einer näheren Inhaltsbestimmung. Die Dynamik der technischen Entwicklungen hat ihren Ursprung in der menschlichen Tätigkeit – selbst in Fällen, in denen wir den Knopf für eine elektronische Steuerung drücken. Aber entscheidend ist, dass es zwei sehr unterschiedliche Arten von menschlichen Tätigkeiten gibt – auf der Seite der Ideen, Absichten, Ziele ist es das Denken der Ideen, während auf der anderen Seite Handlungen stehen, bei denen Materie in Raum und Zeit bewegt wird. Überall in der Technik kommen Ideen und Artefakte zusammen – auf der einen Seite in der Reflexion und der Entscheidung, auf der anderen in der Veränderung der Welt. Aber beide Seiten stehen in einem ständigen Wechselspiel – und dies führt zu all den Unterschieden der Provolution gegenüber der Kulturevolution im engen Sinne, bei der es sich primär um die Ideen handelt, und der Bioevolution, die allein lebende Objekte betrifft.

Zumindest moderne Technik ist kein blindes Auftreten einer neuen Idee, sondern beruht auf einer schrittweisen Entwicklung in eine Kombination von Forschung und Entwurf, sie zeichnet sich aus durch Rückkopplungs-Strukturen, Arbeitsteilung, Bewertung und Entscheidung über den nächsten Schritt – darunter auch Änderungen bezüglich der Ziele und Mittel. Stets gibt es dahinter stehende Intentionen, die alle eingebettet sind in einen kulturellen Rahmen, der die Werte und damit auch die Kriterien liefert, wobei einer der wichtigen Werte die innere Motivation und den Willen betrifft, die Entwicklung voranzutreiben. Kultur bildet Institutionen aus, denen Techniken als Instrumente korrespondieren: Die Industriegesellschaft wäre nicht möglich ohne ihre Techniken, ihre Artefakte und deren wissenschaftlichen wie wirtschaftlichen Hintergrund. Deshalb hat die Dynamik der Technikentwicklung – die letztlich von Einzelpersonen getragen wird – eine Vielzahl von Quellen. Nur gemeinsam können sie eine solche Dynamik bewirken, wie wir sie beobachten, eine Dynamik, die manchmal dazu verführt, nur die gesellschaftliche Seite zu sehen, wie das Elluls Ansatz zeigt, oder sie gar für quasinaturgesetzlich zu halten.

Genau an dieser Stelle wird aber sichtbar, dass die bisherigen Überlegungen zu kleinteilig sein könnten. Verfolgt wurde die Einzelentwicklung von Einzelartefakten – und mögen es ganze Industrieanlagen sein; doch was damit aus dem Blick zu geraten droht, ist Technik als Gesamtphänomen, Technik in ihrer Gesamtdynamik. Genau darin besteht aber das ‚große‘ Evolutionsproblem: Wie kann in der unübersehbaren Menge von Mutationen, Selektionen und Restabilisierungen in ihrem unkoordinierten Auftreten eine Ordnung fassbar gemacht werden? „Das Problem ist dann, und das ist das Markenzeichen für Evolutionstheorien, zu erklären, wie trotzdem Effektaggregationen möglich sind", notiert Luhmann (2008: 8) bezogen auf Gesellschaftssysteme, so dass in historisch relativ kurzer Zeit hochkomplizierte Techniksysteme entstehen, die in dieser Form gar nicht intendiert waren. Keine Planung steht dahinter, alle Prognosen – wenn überhaupt welche gemacht wurden – gehen fehl. Man denke zum Beispiel an Verkehrssysteme Straße / Bahn / Schiff / Flugverkehr mit allem, was dazu gehört, also Autos, Tankstellen, Werkstätten, Reifendienste, Unfallhilfen, Flughäfen, Zubringer, Ordnungsstrukturen etc.: Jedes Einzelelement ist geplant, der Gesamtzusammenhang jedoch entwickelt sich, mit Ellul zu sprechen, autonom. Hier werden auf einmal all jene Modelle relevant, die dem Zufall einen Raum geben, sei es über komplexitätstheoretische Bedingungen, sei es aufgrund erkenntnistheoretischer Erwägungen. Lässt sich hierfür überhaupt ein Modell entwerfen? Und muss hierbei der Technik eine Autopoiese zugesprochen werden, wie Ellul, Luhmann und Reichel dies tun? Die Frage ist ernst zu nehmen, weil Selbstreferenz zumindest von den Theoretikern der Sozialevolution als Charakteristikum evolvierender Strukturen gesehen wird und – wie sich im Wechselbezug von technischer Mutation, Selektion und Retention zeigte – in der Artefaktgenese eine entscheidende Rolle spielt. Doch nicht die Technik ist selbstreferentiell, sondern der Planungsprozess, und dazu heißt es bei Thomas Herrmann (2001: Folie 15): „Solche Systeme sind die besseren, die ihre Selbstbezüglichkeit reflektieren und die Autopoiese beeinflussen können." Aber gilt das noch, wenn man zu Makrophänomenen übergeht? Nur wenn wir annehmen, dass es über Einzelprozesse unabhängiger Agenten hinweg verbindende Sinnvorstellungen gibt, kann es gelingen, diese Prozesse aufeinander zu beziehen und in ein gemeinsames Entwicklungsmodell einzuordnen. Wie schwierig das ist, belegen selbst vergleichbar ‚kleine' Pläne wie die des Umbaus des Stuttgarter Hauptbahnhofs, einer dritten Startbahn am Frankfurter Flughafen und die Festlegung der Berliner Flugrouten. Mit Luhmann (2008: 14ff) ist deshalb eine „sinnhafte Welt" als gemeinsamer Horizont vorauszusetzen – eine Sinnhaftigkeit überdies, die es stets aufs Neue zu stabilisieren gilt: Sie ist die anthropologische Basis, die es tatsächlich erlaubt, das kleinteilig Erarbeitete in den großen Modellrahmen einzufügen. Dass dieses tatsächlich für die Technik trotz der Negativbeispiele wie etwa dem Umgang mit der Klimaveränderung zu gelingen vermag, zeigen beispielsweise die Technikethik-Kodizes des VDI wie jene der EU und die weltweite Geltung der Richtlinien für die Pharma-Entwicklung, beruhend auf der *Deklaration von Helsinki* (1964/2008): Damit wird ein gemeinsamer Sinnhorizont ebenso sichtbar wie die erfolgreiche Selbststeuerung durch Handlungsregeln, die eine klare Selektion von Handlungsmöglichkeiten auf der Ideen-Ebene bewirken. So wird die Dynamik zwar nicht steuerbar, doch sie wird von uns gesetzten Grenzbedingungen unterworfen: Auch dies eine subtile Eigenschaft der Provolution.

10. Abschießende Bemerkungen

Die technische Entwicklung ist immer zugleich eine kulturelle Entwicklung. Daher steht ein Modell der Kulturevolution einem Modell der Technikentwicklung viel näher als ein Biologie-orientiertes Modell. Doch ein solches ausgearbeitetes Modell fehlt; so umreißt das hier zur Provolution Gesagte gerade erst den Problemkreis.

Nun könnte man annehmen, es müsse viel einfacher sein, ein Modell für die Technik allein aufzubauen, weil sie viel klarere Objekte, viel klarere Kriterien in Bezug auf Selektion und mehr rationale Anteile an Wissen und Können aufweist als die Kultur in ihrer Breite; auch sind wir bei der Technik in der Lage, materielle Objekte – Artefakte und Prozesse – zu beobachten und ihren Ideen Begriffe zuzuordnen. Doch der Schein trügt:

Ein differenziertes Modell der Technikentwicklung als Provolution aufzubauen verlangt als Bestandteil die Einbeziehung der *Wissensevolution*, bezogen auf Ideen. Denn Ideen verbinden, wie wir sahen, die konzeptionelle Seite mit der praktischen Erfahrung, sie sind mehr als wahre oder wahrscheinliche Aussagen, weil sie auch handlungspraktisches Wissen und Wertewissen als Handlungsschemata enthalten. Doch im Unterschied zur kulturellen oder sozialen Evolution ließen sich wichtige rationale Elemente aufzeigen – von den Zielen über die Entwicklung von Mitteln bis zur Verwirklichung von Artefakten. Aber auch da gibt es kreative Ideen und unerwartete Wendungen der Entwicklung, die jedoch nie zur ‚besten‘ Lösung für ein Problem führen, weil sich Kriterien und ihre Gewichtung ändern und wir grundsätzlich nicht wissen können, ob es für ein Problem bei festliegenden Kriterien nicht eine bessere Lösung gibt. Dennoch ist der gesamten Prozess der Entwicklung „sicher nicht ‚irrational‘ im Sinne von ignorant, uninformiert, mystisch oder angeblich inspiriert von einer übernatürliche Offenbarung", wie Constant es ausdrückt (2000: 230). Dies zeigt sich eindeutig an der Weise, wie mit Unfällen umgegangen wird, weil Spezialisten versuchen, die unvorhergesehenen, unerwarteten Ursachen zu finden und die Konstruktion so zu ändern, dass solche Unfälle nicht wieder auftreten können. Darum beruhen technische Mutationen auf neuen Informationen und rationalen Entscheidungen. Constant hat deshalb das Lernen aus Unfällen als „rekursive Praxis" des technischen Wissens als überaus wichtiges Element in der technischen Entwicklung bezeichnet. Es ist dieses Element, welches das Unerwartete in den Prozess des Lernens einbezieht – doch auch das bedeutet nicht, Mutationen seien blind, selbst wenn in jede Problemlösung mehr oder weniger Kreativität einfließt und damit unerwartete Elemente; denn selbst hierbei handelt es sich um eine Form der technischen Rationalität. Darin besteht die praktische Lösung der Kontingenzbewältigung. Darum ist die technische Entwicklung, so Constant (2000: 233), weder eine Darwinsche noch eine Lamarcksche Evolution, sondern eine „einzigartige [...] Ausprägung allgemeiner Mutations-Selektions-Retentions-Prozesse", auch wenn diese nicht unabhängig von der gesellschaftlichen Reproduktion oder von Marktmechanismen, sondern in Wechselwirkung mit diesen steht. Das bedeutet zugleich, dass die Provolution als ein Modell der Technikentwicklung anders strukturiert ist als solche der sozialen und wirtschaftlichen Evolution. Mehr noch – eine Provolution im Sinne rekursiven Lernens, dokumentiert in der ständigen Vermehrung der Ideen, in der ständigen Verknüpfung von Ideen mit der materiellen Welt und ihren Artefakten und in der Bewährung dieser Verknüpfung, ist die Voraussetzung für die kulturelle, soziale und wirtschaftliche Evolution. In diesem Sinne stellt ein Provolutions-Modell die theoretische Form der Kontingenzbewältigung dar.

Ein Modell der Technikentwicklung als Provolution bedarf darüber hinaus der Einbindung der *Normen-Evolution*, bezogen auf Selektionskriterien, denn diese haben einen steten Wandel erfahren und differieren von Region zu Region, wie das von den Sozialkonstruktivisten betont wurde. Ideen umfassen nicht nur theoretisches und handlungspraktisches Wissen, sondern geradeso technische und gesellschaftliche Normen, hinter denen personale und gesellschaftliche ebenso wie ästhetische und ethische Werte stehen. Doch diese Werte und Normen sind selbst einerseits eingewoben in die jeweilige Kultur, andererseits von der Technikentwicklung mitgeformt – heutige medizinethische Probleme beispielsweise wurden erst durch die Möglichkeiten der Apparatemedizin virulent. Selbst das gerade erwähnte Lernen beruht darauf, dass Lernen als solches ebenso wie die zu lernenden Inhalte wertbesetzt ist.

Warum ist es so wichtig, eine bessere Kenntnis der Technikentwicklung als Provolution zu erlangen? Natürlich sind Technikphilosophen wie Technikhistoriker an tauglichen Modellen interessiert. Aber das Hauptgewicht all dieser Überlegungen, welche die theoretische Seite in Gestalt des Wissens zusammenbringen mit der praktischen Seite des Konstruierens und Verwirklichens in Artefakten und künstlichen Prozessen als Elemente der Gestaltung unserer Welt, liegt auf einer Aufgabe, die die ganze Menschheit betrifft:

Technik muss heute kontrolliert werden von Institutionen für Technikbewertung und Technikfolgen-Abschätzung, und deren Regeln müssen allgemeine Grundsätze sein, akzeptiert von allen Industriegesellschaften der Erde.

Der Ausgangspunkt ist die Tatsache, dass jedwede Technik ein Produkt der menschlichen geistigen und praktischen Handlungen ist. Dies gilt nicht nur für die Geschichte, wo wir auf Einzelpersonen als Erfinder, Handwerker oder auch Hersteller stoßen, es gilt auch für die vielschichtigen Strukturen der modernen Industrie, denn wir finden die Mitglieder der F&E-Abteilung, die Mitglieder der Gruppen, die die Entscheidung für eine Verwirklichung treffen, sei es für eine innovative Maschine, sei es für eine ganze Fabrik, die Bankiers, die das Geld geben, die Beamten, die Pläne genehmigen etc.: Jede Handlung beruht auf Absichten, für jede Handlung ist jemand verantwortlich – nicht für die fragliche Technik insgesamt, doch für jenen Teil, den er oder sie mit Argumenten zu beeinflussen vermag. Entscheidend ist dabei die Einsicht, dass es zwar unvorhergesehene Mutationen – also neue Inventionen und Artefakte – geben kann, dass aber nicht nur eine nachträgliche Selektion auf der Grundlage personaler und gesellschaftlicher Werte möglich ist, sondern diese bereits auf der Ideen-Ebene wirksam zu werden vermag: Gerade weil die Technik ein autopoietischer Prozess ist, in dem die poiesis, das Agieren und Hervorbringen auf unserer, der menschlichen Seite liegt und in einem Rückkopplungsprozess mit der Ideen-Seite verbunden ist, können wir diesen Prozess gestalten: Technikethik-Kodizes und die Wirksamkeit der *Deklaration von Helsinki* sind ein klarer Beleg dafür, dass wir uns einer autonom erscheinenden Technikevolution nicht ausliefern müssen, sondern sie als Provolution mitgestalten können. Wäre dies nicht der Fall, würde die Technik tatsächlich ihren eigenen Evolutionsgesetzen folgen wie die Natur den ihren. Wir wären dann gezwungen, die Idee der Verantwortung gänzlich aufzugeben. Vielmehr haben wir die Verpflichtung, Hans Jonas' (1979/1984: 36) erneuerten kategorischen Imperativ für unsere technische Welt unter den Selektionskriterien an die erste Stelle zu setzen:

„Handele so, dass die Wirkungen deiner Handlung verträglich sind mit der Permanenz echten menschlichen Lebens auf Erden".

Die Bedeutung eines Modells der Technikevolution, wie es hier in Grundzügen skizziert wurde, setzt Willensfreiheit voraus und die moralische Notwendigkeit, in den technischen Zielen diesem normativen Prinzip zu gehorchen – auch und gerade innerhalb eines angemessenen Modells einer Technikentwicklung als Provolution. Die weiter auszuarbeitende Seite im Sinne einer Analogie-Neutralität ist deshalb jener autopoietische Anteil, der unsere Verantwortung betrifft.

IV. Entwerfen

9. Entwerfen als Lebensform

1. Denkform und Lebensform

Wenn ein Philosoph den Begriff ‚Entwurf‘ hört, wird er an Martin Heidegger und Jean-Paul Sartre denken, an die Vorstellung, dass ich erst im Entwerfen den Weg zur Essenz antrete, weil die Existenz der Essenz vorausgeht. Erst im Entwurf wähle ich meine Freiheit, erst im Entwurf werde ich zum selbstbestimmten Individuum. Techniker sehen das alles ganz anders: der Entwurf ist für sie ein notwendiger Schritt in der Verwirklichung eines technischen Vorhabens; der *Plan* ist es, der der Existenz des technischen Artefakts vorausgeht, mag auch Heidegger auf die Herkunft seines Begriffs aus der Handwerkssprache verweisen. Beide Begriffe des Entwerfens – der existentialistische und der technische – scheinen also Homonyme, nicht aber gleichbedeutend zu sein. Was im Folgenden gezeigt werden soll, ist, dass der Begriff des Entwurfs aus der Technikersprache ein fundamentaler, den Menschen bestimmender Begriff ist – allerdings erweitert um die mit ihm verbundene Problemkonstellation, von der aufgewiesen werden soll, dass in ihr Denkformen und Lebensformen aufeinander bezogen und miteinander verschmolzen werden. Die Folie, die hierbei verwendet wird, soll eine modaltheoretische Analyse sein.

An einer Hörsaaltafel fanden sich als Hinterlassenschaft eines vorausgegangenen Seminars vier Begriffe verstreut:

Ideenraum

Denkraum

Spielraum

Lebensraum

Die dahinterstehende Vorstellung mag gewesen sein, dass die handfeste Wirklichkeit, in der wir agieren, unser Lebensraum ist, der uns hie und da Spielräume lässt, also wirklichkeitsbezogene, realisierbare und für eine Verwirklichung in Frage kommende Möglichkeiten. Von ihnen können wir uns im Denken lösen, es gelingt uns, Schritt für Schritt die Verwirklichungsbedingungen schwächer zu gestalten – bis hin zur Grenzbedingung der Widerspruchsfreiheit als logische Möglichkeit, die aufzugeben die Denkbarkeit und damit den mit dem Denkraum konstituierten Möglichkeitsraum aufzugeben bedeuten würde. Der Denkraum hat sehr wohl Wirklichkeit, nämlich die des Gedachtwerdens, ohne jedoch noch eine Realisierbarkeit der gedachten Inhalte zur Voraussetzung zu haben. Wenn darüber ein Ideenraum angenommen wird, so mag man darin Poppers Welt 3 oder – noch allgemeiner – Leibnizens Regio idearum aller möglichen Welten sehen, jedenfalls eine vom faktischen Gedachtwerden unabhängige Sphäre. In dieser Viererkonstellation gilt es den Entwurf zu verorten.

Der *Lebensraum* ist in einem umgangssprachlichen Sinne zu verstehen als der Wirklichkeitsbereich, in dem wir agieren und dabei *Lebensformen* zur Ausgestaltung bringen. Seine Gegenstände sind Kant zufolge durch *Denkformen* geprägt, die uns das Materiale der sinnlichen Anschauung strukturiert darbieten. Zwar wird man Kants Bindungen dieser Formen an die aristotelische Logik lösen; den Grundgedanken jedoch gilt es festzuhalten: Das Erkenntnissubjekt ist es, das die Gegenstände der Erfahrung durch die Formen strukturiert und konstituiert, indem es sie ihnen aufprägt. Dass solche Formen als Gedankenschemata kulturellen Bedingungen und historischen Änderungen unterworfen und der ideengeschichtlichen Weiterentwicklung fähig sind, hat Whitehead nachdrücklich hervorgehoben. Da aber unser Verständnis der Welt entscheidend von diesen Kategorien, Denkformen oder Gedankenschemata abhängt, erwächst daraus ein Zusammenhang mit den Lebensformen als deren lebensweltliches Pendant, das Eduard Spranger (1921; vgl. Poser 1999) in sechs Grundtypen der Wertverwirklichung (im theoretischen, ökonomischen, ästhetischen, sozialen, religiösen und Macht-Menschen) gegeben sah. Zu ergänzen ist dies durch den Entwurfs-Menschen, den Homo creator. Lebensformen gehen also über die je gegebene Faktizität hinaus, indem sie auf *Verwirklichung* abzielen – nicht jedoch von Sachverhalten als solchen, sondern von *Werten*, die Sachverhalten zugeschrieben werden. Der Wittgensteinsche Begriff der Lebensform ist wohl Spranger entlehnt und wird als Regelhandeln in Analogie zum Werkzeug als ein Mittel verstanden, das sich in Sprachspielen niederschlägt; der modale Status des Abzielens auf Verwirklichung bleibt dabei gewahrt.

Demgegenüber ist der *Spielraum* der Bereich dessen, was uns für Modifikationen des Gegebenen durch Handeln offensteht. Dieser Möglichkeitsraum ist es, der vom Entwurf ausgefüllt wird. So bestimmt Heidegger (1927/1976: 145) den *Entwurf* modal als „die existentiale Seinsverfassung des Spielraums des faktischen Seinkönnens". Damit ist die Wirklichkeit des Lebensraumes zugunsten einer Möglichkeit verlassen, die in Gestalt des Spielraumes die Verwirklichbarkeit – also die Möglichkeit des Wirklichmachens der gedachten, entworfenen Möglichkeit – mit sich führt.

Wie verhält sich all dies zur Technik? Ihre Artefakte kommen in der Welt vor, mehr noch, sie gehören unmittelbar unserer Lebenswelt an. Darum kann es bei dem, was beim Entwerfen vermöge der Denkformen in die Konstitution des Artefaktes hineingetragen wird, nur um etwas gehen, das über Handlungen und damit in Gestalt einer Lebensform wirksam werden kann. Dabei fließt ein, dass dem Artefakt ein Wert zugeschrieben wird, der im Zweck, genauer der Zweckerfüllung des Artefaktes besteht: So wird es zum Mittel innerhalb der Lebensform, wie Wittgenstein dies im Vergleich mit einem Werkzeug andeutet.

Doch welche Beziehung besteht zum *Denkraum*, gar zum *Ideenraum*? Dass beide unmittelbar einzubeziehen sind, vertrat Friedrich Dessauer (1927/1956: 234), erinnert sei an seine Definition „Technik ist reales Sein aus Ideen durch finale Gestaltung und Bearbeitung aus naturgegebenen Beständen."

Dahinter verbirgt sich eine bestimmte philosophische Grundauffassung, die – von Dessauers Platonismus abgesehen – durchaus belangvoll ist:

- Es gibt einerseits *Ideen und Zwecke*, andererseits naturgegebene Bestände (*reales Sein*).
- Die naturgegebenen Bestände lassen sich derart *gestalten und bearbeiten*, dass ein verändertes reales Sein entsteht.
- Solche Bearbeitung ist *final*, also Zwecken folgend. Zwecke aber sind nichts, das zum realen Sein gehört, sondern das, wofür ein reales Seiendes eingesetzt wird.

Nun betont Dessauer vor allem, dass, wer Technik hervorbringt, davon zuvor eine *Idee* haben muss. Diese Idee geht der Sache selbst voraus: Der Tischler hat die Idee eines Tisches, der Architekt die eines Hauses, bevor sie sich ans Werk machen. Der Entwurf zielt also darauf, diese Idee zu erfassen und zu realisieren.

Damit zeigt sich, dass das von Heidegger gesehene modale Problem sich in herausragender Weise am technischen Entwerfen zeigen lässt, ja, dass das technische Entwerfen geradezu der Prototyp des Entwerfens ist, eben derjenige, der unsere Lebenswelt gestaltet und der, da die Resultate uns zumeist überleben, die Welt von morgen bestimmt.

2.   Der Entwurf als Routine

Ein Entwurf kann auf Neues abzielen und damit kreativ Möglichkeiten verwirklichen, die es in keiner Weise vorher gegeben hat; er kann aber auch ganz im Gegenteil nur einer Handlungsroutine folgen. Denn wie alle Techniker versichern, besteht der weitaus größte Teil der Technikerleistung darin, schulgerechte Lösungen für eine gegebene Aufgabe anzugeben – und nicht nur etwas Neues zu entwickeln. Doch fraglos beruht auch die Routinelösung auf einem Entwurf – selbst wenn sie, mit Heidegger zu sprechen, im ‚man‘ verharrt. Beide Grenzfälle, jener der völligen Routine wie der des kreativ Neuen, führen auf Lebensformen, die heute wesentlich durch Denkformen des Möglichen im Sinne technischer Möglichkeit bestimmt sind.

Ohne *Routine* wären wir nicht lebensfähig. Routinen sind erlernbar, sie haben eine vielfache, verdichtete Erfahrung zum Hintergrund und beruhen auf einer fixierten Zweck-Mittel-Beziehung. Der Möglichkeitscharakter der Routine ist hier ganz Kantisch das Wirkliche, dem die besondere Zeitbestimmung genommen ist, dem aber zugleich eine hypothetische Notwendigkeit in doppeltem Sinne zuerkannt wird: Zum einen – das Routine-Handeln hat vermöge des zugehörigen technischen Mittels notwendig das mit der Routine intendierte Ziel zur kausalen Folge; die Routine sichert also die Verwirklichung der Entwurfsmöglichkeit. Zum anderen – das fragliche Ziel verlangt notwendigerweise zu *dem* Routine-Mittel zu greifen, weil andere Mittel gar nicht mehr als Elemente des verfügbaren Spielraumes gesehen werden. Routinen sind genau das, was an klassische Maschinen delegierbar ist: die Maschine „stellt eine vergegenständlichte Handlungsroutine dar“, so Eva Jelden (1992: 89), und was, über Sollgrößen in einem Routine-Prozess durch Softwareprogramme festgehalten, einer Rechenanlage zur Steuerung von Großsystemen überlassen werden kann. Wo ein Mensch in seinen Handlungen Routinen folgt, sprechen wir von ‚mechanischem Tun‘. Und wo eine Gesellschaft als System begriffen wird, ist es dieses technische Modell der Routine, das ihr als Regelsystem zugeschrieben wird.

Routinen sind als Lösungsmöglichkeiten lehr- und lernbar, weil bestimmten Zieltypen bestimmte Mitteltypen zugeordnet werden, mit denen eine Verwirklichung sichergestellt ist. Wäre dem nicht so, könnte es keine Technikerausbildung geben. Zugleich sichern Routinen, dass nicht nur für einen individuellen Fall, sondern für einen Problem-Typ ein Lösungs-Typ angegeben wird, so dass die meisten Entwürfe sich darauf beschränken können, den in Frage stehenden Typ zu bestimmen. Wenn hier, wie Jelden (1992. 89) formuliert, „entfremdetes

Handeln" vorliegt, falls eine kritische Reflexion sowohl auf die Ziele als auch auf die Mittel ausbleibt, so wäre Arnold Gehlen einer solchen Kritik gewiss mit dem Hinweis auf die mit der Routine verbundene Entlastungsfunktion entgegengetreten; denn warum sollte in jedem Entwurf das Rad neu erfunden werden. Insofern stellt das Wissen um Routinen und das Anwenden-Können ein wichtiges Bindeglied zwischen der im Entwurf konzipierten Möglichkeit und ihrer Verwirklichung dar.

3. Technisches Entwerfen und das Neue

Dass das Entwerfen, das Erdenken und Erfinden von *Neuem* trotz aller Notwendigkeit der Routinen schlechterdings im Zentrum des Schaffens des Technikers steht, ist nachgerade selbstverständlich. Die hohe Innovationsrate technischer Produkte spricht eine deutliche Sprache. Dasselbe, auch wenn für den Außenstehenden oft nicht so sichtbar, gilt für Prozessinnovationen. Bei der Produktinnovation geht es um die Durchsetzung neuer Produkte oder auch neuer Qualitäten schon bekannter Produkte auf dem Markt, bei der Prozessinnovation um die Durchsetzung neuer Produktionsverfahren, die beispielsweise wirtschaftlicher (produktiver, kostengünstiger, Rohstoffe sparender) oder sozial- oder umweltverträglicher sind. Kreativität geht der Innovation als *Erfindung*, als Neues voraus. Rein definitorisch lässt sich leicht sagen: „Kreativität ist die Fähigkeit, bisher unbekannte Ideen, Problemlösungen und Produkte hervorzubringen" (Huning 1987. 95); aber damit ist noch nicht viel gewonnen. Dessauer, der die Erfindung als „Quellpunkt" der Technik bezeichnet, reduziert das Erfinden auf ein Finden im Reich der Möglichkeiten; damit hilft seine Sicht auch nicht weiter. Die Positiva seiner Auffassung liegen dagegen, wie schon hervorgehoben, im Hinweis auf den *Vorrang der gedachten Möglichkeit*, auf die *Wertbezogenheit* und auf die *Zielorientierung*. Diese Elemente lassen sich aber alle in Poppers wesentlich weniger voraussetzungsreichen Welt 3 der von uns geschaffenen geistigen Gehalte unterbringen. Das hat zur Konsequenz, den Ideenraum nicht als eine statische platonische Ideenwelt oder eine logisch konstruierte Leibnizsche Regio idearum auffassen zu müssen, sondern als einen *kreativ erweiterungsfähigen Denkraum* zu verstehen.

4. Kreativität und Potentialität

All dies lässt uns mit der Frage zurück, was die besondere Form technischer Kreativität ausmacht, die entscheidend für die Neuartigkeit eines Entwurfs ist. Obwohl sich Kreativität grundsätzlich nicht inhaltlich definieren lässt, zeigt sich an und in ihr die entscheidende, den Menschen kennzeichnende Fähigkeit, Vorstellungen von Niedagewesenem hervorzubringen, also von einer solchen Möglichkeit, die sich – im Gegensatz etwa zu einem Roman oder den technisch erzeugten Illusionen virtueller Welten – in dinglicher Gestalt verwirklichen lässt.

Das modale Schema, das hier zur Anwendung kommt, ist gerade nicht dasjenige Kants, für den ‚Möglichkeit' nur als Wirkliches zu denken ist, bei dem von der Existenz zu einer bestimmten Zeit zugunsten irgendeiner Zeit abgesehen wird. Hier geht es um mehr, es geht um Mögliches, das im Entwurf unter Möglichkeitsbedingungen der Verwirklichung gestellt wird, so dass erst der verwirklichte Entwurf selbst qua Möglichkeit der Kantischen Definition genügt. Nun wird keineswegs jeder Entwurf wirklich; dennoch wird er als verwirklichbar gedacht. Das jeweils Neue aber bedeutet die unvorhergesehene und deshalb in starre Denkformen nicht einzufangende Überschreitung bisheriger Grenzen der Verwirklichbarkeit. Der Entwurf besteht nicht nur wesentlich in der gedanklichen Erfassung einer Möglichkeit, wie Dessauer dies sah, sondern er weitet den Spielraum der verwirklichungsfähigen Möglichkeiten aus!

Worum es geht, sei am Beispiel einer Prozessinnovation erläutert. Das Entfernen der Gussgrate an Aluminium-Sportfelgen für Autos sollte automatisiert werden, weil es sich um eine gesundheitsschädigende Arbeit handelt, wenn sie direkt von Menschen ausgeführt wird. Die Schwierigkeit besteht darin, dass die Gussnähte gelegentlich sehr stark, an anderer Stelle so gut wie gar nicht in Erscheinung treten. Um dem gerecht zu werden, wurde eine Anlage entwickelt, in der die Gussnähte einprogrammiert wurden, um sie durch einen Industrieroboter mit auswechselbarem Werkzeug zunächst mit einer groben Fräse, und nachfolgend in drei Stufen mit jeweils feinerem Schleif- und Polierwerkzeug überall abzutragen: ein klassisches Beispiel für die Übertragung einer Routinehandlung an eine Maschine. Dieses Verfahren war sehr zeitaufwendig; darum wurden Sensoren eingebaut, die den Arbeitskopf jeweils nur dort einsetzten, wo beim Abfahren der Grate das betreffende Werkzeug erforderlich war. Damit schien die Aufgabe gelöst, die gesuchte Prozessinnovation lag vor, doch von einer Erfindung kann wohl nur begrenzt die Rede sein. In dieser Situation kam ein Japaner auf den Gedanken, statt der bisher verwendeten stählernen Fräsen einen Wasserstrahl von sehr hohem Druck in Verbindung mit einem Schmirgelmittel einzusetzen, durch den in einem einzigen Arbeitsgang die Grate entfernt und die Oberfläche poliert werden! Natürlich wissen wir alle, dass steter Tropfen den Stein höhlt – aber hier hatte eine Übertragung eines Verfahrens stattgefunden, die wirklich die Fähigkeit belegt, eine bisher unbekannte Problemlösung zur Anwendung zu bringen. Jemand, der über eine solche Fähigkeit der Neuerung mit Leichtigkeit verfügt, war für das 18. Jahrhundert ein Genie: In der Bezeichnung ‚Ingenieur' schwingt dies noch mit. Wenn die Industrie heute F&E-Abteilungen hat, so allerdings durchaus nicht als Arbeitsstelle für Genies, sondern in der Vorstellung, auch innovative Entwürfe ließen sich organisieren.

Die *Erfindung* als Neues ist, wie Ropohl (1978/1999: 266) festhält, „das Schlüsselereignis der technischen Ontogenese". Alle Hinweise der Psychologie können die Vorgänge und einige Voraussetzungen zwar beschreiben, doch lässt sich ein Mechanismus, der zu Neuem führte, in keiner Weise angeben; dann würde es sich ohnedies um nichts wirklich Neues handeln, denn Kreativität entzieht sich schlechterdings allen Festlegungsversuchen. Für die hier betrachteten Zusammenhänge ist zunächst herauszuheben, dass, modal gesehen, dieses Neue im freien Konzipieren einer als verwirklichungsfähig verstandenen Möglichkeit besteht: Das Denken des Möglichen erweist sich damit als fundamentale Voraussetzung der Erfindung. Dabei ist es unerheblich, ob man dieses Neue mit Dessauer in einem platonisch verstandenen Leibnizschen Reich der Ideen ansiedelt, in einer Popperschen Welt 3 oder ob man Kreativität mit Whitehead als eine ontologische Grundkategorie ansieht; in jedem Falle wird dieser Voraussetzung ein metaphysischer Bestandteil anhaften, wenn man darunter einen inhaltlichen Anteil versteht, der weder aus empirischen noch aus formalen Gründen wahr ist, denn genau diesen Status haben kontingente (also nicht auf Logik zurückführbare) Möglichkeitsaussagen.

Dagegen ließe sich einwenden, die Kreativität eines Entwurfes beruhe meist auf der Fähigkeit, bisher isolierte Faktoren miteinander in Verbindung zu bringen (ein Wasserstrahl von hohem Druck war ebenso geläufig wie Poliermittel; nur waren sie nie zusammen zur Metallbearbeitung eingesetzt worden); es gehe also nicht um Metaphysik, sondern um schlichte Kombinatorik – ein Verstandesvermögen, das schon mit der Logik gegeben ist. Doch was ist es, was da kombiniert wird? Es sind nicht einfach vorfindliche Fakten, denn es genügt nicht einen Wasserstrahl vorzufinden; vielmehr wird dem Wasserstrahl ein Vermögen, eine *Potenz* zugesprochen, die im Hinblick auf ein Ziel genutzt wird. In seiner Analyse der „Entstehung von technischen Sachsystemen" spricht Ropohl

(1978/1999: 273) denn auch von der Erkundung „naturaler und technischer Potenziale" und von „Potenzialvarianten" im Hinblick auf die geplante Struktur. Nun sind Potentiale nichts, das unmittelbar empirisch gegeben wäre, denn wie Dispositionen sind sie Möglichkeiten; doch darüber hinaus müssen diese Möglichkeiten unter dem Gesichtspunkt der Zweckdienlichkeit (auch eine modale Kennzeichnung) bestimmt werden. Eine Potentialität ist seit und mit Aristoteles (*Metaphysik* 1048b) eine ‚Fähigkeit zu etwas'. Dieser von Handlungen analogisch auf Dinge übertragene Modalbegriff bereitet allerdings ähnliche Schwierigkeiten wie die Dispositionsbegriffe. Es zeigt sich damit, dass Kreativität ein Möglichkeitsdenken ganz eigener Art ist. Nicht zufällig finden Potentialitäten in der Scholastik vor allem dort Verwendung, wo es um Gottes Vermögen geht, die Welt zu erschaffen. So könnte es für ein besseres Verständnis der kreativen Seite des Entwerfens hilfreich sein, scholastische Potenzbegriffe aufzugreifen und mit neuen Inhalten zu füllen, wie dies etwa Klaus Jacobi (2001) im Hinblick auf Handlungen anstrebt.

5. Zwischen Werten, Zwecken und Zielen

Wie sich zeigte, kann man bei Dessauers Ontologie nicht stehen bleiben; doch es kommt ein weiteres hinzu: Dass wir eine ideale Lösungsgestalt vorfinden und verwirklichen, ist das eine, das andere hingegen, worauf sich die Wahl dieser Möglichkeiten im Ideenreich gründet. Wenn eine Lösungsgestalt, ja überhaupt eine Lösung für etwas, das als Problem empfunden wird, ausgewählt wird, muss eine Wertzuschreibung vorausgesetzt werden: In genau diesem Zusammenhang führt Leibniz das *Prinzip des Besten* für die Wahl Gottes unter den möglichen Welten ein, das erfüllt ist, wenn die mögliche Welt (nun verstanden als Entwurf) die größtmögliche Vielfalt bei größtmöglicher Ordnung enthält – genau das, was Leibniz als Harmonie bezeichnet. All dies gilt nicht nur für den Schöpfergott, sondern auch für den Homo creator. Die Sphäre des Ideenraumes muss deshalb Wertungsprinzipien formaler oder inhaltlicher Art unterworfen werden: Der menschlich-demiurgische Entwurf ist nur unter dieser Voraussetzung zu haben, und das heißt: der Möglichkeitsraum als Ideenraum muss Verwirklichbarkeits- und Wertungsbedingungen genügen.

Was der Techniker im Entwurf vorausdenkend leistet, lässt sich in Anlehnung an Huning (1987: 97ff) mit der Abfolge *Erfinden / Konzipieren / Entwickeln / Ausarbeiten* charakterisieren. Die heute übliche Unterscheidung von *Invention* und *Innovation* – d.h. von Erfinden einerseits und Durchsetzen des marktreifen

Produkts andererseits – betrifft die Beziehung zum Markt. Oft – auch in der Terminologie des VDI – wird allerdings ‚Konzipieren' als ‚Konstruieren' bezeichnet und ‚Entwickeln' als Oberbegriff genutzt, der die Gesamtheit der theoretischen und praktischen Untersuchungen und Erkenntnisgewinnung einschließt, die „zur stofflichen Verwirklichung technischer Gebilde" erforderlich sind (Huning 1987: 98).

Keiner dieser vier Schritte passt unmittelbar in die üblichen Kreativitätsvorstellungen, denn fast immer geht es in der Praxis um die Verbindung durchaus bekannter Elemente. Wäre dem nicht so, könnte es nicht gelingen, große Teile davon heute mit Computerunterstützung zu bewältigen; ebenso wäre es unmöglich, Techniker auszubilden. Nun wurde der Fall der Routine ebenso wie der erste kreative Schritt einer auf Neues führenden Erfindung bereits behandelt. Was mit der Huningschen Abfolge als weiteres Element hinzutritt, ist, dass schon dieser erste Schritt nicht ins Blaue erfolgt, sondern einer zwar offenen, dennoch wertorientierten Zielsetzung folgt. Umgekehrt enthalten die weiteren Schritte ebenfalls neue, erfinderische Anteile.

Betrachten wir den Vierschritt etwas näher. Die *Erfindung* selbst geht in die *Konzeptphase* ein, während die nachfolgende *Entwicklung* die Suche nach einer Lösung bei klar vorgegebenem Ziel und relativ klar definierten Mitteln ist. Das Konzipieren ist also derjenige Teil des Vierschritts, der gedanklich die stoffliche Verwirklichung vorbereitet. Wichtig ist nun, wie sich der Weg vom Konzipieren über das Entwickeln bis zum Ausarbeiten in einen Gesamt-Prozess des Entwerfens einbettet. Das Konzipieren beginnt, wie Huning hervorhebt, mit einer Planungsphase, die etwa Marktanalyse, Patent- und Lizenzlage ebenso wie neue Aufgabenfelder abklopft und die Entwicklungsprojekte – im Plural, nämlich in Form von Alternativen – einschließt, die durchgegangen werden müssen, ehe es zur Phase des eigentlichen Konzipierens kommt. Der erste Anteil bezieht sich auf Faktisches, der zweite, die Alternativenbestimmung, legt bereits Möglichkeiten und Möglichkeitsspielräume fest. Hier wird die Gesamtfunktion fixiert, indem unter Berücksichtigung der Ausgangsbedingungen die Ziele, also die geforderten und gewünschten Eigenschaften umrissen werden. Diese Ziele werden als verwirklichbar gedacht, sollen sie doch zu einem späteren Zeitpunkt faktisch werden (oder zumindest: werden können). Der nächste Schritt, ganz und gar ein Denken im Möglichkeitsraum, besteht darin, Teilaufgaben als Teilfunktionen zu bestimmen und zu lösen. Auch diese Lösungen bestehen zunächst nur im Kopf (oder allenfalls ausgelagert auf dem Papier oder im PC). Modal belangvoll ist hierbei, dass der Möglichkeitsraum nicht auf natürliche Weise ‚gegeben' ist oder in

Möglichkeiten zerfällt; vielmehr ist diese Zerlegung unsere denkerische Leistung. Dass dabei auf Bekanntes und Bewährtes zurückgegriffen wird, steht dem nicht entgegen.

Wissenschaftstheoretisch belangvoll ist hier das Abstellen auf *Funktionen*, denn am Ende soll das Resultat ‚funktionieren‘. Das ist etwas anders als naturwissenschaftliches Analysieren, etwas anderes also als die Feststellung eines kausalen Vorgangs (obgleich auch das mit eingeht); denn in diesem Schritt wird die *Gesamtfunktion* so in *Teilfunktionen* zerlegt, dass deren *Lösungsprinzipien* sich wiederum zu einem Lösungsprinzip der Gesamtfunktion zusammentragen lassen müssen. Hieran ist zweierlei bemerkenswert:

- Das Denken in Funktionen – d.h. in einem Eingangs-Ausgangsgrößen-Zusammenhang im Hinblick auf einen *Zweck* – hält (im Unterschied zu einem Denken im Ausgang von Gegenständen) zunächst grundsätzlich offen, wie die dingliche Lösung aussehen könnte; denn von Anbeginn sind *Varianten*, unterschiedliche Möglichkeiten der Verwirklichung eingeschlossen. Diese Möglichkeiten betreffen sowohl die Materialien als auch die Funktionselemente (sie seien hier zusammenfassend als ‚Mittel‘ bezeichnet). Dieses vervielfältigt sich auf der Ebene der Teilfunktionen, beginnend damit, dass auch die Zerlegung nicht festgelegt ist, sondern höchst unterschiedlich vorgenommen werden kann, so dass es entsprechend zu höchst unterschiedlichen Lösungsansätzen kommt. Erst dann folgt die Ausarbeitung, also immer noch ein Plan, eine Möglichkeit, die ihre Verwirklichung in einem Modell oder Prototyp findet. – So weit die bisherigen Formen des technischen Entwurfs.
- Damit ein Mittel eine Funktion für etwas ist, muss ein kausale Verknüpfung (also eine kausale Notwendigkeit) vorausgesetzt werden, welche die Überführung eines gegebenen Zustandes vom Typ *a* vermöge des Mittels in den bezweckten Zustand *b* bewirkt. Genau diese Voraussetzung sichert die Verwirklichbarkeit zunächst der Einzelfunktion, dann auch – wenigstens hypothetisch – der Gesamtfunktion. Dies ist die Stelle, an der Erfahrung eingeht, die sichern soll, dass der Entwurf sich von der fiktionalen Möglichkeit eines Romans oder einer Science-fiction-Story durch Verwirklichbarkeit unterscheidet. – Es geht hier nicht darum, dass Mittel versagen können: dann waren sie keine Mittel, sondern wurden nur hypothetisch als Mittel angenommen; es geht darum, dass beim Denken in Funktionen und Mitteln eine kausale Notwendigkeit als gegeben vorausgesetzt wird.

Modal gesehen bedeutet das bisher Betrachtete, dass das für jedes Entwerfen unerlässliche Denken in Funktionen einen bemerkenswerten Möglichkeitstyp darstellt, der sich von denen der Tradition unterscheidet: Es geht nicht um mögliche Sachverhalte, nicht um Wahrheitsmöglichkeiten oder um mögliche Erkenntnis; vielmehr ist die Möglichkeit durch eine Zweck-Mittel-Relation bestimmt. In dieser Entwurfsmöglichkeit wird ontisch Mögliches als Verwirklichungsmöglichkeit verwoben mit der bei Zwecken vorausgesetzten Bewertung von Zielen. Zugleich bleibt das Mittel offen – nur die Funktion zählt. Dies sei kurz erläutert: Eine ontische Möglichkeit drückt aus, dass etwas wirklich sein kann. Anders die Verwirklichungsmöglichkeit; sie beinhaltet, dass unter bestimmten, angebbaren Voraussetzungen (im Falle des Entwerfens: unter Verwirklichung der Herstellungsbedingungen) die Möglichkeit notwendig wirklich wird, und zwar mit kausaler Notwendigkeit. Würde dies nicht angenommen, wäre Technik grundsätzlich sinnlos, denn sonst wäre schon von ,Mitteln zur Erreichung von Zielen‘ zu sprechen sinnlos, zu schweigen von der Hervorbringung technischer Artefakte für bestimmte Ziele.

Mit Zwecken und mit der Bewertung von Zielen und Mitteln kommen nun Modalitäten ins Spiel, die deontischen Modalitäten verwandt sind, weil das Ziel *geboten* ist und das Mittel mindestens *erlaubt* sein muss; doch nicht nur das – durch eine Reihe von Randbedingungen, die berücksichtigt werden *müssen* (beispielsweise die Erfüllung von Sicherheitsstandards und Umweltbedingungen, wie sie aus der Technikbewertung geläufig sind), werden vielfach antagonistische Sollensbedingungen eingeführt – hier kurz als das *Gebotene* bezeichnet –, die im Hinblick auf die Lösungsform für die Gesamtfunktion geradeso wie hinsichtlich der gewählten Mittel gegeneinander abzuwägen sind. (Ob hierbei explizit als Gebot einzuschließen ist, dass im Entwurf Naturgesetze nicht verletzt werden dürfen, sei dahingestellt; hier wurde dies unter die Bedingungen subsumiert, die von einem Mittel erfüllt sein müssen, um ein Mittel im Hinblick auf eine Funktion zu sein.) – Nun sind deontische Modalitäten Handlungsmodalitäten, sie betreffen das Geboten- und Verbotensein ebenso wie die Neutralität einer Handlung. Die Handlung, um die es im Entwurf geht, ist das Denken und Festlegen einer Möglichkeit: Dies macht ihre modale Besonderheit aus, denn schon für die Ausarbeitung solcher Möglichkeit erfolgt eine Zurechnung von Verantwortung (zur Ethik vgl. Hubig 1993; zur Deontik Kornwachs 2000).

Fassen wir zusammen. Um was für eine Modalität handelt es sich hier? Sie muss alle Bedingungen logischer und kausaler Möglichkeit erfüllen; das aber reicht noch nicht, weil so das Zweck-Mittel-Verhältnis und damit die intentionale ebenso wie die wertende Komponente nicht eingeschlossen sind. Diese aber stellen einen Teil jenes complementum possibilitatis dar, das Kant gegenüber der rein begriffstheoretischen Fundierung der möglichen Welten der Leibniz-Wolffschen Schule anmahnte. Bei Leibniz lag es ausdrücklich im bewertenden Geist Gottes (Auswahl der besten Welt) und im göttlichen *fiat*. Dessauers Vorstellungen entsprechen dem: Der Techniker sucht unter den möglichen Lösungen die ideale Lösungsgestalt, der dann die Verwirklichung im Herstellen folgt. Das klingt teils selbstverständlich, teils nach überschießender Metaphysik; doch selbstverständlich scheint es nur, weil wir mit solch wählendem Vorgehen in der Alltagspraxis wohl vertraut sind, ohne uns dabei klar zu machen, dass alles Handeln einen Entwurfscharakter hat, der auf der Vorstellung und Verwirklichung einer positiv gewerteten Möglichkeit beruht. Dies lässt uns die metaphysischen Elemente – das Denken von Möglichkeiten und deren Bewertung – übersehen.

Die eben herausgehobene Vielfalt ist der Punkt, an dem ins Spiel kommt, was heute unter den Begriffen *Leitbilder* (Dierkes u.a. 1992), Schulen, Traditionen und Technikkulturen diskutiert wird. Dies gilt bereits für die Zerlegung einer Funktion in Teilfunktionen, deren Resultat zunächst ein Geflecht von Funktionsstrukturen ist, das kreativ gefunden werden muss und innerhalb dessen nachfolgend eine Variante als Lösungskonzept aufgrund von Bewertungen ausgewählt wird. Dieses wird weiter ausgebaut, oft genug in Gestalt eines Modells, das mit dem endgültigen Entwurf Hand in Hand geht. Auch hier gehen Wertungen ein – sei es in Gestalt expliziter Aufgaben des Pflichtenheftes, sei es ganz implizit aufgrund besserer Vertrautheit mit dem einen gegenüber einem anderen denkbaren Weg, beispielsweise weil er in der Ausbildung vorrangig vermittelt wurde oder gar kulturspezifisch ist. Wenn das Modell nicht nur das Lösungsprinzip exemplifiziert, sondern seine Verwirklichbarkeit belegt, wird es damit zum *Prototyp* der künftigen Produktion: Die Verwirklichung ist erreicht. Ausgehend vom Lebensraum wird über den Spielraum von Möglichkeiten im Denken in einem Wechsel zwischen Möglichkeiten unterschiedlichster Art der Weg zurück zur raumzeitlichen Wirklichkeit gegangen.

6. Zwischen Kontingenz und Potentialität

Bislang wurde eine Perspektive eingenommen, die den Entwerfenden und seine Denkform betraf. Es gilt nun, den Horizont zu erweitern, um sichtbar werden zu lassen, wie sehr der technische Entwurf, also das technische Denken, auf Denkformen der Gesellschaft einwirkt. Hierzu soll noch einmal aufgegriffen werden, was bereits in der Einleitung im Anschluss an Hans Freyer (1960/70; 1970) entwickelt wurde. Er sah die moderne Industriegesellschaft charakterisiert durch die drei Kategorien *Fortschritt*, *Bereitstellung von Potenzen* und *Machbarkeit* als spezifisch technikinduzierte Formen unseres Denkens, unseres Handelns und unserer Lebensform. Für die Kategorie des Fortschritts gilt dies seit der Aufklärung, wenn nicht gar seit der Renaissance, wobei heute – anders als bis in die 60er Jahre des vergangenen Jahrhunderts – das Spannungsverhältnis von erwartetem Fortschritt einerseits und Wissen um mögliche und wirkliche Technikfolgeschäden andererseits zu einer Ambivalenz gegenüber aller Technik geführt hat: natürlich erwartet der Käufer, dass ein neu entwickeltes Auto besser ist als das Vorgängermodell, doch ebenso weiß er um die mit dem Auto verbundene Schadstoffbelastung für die Umwelt, so dass an die Stelle einer klaren Fortschritts-Denkform ein von Hermann Lübbe (1990) analysiertes spannungsgeladenes Verhältnis getreten ist.

Die zwei anderen von Freyer benannten Denkformen sind dagegen heute noch von größtem Belang. Beide sind modaler Natur. Mit der *Bereitstellung von Potenzen* ist von ihm die Bereitstellung von Technik-Angeboten im Sinne realer Möglichkeiten gemeint: Technische Mittel werden als freie Potenzen verstanden (von der Steckdose bis zum Computer), bei denen nur ganz allgemeine Zwecke als Möglichkeiten im Entwurf antizipiert sind, weil wir die Ziele selbst setzen können und selbst setzen müssen. Auf der anderen Seite beinhaltet die Bereitstellung solcher Potenzen die Schwierigkeit, den Gang der Technikentwicklung nicht einmal abschätzend vorhersagen zu können. Da die heutige Technik kaum mehr in einzelnen Artefakten besteht, sondern in geschlossenen und offenen Systemen, gelten beide Richtungen, der Freiheitsgewinn und der Verlust an Prognostizierbarkeit, in großem Maße für die heutige Systemtechnik: mit dem Kauf eines Mobiltelefons begeben wir uns in ein System, das wir, ohne es beabsichtigt zu haben, unterstützen. Jean Ladrière (1998: 76f) hat die Konsequenzen trefflich gekennzeichnet: „Die Benutzer sind in diesem Prozess nur die als Mittel Agierenden, die dazu verhelfen, die dem Netzwerk innewohnenden Möglichkeiten auf die verfügbaren Systeme zu projizieren" – und dadurch das Netzwerk immer effizienter zu machen, was zugleich eine Form von Autonomie des Netzwerks zur Folge hat. Das lässt sich auch aristotelisch deuten: die System-Möglichkeiten haben als bereitgestellte Potentialität selbst ein Bestreben nach Verwirklichung. Hier liegt die Wurzel dessen, was als Eigendynamik der Technik und deren Unvorhersehbarkeit erfahren wird, weil die Entwicklung von den Intentionen der Agierenden abgelöst ist. Der eigene Entwurf, selbst der Entwurf einer ganzen Entwicklungsabteilung, ist nur ein kleines Element innerhalb der resultierenden Gesamtentwicklung. Indem wir Potenzen verwirklichen, die wir gar nicht intendiert hatten, wird der Entwurf zugleich als Bedrohung empfunden, die im Widerspruch zum Fortschrittsgedanken steht. In jedem Falle verlangt eine nichtintendierte, dennoch von den Agierenden angetriebene Dynamik andere und neue Entwicklungsmodelle, die von den im Denken zugeschriebenen Potenzen technischer Systeme ausgehen.

Freyers dritte Denkform, die der *Machbarkeit*, ist hier zentral, weil sie zur handlungsleitenden Lebensform wird: Sie führt zur Gefahr eines Machbarkeitswahns in Gestalt eines politischen Handelns, das glaubt, die Welt nach den eigenen Zielen mittels der Technik einschließlich der Militärtechnik umkrempeln zu können. Man sollte meinen, die Misserfolge beim Klonen, die Schwierigkeiten der Ursachenbestimmung von Aids, Parkinson und Alzheimer – um nur Beispiele der Biotechnologie zu erwähnen – hätten zu einer besonneneren Haltung geführt, doch das Gegenteil scheint der Fall zu sein. So wird heute nicht etwa der Machbarkeitswahn kritisiert, vielmehr wird die Machbarkeit vorausgesetzt, wenn in der öffentlichen Diskussion zur Biotechnologie so getan wird, als stünden wir unmittelbar vor dem gentechnisch gestylten Retorten-Menschen...

‚Machbarkeit' ist eine Handlungsmöglichkeit; sie verbindet also die Verwirklichungs-Möglichkeit mit der epistemischen Möglichkeit als einem Wissen und Können unter Voraussetzung der Willens- und Handlungsfreiheit. So vermag der Homo creator, Möglichkeiten als Möglichkeiten und als gänzlich Neues, nie Dagewesenes zu denken und in Freiheit eine dieser Möglichkeiten wertend auszuwählen und zu verwirklichen. Doch neu an der Denkform der Machbarkeit ist die Vorstellung, dem Machen seien keine Grenzen gesetzt – eine überaus gefährliche Hybris der Außensicht auf die Technik und ihre Entwurfsmöglichkeiten.

7. Entwerfen als Denk- und Lebensform der Gegenwart

Entwerfen welcher Art auch immer verlangt ein Denken im Möglichkeitsraum; es verlangt eine Vorstellung, die antizipierend das Wirklichwerden der Möglichkeit bestimmt und darum schon im Planen den Horizont der Zeitlichkeit mit einbezieht. Dies gilt für technisches Handeln – vom Werkzeuggebrauch über die Werkzeugherstellung bis hin zur Planung und dem Bau komplizierter Fertigungsanlagen. In genau diesem Sinne wird der Entwurf zur Lebensform schlechthin, und in Gestalt des technischen Entwurfes zu der spezifischen Lebensform der Gegenwart.

1. Mit der Arbeitsteilung, die mit der Handwerkstechnik und der Stadtentwicklung vor Jahrtausenden begann, ist eine Spezialisierung eingetreten, die, was im Handwerk noch im Wesentlichen eine Einheit von Entwerfen und Verwirklichen war, auseinandergetreten ist. Nicht einmal für den Erfinder muss heute gelten, dass er seine Erfindung umsetzt; in F&E-Abteilungen ist die Trennung vollkommen, denn ihre Aufgabe besteht darin, die Blaupause zu entwerfen, in der das *Ziel* als *verwirklichbare Möglichkeit* in Symbolen niedergelegt ist. Deutlicher noch: Diese Möglichkeit wird selbst zum Ziel. Damit gewinnt das Entwurfsdenken einen Eigenwert, den es früher nicht gehabt hat.

2. Diese Möglichkeit besteht ihrerseits vielfach in einer Ermöglichung, wie das Beispiel des PCs oder des Industrieroboters zeigt. Wir denken also beim Entwerfen in einer iterierten Modalität, wir denken eine Möglichkeit der Möglichkeit, die beide je für sich mit Verwirklichbarkeit verbunden sind. Der Entwurf des Computers einschließlich seiner Software muss verwirklichbar sein; und wird er verwirklicht, so stellt er eine Ermöglichung (der Textverarbeitung, Berechnung, Steuerung etc.) dar, die ihrerseits muss wirklich werden können. Wenn ein Spezifikum des menschlichen Denkens darin besteht, Möglichkeit zu denken (dies ist die Voraussetzung freien Handelns), so wird in der Gegenwart eine *neue Stufe iterierter und komplexer Modalität* erreicht, die zugleich auf Lebensformen durchschlägt; denn im Gebrauch der ermöglichenden Technik muss diese – jedenfalls vom Grundsatz her – als Ermöglichung verstanden sein, um verwendet werden zu können.

3. Der Prozess des Entwerfens wird anders verstanden als früher. Für Praxiteles war die Statue schon im Marmorblock gegeben; die Muse führte ihm den Meißel, um sie freizulegen. Für den Ingenieur der Renaissance bestand das Ingenium darin, unerwartetes Neues durch Kombination von Gegebenem hervorzubringen. In der Gegenwart scheint eine solche Sicht zu einfach, weil sich das Ziel-Mittel-Verhältnis oft umgekehrt hat. Es werden vielfach nicht Mittel zum gegebenen Ziel gesucht, sondern neue Ziele zu gegebenen Mitteln. Auch dies lässt sich modal umschreiben: war das Ziel eine antizipierte Wirklichkeit, zu der eine Verwirklichungsmöglichkeit gesucht wurde, so tritt an diese Stelle eine *Vorstellung von den im wirklichen Mittel angelegten*

potentiellen Möglichkeiten im Hinblick auf mögliche Ziele. Auch dies ist eine bemerkenswerte technogene Erweiterung des menschlichen Reflektionshorizonts. Zugleich wirkt sich dies auf die Lebensform in doppelter Hinsicht aus. Einerseits erwächst hieraus eine Dynamik, die Traditionsformen sprengt, andererseits ist dadurch die Zukunft kaum vorhersehbar; die bereits kritisierte Modellierung der Technikentwicklung als Technikevolution korrespondiert dem vollkommen, weil das vorantreibende Element in kontingenten, nicht vorhersehbaren Mutationen in Form von Innovationen gesehen wird: nicht der Fortschrittswille, sondern der *Zufall* wird – wie in der biologischen Evolution – als Triebkraft der Technikdynamik verstanden; damit wird die neue Denk- und Lebensform zur Weltsicht. Zu zeigen, mit welchen Schwierigkeiten dieses Bild verbunden ist, war das Anliegen des vorausgegangenen Kapitels, der stattdessen für eine verantwortungsvolle Provolution eintrat.

8. Der Entwurf als vorausschauende Lebensform des Homo creator

Blicken wir zurück. Der Mensch ist das einzige Wesen, das um seine eigene Endlichkeit weiß: Heidegger hat dieses Vorlaufen zum Tode zum Kern seiner Fundamentalontologie erhoben. Doch mehr noch: Der Mensch ist das einzige Wesen, das um das Ende seiner eigenen Gattung weiß – nicht so sehr als theoretisches Resultat der Evolutionstheorie, die dem Menschen keine besseren und dauerhafteren Lebenschancen einräumt als jeder andern Gattung, sondern vor allem, weil wir vorauszusehen vermögen, wie wir durch Technik unsere Lebenswelt zerstören. Dieser große und dramatische Hintergrund spannt sich erst auf, weil jede Handlung den Charakter der Vorschau auf das Ziel hat, das wir uns in Freiheit setzen. Technisches Handeln unterscheidet sich davon nur durch eine Radikalisierung, nämlich durch eine Aufspaltung in den Entwurf und seine Verwirklichung, die beide zumeist personell und zeitlich getrennt werden: Der technische Entwurf des Technikers bleibt auf der Seite der Möglichkeit, die Verwirklichung erfolgt in einem abgelösten Arbeitsprozess.

Im technischen Entwurf erweist sich der Mensch nicht nur als Wirklichkeitsmensch, sondern als Möglichkeitsmensch, der die Ideenwelt mit neuen Denkformen, neuen Verwirklichungsmöglichkeiten und neuen Lebensformen aufspannt und erweitert. So ist es diese Art des Entwurfs, die sein Wesen ausmacht. Der Ideenraum Dinglerscher idealer Lösungsgestalten war mit zu starken metaphysischen Voraussetzungen belastet, um als ein Whiteheadsches Gedankenschema tragfähig zu erscheinen; doch geht man über zum Denkraum, zu jener Region, in der kreative Entwürfe gewonnen und gestaltet werden, so sind Dinglers Vorstellungen hilfreich, denn ein technischer Entwurf ist nichts, das einem zufällig in die Quere kommt, sondern einem Problemhorizont zugehört. Dabei stützt sich der Entwurf, wenn er über den Spielraum der Routinen hinausgeht, auf ein vielfach gestaffeltes Gefüge von Modalitäten und Potenzen: iterierte Modalitäten, kausale Notwendigkeiten, Ziel- und Mittelbewertungen, dazu Verwirklichbarkeitsbedingungen. Potenzen nehmen hierin einen wichtigen Platz ein, weil sie sich in einem Handlungskontext gewissermaßen zur Verwirklichung aufdrängen, obwohl es außerhalb starker ontologischer Voraussetzungen sinnlos ist, von einer Potenz zu sprechen, die nicht erkannt oder bekannt wäre und damit immer schon in einem Bewertungshorizont angesiedelt ist: *Wir* sehen in einem Gegebenen die Potenzen für Neues.

Nicht verwirklichte Möglichkeiten sind keine raumzeitliche Wirklichkeit, sondern existieren nur in Nicolai Hartmanns oberster Schicht oder in Poppers Welt 3. Dennoch machen sie gerade das wesentliche Element des Entwurfes aus und schlagen in den Denkformen, denen sie zugehören, über die Spielräume auf die Lebensräume durch – ja, sie wären ohne diese Rückbindung wohl gar nicht denkbar. Die Linie, die hier gezogen wurde, sollte zeigen, dass dem technischen Entwerfen heutige Lebensformen korrespondieren, und zwar als Antizipation der Verwirklichung des Möglichen in Zweck-Mittel- und Mittel-Zweck-Relationen. Die Weiterführung des einfachen Handlungsentwurfs über die handwerkliche planvolle Tätigkeit zum technischen Entwurf hat zu veränderten Lebensformen geführt. Umgekehrt wirken diese Lebensformen auf das Entwerfen zurück, so dass eine wechselseitige Abstützung resultiert. Deren Bedeutsamkeit aber liegt in dem wertenden Zuschreiben von Zwecken und Zielen, die nie bloße Entwurfsziele sind, sondern verwirklicht werden, um etwas im Leben zu bezwecken. Entwürfe werden damit zur handlungsleitenden Sinnzuschreibung. Das zu können, Möglichkeiten zu denken, zu bewerten und sinnhaft zu verwirklichen, macht den Homo creator aus. Solches Können zur Behandlung hochkomplexer Strukturen erweitert zu haben charakterisiert unsere technisierte Lebensform der Gegenwart. Eine Seidenzwirnmühle, die wohl komplizierteste europäische Technik des ausgehenden Mittelalters, besaß etwa hundert bewegliche Teile – mehr wären nicht zu bewältigen gewesen, weder denkerisch noch technisch. Wir dagegen entwerfen und realisieren komplexeste Großsysteme, bei denen tausende und abertausende von Elementen und Prozessen ineinander greifen. Mit dieser Erweiterung zeichnet sich aber die Notwendigkeit eines nächsten Schrittes ab – nämlich im Denken die nötigen Werkzeuge zur Bewertung der neu entstehenden Denk- und Lebensform vom Kleinen des einzelnen Entwurfs zum Großen des vielgestaltigen Zusammenwirkens zu entwickeln. Das Entwerfen als Lebensform muss sich selbst zum Gegenstand werden.

10. Wissen des Nichtwissens: Zum Problem der Technikentwicklung und -folgenabschätzung

„Nichts Genaues weiß man nicht" – so wird ein Beitrag zum Grundwasserschutz eingeleitet (Cirpka 2004), was trotz der verstärkenden doppelten Negation immerhin andeuten mag, wenigstens etwas Ungenaues zu wissen. Doch kann das genügen, wenn wir mit unserer Technik unsere Kultur geradeso wie unsere Lebenswelt in ungeahnter Weise umkrempeln? Wie soll es uns gelingen, Hans Jonas' neuen technologischen Imperativ, das Prinzip Verantwortung, zu erfüllen? Solches Handeln verlangt nicht nur Wissen, sondern auch ein Wissen um dessen Grenzen, also ein Wissen des Nichtwissens – ja, mehr noch, eine Ein- oder gar Abschätzung dieses Nichtwissens und eine Form des Umgangs mit ihm. Um dessen Voraussetzungen soll es im Folgenden gehen. Das jedoch erfordert im ersten Schritt eine gewisse Klärung, was hier unter Wissen, Nichtwissen und Wissen des Nichtwissens verstanden werden soll. Im Blick auf die zu umreißende Nichtwissensproblematik wird dabei die Akzentuierung von Wissen anders erfolgen als im 5. Kapitel über Technisches Wissen. – Im zweiten Schritt wird es um den konkreteren Bezug auf technisches Wissen gehen, um im dritten die Nichtwissensproblematik in der Technik anfügen zu können. Abschließend soll das Gewonnene in eine grundsätzlich andere, nämlich modale Perspektive gerückt werden.

1. Wissen und Nichtwissen

Nichtwissen ist geradeso wie Wissen etwas zutiefst Menschliches und damit zugleich Subjektbezogenes. Wissen und Nichtwissen kommt keinem Buch, sondern seinem Autor, keinem Computer, sondern seinem Konstrukteur, seinem Softwareschreiber und seinem Nutzer zu. So ist das Wissen um unser Nichtwissen ein uralter Topos menschlicher Reflexion und bezieht sich auf alle Formen des Wissens, die, wie sich zeigen wird, ausnahmslos auch in technisches Wissen eingehen. Seine vier Grundformen sind im 5. Kapitel so benannt worden:

W1 *Wissen dass* als Sachverhaltswissen,
W2 *Wissen warum* als theoretisches und kausales Wissen,
W3 *Wissen wie* als handlungspraktisches Können,
W4 *Wissen wozu* als Wertungswissen.

Nun ist Nichtwissen zwar die Negation von Wissen; aber logisch betrachtet hierin eine Komplementärmenge zur Menge des Wissens zu sehen, würde gänzlich verfehlen, worum es geht, weil Nichtwissen sehr wohl in charakteristischer Weise inhaltlich bestimmt ist. So ist Nichtwissen ein zentraler Punkt des menschlichen Nachdenkens.

Ebenso gibt es Wissenstheorien als Teil der Erkenntnistheorie von Platon und Aristoteles bis heute – doch geschlossene Nichtwissenstheorien stehen noch aus. Deshalb wird es sich als nötig erweisen, in allen vier Bereichen, dem Sachverhaltswissen, dem Ursachenwissen, dem Können und dem Werten, wenigstens drei Formen des Nichtwissens zu unterscheiden:

- Das, was jenseits der *grundsätzlichen* Grenzen des Wissbaren,
- was jenseits des derzeitigen *allgemeinen* Wissensstandes oder Könnens, und
- was jenseits eines *individuellen* Wissensstandes und Könnens (Unkenntnis und Unvermögen) liegt.

Im Laufe der letzten zwei Jahrzehnte wurde Nichtwissen ein Thema zahlreicher Untersuchungen, die in den USA auf den Begriff ‚ignorance‘ bezogen zumeist von Michael Smithson (1985; 1989; 1990; 1993; 2008) ausgehend bis zur interdisziplinären Sammlung von Robert N. Proctor und Londa Schiebinger (2008) führen, wo „Agnotology" als ein neues Forschungsgebiet vorgeschlagen wird. Ökonomen, Soziologen und Psychologen studieren Phänomene des Nichtwissens. Doch die angloamerikanischen Untersuchungen unterscheiden sich dabei in einem entscheidenden Punkt von denen etwa in Deutschland, denn der englische Begriff ‚ignorance‘ hat neben der neutralen Bedeutung des deutschen Terms ‚Nichtwissen‘ zugleich jene negativ-wertende Bedeutung des deutschen Wortes ‚Ignoranz‘. Doch auf eben diese zweite Bedeutung beziehen sich fast alle Untersuchungen der englischsprachigen Tradition, indem sie ignorance als manipuliertes (Magnus 2008) oder unterdrücktes oder übersehenes, aber vorhandenes Wissen behandeln. Darüber hinaus wird dort bezüglich der Technik das tatsächliche Nichtwissen sogar in der Sammlung *Agnotology* fast völlig ignoriert. Selbst dort, wo das Nichtwissensproblem bezüglich der Technik in der deutschsprachigen Literatur gesehen wurde, geschah dieses allein unter dem Gesichtspunkt der Ungewissheit (z.B. Banse u. a. 2005; Gamm u. a. 2005). Das Nichtwissen, um dessen Klärung es hier gehen soll, hat hingegen die Form: *Ich habe ein Problem, aber ich weiß seine Lösung nicht!* Dabei sei erinnert an Poppers „Alles Leben ist

Problemlösen" (Popper 1994), um die fundamentale Bedeutung eben dieses Nichtwissensbegriffs zu sehen.

Der Hintergrund von all dem ist der beständige Kampf der Menschheit mit Kontingenz: Unsere Lebenswelt ist voller Ungewissheit, Unwägbarkeit, ungeahnter Zwischenfälle. Als Menschen versuchen wir, diese Lage durch Wissenschaften zu überwinden, die all dem Notwendigkeit entgegenstellen – beginnend mit Platon durch die ewige mathematische Wahrheit (a priori Notwendigkeit), gefolgt von Galileis Ideal des in mathematischen Zeichen geschriebenen Buches der Natur, erforscht von empirischen Wissenschaften (physische Notwendigkeit); in einem anderen Schritt durch die Festlegung von Handlungsregeln innerhalb einer Gesellschaft, um relativ stabile soziale Strukturen zu begründen und durch Gesetze und Strafen so zu stabilisieren, dass mitmenschliches Verhalten einer bestimmten Art zu erwarten ist und Vorhersagen von Handlungen in gewissem Umfang möglich werden (soziale und ethische Notwendigkeit). Aber eines der wichtigsten Elemente der Kontingenzbewältigung ist Technik: Von ihr erwarten wir, dass sie richtig funktioniert, d.h. auf eine absehbare Weise arbeitet (technische Notwendigkeit), sei es das Messer oder das Auto oder eine ganze Industrieanlage. Wir wissen jedoch, dass auch die Technik in vielen Fällen versagen kann. Darum ist das Problem des Nichtwissens bezüglich der Technik von allergrößter Bedeutung, nicht nur für das Verstehen von Technik.

Jedes Nichtwissen verlangt, dass es uns als Nichtwissen bewusst ist. Das aber bedeutet, dass es in die Form einer Frage gekleidet werden kann – etwa „Wissen Sie das und das?" Damit wird zugleich ein Inhalt des Nichtwissens geradeso sichtbar wie der Zusammenhang mit der Frageform, die das Erfragte als Bereich des Nichtwissens kennzeichnet. Dabei genügt es nicht, das Nichtwissen als ein Noch-Nicht-Bekanntes zu denken. Eine Erkenntnistheorie des Nichtwissens, wie sie Nancy Tuana (2004/2008) verlangt und andeutet, bezieht sich nicht auf eine bloße Lücke von Kenntnissen oder auf eine einfache Negation von Wissen, sondern auf eine recht klare Sicht der Lücke und logisch gesehen auf eine Privation. Deshalb kann es nicht um eine Analyse sozialer Gegebenheiten als Ursachen des Nichtwissens gehen, weil beispielsweise Zweifel, Misstrauen und Unklarheit viel elementarer als kognitive Begriffe genommen werden müssen; allerdings könnte es notwendig werden, das Vorgehen der klassischen Erkenntnistheorie durch Elemente der Soziologie zu erweitern, wie dieses in der Social Epistemology (Goldman 1999) oder der Sozialen Erkenntnistheorie (Kassavine 2003) geschieht, weil sich die Kriterien für Wissen in der Geschichte geändert haben.

Der Leitgedanke dieses Beitrags besteht darin, Problemfelder des Nichtwissens eines Technikers zu unterscheiden, die zugleich die Bedeutung des Nichtwissens sichtbar werden lassen:

–   Nichtwissen ist der Ausgangspunkt allen Entwerfens und Entwickelns, indem ein *Problem* bezeichnet wird.
–   Dieses kann als *Frage* formuliert werden, die einen mitteilbaren Inhalt umreißt.
–   Eine Problemlösung als Antwort verlangt vielfach *Kreativität*; die aber schließt jede Vorhersage aus – ein harter Fall von Nichtwissen.
–   F&E-Abteilungen bedürfen der *Kommunikation* über Nichtwissen bezüglich dieser Probleme, sonst wäre eine Zusammenarbeit unmöglich.
–   Unbekannte *mögliche Technikfolgen* – also harte Fälle des Nichtwissens – müssen mittels Methoden der Technikfolgenabschätzung (TA) bewertet werden.

Das Nichtwissen des Technikers ist also charakterisiert durch ein Problem als kognitiver Ausgangspunkt:

> *Ein Problem ist schlechthin die klassische Nichtwissens-Situation.*

Dem entspricht eine Frage, die eine Problem-Lösung verlangt, welche nicht verfügbar ist. Dieser Sachverhalt macht bereits darauf aufmerksam, dass das Nichtwissen einen Inhalt hat, der überdies mitteilbar, nämlich als Frage formulierbar ist. Deshalb ist eine Nichtwissenskommunikation möglich. Das aber zeigt, weshalb dem Nichtwissen der erste Platz einer erkenntnistheoretischen Analyse des Vorgehens von Technikern zukommt. So hat Robert Proctor diese Form als „native state" bezeichnet, einen Zustand also, der sich völlig von anderen Formen von ignorance beispielsweise als „a lost realm, or selective choice", als Vernachlässigen anderer Möglichkeiten oder gar als „strategic ploy" unterscheidet (Proctor u. a. 2008, 4–10), um dann allerdings zu einer soziologischen Betrachtung überzugehen. Das jedoch führt weg von einer erkenntnistheoretischen Untersuchung, wie sie hier intendiert ist. Dazu bedarf es aber einer Annäherung, die nach den Bedingungen der Möglichkeit von Wissen fragt – was in diesem besonderen Fall bedeutet: Welches sind die Bedingungen, die es erlauben, vom Nichtwissen ausgehend zur Kennzeichnung des Problems, zur korrespondierenden Frage, zu einer Kommunikation und schließlich zu einer Lösung zu gelangen.

Nun setzt von Nichtwissen zu sprechen voraus zu wissen, was *Wissen* ist. Einige der Antworten wurden im 5. Kapitel dargestellt. Bezüglich des Nichtwissens lässt sich daraus eine erste Bestimmung herleiten, denn zum einen sind alle genannten Wissensformen auf *Inhalte* bezogen, zum zweiten muss Wissen hier allein als bewusstes verstanden werden. Die Negation kann deshalb auch nur bewusst und auf einen Inhalt bezogen erfolgen:

Nichtwissen ist ein reflektierter Bewusstseinszustand, bezogen auf einen Inhalt.

Nichtwissen ist damit ein Meta-Wissen (vgl. Smithson 2008: 210), ausgedrückt in einem Prädikat der Metasprache wie ‚wahr‘ oder ‚wissen‘: Es wird zum Ausdruck gebracht, dass wir keine Antwort auf die korrespondierende Frage haben:

Nichtwissen existiert als Bewusstseinsinhalt als Problemwissen,
ausgedrückt in einer Frage.

Nun gilt es, insbesondere die Frage und damit den Inhalt des Nichtwissens genauer zu umreißen. Die wenigen Bemerkungen zum Wahrheitsbegriff genügen, um deutlich werden zu lassen, warum es immer eine skeptische Gegenbewegung gab, welche die Bedeutung des Nichtwissens betonte oder gar allein gelten ließ (vgl. Gabriel 2008). Abgesehen von Sokrates („Ich weiß, dass ich nichts weiß“) und den Sophisten (die sich anheischig machten, zu jeder These auch das Gegenteil beweisen zu können), zu schweigen auch von jenen Skeptikern der Platonischen Akademie, die nichts Schriftliches hinterlassen haben, weil es nichts Gewisses geben kann, war gegen die optimistisch-aufklärerische Tradition der Neuzeit immer auch eine skeptische Linie wirksam – vom cartesischen methodischen Zweifel im Dienste der Erkenntnissicherung über Humes gemäßigten Skeptizismus, der die Unbeobachtbarkeit der Kausalität aufzeigte, weiter über Kants Grenzziehung der reinen Vernunft durch Möglichkeitsbedingungen, die im Erkenntnissubjekt liegen und deshalb nicht nur Gottesbeweise ausschließen, hin zu Emil du Bois-Reymonds (1872) *ignoramus – ignorabimus*, bezogen auf die in seiner Sicht unlösbaren Welträtsel, weil wir beispielsweise nie wissen können, wie Leib und Seele zusammenwirken (vgl. Gabriel 2008). Gesucht wurde in all diesen Fällen eine systematische Antwort auf die Frage nach der grundsätzlichen Limitation unserer Erkenntnis, von der Erfahrungserkenntnis bis in die Theologie. Oder anders gewendet: Es ging um die Abgrenzung des im Grundsatz

Wissbaren vom nie aufzulösenden Nichtwissen – doch stets bezogen auf bestimmte Fragestellungen oder Gegenstände.

Das hindert allerdings nicht, zugleich davon auszugehen, dass die methodisch gewonnenen und begründeten Aussagen der Wissenschaften, mögen sie grundsätzlich diesen Grenzen unterworfen sein und unüberwindlich den Status von Hypothesen haben, zugleich das jeweils Bestgesicherte und Bewährte bewahren, mehren und weitervermitteln (Poser 2007a). In der Sicht des Nichtwissens geht es in allen Wissenschaften vielmehr darum, ein Nichtwissen als *Problem* zu erkennen, das, sofern es nicht in den Bereich des grundsätzlich nicht Wissbaren fällt, gerade eine vertiefte Suche nach gesichertem Wissen von Hypothesenstatus nach sich zieht:

Das Wissen des Nichtwissens wird zur Basis der Wissensdynamik.

Sucht man nun nach Nichtwissensformen, so liegt es nahe, von der obigen Liste von vier Wissensformen auszugehen und das Nichtwissen zu differenzieren als

- Unkenntnis der Fakten,
- Unwissenheit bezüglich der theoretischen Gründe,
- Unvermögen in praktischer Hinsicht, und
- Werte-Blindheit bezüglich der normativen Seite.

Das allerdings wäre gänzlich irreführend, denn bei der hier zu untersuchenden Gestalt des Nichtwissens handelt es sich um einen Bewusstseinszustand, der sich über das Nichtwissen im Klaren ist und der überdies im Lichte der Unterscheidung von Willem H. Vanderburg (2002: 90) zwischen nützlichem und schädlichem Nichtwissen auf der Nutzen-Seite liegt. Tatsächlich geht Smithson (2008: 214 ff.) von einer Unterscheidung aus, die – etwas gekürzt und unter Verwendung des Begriffes ‚Nichtwissen' für ‚ignorance' – folgende Arten des Nichtwissens benennt:

S1   Nichtwissen betreffend die [nicht-soziale] Außenwelt,
S2   Nichtwissen als durch Handelnde hervorgerufen, konstruiert und eingeführt [...] und wenigstens teilweise gesellschaftlich konstruiert,
S3   Handeln bei Nichtwissen: Wie in einer unsicheren Lage gedacht und gehandelt wird,

S4 Nichtwissensmanagement: Was über Nichtwissen gedacht und wie darauf reagiert wird.

Die Formen S2 und S3 können hier übergangen werden, weil sie sich in starkem Maße auf gesellschaftliche Fragestellungen der Manipulation von Wissen beziehen. Einschlägig sind im Blick auf die Technik die Formen S1 als Ausgangspunkt und S4 für die Technikfolgenabschätzung.

Die Form S1 schreibt Smithson den Erfahrungswissenschaften zu – doch fraglos gilt sie auch für das Nichtwissen des Technikers und für F&E-Abteilungen der Industrie. Dabei ist es allerdings nötig, den von Mario Bunge (1974: 20) aufgezeigten Unterschied zwischen Naturwissenschaften und Technikwissenschaften im Auge zu behalten: Erstere suchen nach möglichst allgemeinen Gesetzen, letztere nach möglichst guten technischen Lösungen, nämlich nach better ends. Das hat Folgen für das Nichtwissen, denn nach Smithson (2008: 209) ist das S1-Nichtwissen nicht gesellschaftlich konstituiert, sondern unabhängig von soziokulturellen Ursprüngen – was für die Naturwissenschaften gelten mag, weil sie ihre Fragestellungen aus sich heraus entwickeln, nicht aber für den Techniker. Er steht vor der gänzlich anderen Situation, dass seine Ziele auf individuelle Wünsche oder gesellschaftliche Forderungen zurückgehen. Der Gesellschaftsbezug ist also nicht nur für S4, sondern auch für S1 von Anbeginn gegeben.

In Zusammenhang mit der S1-Situation spricht Vanderburg (2002: 91) von einem Nichtwissen „zweiter Art". Denn es ist zwar „eine Tatsache, dass wir als Spezialisten alles wissen, was zu wissen ist"; doch dieses Wissen ist eingebettet in eine Art des Nichtwissens, weil wir übersehen, dass alle menschlichen Kenntnisse an einen Standpunkt gebunden sind, der bestimmt ist durch unsere Berufserfahrung, Ausbildung, Lebenserfahrung, Überzeugungen, Werte, und nicht zuletzt durch die Kultur unserer Gesellschaft.

Das verdeutlicht, warum es grundsätzlich kein Wissen ohne diese zweite Art des von Vanderburg hervorgehobenen Nichtwissens gibt – eben Polanyis tacit knowledge. Von ihm nimmt Vanderburg (2002: 91) an, dass es getreu seiner Unterscheidung in ein nützliches Nichtwissen verwandelt werden kann, „wenn seine Existenz klar anerkannt wird". So erweist es sich als notwendig, S4 und damit ein Element der sozialen Konstitution einzuschließen. Umso mehr gilt dieses, wenn es sich um Risiken in einem Gebiet handelt, wo wissenschaftliche Antworten entweder noch nicht oder aus formalen Gründen grundsätzlich nicht möglich sind – man denke etwa an vielschichtige Strukturen: In diesen Fällen hängen die Fragen, worin unser Nichtwissen besteht, in erster Linie von Werten, Erwartungen und Ängsten ab, die soziokulturellen Ursprungs und damit Teil unserer Lebenswelt und Lebenserfahrung sind.

2. Nichtwissen als Wissen um die unüberwindlichen Grenzen des Wissens

Die klassischen Naturwissenschaften waren bis zum Beginn des 20. Jahrhunderts durchgängig der Ansicht, dass sich im Bereich der Empirie im Grundsatz alles mit mathematischen Mitteln modellieren und in Axiomensystemen erfassen lasse. Das Nichtwissen wäre damit allein ein temporäres Phänomen, und in einer Einheitswissenschaft im Sinne des Wiener Kreises werde sich – jedenfalls im Prinzip – alles Nichtwissen bezüglich der Natur auflösen lassen. Diese Auffassung hat sich jedoch in mehrfacher Hinsicht als unhaltbar erwiesen. Ein Blick auf die Geschichte von Wissenschaften und Technik zeigt vielmehr, dass es im Laufe der Jahrhunderte Fragen gegeben hat, in denen ein Nichtwissen als Unwissenheit erschien, wo wir heute wissen, dass diese Unwissenheit als ein ignorabimus im Sinne du Bois-Reymonds unüberwindlich ist, selbst wenn dieses nicht seine Punkte betrifft. Ein inhaltlich umrissenes Nichtwissen wird als prinzipielles Nichtwissen jedoch nicht nur in Bereichen aufgewiesen, die zuvor als der Empirie zugänglich angesehen wurden, sondern auch in der Geometrie und der Mathematik.

Ein ignoramus zeigte sich zum Beispiel für die Frage, wie das 5. Axiom der Euklidischen Geometrie, das Parallelenaxiom, aus den ersten vier abgeleitet werden kann, was schließlich zum Beweis der Unabhängigkeit und zu den nicht-euklidischen Geometrien führte. Ähnliches gilt für die Suche nach einem Perpetuum mobile, bis sich zeigte, dass ein solches wegen des Energieerhaltungssatzes unmöglich ist. Anfang der 30er Jahre des 20. Jahrhunderts kommt es mit Kurt Gödel im Grundlagenstreit der Mathematik zu einer unerwarteten und tiefgreifenden Limitation des Wissbaren in den Formalwissenschaften, weil das Fundierungsprogramm einer Axiomatik schon für die Prädikatenlogik der 2. Stufe und damit für die klassische Mathematik nachweislich scheitert. Also: ignorabimus. Etwa gleichzeitig wird in der Physik mit Heisenbergs Unschärferelation und früher schon in Einsteins Relativitätstheorie mit dem Lichtkegel als Begrenzung des Erfahrbaren auch im Empirischen eine prinzipielle Grenze zum Nichtwissen ausgewiesen. Einstein und Heisenberg zeigten also Grenzen nicht nur der Physik auf, sondern auch der menschlichen Erfahrung, weil wir in das Gebiet innerhalb der Unschärferelation ebenso wenig einzudringen vermögen wie in jenes außerhalb des Lichtkegels.

Nun scheint all das für die Technik irrelevant zu sein, weil es keine nichteuklidischen Brücken gibt und die mathematischen Werkzeuge – die PCs – finit sind, so dass sie durch die Begründungsprobleme der Mathematik nicht berührt werden; technische Prozesse laufen weder innerhalb der Dimensionen der Unschärferelation ab noch sind sie schneller als die Lichtgeschwindigkeit. Doch der Schein der Irrelevanz trügt, denn wir müssen in Betracht ziehen, dass Gödels Ergebnisse zeigen, dass es keine vollständige Axiomatisierung der Technikwissenschaften im Sinne einer universalen Ars inveniendi geben kann. Versuche, Perpetua mobilia 2. und 3. Ordnung zu entwickeln, gibt es immer wieder; und Nanotechnologie kommt mit Quanteneffekten in Berührung, während Einsteins Relativitätstheorie zwar Science-fiction-Träume ausschließt, Information schneller als mit Lichtgeschwindigkeit zu übermitteln, doch gibt es immer noch Versuche, diese Grenze über das Einstein-Podolsky-Rosen-Paradoxon zu überwinden. Ebenso sind Techniker mit Aufgaben konfrontiert, experimentelle Möglichkeiten – also Artefakte – zu entwickeln, um die genannten Phänomene in der Nähe der Grenzlinie des ignorabimus zu beobachten.

Eine der relevantesten Beschränkungen von Wissen, die ein unvermeidliches ignorabimus verursachen, besteht in den mathematischen Eigenschaften von komplexen Systemen (Mainzer 1997): Selbst im Fall des deterministischen Chaos – also unter Voraussetzung der Beschreibbarkeit der Prozesse mit Systemen nichtlinearer Differentialgleichungen – ist es unmöglich, eine geschlossene Lösungsfunktion herzuleiten, wie schon Henri Poincaré erkannte; wir können nur Näherungslösungen erreichen. Die aber hängen in höchstem Maße von kleinsten Änderungen der Anfangs- und Randbedingungen ab, so dass Prognosen nur für einen kurzen Anfangs-Zeitraum überhaupt möglich sind. Noch gravierender wird es, wenn wir die von Ilya Prigogine untersuchten dissipativen Strukturen betrachten. Dies sind Systeme jenseits des thermodynamischen Gleichgewichts mit einem Austausch von Energie, Materie und Information; daraus ergibt sich ein Feld möglicher Verzweigungen des Prozessverlaufs (sogenannte Bifurkationen), so dass unvorhersehbare Strukturänderungen eintreten. Die wiederum sind durch die Ausbildung neuer Ordnungen gekennzeichnet, wenn das System gezwungen wird, eine quasi-stabile Struktur (strange attractor) zu verlassen (Poser 2007b): Prognosen sind hier grundsätzlich nicht möglich; sie können nur unter starker Komplexitätsreduktion vorgenommen werden, wobei aber völlig offen ist, wie weit diese Vereinfachungen durch eine Gewichtung der

Parameter tatsächlich zulässig sind. Ob es in diesem Zusammenhang sinnvoll ist, für „Angewandtes Nichtwissen, verstanden als rationaler Informationsverzicht" zu plädieren (Peppel 1994: 60; vgl. Gail 1999/2000 und Roland 2002/03), würde Rationalitätskriterien verlangen, die sich jedoch kaum aufzeigen lassen. Auch für die Beschreibung der historischen Technikentwicklung sind solche umfassenden Modelle herangezogen worden – in der Hoffnung, sie prognostisch nutzen zu können; doch die weit auseinander driftenden Aussagen beispielsweise über die Klimaentwicklung zeigen deutlich die Abhängigkeit vom jeweils gewählten Modell. Darum auch hier: Ignorabimus.

Dissipative Strukturen finden heute nicht nur in der Nichtgleichgewichts-Thermodynamik Verwendung, sondern weit darüber hinaus, so beispielsweise zur Modellierung der Dynamik sozialer Systeme oder des Marktgeschehens oder in Anwendung auf Biotisches in autopoietischen Systemen. Damit sind Objekte betroffen, denen heute in der Biotechnologie größte Bedeutung zukommt. Gleiches gilt für die Kommunikationstechnologien und ihre Netzwerke nicht nur in ihrer unprognostizierbaren Entwicklung, sondern geradeso für das Mittel, das zur Bewältigung dieses Problems herangezogen wird, nämlich Simulationsmodelle: Sie können nur unter starken Einschränkungen Vorhersagen liefern. Vielfach entziehen sich die zu behandelnden Gegenstände – die Technikentwicklung und ihr Einfluss auf Umwelt und Gesellschaft – angesichts ihrer Komplexität schon der Modellierung. Dieses ist ein neues Element unter den Formen des Nichtwissens in Bezug auf die Technikentwicklung, denn einzuschließen wären auch Normen und Werte und deren Veränderung im Laufe der Zeit, und damit die sich ändernde Einschätzung möglicher technischer Lösungen geradeso wie deren Rückwirkung auf Gesellschaft und Umwelt. Was sich dabei zeigt, hat Gerhard Gamm gut auf den Punkt gebracht: Die Verwissenschaftlichung des Wissens und seine Technisierung haben eine „wechselseitige Steigerung von Wissen und Nichtwissen" bewirkt und dabei das „Wissen des Nichtwissens dramatisch anwachsen lassen"; Nichtwissen wird zum „stetig sich regenerierenden Schatten jedweden Wissenszuwachses" (Gamm 2005: 22 f). Das allerdings erzwingt die Einbeziehung kultureller Traditionen und mit ihnen die Berücksichtigung der Geschichtlichkeit nicht nur in der Technikgenese (SCOT-Programm: Social Construction of Technology; Bijker 1995, Bijker/Pinch 1987), sondern auch in einer Behandlung der erkenntnistheoretischen Seite des Nichtwissens des Technikers.

Doch überall, wo wir es mit komplizierten Systemen zu tun haben, ist nicht bloß eine prinzipielle und theorie-involvierte Unwissenheit gegeben; verlangt ist vielmehr zugleich eine handlungsbestimmende Weise des Umgangs mit Nichtwissen als unüberwindliche Begrenztheit der Wissenschaften. Nichtwissen in dieser Gestalt ist damit zu einem geradezu essentiellen Problem geworden. So gibt es mittlerweile eine wachsende Literatur zum Nichtwissensmanagement im Umkreis der Wirtschaftswissenschaften. Beschönigende Titel wie *Die Methode, das Chaos zu beherrschen* – in diesem Falle bezogen auf mathematische Marktmodelle der Ökonomie – sind irreführend, weil sie uns glauben lassen, es gebe immer noch Verfahren, mit einem grundsätzlichen Nichtwissenkönnen so umzugehen wie mit einer temporären individuellen oder gesellschaftlichen Unwissenheit, die durch methodische Erkenntnisgewinnung und Reflexion überwindbar ist. Dieses Problemfeld gilt es vor Augen zu haben, wenn man nach dem Umgang mit Nichtwissen in der Technikbewertung und Technikfolgenabschätzung fragt.

Ein Letztes tritt noch hinzu. Der Hintergrund dessen, was gerade entwickelt wurde, führt zu einem weiteren ignorabimus – nämlich zur Tatsache, dass es kein absolutes oder rationales Fundament der Ethik, der Normen und Werte gibt. Das 18. Jahrhundert glaubte, es sei möglich, eine solche ewige Basis der Moralität zu finden; doch obwohl wir überzeugt sind, dass moralische Regeln erforderlich sind, obwohl wir ebenso überzeugt sind, dass sie Kriterien der Universalisierbarkeit im Sinne des Kantschen kategorischen Imperativs befriedigen sollten, und obwohl Grundsätze der Gerechtigkeit entsprechend dem Vorgehen von John Rawls (1971/1975) unentbehrlich sind, müssen wir doch eingestehen, dass eine universale Ethik oder eine universale Theorie der Normen und Werte wegen ihrer Geschichts- und Kulturabhängigkeit unerreichbar ist. Diese Art von ignorabimus ist nicht nur eine Herausforderung für Philosophen – sie betrifft wesentlich auch alle Technik. Man denke an Bunges These von deren Ausrichtung an besseren Lösungen: Es kann keine Theorie geben, die allgemein festlegen könnte, was bessere Lösungen sind (Bunge 1974: 20).

So müssen wir uns der Tatsache bewusst sein, dass es unvermeidliche Arten des Nichtwissens als ein ignorabimus gibt, die von formalen, nämlich logischen und mathematischen Beschränkungen über die Physik und die Biologie bis zu den Begründungsproblemen in der Ethik reichen. Zugleich belegt aber die Geschichte der Wissenschaften, dass es immer möglich war, sogar sehr genau über die Formen des Nichtwissens zu kommunizieren, weil dafür ein präziser begrifflicher Rahmen gegeben war, der eine genaue Problemstellung und Fragestellung zuließ. Ihn bezogen auf die Technik aufzuzeigen muss deshalb der nächste Schritt sein.

3.   Technik und Wissen

Wie schon in den vorausgegangenen Kapiteln sei von der Definition Klaus Tuchels ausgegangen, weil sie Artefakte und Prozesse zugrunde legt, individuelle und gesellschaftliche Bedürfnisse einbezieht, Kreativität im Blick auf Konstruktionen, also im Blick auf das Entwerfen einfordert, den Zusammenhang von Funktionen, Zwecken und Mitteln hervorhebt und die weltgestaltende Wirkung der Technik betont. Mit der „weltgestaltenden Wirkung" ist der formende Einfluss der Technik auf die Umwelt wie auf die Gesellschaft gemeint. Deutlich wird an dieser Definition, welche Formen des Wissens vorausgesetzt werden, denn wenn das Nichtwissen des Technikers besagt, dass ein Problem vorliegt, das zu lösen ist, so wird nach Mitteln gesucht, ein Ziel zu erreichen. Deshalb braucht der Techniker ein technisches Wissen in Spezifizierung von W1 bis W4, nämlich:

TW1   ein *Sachverhaltswissen*,

TW2   ein Wissen um *Mittel* für einen *Zweck* im Sinne einer *Funktionser-füllung*
(theoretisches Handlungswissen),

TW3   ein Wissen, wie solche *Mittel zu gewinnen und anzuwenden* sind einschließlich eines Wissens um die jeweiligen *Realisierbarkeitsbedingungen und Verwirklichungsmöglichkeiten*
(praktisches Handlungswissen),

TW4a   ein Wissen um *Werte*, die hinter den Bedürfnissen stehen
(normatives Handlungswissen), und

TW4b   ein Wissen über die *Modifikation von Zielen* im Lichte der Werte, falls dies erforderlich ist
(praktisches und theoretisches normatives Wissen).

Hierbei handelt es sich um ein *Problemlösungswissen*. Doch am Anfang einer jeden technischen Entwicklung steht eine Wissensform, die es erlaubt, das Nichtwissen überhaupt als solches fassbar zu machen. Diese Wissensform besteht in der Zielsetzung als Problemlösung, die sich ihrerseits auf ein Wertungswissen gründet.

Das Nichtwissen wird zum Ausgangspunkt der methodisch-systematischen Suche nach einem geeigneten Mittel für einen intendieren Zweck.

In jedem Falle aber ist klar, welcher Art das Nichtwissen ist und in welcher Richtung es abgebaut werden soll; das mag der Grund sein, weshalb der ganze Prozess bislang ausschließlich im Lichte des Wissenserwerbs gesehen wurde, nicht jedoch in der Perspektive des Nichtwissens. In ihr ist nun auch das eben differenzierte Problemlösungswissen zu sehen:

TW1 entspricht dem Sachverhaltswissen W1; es geht überall ein, denn sonst würde die Technik den Realitätsbezug verlieren. Die Form TW2 ist ein kausales Wissen, das aber über W2 hinausgehend auf Funktionen, und das heißt zugleich, auf einen Nutzen bezogen ist. Die Form TW3 ist ein Können, das W3 entspricht, aber auf die besondere Lage referiert, während die Formen TW4a und 4b entsprechend W4 einem kulturspezifischen Wertehorizont angehören. Dabei bezeichnet TW4b eine besonders wichtige Form, nämlich das Wissen darüber, wie mit Werten und Zielen im Blick auf die Bedürfnisse umzugehen ist, wenn die ursprünglichen Zielvorstellungen sich nicht verwirklichen lassen. Auch in die Technikwissenschaften gehen alle diese Wissensformen ein, selbst wenn sie dort so weit als möglich propositional gefasst und methodisch-systematisch entwickelt werden: Diese Wissenschaften können gar nicht umhin, diese Formen einzubeziehen, weil sie sonst die Verbindung zur realen Technik verlieren würden.

Nun ließen sich die technikrelevanten Wissensformen noch weiter differenzieren. Günter Ropohl (2004: 42) etwa unterscheidet zwischen Naturwissenschaftlichem Wissen, Technologischem Gesetzeswissen, Strukturalem Regelwissen, Funktionalem Regelwissen, Technischem Können, Öko-soziotechnologischem Systemwissen und Sozioökonomischem Wissen. Armin Grunwald (2003: 51) hingegen spricht anknüpfend an die Planungstheorie einerseits von Handlungswissen (untergliedert in technische Zweck-Mittel-Relationen, Angemessenheitswissen und Nebenfolgenwissen), andererseits von Kontextwissen bezüglich der Situation, der Märkte, der Konkurrenzverhältnisse und der gesellschaftlichen Akzeptanz. Allerdings lassen sich diese Sichtweisen in die vier oben genannten Formen einordnen, ohne dass für die hier leitende Frage nach dem Nichtwissen eine Lücke entstünde. Ebenso kann an dieser Stelle die seit Michael Polanyi (1966/1985) geläufige Unterscheidung von explizitem und implizitem Wissen übergangen werden, weil es allenfalls auf die Trennung von bewussten und unbewussten Wissensbeständen hinausläuft, nicht jedoch auf die Annahme, bei letzteren handele es sich um eine Form des Nichtwissens (für einen Überblick vgl. Irrgang 2004).

Da den Formen TW2 bis TW4 ein technikbezogenes Nichtwissen korrespondiert, seien sie etwas näher beschrieben. Schon beim TW2-Bereich geht es nicht etwa einfach um naturwissenschaftliche Kenntnisse, die beispielsweise in Naturgesetzes-Hypothesen vorliegen, sondern um etwas grundsätzlich anderes, denn weder Zwecke noch Mittel noch Funktionen sind beobachtbar – sie beruhen auf der *Deutung* von realen oder möglichen Sachverhalten und Vorgängen als ‚Mittel' für ‚Zwecke' im Sinne einer ‚Funktions'-Erfüllung im Blick auf ein ‚Ziel': Diese dem Handlungswissen entnommenen Kategorien sind also von der Intention abhängig, ein Ziel erreichen zu wollen. Deshalb fordert das Nichtwissen als Problem in diesem Bereich eine von der Problemfrage geleitete Erweiterung des Wissens durch neue Kombinationen von bereits vorhandenem technischen Wissen bis hin zu neuen kreativen Lösungen. Das ist nicht so einfach wie es zu sein scheint, weil hier ein hartes erkenntnistheoretisches Problem vorliegt: Wie kann ich wissen, was ich suche, wenn der Ausgangspunkt das Wissen meines Nichtwissens und damit ein zu lösendes Problem ist? Mehr noch, wie gelangen wir von einem Problem zu einem Ziel als einer Interpretation eines möglichen Sachverhaltes, und von dort zu einem Mittel als einer Interpretation einer Funktion, die ihrerseits auch von einer Interpretation abhängt? Nichtwissen, erkenntnistheoretisch gesehen, setzt also zwei Elemente voraus:

(i)   eine *Strukturierung* durch die Ausrichtung der Frage auf ein beabsichtigtes Ziel,

(ii) die *kognitive Fähigkeit*, zur Lösung heuristische Methoden zu entwickeln und/oder kreativ einen bislang völlig unbekannten Lösungsweg zu erdenken.

Im TW3-Wissensbereich geht es um ein Können, ein Know-how. Hier wird zur theoretischen Kenntnis eines Mittels auch ein erlerntes praktisches Handlungswissen vorausgesetzt – verbunden überdies mit einem Wissen um die Verfügbarkeit oder Beschaffungsmöglichkeit der Mittel. Tatsächlich ist auch das ein tief dringendes Problem, selbst wenn Techniker dies so nicht sagen würden; aber die trickreichste Technologie-Idee wäre unsinnig, wenn wir nicht im Stande wären, sie zu verwirklichen. Deshalb ist *verwirklichbar* zu sein eine *conditio sine qua non* von Anbeginn einer jeden Technikentwicklung. Doch anders als im TW2-Fall muss es möglich sein, das Know-how zu erlernen, also zu *lernen*, wie man dieses handlungspraktische Nichtwissen überwindet. Zumeist geht es hier um ein individuelles Unvermögen, das überwunden werden soll; doch denkbar ist auch die selbständige Entwicklung einer neuen Handhabung eines neuen Verfahrens – also ein mit Kreativität einhergehendes Vorgehen, das auch ein Lernen ist. Allerdings ist sogar das Lernen ein klassisches erkenntnistheoretisches Problem seit Platon, der die Auffassung vertrat, Lernen sei „nichts als Wiedererinnerung" von etwas, was bereits in der Seele angelegt ist (Platon: *Phaidon* 72e). In der Tradition der Technikphilosophie hat dies Friedrich Dessauer (1927/1956: 155) zu der sehr platonistischen Auffassung geführt, alle technischen Lösungen seien ein Teil eines „vierten Reiches" von Ideen. Niemand würde diese metaphysische These heute als Lösung des erkenntnistheoretischen Problems des Lernens und der technischen Kreativität zur Überwindung des Nichtwissens akzeptieren – aber es zeigt sich, dass wir in diesem Fall des Nichtwissens eine bedeutsame anthropologische Voraussetzung machen: Menschen können lernen und vermögen etwas völlig Neues kreativ zu erdenken und zu schaffen.

Der alles einbeziehende Wissensbereich ist TW4, denn es sind individuelle oder gesellschaftliche, stets kulturspezifische Bedürfnisse, denen ebenso kulturspezifische Werte korrespondieren, die zu den Zielen des zweiten Wissensbereichs führen und damit in der Verwirklichung auch den dritten Wissensbereich bestimmen – etwa in der Mittelbesorgung oder angesichts der Notwendigkeit, ein Know-how lernend allererst zu erwerben. Erst dieser dominierende vierte Wissensbereich ist charakterisiert durch die Kennzeichnung von etwas als zu lösendes Problem aufgrund einer als unzureichend bewerteten gegebenen Lage. Er hat im Laufe der letzten Jahrzehnte sehr an Gewicht gewonnen, weil sichtbar wurde, wie vielgestaltig das Gebiet von Werten in der Technik ist – Werte, die teilweise in einer großen Spannung zu einander stehen, wie etwa Wirtschaftlichkeit und Umweltschutz. Alle diese Werte und die ihnen entsprechenden Normen hängen von Kultur und Geschichte ab. Überdies werden normative Probleme und Erkenntnisprobleme verwoben; dies zeigt sich bei allen Bemühungen der Technikfolgenabschätzung nicht nur bezüglich möglicher Folgen einer neuen Technologie, sondern auch durch ihren Einfluss auf soziale Strukturen und auf neu sich entwickelnde Wertvorstellungen einschließlich einer Einschätzung aller Schritte und Konsequenzen. Nichtwissen umfasst hier als ein Teil seines Inhalts nicht nur ein Wissen dessen, was unbekannt ist. Vielmehr ist zugleich ein ausgeprägtes Wertungswissen verlangt und vorausgesetzt; sonst wäre die zielorientierte Frage unmöglich, die mit dieser Art des technikbezogenen Nichtwissens verknüpft ist.

Der TW4-Fall ist für unser Problem überaus bedeutsam, weil es zu einfach wäre anzunehmen, dass das Nichtwissen das Ziel völlig festlegt. Das könnte zwar der Fall sein, wenn eine klare Aufgabe vorliegt – aber normalerweise ist dieses keineswegs so. Vielmehr umschreiben das Problem und die ihm korrespondierende Frage ein Ziel und deuten eine Richtung im Zusammenhang mit den dem Ziel zugeschriebenen Werten an. Deshalb gilt:

Das Nichtwissen hat trotz der Zielausrichtung eine offene Struktur.

Die Kenntnisse, die vorausgesetzt werden, verlangen ein Wissen um Werthierarchien, weil es notwendig sein kann, einen besonderen Wert durch einen allgemeineren oder durch einen gleichwertigen anderen zu ersetzen. Dieses geschieht mit Blick auf die Bedürfnisse, die erfüllt werden sollen. Dabei kann es nötig sein, sogar ein Ziel durch ein anderes zu ersetzen, das bezüglich der Bedürfnisse eine vergleichbare Funktion erfüllt. Diese Zusammenhänge sind vom praktischen Syllogismus als ein Schema der Handlungserklärung wohl vertraut, weil es immer unzählig viele mögliche Mittel gibt, ein beabsichtigtes Ziel zu erreichen. Diese Offenheit gilt nicht nur für Mittel und Ziele, sondern auch für die dahinter stehenden Werte:

Das Nichtwissen ist durch eine Zielausrichtung charakterisiert,
die offen ist für eine Werte-bezogene Transformation.

Damit lassen sich die Bereiche des technischen Wissens auch dem aristotelischen praktischen Syllogismus zuordnen, bestimmt doch das Wertungswissen die normative Prämisse „Person P will A erreichen". Die sogenannte kognitive Prämisse „Um A zu erreichen, muss man B tun" betrifft hingegen die theorie- und praxis-orientierten Wissensbereiche; nicht zufällig weist Georg Henrik von Wright darauf hin, dass anstelle der zwei Prämissen vielfach eine weitere Prämissendifferenzierung des praktischen Syllogismus erforderlich ist.

4. Erkenntnistheoretische Bedingungen des technischen Wissens und Nichtwissens

Betrachtet man alle vier Fälle des technischen Wissens und fragt nicht nur nach dem vorauszusetzenden Wissen, das den Inhalt des Nichtwissens des Technikers ausmacht, sondern auch nach den erkenntnistheoretischen Bedingungen der Möglichkeit, so öffnet sich ein tieferes Niveau von Voraussetzungen. Zu allererst ist es notwendig, dass der Mensch (oder mit Kant – das transzendentale Subjekt) dank der Einbildungskraft zu Vorstellungen befähigt ist, die unabhängig von der wirklichen Sachlage sind. Dies muss insbesondere die Fähigkeit einschließen,

(i)   in Möglichkeiten zu denken (was sich als theoretisches Denken Kants *Kritik der reinen Vernunft* (KdrV) zuordnen lässt),

(ii)   in Normen und Werten zu denken (was als praktisches, d.i. moralisches Denken Kants *Kritik der praktischen Vernunft* (KdpV) korrespondiert), und

(iii) in Mitteln und Zielen zu denken (was als teleologisches Denken vermöge der reflektierenden Urteilskraft Kants *Kritik der Urteilskraft* (KdU) entspricht).

Kant befasste sich nicht wirklich mit Technik, vom Nichtwissen zu schweigen, aber er spricht von Künsten im Sinne mechanischer Künste im Unterschied zu den freien Künsten (Kant: KdU, § 43; AA V.303); und da das Nichtwissen, um das es hier geht, Wissen voraussetzt, ist es hilfreich, einige der Punkte Kants dort aufzugreifen, wo es um die Frage geht, ob es eine Teleologie der Natur im Vergleich zur Teleologie von Artefakten gibt. Wenn die Verursachung eines Gegenstands vom freien Willen abhängt, spricht Kant von *„technica intentionalis"* (Kant: KdU, § 72, AA V.390). Deren Prinzipien hängen nicht von der Kausalität ab, weshalb er sie als „moralisch-praktisch" bezeichnet, während die bloße Kausalität auf „technisch-praktischen" Prinzipien beruht; und er fügt hinzu, dass letztere der „theoretischen Philosophie als Naturlehre", erstere der „praktischen Philosophie als Sittenlehre" zugehören. Er fährt fort:

> „Alle technisch-praktische Regeln (d. i. die der Kunst und Geschicklichkeit überhaupt [...]), so fern ihre Principien auf Begriffen beruhen, müssen nur als Corollarien zur theoretischen Philosophie gezählt werden." (Kant: KdU, Einleitung, I. Einteilung der Philosophie, AA V.172)

Wenn ihre Prinzipien jedoch vom freien Willen abhängen, beruhen sie nicht auf Naturerkenntnis, sondern als moralisch-praktische auf moralischen Grundsätzen. Dieses sind nun genau die beiden oben erwähnten transzendentalen Gebiete, die einerseits das kognitive, andererseits das normative Element des Nichtwissens charakterisieren.

All das ist nur der erste Schritt – das Neue der Kantschen Sicht wird deutlich, wenn er schreibt, dass eine „teleologische (technische) Erklärungsart" der „reflektierenden Urteilskraft" zugehört (Kant: KdU, § 71, AA V.389), da es ein Vermögen des transzendentalen Subjekts ist, neue Mittel und Ziele zu denken. Dieser neue und entschiedende Begriff der reflektierenden Urteilskraft wird bereits in der Einleitung der *Kritik der Urteilskraft* erläutert:

„Urtheilskraft überhaupt ist das Vermögen, das Besondere als enthalten unter dem Allgemeinen zu denken. Ist das Allgemeine (die Regel, das Princip, das Gesetz) gegeben, so ist die Urtheilskraft, welche das Besondere darunter subsumirt, (auch wenn sie als transscendentale Urtheilskraft *a priori* die Bedingungen angiebt, welchen gemäß allein unter jenem Allgemeinen subsumirt werden kann) *bestimmend*. Ist aber nur das Besondere gegeben, wozu sie das Allgemeine finden soll, so ist die Urtheilskraft bloß *reflectirend*." (Kant: KdU, Einleitung, IV. Von der Urtheilskraft; AA V. 179)

Hierin kann man eine sehr klare begriffliche Erfassung der kognitiven Lage eines Technikers sehen: Da es keine universellen Technik-Gesetze gibt, die es erlauben würden, eine spezielle technologische Lösung abzuleiten, muss man vom Einzelnen ausgehen – in diesem Fall von einem speziellen Problem und seiner korrespondierenden Frage –, nicht um eine universelle, sondern um eine brauchbare spezielle Lösung zu erreichen. Allerdings ist eine solche Lösung, solange sie allein konzeptuell umrissen wird, zwar kein Gesetz, wohl aber ein Allgemeines; so ist es bemerkenswert, dass Ingenieure vom „Lösungs*prinzip*" sprechen und damit etwas Allgemeines zum Ausdruck bringen. Das teleologische Denken findet hierbei seinen adäquaten Ausdruck in einem Apriori-Vermögen: Es setzt die Erkenntniskategorien voraus, ebenso die moralischen Grundsätze, aber es fügt die auf Absichten beruhende „intentionale Technik" als teleologisches Element hinzu. Eben das macht den entscheidenden Unterschied zwischen einem Artefakt und einem natürlichen Objekt aus. Diese kurzen Bemerkungen sollten deshalb verdeutlichen, warum das Nichtwissen des Technikers wirklich ein erkenntnistheoretisches Problem ist, das einen breiten Horizont der Reflexion öffnet.

Nun müssen zwei weitere Vermögen hinzugefügt werden, die sich bei Kant eher beiläufig finden lassen, nämlich *lernen* und *kreativ* sein zu können. Beide setzen Willensfreiheit voraus. Kreativität ist die grundlegende Kategorie Alfred North Whiteheads (1929/1979), der das Kantsche Kategorienschema aufbricht, da Kreativität ermöglicht, die geschichtliche Entwicklung neuer Ideen-Schemata und Denkformen einzubeziehen. Deshalb erlaubt eine Whiteheadsche Bereicherung unserer Begrifflichkeit, Elemente der Sozialen Erkenntnistheorie einzubeziehen.

Die Hinzunahme beider Vermögen zu den Erkenntniskategorien gestattet ein besseres Verstehen des Nichtwissens, weil es bereits ein Akt von Kreativität als Offenheit ist, neue Vorstellungen zu entwickeln und sich eines neuen Problems als einem Element des Nichtwissens bewusst zu werden. Das erlaubt uns, den Hintergrund des Bewusstseins von Nichtwissen als ein kulturelles Element

des Lernens, der Wissensvermittlung und der Tradierung von Methoden zu verstehen. Um es weniger abstrakt und durch ein Beispiel zu sagen: Technikhistoriker haben gezeigt, dass sich im 19. Jahrhundert die Methoden des Problemlösens in der Technik in England, Frankreich und Deutschland stark voneinander unterscheiden, waren sie doch abhängig von der unterschiedlichen Ausbildung in der Tradition der Royal Society, der École Polytechnique de Paris und dem deutschen Typ der Polytechnischen Lehranstalt. Doch positiv gewendet bedeutet eine solche Ausbildung zugleich, dass alle teilhabenden Techniker über ein vergleichbares Wissen und vergleichbare Erfahrungen verfügen – und genau dieses sichert die Kommunikation über Nichtwissensprobleme.
Zurück zum Grundsätzlichen. Das bislang Entwickelte erlaubt festzuhalten:

> *Das Nichtwissen des Technikers enthält ein Element von Kreativität*
> *bereits beim Umreißen des Problems und der korrespondierenden Frage,*
> *weil auf Neues abgezielt wird.*

Man sage nicht, es gehe doch vor allem um Nichtwissen in den Wissenschaften, nicht aber um ein Können und Werten; doch die Technikwissenschaften kommen gar nicht umhin, alle vier oben genannten Ebenen einzubeziehen – und dieses nicht nur bezüglich des Wissens, sondern essentiell auch im Blick auf das Nichtwissen. Dem gilt es sich nun zuzuwenden. Die Leitschnur mag das Schema von Abb. 10.1 verdeutlichen, das vorangestellt sei.

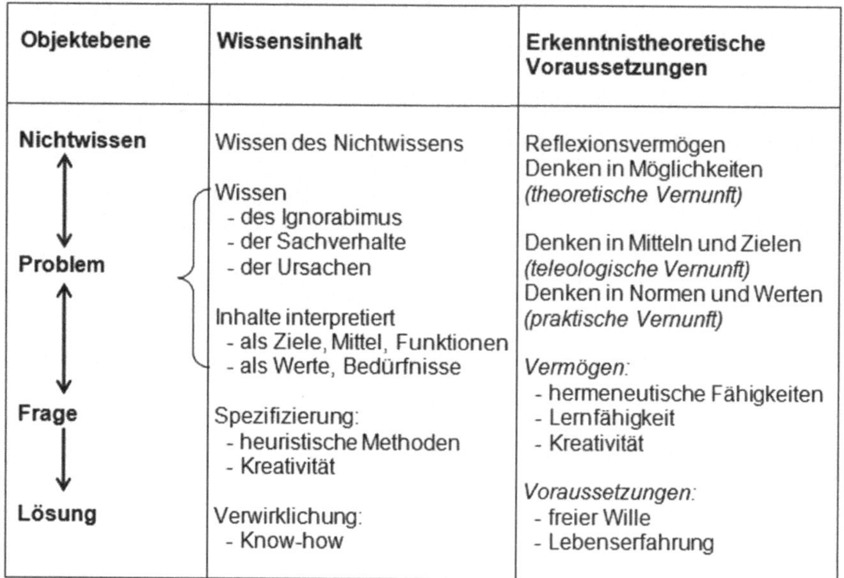

Objektebene	Wissensinhalt	Erkenntnistheoretische Voraussetzungen
Nichtwissen ↕ **Problem** ↕ **Frage** ↓ **Lösung**	Wissen des Nichtwissens Wissen - des Ignorabimus - der Sachverhalte - der Ursachen Inhalte interpretiert - als Ziele, Mittel, Funktionen - als Werte, Bedürfnisse Spezifizierung: - heuristische Methoden - Kreativität Verwirklichung: - Know-how	Reflexionsvermögen Denken in Möglichkeiten *(theoretische Vernunft)* Denken in Mitteln und Zielen *(teleologische Vernunft)* Denken in Normen und Werten *(praktische Vernunft)* *Vermögen:* - hermeneutische Fähigkeiten - Lernfähigkeit - Kreativität *Voraussetzungen:* - freier Wille - Lebenserfahrung

Abb. 10.1: Nichtwissen: Struktur, Inhalt und Voraussetzungen

5. Bereichsbezogenes Nichtwissen und Problemlösen in der Technik

Das Modell des bloß handlungspraktischen Wissens erweist sich als zu einfach, technisches Wissen als Voraussetzung des korrespondierenden Nichtwissens genauer zu erfassen, denn der bemerkenswerte Vorgang des technischen Entwerfens, also der technischen Kreativität, besteht gerade darin, ein Nichtwissen zum Ausgangspunkt der Erfindung einer neuen Problemlösung zu nehmen. Popper hatte bündig formuliert, alles Leben sei Problemlösen. Dabei zielt er nicht nur auf den Alltag, sondern er bezieht die Wissenschaften einschließlich der Technikentwicklung ein. Solches Nichtwissen beruht auf einem Wissen um das zu lösende Problem, also auf einem Wertungswissen, das es erlaubt, ein Ziel zu setzen. Eben hierum geht es in der Technik und den Technikwissenschaften.

Nichtwissen als Problemwissen kann sich nun auf alle vier oben genannten Wissensformen TW1 bis TW4 entsprechend den je als Problem gesehenen Inhalten beziehen. Da allerdings das Wertungswissen die drei anderen Formen übergreift, gilt dies auch für das Nichtwissen. So ist es nur folgerichtig, hinter jedem Nichtwissen und hinter der ihm korrespondierenden Frage ein Wertungswissen als Voraussetzung zu sehen: Wäre dem nicht so, würden wir nicht nur die Frage nicht stellen – wir würden das das Nichtwissen konstituierende Problem gar nicht bewusst machen können:

> *Unser Wissen des Nichtwissens und mit ihm das Nichtwissen selbst werden durch die jeweilige Wertorientierung des Problems erst fassbar.*

Nun handelt es sich beim Problemlösen um einen dynamischen Prozess der Entwicklung, in dem neue Lösungsideen, geboren aus dem Nichtwissen um eine Problemlösung, materiell umgesetzt und getestet, kritisiert, variiert und erneut getestet werden – und dies für jedes Einzelelement eines vielschichtigen Wirkungszusammenhanges (man denke nur an ein Auto mit einem gänzlich neuen Antriebssystem). So stellt Michael Ruoff (2005: 170) treffend fest: „Das Nichtwissen übernimmt durch Berücksichtigung des Neuen einen aktiven Part. Das Wissen steht in direkter Abhängigkeit von einem überkomplexen Nichtwissen, das sich als Quelle des Neuen begreifen lässt." Zur Quelle des Neuen kann es aber nur werden, weil es auf einem inhaltlichen Problemwissen aufruht!

Da das Nichtwissen des Technikers einen Inhalt hat, ausgedrückt als ein Problem, ist es nützlich, mehrere Typen zu unterscheiden, die sich in verschiedenen Gebieten der Technik besonders augenfällig zeigen lassen. Sie sollen nun im Blick auf die erkenntnistheoretische Seite betrachtet werden.

Begonnen sei mit dem *Maschinenbau* als Beispiel der klassischen Ingenieurwissenschaften. Er besitzt normalerweise gut entwickelte heuristische Methoden, die mit einer klaren Erwartung des Problemlösens verbunden sind. Die Ergebnisse können anhand von Kriterien aufgrund festliegender Normen (Funktionalität, technologische Effizienz, Wirtschaftlichkeit, Sicherheit, usw.) kontrolliert werden. Dieser klassische Fall und zugleich die häufigste Art des Nichtwissens wird dabei meist gar nicht als Nichtwissen gesehen; er wird vielmehr als empirische Frage betrachtet, weil sich sogar die Kriterien auf empirisch prüfbare Daten beziehen. Die Überwindung des Nichtwissens einfach als Methoden-Lernen zu bezeichnen, wäre ebenfalls nicht ausreichend, auch wenn es im einfachsten Fall um die Anpassung eines vorgegebenen, beispielsweise im Studium vermittelten Handlungsschemas geht. Etwas aufwendiger ist schon eine Heuristik, die Gegebenes zu etwas Neuem methodisch zusammenfügt. Beides wird von Walter G. Vincenti (1990: 7, 206) als „normal design" bezeichnet, dessen Lösung durch „stored-up engineering knowledge" erfolgt, während Japp (1999: Abs. I) von „spezifischem Nichtwissen" spricht, womit der Anschluss an die hier zu behandelnde Fragestellung gegeben ist. Dieser Fall sei als Standardentwicklung bezeichnet. Doch obgleich eine Aufgabe erfüllt werden soll, bei der heuristische Lösungsmethoden gegeben sind, muss die Problemlösung erst durch Methodenanpassung gefunden werden. ‚Heuristisch' bedeutet etwas zu finden, was noch nicht gegeben ist, sonst bestünde keine Notwendigkeit für ein Suchen. Die Entwicklung hat deshalb auch hier von einem Fall von Nichtwissen auszugehen:

NTW1   *Nichtwissen betreffend die Anpassung heuristischer Methoden an den gegebenen Fall.*

Nur in seltenen Fällen ist eine vollkommen neue, kreative Erfindung erforderlich, der ein Prozess der Entwicklung folgt. Hierbei ist ein kreatives Ergebnis keineswegs sicher, wohingegen dieselben Kriterien wie im klassischen NTW1-Fall gelten. Folglich bleibt das erkenntnistheoretische Problem, wie man unter Voraussetzung von Kreativität und Freiheit absolut neue funktionierende Artefakte erreicht. Die Art der Vorstellung, um die es dabei geht, unterscheidet sich von jenen der Literatur oder des Films oder von Science Fiction durch die entscheidende modale Qualität der mehrfach hervorgehobenen Verwirklichbarkeit. Diese Form ist

NTW2   *Nichtwissen betreffend eine verwirklichbare kreative Lösung.*

In der Wissens-Perspektive ist das eben Gesagte von Vincenti (1990) ausgehend vom Flugzeugbau untersucht worden. Doch früher schon hat Ropohl (1978/1999/2010) die Entwicklungslinien in einem Schaubild verdeutlicht (s. Abb. 8.5), das für jeden Teilprozess geradeso wie für das Zusammenfügen zum gesuchten Ganzen steht. Der dort nach Art eines Regelkreises dargestellte Prozess lässt sich nun so auffassen, dass am Anfang – beruhend auf gesellschaftlichen Wertvorstellungen unter Berücksichtigung des vorhandenen Wissens – ein Ziel gesetzt wird, das in einer Problemlösung besteht. Das Ziel gäbe es nicht, wenn es nicht zugleich Ausdruck eines Nichtwissens wäre. Jeder nachfolgende Einzelschritt bleibt immer an diesen Problem- und Werthorizont gebunden.

Tatsächlich schließt der Entwicklungsprozess als schrittweises Verfahren fast durchweg beide Arten des Nichtwissens NTW1 und NTW2 ein, da viele Schritte neue Ideen erfordern, selbst wenn das emphatische Konzept der Kreativität zu hoch gegriffen zu sein scheint. Dennoch ist der NTW2-Fall des „radical design" (Vincenti 1990: 8) oder auch des „unspezifischen Nichtwissens" (Japp 1999: Abs. I) als *Kreativentwicklung* herauszuheben, weil das vorhandene Wissen heuristischer Methoden nicht ausreicht und deshalb eine völlig neue Lösung gefunden werden muss: Hierbei kann wenig als sicher gelten, denn, um es mit Vincenti zu sagen, es ist weitgehend unbekannt, welche Teile wie heranzuziehen sind und wie sie dann funktionieren.

Entscheidend für die Form des Nichtwissens, um das es beim Problemlösen geht, ist das Vorgehen, nach der allgemeinen Zielsetzung funktional bestimmte Subziele festzulegen, so dass sich der durch Ropohls Schema beschriebene Vorgang mit jedem Unterziel wiederholt: Das Nichtwissen wird positiv als Problemwissen in Unterprobleme aufgelöst, denen natürlich auch ein Nichtwissen korrespondiert, um so die Unterprobleme und damit das Leitproblem Schritt für Schritt einer Lösung zuzuführen. Da aber die Auflösung in Unterprobleme auf verschiedene Weise erfolgen kann, zeigt sich auch hier die strukturelle Offenheit der Fragerichtung des Nichtwissens. Das Ropohlsche Schema bietet hiervon ein generalisiertes Bild, weil es einen Planungsablauf skizziert, der in seiner Allgemeinheit den Fall des Standardentwerfens ebenso einbezieht wie den des Kreativentwurfs.

Das alles klingt einfach, erweist sich aber als höchst komplex, weil das Ziel selbst es ist. Man denke durchaus noch im Sinne des normalen Entwerfens an den Trivialfall einer neuen Waschmaschine, von der man nicht nur Effektivität fordert – also schmutzige Wäsche einer bestimmten Menge sauber zu bekommen –, auch nicht nur ökonomische Effizienz – also billig zu sein, damit der Absatz garantiert ist. Sie soll sicher sein in der Herstellung und im Gebrauch, sie soll ökologisch orientiert wenig Wasser, wenig Energie, wenig Waschmittel verbrauchen, sie soll kindersicher, leicht zu entsorgen und missbrauchsresistent sein. Es ist also ein weiter Wertehorizont zu berücksichtigen, der teils in gänzlich gegenläufigen Anforderungen besteht – beispielsweise in individuellem Gewinnstreben versus gesellschaftlich gebotener Grenzziehungen –, wobei unbekannte Möglichkeiten etwa des Missbrauchs oder der unsachgemäßen Nutzung zu antizipieren und konstruktiv zu vermeiden sind.

Das Schema Ropohls zeigt nur zwei explizite Fragen; doch tatsächlich müssen jeder Schritt und jede Schleife als eine Antwort auf eine Nichtwissensfrage gesehen werden. Damit erweist sich der Entwicklungsprozess als durchgängig von Fragen, mithin durch Nichtwissen gesteuert. Erkenntnistheoretisch gesehen zeigt sich, dass das Nichtwissen über Fragen führt, ein Ziel entwirft und tentativ durch Versuch und Irrtum auf kontrollierte Weise Mittel für eine Lösung anstrebt. Dabei ist die durch die Nichtwissensfrage intendierte Lösung das Ergebnis einer wertgelenkten Suche nach einer Antwort. All das scheint der S1-Nichtwissensform von Smithson zu entsprechen (siehe oben unter 1); tatsächlich jedoch gehen hier auch S4-Elemente ein, weil die Ziele wie die Lösungsstrategien kulturabhängig sind. Das ist der Punkt, an dem die Soziale Erkenntnistheorie ins Spiel kommt und eine Dimension öffnet, die durch die quasi-kantische Sicht unter transzendentalen Bedingungen des Nichtwissens nicht erfasst wird. Deren Bedeutung hatte sich schon im Ontologie-Kapitel gezeigt.

Zusammenfassend lässt sich sagen: Der NTW2-Typ des Nichtwissens wird durch zwei Elemente charakterisiert: Das mit der Frage verbundene Ziel wird nur als eine Richtung gegeben, und die Lösung hängt von Elementen der Kreativität und der kulturellen Tradition ab. Bezogen auf die Nichtwissenskommunikation erweist sich damit ein gemeinsames Wissen der Kommunikationsteilnehmer um alle aufgewiesenen Elemente als unabdingbarer Ermöglichungsgrund.

Heute hat all dieses im Bereich der *Nanotechnologie* eine weitere Dimension des Nichtwissens erlangt: Wir kennen neue und unerwartete Phänomene des Nanogrößen-Gebiets, und wir sind im Stande, Nanogrößen-Gegenstände zu manipulieren, wohingegen es keine umfassenden oder auch nur ausreichenden Theorien als eine Erweiterung der Festkörperphysik gibt. Deshalb sind Prognosen, was mit Nano-Materialien in der Natur und in lebenden Körpern geschieht, so gut wie unmöglich. Dieses kann als eine dritte Art des Nichtwissens gesehen werden:

NTW3 *Nichtwissen bezogen auf das Fehlen grundlegender theoretischer Kenntnisse.*

Nano-Materialien werden heute in Farben, in Nano-Beschichtungen auf Glas und Textilien, in der Hautcreme für den Sonnenschutz usw. verwendet. Hier führt die Analyse des Nichtwissens sofort zu ethischen Forderungen, solche Anwendungen so lange ruhen zu lassen, bis eine weiterführende Grundlagenforschung gezeigt hat, dass weder kumulative noch katalytische Effekte langfristige Gefahren verursachen könnten. Bemerkenswert hieran ist, dass solches Nichtwissen eine moralisch begründete *Warnung* und ein Postulat für eine spezifische Art der Anwendungsforschung verursacht – nicht allein auf die unmittelbaren Folgen gegenwärtigen Handelns gerichtet, sondern angesichts Jonas' Prinzip der

Verantwortung (1979/1984) in einer Langzeit-Perspektive, die früher nicht notwendig gewesen wäre. Dieses sei als vierte Art des Nichtwissens bezeichnet:

NTW4 *Nichtwissen gegründet auf die Berücksichtigung moralischer Argumente.*

Biotechnologie stellt uns heute vor gänzlich neue Probleme, wenn man nicht auf die Käse- oder Bierproduktion schaut, deren Fragestellung dem NTW1-Nichtwissen zugehören, sondern beispielsweise an die Gentechnik denkt:

Zum einen sind Biofakte Lebewesen, die durch Wachstum gekennzeichnet sind. Deshalb bedarf es der Zeit, um das Resultat einer Genmanipulation mit dem Ziel einer beabsichtigten Qualitätsänderung beobachten zu können, weil ein Ziel nach der Modifikation nicht sofort erreicht wird, sondern eine Wachstumsentwicklung verlangt. Dasselbe gilt für langfristige Gefahren – sie zu erkennen könnte Generationen brauchen. Damit ist aber die klassische Falsifikationsmethode der Problemlösungs-Hypothese zu modifizieren.

Zum anderen sind biotische Systeme komplexe Systeme, sie haben keine atomistische Struktur, wie man ursprünglich bezüglich der Gene annahm (etwa dass jedes Gen eine bestimmte Qualität des Phänotyps vertritt). Deshalb fehlen in vielen Fällen die für eine gezielte Modifikation erforderlichen biologischen Kenntnisse. Nichtwissen besteht hier also aus einer echten NTW3-Wissenslücke. Zugleich aber sind Lebewesen autopoietische Systeme; darum sind Veränderungen eines solchen komplexen Systems mit dem Ziel eines Biofakts hochproblematisch, da man das Ergebnis nicht voraussagen kann. Vor allem aber gewinnt das Nichtwissen eine völlig neue Dimension durch die Tatsache, dass Lebewesen als autopoietische Systeme komplex sind und in einer komplexen, vornehmlich biotischen Umwelt leben, die klassische Formen von Experimenten sowie Vorhersagen ausschließt. So hängen die Probleme eines Bio-Technikers ebenso wie die der Umwelttechnologie von fehlenden Kenntnissen, von einer gegenüber den klassischen Technologien veränderten Zeitkonstellation, von der Komplexität der Lebensbedingungen lebender Objekte und von ethischen Problemen ab. Da der Techniker um diese Konstellationen und Schwierigkeiten weiß, ist es erforderlich, eine weitere Nichtwissensform einzuführen:

NTW5 *Nichtwissen wegen der Unvorhersehbarkeit der Entwicklung in komplexen Systemen.*

Hier liegt ein *ignorabimus* vor, das noch zu erörtern sein wird. – *Informationstechnologie* hat nicht nur die Gesellschaft und das tägliche Leben, sondern auch das erkenntnistheoretische Problem des Nichtwissens tiefgreifend umgeformt, da sie als adäquates Mittel erscheint, Wissen überall und für jeden bereitzustellen und dieses mit technischen Mitteln zu bearbeiten. Statt in materiellen Artefakten oder lebenden Biofakten bestehen ihre Gegenstände in erster Linie in Information, gegeben in einer Folge von Symbolen, die materiell festgehalten, übertragen und/oder durch eine programmierte Maschine manipuliert werden. Aber dazu muss Wissen in einen Ausdruck einer formalen Sprache überführt werden, verbunden mit einer Komplexitätsreduktion der überwältigenden Menge an Informationen (die in vielen Fällen keineswegs Wissen beinhalten); so besteht die Hauptaufgabe fast immer darin, Wissen oder eine als Wissen geltende Meinung zu kodifizieren. Die erkenntnistheoretischen und philosophischen Fragen, ob Informationssysteme „denken" und Bewusstsein erlangen könnten, sind weithin bekannt.

Information kann unabhängig vom Gedächtnis einer Person gespeichert werden, wenn es entsprechende Artefakte wie Bücher, PCs, Mobiltelefone, Kameras usw. gibt – zu schweigen von jenen kaum wahrnehmbaren Steuerelementen als Mikroprozessoren in fast jedem technischen Artefakt. Ihr Gebrauch für gesellschaftliche Aufgaben ist unübersehbar – man denke an Verkehrssteuersysteme oder Methoden der Gesundheitsfürsorge. Ubiquitous Computing ist bereits unterwegs – und moderne Gesellschaften könnten nicht ohne es bestehen. Doch denkt man an Nichtwissen, so muss man eingestehen, dass der Gang der Entwicklung gerade hier bei weitem nicht so klar ist wie in der klassischen Technik, weil es ein tiefgehendes und schnelles Wechselspiel zwischen der Technikentwicklung und der Gesellschaft gibt, wie SCOT-Anhänger dies bereits anhand des Fahrrads gezeigt haben (Bijker et al. 1987; Bijker 1995). So müssen wir in Betracht ziehen, dass der Weg, der von den Anfängen der ersten Walkie-Talkies zu den mobilen Kamera-Internet-Computer-Telefonen von heute führte, alles andere als eine klare Linie war, sondern gekennzeichnet ist durch ein mannigfaches Auf und Ab, dem Durchspielen wie dem Vernachlässigen von Möglichkeiten, der Manipulation durch Werbung, von Moden und Angeberei, nicht aber von vernunftgeleiteten Problemstellungen und Entscheidungen. Da diese Art des Nichtwissens um Folgen für die Gesellschaft als ein Hauptinhalt im Mittelpunkt steht, wird es nützlich sein, sie als besonders belangvolle Form des NTW5-Nichtwissens im Sinne fehlenden Wissens bezüglich des umfassenden Systems ‚Informationstechnologie plus Gesellschaft' zu verstehen. Fraglos gilt das auch bei den disruptive technologies, also bei Innovationen, die möglicherweise bislang dominierende Technologien verdrängen (vgl. *Persistent Forecasting of Disruptive Technologies* (2010) als eine Stellungnahme des National Research Council of the National Academies der USA).

Die Differenzierung von technischen Lösungstypen wurde in der Literatur als Parallele zu Kuhns Unterscheidung normaler und revolutionärer Wissenschaft gesehen (Vincenti 1990: 260, Fn. 10), denn genau in der Kreativentwicklung als Veränderung oder Ersetzung des bislang dominierenden Paradigmas besteht der Weg von der ersten erfinderischen Idee bis zur Innovation. Dieser Weg ist in der heutigen Form der industriellen Entwicklung unmittelbar mit dem Erfordernis verbunden, über diese besondere Form des Nichtwissens und über Ideen zu seiner Überwindung zu kommunizieren, also über einen Inhalt, der bislang keine Verwirklichung gefunden hat und möglicherweise in einer neuen, auf Metaphern beruhenden Begrifflichkeit gefasst werden muss. So stellt vor allem die Kreativentwicklung und das ihr vorausliegende Nichtwissen ein bemerkenswertes epistemologisches Problem dar (Poser 2006). Teil dieses Problems ist die Sicht, das radikal Neue der Kreativentwicklung müsse mit Campbell und zurückgehend auf Popper als Variation in einem evolutionären Prozess der Technikentwicklung gesehen werden. Eine Modellierung gemäß der Bio-Evolution ist, wie im Evolutions-Kapitel gezeigt, dabei jedoch irreführend, weil in der Technikentwicklung Variationen und Selektionen keineswegs unabhängig voneinander sind: Zwar ist die jeweilige Erfindung unvorhersehbar, aber sie ist zielorientiert; sie wird wissentlich aufgegriffen und verändernd weiterverfolgt, abhängig von wertbestimmten Zielen. Dabei mag es Zielmodifikationen ebenso geben wie ein Aufstecken, weil sich kein geeigneter Weg, kein geeignetes Mittel im Sinne der kognitiven Prämisse des praktischen Syllogismus hat finden lassen. In jedem Falle aber erscheinen Erfindungen als Problemlösungsmöglichkeiten. Damit spiegeln die Nichtwissensformen NTW1 bis NTW5 eine Folge wachsender Anforderungen an das Problemlösungswissen, das zugleich die Voraussetzung für die Nichtwissenskommunikation bildet.

Die Ergebnisse dieses Abschnitts seien in Weiterführung von Abb. 10.1 in einem Schema zusammengestellt (Abb. 10.2), welches die strukturelle Erweiterung des Nichtwissens anhand der korrespondierenden Lösungswege von der heuristischen Anpassung vorhandener Methoden über die Kreativität bis zu einer Synthese der theoretischen und praktischen Vernunft in der reflektierenden Urteilskraft zeigen soll.

Fehlendes Wissen	Nichtwissens-form	Lösungsform	Erkenntnistheoretische Voraussetzung Allgemein: Vorstellungsvermögen Reflektierende Urteilskraft
I Anpassung gegebener Methoden verlangt ist *Know how*	NTW1	Heuristik teleologisches Denken	Lernen
II Neue Methoden verlangt ist *Kreativität*	NTW2	Entwicklung	Kreativität
III Grundlagentheoretisches Wissen in Nanowissenschaften in Biowissenschaften in Sozialwissenschaften verlangt ist *Wissen warum*	NTW3	Forschung empirische und theoretische Überlegungen	Theoretische Vernunft Soziale Erkenntnistheorie
IV Folgen in ethischer Perspektive verlangt ist *Wissen wozu*	NTW4	ethische Überlegungen	Praktische Vernunft
V Komplexe Systeme Kombination von I – IV	NTW5	Zur Vermeidung von Ignorabimus: Parameterreduktion in Projektstudien	Theoretische und praktische Vernunft Reflektierende Urteilskraft

Abb. 10.2: Elemente des Nichtwissen: Formen und Voraussetzungen

6. Die Transformation technischer Probleme in Wertungsprobleme als Transformation der Struktur des Nichtwissens

Technik wird heute nicht mehr als ein unmittelbarer Fortschritt gesehen, sondern in ihrer Janusköpfigkeit verbunden mit Risiken und Gefahren. Um solche unbeabsichtigten, unerwünschten Folgen zu vermeiden, ist die ethische Verantwortung zu einem zentralen Element der Entwurfstätigkeit von Technikern geworden. Für die Zeit von 2003 bis 2008 wird dies dokumentiert und diskutiert von Beth Kewell (2009). In der eben eingeführten Unterscheidung spiegelt dies NTW4. Sichtbar wird darin eine drastische Transformation und Vergrößerung des problemorientierten Nichtwissens in zwei Richtungen:

Zum einen hat der Techniker heute sein Verständnis von Problemen grundlegend geändert, denn sein Nichtwissen betrifft weit mehr als die Frage nach einer technisch befriedigenden Lösung, weil ein ganzer Horizont von Werten integriert werden muss. Technikbewertung ist die sichtbare Spitze von Wertpostulaten und damit Ausdruck einer Transformation des Nichtwissens des Technikers zu einem Problem, das gänzlich neue wertende Sichtweisen zu respektieren hat, weil es zu spät wäre, Problemen der Sicherheit, Gesundheit und Ökologie erst am Ende der Entwicklung Aufmerksamkeit zu schenken. In seiner Weite und seinen inneren Spannungen ist dieser Horizont gut ablesbar am oktogonalen Schema von Wertebenen (Abb. 10.3), formuliert und weiter differenziert in der 1991 erstmals veröffentlichten *VDI-Richtlinie 3780: Technikbewertung – Begriffe und Grundlagen* (VDI 1991/2000: 23; vgl auch VDI Report 15 u. 29), entwickelt von einer interdisziplinären Gruppe von Philosophen, Technikhistorikern, Techniksoziologen und Technikwissenschaftlern. Zugleich wird mit der Richtlinie die Ausweitung des vorausgesetzten Wissens im Falle eines technologischen Nichtwissensproblems besonders deutlich; denn eine solche wertebezogene Richtlinie gab es bislang nicht – und mehr noch, eine VDI-Richtlinie bedeutet, dass sich ein Techniker an sie zu halten hat!

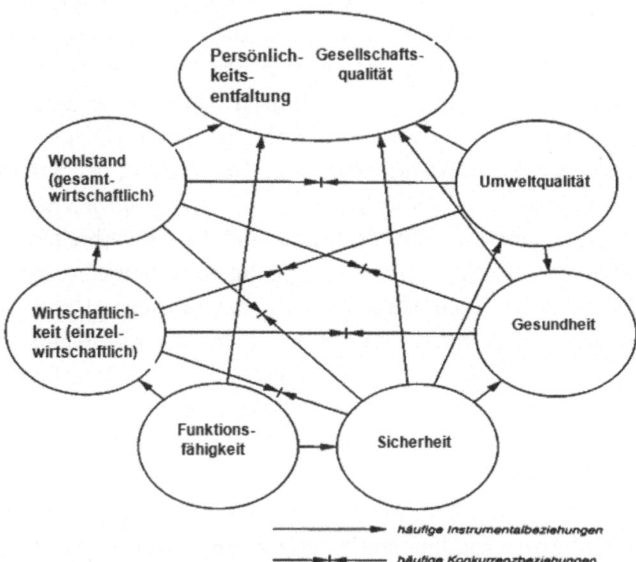

Abb. 10.3: Oktogon der Wertebenen in der Technik (VDI-Richtlinie 3780)

Zum anderen genügt es keineswegs Werte einzuschließen, um Kontingenz zu überwinden und sicherzustellen, dass Risiken und Gefahren in der künftigen Entwicklung ausgeschlossen sind. Dazu wäre mehr als die Fähigkeit eines

Laplaceschen Dämons vonnöten. Mit Blick auf die Technik und ihren Einfluss auf die Gesellschaft und die Umwelt zeigte sich bereits, dass Prognosen bei komplexen Systemen unmöglich sind. Wir sind darum in einem viel radikaleren Sinne Nichtwissende, gerade weil wir uns über unser Nichtwissen im Klaren sind, denn sowohl die Begründung von Werttheorien, deren wir für NTW4 bedürften, als auch die Prognose in komplexen Systemen, die auf NTW5 führt, sind ein unüberwindliches *ignorabimus*. Dennoch muss die Menschheit bestrebt sein, Gefahren zumindest so weit wie möglich zu begrenzen. Damit gewinnt das Nichtwissen und die Nichtwissenskommunikation ein nie dagewesenes Gewicht.

Gehen wir zunächst von der Einbeziehung von Werten aus. Hier können nicht alle Formen von Risiken berücksichtigt werden, die Smithson (1989) und seine Anhänger in soziologischer Sicht des Nichtwissens behandelt haben – ist es doch die theoretische Seite, die im Vordergrund stehen soll. Statt nach „rein technischen" Methoden zu suchen, ein technisches Nichtwissensproblem zu beheben, muss die angestrebte Lösung heute tatsächlich einen breiten Fächer von Normen und Werten integrieren, die Formen von Verantwortung ausdrücken. Natürlich hängen Technikziele von Bedürfnissen von Personen oder der Gesellschaft ab (wohingegen wissenschaftliche Probleme der fraglichen Wissenschaft entstammen); so war Technik immer mit der Gesellschaft, der Kultur und der Lebenswelt verbunden. Aber ein technisches Nichtwissensproblem zu lösen hat eine neue Qualität erlangt, weil der Techniker und die F&E-Abteilung alle Werte und die Spannungen zwischen ihnen von Anfang an in Betracht ziehen müssen. Das wiederum verlangt einen Wertekonsens, der in einer globalisierten Welt allererst gefunden werden muss, um für die Nichtwissensproblematik eine Lösungsrichtung weisen zu können: NTW4 betrifft also viel mehr als nur die Nichtwissensseite des Technikers. Die Kreativität als einziger Ausweg, wenn traditionelle Lösungen scheitern, muss deshalb ein viel umfangreicheres Gebiet von Problemen meistern.

Um das Risiko zu mindern, werden gerade unter Wertungsgesichtspunkten Simulationen und Projektstudien erarbeitet, um für Entscheidungen ganze mögliche Szenarien zu entwickeln. In der Perspektive des Nichtwissens bedeutet dieses: Die Struktur des Nichtwissens des Technikers hat heute eine zweifache Erweiterung erfahren, seit erstens die verschiedenen Wertebenen von Anbeginn zu berücksichtigen sind, während zweitens Projektstudien einbezogen werden, die auf einer drastischen Auswahl für bedeutsam gehaltener Parameter beruhen, während eine theoretische oder empirische Rechtfertigung der Komplexitätsreduktion fehlt und fehlen muss. Diese Verfahren helfen also nur scheinbar, das

Nichtwissen zu überwinden – vielmehr müssen sie selbst als neuer Typ des Nichtwissens gesehen werden.

7. Nichtintendierte Folgen: Nichtwissen als Modalproblem

Ungleich dramatischer als die bislang behandelten Formen des Nichtwissens ist jene, die sich bezüglich unbeabsichtigter, nichtintendierter, insbesondere später sich einstellender Folgen auftut. Auch solche Folgen beherrschbar zu machen, ist das Anliegen der Technikfolgenabschätzung. Hier geht es darum, mögliche, im Sinne des Wertekanons negative Folgen einschließlich eines denkbaren Missbrauchs systematisch zu erfassen, um sie zu vermeiden. Wiederum stellen sich damit Nichtwissensprobleme, auf die es grundsätzlich zwei Weisen der Reaktion gibt.

Die erste Antwort besteht darin, durch geeignete Maßnahmen als unerwünscht erkannte mögliche Folgen von Anbeginn abzuwenden. Die ausgeprägte Sicherheitstechnik, die heute Teil jeder Technikentwicklung sein muss, zielt darauf ab, sowohl den Arbeiter bei der Herstellung als auch den Nutzer des Artefakts zu schützen und denkbarem Missbrauch bereits durch entsprechende konstruktive Maßnahmen einen Riegel vorzuschieben. Heutige Ausweitungen dieses Vorgehens sind die weitreichende Berücksichtigung von möglichen Gesundheits- und Umweltschäden. In der Sache geschieht dies methodisch wie in den bislang behandelten Fällen des Problemlösens, allerdings mit einer im Kern veränderten Ausrichtung: Das ursprüngliche Nichtwissen wird jetzt im Blick auf Folgen zur Ausarbeitung von *Vermeidungsmitteln* umgemünzt. Damit zeigt sich zugleich, dass die Parameterreduktion als Parametergewichtung, die zusammen die Voraussetzung für die Anwendbarkeit von Simulationen mit prognostischer Funktion bilden, nicht nur auf das positive und erfolgreiche Erfahrungswissen gegründet wird, sondern mindestens in gleichem Umfang Misserfolgserfahrungen und deren Vermeidungsstrategien einbeziehen muss.

Der zweite und spezifisch mit der Problematik des Nichtwissens verknüpfte, wesentlich schwierigere Fall ist jener, in dem auch solche Vermeidungsmittel nicht zu Gebote stehen, wir aber dennoch mögliche unerwünschte und unbekannte Konsequenzen wenigstens abschätzen möchten. Es geht also um eine handlungsentscheidende Form der Kontingenzbewältigung. Natürlich lässt sich der Gang der Geschichte nicht vorhersagen; dennoch sollen unbekannte Gefährdungen vermieden werden. Es handelt sich mithin um mögliche Verläufe in komplexen Strukturen, die überdies von nie vollständig bestimmbaren Randbedingungen abhängen. Der „Schatten des Unbestimmten" – so der Titel der Dissertation von Albrecht Fritsche (2009) – ist also unvermeidlich. Im Gegensatz zum Nichtwissen in Zusammenhang mit der Problemlösungssuche gilt für den jetzt zu betrachtenden Fall fraglos, dass, wo das Bestimmte – also ein Artefakt als Problemlösung – geschaffen wird, „gleichzeitig ein Ort des Unbestimmten außerhalb" entsteht (Fritsche 2009: 45): Er soll hier nicht als Ort des Unbestimmten (dazu gibt es mittlerweile umfangreiche Auseinandersetzungen), sondern als Ort des Nichtwissens ausgemacht und eingeschätzt werden.

Technik gilt als ein ganz wesentliches Mittel der Kontingenzbewältigung – immerhin ist jedes Artefakt materialisiertes Wissen, verbunden mit der Erwartung, dass seine jeweilige Mittelfunktion als seine essentielle und konstitutive Eigenschaft nicht nur gestern und heute, sondern auch morgen gewährleistet ist. Doch Technik kann ebenso wie soziale Regelungen versagen – unvorhergesehen, also ohne Vorherwissen und damit unser Nichtwissen offenbarend.

Fruchtbarer ist ein Zugang von der Seite der Möglichkeit. Möglichkeiten zu denken ist konstitutiv für menschliches Entscheiden und Handeln. Möglichkeiten werden jedoch bislang mit dem Wissen nur im Ausnahmefall der *Realmöglichkeit* Nicolai Hartmanns (1938: 49) oder des *objektiv-real Möglichen* Ernst Blochs (1959: Bd. I, 271) verbunden, weil dieser Typus der Möglichkeit zusammenfällt mit der Wirklichkeit, gesehen in der modalen Perspektive der Möglichkeit. Alles technische Entwerfen geschieht jedoch in Möglichkeitsräumen, die weit darüber hinausgehen. Einleitend wurden Formen der Notwendigkeit unterschieden, denen Möglichkeitsformen korrespondieren, etwa logische Möglichkeit und *physische*, i.e. naturgesetzliche Möglichkeit, weiter theoretische *technologische Möglichkeit* und *praktische Machbarkeit*, letztere gekennzeichnet durch den Modus der *Verwirklichbarkeit*, also am dichtesten an der Realmöglichkeit Hartmanns. All diese Unterscheidungen sind für den Vorgang des technischen Entwickelns und Konstruierens maßgeblich, betreffen also im Blick auf Problemlösungsanforderungen Formen des Nichtwissens. Doch unser Zentralproblem ist das Bemühen, in den kontingenten Raum des Nichtwissens auch dort einzudringen, wo das Problemwissen allererst aufgebaut werden muss.

Wie Gamm (2005) und Hubig (2005: 39) betonen, gilt hier grundsätzlich: Je größer der Anspruch an Schärfe und Präzision, desto größer ist die Unsicherheit. Im Umkehrschluss bedeutet dies, dass wir nur durch gesteigerte Unschärfe in der Lage sind, auf das Nichtwissen zu weisen, um das es geht. Doch die Spannung entsteht nicht allein hieraus, sondern aus dem Verhältnis solchen Nichtwissens bezüglich eines offenen Möglichkeitsraumes zum Wesen der Technik, der

Kontingenzbewältigung durch Zweckdienlichkeit, Sicherheit und Wiederholbarkeit zu dienen.

Im Lichte der Möglichkeitsproblematik geht es entscheidend darum, in das bislang skizzierte Spektrum jene Möglichkeitsform aufzunehmen, die das verbliebene Nichtwissen betrifft. Sie muss natürlich zwischen der physischen Möglichkeit und der praktischen Machbarkeit liegen. Gewiss handelt es sich um eine Form von Virtualität, die nicht nur „wirkliche Virtualität" ist, wie Hubig (2005) sie diskutiert, sondern von der eine Verwirklichbarkeit angenommen wird, wenngleich von hypothetischer und konditionaler Gestalt. Nicolai Hartmanns Modalität des Werdens, also eine ontologische Modalität, trifft nicht das Gesuchte, während die Erkenntnismöglichkeit, endend im „Begreifen der Möglichkeit", dem schon näher kommt (Hartmann 1938: 381, 402 ff.). Soweit es sich dabei um eine von der Wirklichkeit verschiedene Möglichkeit handelt – Hartmann nennt dies „negative Möglichkeit" –, hebt das Bewusstsein (seinsmögliche) „Teilmöglichkeiten" als eine „Reihe von Bedingungen" heraus, natürlich ohne damit die „Totalmöglichkeit" zu erreichen (Hartmann 1938: 382). Hartmann führt aus, das „modal Eigentümliche" sei,

> „daß die modale Voraussetzung im mitlaufenden Bewusstsein der Möglichkeit nicht dieselbe ist wie im Begreifen der Möglichkeit. In ihm wird disjunktive [positive vs. negative, oder reale vs. bloß mögliche, H. P.] Möglichkeit vorausgesetzt, im Begreifen dagegen eine ausgesprochen eindeutige [...] Totalmöglichkeit. [...] Von hier aus gesehen ist das erste Auftauchen eines Wissens um bestimmte Realbedingungen schon ein gewaltiger Schritt aufwärts im Sinne des Begreifens. Erst mit diesem Schritt taucht die Teilmöglichkeit auf und mit ihr die bewusst disjunktive Pluralität der Eventualitäten. Das alles gehört schon dem Begreifen an. Zugleich aber setzt im Begreifen die andere apriorische Voraussetzung ein: die der unerkannten Totalmöglichkeit." (Hartmann 1938: 389 f.)

Beziehen wir dies auf die Technikfolgenabschätzung als Fall eines begrenzten Wissens – begrenzt nicht nur bezüglich des naturwissenschaftlich gegründeten, stets hypothetischen Wissens, wie dies heute in eklatanter Weise für die Nanowelt geradeso wie für die Neurologie und die Genbiologie gilt, sondern begrenzt auch hinsichtlich kultureller und sozialer Bedingungen und Transformationen, und fast inhaltsleer bezüglich der Wissenschafts- und Technikentwicklung. Das Mittel, dessen wir uns bei Folgenabschätzungen auch in dieser Lage bedienen, war traditionell eine Berufung auf (Lebens-)Erfahrung, also beruhend auf der Voraussetzung, die Zukunft werde jedenfalls im Grundsatz der Vergangenheit ähnlich sein. Aber gilt das heute noch? Geradeso hat sich unser Mittel zur

Kontingenzbewältigung gewandelt – ist es doch selbst technischer Natur, wenn wir in Simulationen und Szenarien mögliche Weltläufe durchspielen, als seien wir wie der Leibnizsche Gott zur Wahl der besten aller möglichen Welten befähigt. Damit aber verhalten wir uns so wie jene Gestalt Karl Valentins, die im Dunkeln den verlorenen Hausschlüssel nur unter der Laterne sucht, weil es allein dort hell genug ist. Überdies basiert auch das Vertrauen auf solche Simulationen – selbst unter Einbeziehung der mit ihnen verbundenen Unsicherheiten – auf Nichtwissen: Die scheinbare Rationalität des Simulationsprozesses entgleitet der Vernunft und dem Wissen.

Worauf aber soll dann Technikfolgenabschätzung, Risikoabwägung und Entscheidungsmanagement überhaupt gegründet erfolgen? Künftiges Wissen lässt sich nicht vorhersagen – wir besäßen es dann bereits. Auch künftige neue Probleme lassen sich nicht prognostizieren – ein Wissen um das Problem war aber, wie wir sahen, die Voraussetzung, das mit ihm verbundene technikwissenschaftliche Nichtwissen systematisch abzubauen. Auch die Umkehrung des Zweck-Mittel-Zusammenhangs, also die Suche nach neuen Zwecken für gegebene Mittel, ist ebenso wenig antizipierbar wie neue kreative Lösungen und neue gesellschaftliche Wertvorstellungen. Hier beginnt die breite Risiko-Diskussion, die ihren Niederschlag bei Ulrich Beck (1986) und Niklas Luhmann (1991) gefunden hat und in der die Nichtwissensproblematik direkt oder indirekt zum Thema wird. Zur Risikobewältigung bauen wir ständig Modelle, um selbst unter solchen Umständen eine Strukturierung vornehmen zu können. So unterscheidet Armin Grunwald (2003) im Blick auf die Technikbewertung vier Formen von Zukunftsprojektionen – die *prognostische*, die *gestalterische* und die *evolutive Sicht*, erweitert um die von ihm ebenfalls diskutierte *autopoietische Sicht*, die heute von biotischen auf soziale geradeso wie auf präbiotische Prozesse übertragen wird. Im ersten Fall wird angenommen, dass wir Vorhersagen zum Gang der Zukunft zu machen vermögen – was entsprechende geschichtsmetaphysische Gesetze voraussetzt, wie Hegel, Marx, Spengler oder Toynbee sie je auf ihre Weise angenommen haben. Im zweiten Fall wird der seit der Renaissance bestimmende Fortschrittsoptimismus in seiner technikoptimistischen Variante herangezogen, während im dritten Fall die retrodiktiv konzipierte evolutionäre Erklärung einer Entwicklungsdynamik als allgemeine Zukunftsprojektion ohne Möglichkeit einer Intervention verwendet wird. Im Fall der Autopoiese wird eine Systemstruktur angenommen, welche wie bereits Prigogines dissipative Strukturen die nicht-prognostizierbare Ausbildung einer Stabilisierung und bei Verlassen gewisser Randbedingungen deren Destabilisierung kennt.

Nun beruhen alle vier Positionen als globale Zukunftsprojektionen auf uneinlösbaren Voraussetzungen. Damit bemänteln sie nicht etwa unser Nichtwissen, sondern machen es nur umso deutlicher sichtbar. Andererseits enthält jede durchaus Elemente, denen wegen ihrer fraglosen Erklärungsleistung für Vergangenes auch Zukunftserwartungen korrespondieren. Abzulehnen ist also ihr Ausschließlichkeitsanspruch; denn schon aus ethischen Gründen, unüberhörbar von Jonas formuliert, tragen wir in unseren Handlungen die Verantwortung dafür, künftigen Generationen ein wahrhaft lebenswertes Dasein zu ermöglichen. Seine Zukunftsethik verpflichtet uns also, nicht die Segel zu streichen, sondern mit unserem Wissen und Nichtwissen in unseren Planungen und Entscheidungen verantwortungsvoll umzugehen und uns nicht hinter einem *Ultra posse nemo obligatur* zu verstecken: Wir haben die Möglichkeit von Prognosen, auch wenn sie an Voraussetzungen, Vorentscheidungen und Bedingungen geknüpft und darum unsicher sind; wir vermögen vieles im Kleinen wie im Großen zu gestalten, auch wenn wir dabei an Grenzen stoßen; und wir sehen uns mit dem unerwartet-unvorhersehbar Neuen als evolutionäre Mutation oder Variation konfrontiert, so unscharf dieser Begriff in der sozialen, kulturellen und technologischen Entwicklung sein mag – aber gerade dort können wir durch unsere Selektion eingreifen und die Retention ebenso wie die nächste Variation gestalten. Entsprechendes gilt auch für Selbstorganisationsmodelle; auf menschliches Handeln sind sie allenfalls anwendbar, wenn – was gelegentlich geschieht – auch Reflexionsprozesse der Individuen und in der Gesellschaft einbezogen werden. Dann aber wird das Prinzip Verantwortung zum integrativen Element dieses Selbstorganisationsprozesses. Dass diese Reflexion global ist und inzwischen alle Industrienationen verbindet, mag zwar, wie Alfred Nordmann (2005: 114 f.) hervorhebt, zu einer Verräumlichung des Verantwortungsproblems führen, es bleibt aber wesentlich auf die Zukunft gerichtet, weil schon jede Handlung und die damit verbundene Verantwortung essentiell zukunftgerichtet ist und sein muss. Genau deshalb haben wir die Aufgabe, Technikfolgenabschätzung als Nichtwissenskommunikation auch im Blick auf unser Nichtwissen zu klären – was das Bemühen einschließt, begrifflich zu klären, welcher Art eine solche Möglichkeitserkenntnis sein kann. Das allerdings birgt die Gefahr, wie Japp (1999: Abs. II) hervorhebt, dass wegen der wissenschaftlichen Methoden, die dabei zur Anwendung kommen, fälschlich der Eindruck entsteht, es gehe um ein spezifisches und damit methodisch beherrschbares Nichtwissen, wenn nicht gar um gesichertes Wissen, wo doch in der Sache ein unspezifisches Nichtwissen vorliegt.

Japp hebt hervor, dass im vorliegenden Fall zwischen spezifiziertem Nichtwissen als möglichem Erkenntnisgewinn und unspezifiziertem Nichtwissen als Risiko zu unterscheiden sei, denn: „In einem Fall kommt es zu Kontingenzeinschränkung, im anderen zu ihrer wie immer relativen Entgrenzung." (Japp 1999: Abs. III) Damit findet sich auch hier an entscheidender Stelle eine modaltheoretische Kennzeichnung.

Ernst Bloch betont, dass unser Vorgehen im Falle des sachlich-objektiv Möglichen (das, wie erwähnt, von der objektiv-realen Möglichkeit noch durch die sachhaft-objektgemäße Möglichkeit getrennt ist) durch ein „heuristisches Prinzip" gekennzeichnet sei, das wirksam werde „in der hypothetischen Vereinfachung oder der hypothetischen Analogie zu bereits Bekanntem", um Induktionen „in Richtung des vermuteten Bedingungszusammenhangs" anzustellen (Bloch 1959: Bd. I, 262). All dies verbleibt aber im Bereich des bloß Möglichen und Hypothetischen, ist also durch Unsicherheit und Ungewissheit charakterisiert, von Notwendigkeit zu schweigen.

Nun zeigt sich, dass alle Möglichkeiten, um die es hier geht, epistemische Modalitäten sind, die zugleich ontische Möglichkeiten zu erfassen suchen, ohne dass die hierzu nötige Brücke berücksichtigt wäre. Bei Leibniz etwa ist sie dadurch gewährleistet, dass alle begrifflich konstituierten möglichen Welten *in regione idearum* zugleich ontologisch möglich sind: Gott könnte sie erschaffen. Für Kant haben die Modalkategorien des Erkenntnissubjekts, also epistemische Modalitäten, den Vorrang, weil die Bedingungen der Möglichkeit der Erfahrung zugleich die Bedingungen der Möglichkeit der Gegenstände der Erfahrung sind. Während Bloch in seiner reflektiert materialistischen Position von einer realen Möglichkeit als Basis ausgeht, sucht Nicolai Hartmann (1938) einen Ausgleich zwischen den Seinssphären des Ideellen und des Realen, die erst zusammen das Wirkliche ausmachen. Doch wie soll im Blick auf Technik vorgegangen werden? Den entscheidenden Hinweis gibt die für alles technische Entwerfen und damit für alle Simulationen und Machbarkeitsstudien vorausgesetzte Modalität der Verwirklichbarkeit: Sie schränkt die Denkmöglichkeit ein auf jene Anteile, für die eine ontologische Interpretation in Anspruch genommen werden kann. Nun bedeutet hier Denkmöglichkeit, dass ein Wissen dahinter stehen muss – sei es noch so hypothetisch. Wo bleibt dann das Nichtwissen?

Was uns hier im Wege steht, ist die Sprachebene der Logik, die verlangt, das Negat von *a* im universe of discourse auf derselben Ebene zu lokalisieren wie *a* selbst. Tatsächlich jedoch erwies sich die Negation von Wissen in Gestalt des Nichtwissens als eine metasprachliche Reflexion (wie dieses auch für die Modalbegriffe gilt, von denen Kant hervorhebt, dass sie zur Sache nichts hinzufügen, sondern unsere Einstellung zu ihr bezeichnen). Was dabei zum Ausdruck kommt, ist, um es angelehnt an Nicolai Hartmann zu sagen, dass alle Entwürfe und Projektionen, so subtil sie sein mögen, stets mit dem Bewusstsein verknüpft sind, es ausschließlich mit Teilmöglichkeiten als eine Reihe von (möglichen) Bedingungen zu tun zu haben, nie jedoch mit der Totalmöglichkeit: Diese entzieht sich grundsätzlich unserer Erkenntnis und damit unserem Wissen.

8. Die modale Perspektivenumkehr

Was bislang entwickelt wurde, bewegte sich entlang einer geläufigen Diskussion, ergänzt und vertieft durch die Fokussierung auf Kontingenzbewältigung und damit bezogen auf Möglichkeitsformen. Nun zeigt sich, dass sich von dort her eine andere, vielleicht fruchtbare Perspektive entwickeln lässt, wenn man das totale und globale Nichtwissen im Sinne der Aristotelischen und Lockeschen *tabula rasa* als methodischen Ausgangspunkt wählt.

Der Aufbau des Wissens und damit das Bemühen, gegen das Nichtwissen anzugehen, dienen der Kontingenzbewältigung. Kontingent – das ist all das, was weder notwendig noch unmöglich ist, also alle Tatsachenwahrheiten aller möglichen Welten, nicht etwa nur dieser Welt. Systematisch gesehen besteht darum der erste Schritt darin, alles auszuscheiden, was notwendig und was unmöglich ist – ein ganz entscheidender Schritt, denn auf das, was notwendig ist, kann man sich verlassen, während Unmögliches nicht ängstigen muss, weil es nie der Fall sein kann.

Technik als Kontingenzbewältigung soll den Erfolg der ihr übertragenen Handlungsregeln gewährleisten; dennoch verbleibt ein Möglichkeitsraum des Nichtwissens. Der Grund hierfür liegt in der Geschichtlichkeit des Prozesses der Überwindung des Nichtwissens im Wissenserwerb. Stephan Fischer hat einen Ansatz zur Deutung der Wissenschaftsentwicklung vorgeschlagen, der sich auf unsere Problemlage anwenden lässt (Fischer, St 2003: 143 ff., fortgeführt 2010). Im Nebel des Nichtwissens (Fischer spricht von Denkmöglichkeiten) schlagen wir punktuell erfahrungsgegründet Wissenspflöcke (Punktsätze) ein, die ihrerseits erlauben, ihre Umgebung und die Spur zum nächsten Wissenspflock zum Problem zu machen und auszuloten. Das globale Nichtwissen ändert sich dadurch, denn ihm wird eine lokale Problemstruktur aufgeprägt. Dabei sind immer noch sehr unterschiedliche und im Grundsatz unbegrenzt viele Problemlösungen vorstellbar – daraus ergibt sich das Bild eines schnelleren Wachsens des Nichtwissens als des Wissens. Es ist also nötig, nicht nur eine Zeitdimension einzuführen, sondern darüber hinaus eine vieldimensionale Vorstellungsdimension. Ich vermeide es, hier schon von Möglichkeitsdimensionen zu sprechen, denn ob das, was vorgestellt wird – etwa eine Rückführung der Mathematik auf Logik, oder ein Perpetuum mobile, oder Prinzipien eines ewigen Friedens –, auch möglich ist, muss in der skizzierten Lage offen bleiben. Doch es ist zulässig zu sagen, dass dort, wo wir das Nichtwissen durch Probleme strukturiert haben, die Problemlösungen verwirklichbar, also möglich sein müssen im Sinne von Nicolai Hartmanns Teilmöglichkeiten oder Ernst Blochs objektiv-realer, wenn nicht gar sachhaft-objektmäßiger Möglichkeit. Damit zeigt sich, dass wir uns nun in einem mehrdimensionalen Feld von Möglichkeiten bewegen, von denen wir allein die Verwirklichbarkeit als weitere modale Bestimmung verlangen. Doch je klarer die letzten drei Felder – Probleme, vorstellbare Lösungen, verwirklichbare Möglichkeiten – strukturiert sind, desto besser lässt sich mitteilen, erstens, welcher Art das Nichtwissen ist, und zweitens, wo neue Anschlussprobleme liegen, also näher bezeichenbare Nichtwissensphänomene.

All dieses ist scheinbar weit entfernt von den handfesten Problemen der Technikfolgenabschätzung. Doch tatsächlich zeigt sich, dass der einzige Weg, der uns offen steht, in der Problemstrukturierung des Nichtwissens besteht – ein überaus voraussetzungsreicher Weg, denn wir können nur ausgehen von den Punkten und Spuren unseres Wissensnetzes im Theoretischen, im Praktischen und im Normativ-Wertenden, das wir fragend induktiv, reduktiv und über Analogien auszuweiten suchen. Ohne ein Wissen um das Nichtwissen und seine Voraussetzungen kann dieses nicht gelingen. Entscheidend also ist, dass wir wertend bestimmen, was für uns heute als relevant anzusehen ist, sonst scheitern wir. Nur so lässt sich ein Nichtwissen explizit konstituieren und ein Problem bestimmen. Damit allerdings kommen wir erstaunlich weit. Man denke nur an die Nanotechnologie und den wohl kaum ausreichend reflektierten Umgang mit ihr. Erinnern wir uns – wir besitzen im Nanobereich zwar ein Punktwissen über zahlreiche Phänomene, die für technische Anwendungen hochinteressant sind, aber wir haben so gut wie keine umfassende Festkörperphysik für diesen Bereich. Deshalb fehlen uns jene Gesetzeshypothesen, aufgrund derer der Kontingenzraum des Nichtwissens deutlich verkleinert werden könnte, denn die klassischen, über den jeweils gegebenen Phänomenenpunkt hinausgehenden Prognoseverfahren scheiden aus. Stattdessen wird beispielsweise nur gefragt, ob die Materialien toxisch sind. Die unserer Lebens- und Wissenschaftserfahrung entnommene Frage, ob es in Organismen zu Kumulationen kommen kann und welche Folgen dies zeitigen könnte, ob katalytische Prozesse zu erwarten sind wie beim FCKW oder wie sich Nanopartikel nach einer Müllverbrennung in der Umwelt verhalten, erlauben bereits eine ausgeprägte Strukturierung unseres Nichtwissens. Hier zeigt sich, dass die Lebenserfahrung gerade zu Unrecht verschmäht wird, sondern durchaus hilfreich in Anwendung gebracht werden muss. Der nächste Schritt hat deshalb darin zu bestehen, diese Fragen, die alle werthaltig sind, auf ihre jeweiligen wertenden Voraussetzungen zu beziehen und sowohl auf der theoretischen als auch auf der praktischen Seite aufzugreifen, um Lösungen zu finden, statt Jahrzehnte zu warten, bis unangenehme Folgen offensichtlich werden.

Natürlich sind dieses alles nur Schritte ins Nichtwissen – aber sie sind methodisch geleitet als Schritte der Strukturierung eines mehrdimensionalen Möglichkeitsraumes. Zugleich erweist sich dieses als die Voraussetzung dafür, über Nichtwissen kommunizieren zu können, um so Probleme formulieren und zielweisende Fragen stellen zu können. Genau zu diesen Schritten aber verpflichtet uns Jonas' Verantwortungsprinzip: Es verlangt nicht etwa einen Stopp der Technikentwicklung, denn allein die großen Menschheitsprobleme Hunger, Durst, Krankheit, Konfliktbewältigung statt Krieg und Terrorismus, zu schweigen vom menschenunwürdigen Dasein, sind ohne sie nicht zu lindern.

Nichtwissen ist immer nur partiell auflösbar, eine Totalüberwindung der Kontingenz unmöglich. Doch das Wissen, das wir besitzen, einzusetzen für die Problemformulierung und für die Problemlösungssuche zur Auflösung von Nichtwissen wird zur Verpflichtung. Diese besteht als zentrale Menschheitsaufgabe darin, das Nichtwissen zu strukturieren und dadurch kommunizierbar zu machen, um Entscheidungen – wissend um unser Nichtwissen – treffen zu können. Dass wir uns dabei in einem Möglichkeitsfeld bewegen, zeigt nicht zuletzt Jonas' zweite, meist überlesene Formulierung seines Anliegens: „Handle so, dass die Wirkungen deiner Handlungen nicht zerstörerisch sind für die künftigen Möglichkeiten solchen [echten menschlichen] Lebens." (Jonas 1979/1984: 36)

V. Zur Wissenschaftstheorie der Technikwissenschaften

11. Technikwissenschaften im Kontext der Wissenschaften

1. Einleitung

Als der deutsche Kaiser im Jahre 1899 den „Dr.-Ing." als akademischen Grad an der Technischen Hochschule Charlottenburg in Berlin einführte, kritisierten die traditionellen Universitäten dieses unakademische Vorgehen und zwangen die Ingenieure, ihren Titel in Fraktur – 𝔇r.-𝔍ng. – statt in lateinischen Lettern zu schreiben. Das Problem ist heute insofern gelöst, als kaum ein Setzer noch in der Lage ist, diese Lettern regelgerecht zu verwenden; auch Computer tun sich schwer damit. Doch selbst wenn Technikwissenschaften seither formal als Wissenschaften anerkannt sind, da sie doch seit einem Jahrhundert an Hochschulen und Universitäten gelehrt werden, ist es eine zentrale Frage der Philosophie und Wissenschaftstheorie geblieben, was für eine Art von Wissenschaft die Technikerwissenschaften sind. Ansätze zu einer Wissenschaftstheorie der Technikwissenschaften sind noch recht jung – sie finden sich bei Gerhard Banse, Armin Grunwald, Wolfgang König, Günter Ropohl und Helge Wendt (Wendt 1976; Banse & Wendt 1986; König 1995: 324-359, Prolegomena zu einer historischen Theorie der Technikwissenschaften; Banse u.a. 2006; Kornwachs 2012); in einer interdisziplinären Gruppe der acatech – Deutsche Akademie der Technikwissenschaften (acatech 2013) ist eine differenzierte Darstellung erarbeitet worden, die hier, wenn auch mit veränderter Akzentsetzung, mit einfließt.

Um Technikwissenschaften in ihrer Besonderheit zu erfassen, fragt Wolfgang König (1995: 329) nach „dem Gegenstand, den Zielen, den Methoden und den Inhalten", insbesondere im Vergleich zu den Naturwissenschaften. Hier soll eine etwas andere Akzentuierung gewählt werden. Wissenschaften lassen sich allgemein durch eine Reihe von Voraussetzungen kennzeichnen, die sie konstituieren, auch wenn sich diese Festsetzungen in Abhängigkeit vom kulturellen Hintergrund, der Weltsicht einer Kulturgemeinschaft, deren Normen, Seins- und Sinnvorstellungen in einem geschichtlichen Prozess wandeln (Poser 2001/2012: 195-216). Diese methodologischen Festsetzungen sind die folgenden:

– Erstens geht es um die Festlegung der *Ontologie* als einen Gegenstandsbereich, seine Objekte und die Relationen zwischen ihnen. Für einen Mathematiker werden dieses andere sein als für einen Literaturwissenschaftler, andere für einen Technikwissenschaftler etwa des Maschinenbaus, und wiederum andere für Architektur als Wissenschaft.

- Zweitens sind die *Wissensquellen* offen zu legen, aus denen die Aussagen gewonnen sind. Diese Wissensquellen können höchst unterschiedlichen Wissensbereichen entstammen. Darum sind sie weiter in eine *Hierarchie* zu bringen: Welchen kommt vor anderen ein größeres Gewicht zu?
- Drittens müssen die Aussagen in einem argumentativen Zusammenhang stehen, dessen Form von Wissenschaft zu Wissenschaft wechseln kann: Ein Logiker argumentiert anders als ein Historiker. Das verlangt vor allem, dass die Aussagen begründet sind: Es muss also jeweils Kriterien geben, die als *judikale Festsetzungen* von den Wissenschaftlern geteilt werden.
- Viertens schließlich kommen *normative Festsetzungen* hinzu, die etwa die Theorieform betreffen oder die Unumstößlichkeit bestimmter Aussagen – etwa der Axiome eine bestimmten Geometrie geradeso wie die zwingend einzuhaltenden werttheoretisch begründeten technischen Normen.

Diese Festsetzungen lassen sich als Raster verwenden, die Technikwissenschaften zu erfassen. Da ihre besondere Nähe zur Anwendung stets mit zu berücksichtigen ist, empfiehlt sich zunächst auszugehen von der traditionellen Unterscheidung zwischen angewandter und reiner Wissenschaft. Dabei soll der Weg von der Ontologie über die Frage, ob Kreativität ein Unterscheidungskriterium abgeben könne, weiter führen zur Differenzierung zwischen Verfahrensregeln und Gesetzen, um Know-how dem Begründungswissen gegenüberzustellen. In Problemen einer Technikhermeneutik und im Verhältnis von Zielen und Werten im normativen Horizont einer kulturabhängigen Weltsicht werden die Überlegungen im Blick auf die genannten Festsetzungen ihren Abschluss finden.

2. Technikwissenschaft als angewandte Naturwissenschaft

Im Laufe des 18. Jahrhunderts erlangte das Ingenieurwesen den Status einer wissenschaftlichen Disziplin. Dem entspricht eine Technikentwicklung, in der Werkzeuge Schritt für Schritt seit dem 13. Jahrhundert durch Maschinen ersetzt wurden, die im Zuge des 19. Jahrhunderts zu Systemen verknüpft wurden – man denke an die Kraftübertragung durch Transmissionen in Fabriken, an Stromnetze, den Telegraphen und die Eisenbahnen –, während diese Systeme heute durch Künstliche Intelligenz *automatisch gesteuert* werden. So war die Entwicklung von

Artefakten und Prozessen in den letzten Jahrhunderten auf theoretisches Wissen angewiesen, was wiederum zur Einrichtung entsprechender Institutionen wie Bauakademien und fürstliche Collegien führte, mündend in einer Verwissenschaftlichung, wie sie die 1794 gegründete École polytechnique in Paris intendierte. Dabei wurde die Ingenieurtätigkeit zu Anfang als eine Anwendung der Kenntnisse der Naturwissenschaften gesehen – eine Perspektive, die wenigstens bis zum Ende des Zweiten Weltkrieges das Verständnis und die theoretische Modellierung der Technikwissenschaften beherrschte.

Diese Engführung von Naturwissenschaften und Technikwissenschaften ist historisch und systematisch irreführend. Nun soll hier nicht jene durchaus treffende Argumentation verfolgt werden, die geschichtliche Fakten heranzieht und darauf verweist, dass Werkzeuge viel älter als die Wissenschaften sind und dass die sogenannte Industrielle Revolution aus einer hochentwickelten Handwerkstechnik ohne Verbindung zu den Wissenschaften erwuchs. (Die einzigen Gegenbeispiele sind astronomische Uhren, die Leibnizsche Rechenmaschine, obwohl es erst am Ende des 19. Jahrhunderts möglich wurde, solche Rechenmaschinen in Fabriken herzustellen, und Christiaan Huygens' Pendeluhr, deren Prinzip der Selbstregulierung sich in sehr kurzer Zeit gar bis nach China ausbreitete.) Nötig ist vielmehr eine Klärung des systematischen Unterschiedes zwischen Naturwissenschaften und Technikwissenschaften. Dass dies bisher nicht in zureichender Weise geschehen ist, liegt teils daran, dass Ingenieure einer solchen metatheoretischen Kenntnis nicht bedürfen, teils an dem physikalistischen Standpunkt, den Wissenschaftstheoretiker selbst nach Thomas S. Kuhns Paradigmenwechsel vom Positivismus zur Geschichtlichkeit eingenommen haben. Darum sollen zunächst zwei scheinbar fruchtbare Vorschläge für die fragliche Unterscheidung betrachtet werden.

3. Wissenschaft der Natur und Wissenschaft der Artefakte

Jedem Wissenschaftler ist der von König hervorgehobene Gedanke vertraut, Wissenschaften voneinander durch ihren *Gegenstand* als Frage der Ontologie und ihre diesem Gegenstand angemessene *Methode* als Frage der Begründungsmittel und Rechtfertigungsverfahren zu unterscheiden. Der einfachste Weg, zwischen Naturwissenschaften und Technikwissenschaften zu differenzieren, könnte deshalb darin bestehen, die einen als *Wissenschaft von der Natur*, die anderen als *Wissenschaft von Artefakten* zu sehen. Ein solches Vorgehen würde übereinstimmen mit klassischen Methoden der Wissenschaftstheorie, nämlich nach dem ontologischen Status der Gegenstände einer Disziplin zu fragen; denn spätestens seit Stefan Körner wissen wir, dass ontologische Konventionen den kategorialen Rahmen einer jeden Wissenschaft bilden.

Der Vorschlag, von den Gegenständen der Technikwissenschaft auszugehen, scheint einleuchtend, wenn man an traditionelle Techniken denkt; es sei erinnert an das alte Standardbeispiel, dass es in der Natur keine Räder und Achsen gibt. Diese gehören also zu den Artefakten, die den Gegenstand der Technikwissenschaften ausmachen. Doch genauer betrachtet zeigt sich, dass man in Schwierigkeiten gerät, und zwar nicht nur im Hinblick auf Steine, die als Hammer benutzt werden, obwohl sie keine Artefakte sind, sondern deutlich ablesbar an der neuesten Technikentwicklung: Während traditionelle Technikwissenschaften auf mechanische oder chemische Artefakte abzielten und auf durch sie bewirkte Prozesse, sehen wir uns heute Techniken gegenüber, bei denen es völlig irreführend wäre, von Artefakten in der traditionellen Form zu sprechen. Ist ein geklontes Schaf ein Artefakt? Macht die Implantation eines Herzschrittmachers ein Artefakt aus mir? Ist die Herstellung natürlicher Enzyme oder schimmelresistenter Tomaten mit Hilfe gentechnisch mutierter Pflanzen ein Artefakt? Möglicherweise lässt sich ein Computer als eine raffinierte Leibnizsche Rechenmaschine auffassen – aber ist die Information, die bei einer solchen Rechenmaschine (oder vielleicht gar bei einem Biocomputer) entsteht, anderer Art als das, was wir durch ‚normales‘ und ‚kopf-produziertes‘ Nachdenken gewinnen? Der Sprung von physikalischen zu biologischen Techniken einschließlich der Verwirklichung neuronaler Netze in Informationssystemen erzwingt eine metatheoretische Betrachtung, die sich sehr von derjenigen der traditionellen Wissenschaftstheorie unterscheidet.

Ein weiterer Grund, den Unterschied zwischen Naturwissenschaften und Technikwissenschaften nicht an materielle Artefakte zu binden, ist der folgende: Seit Experimente als Grundpfeiler jeder Erfahrungswissenschaft gelten, gibt es kein Laboratorium, das die Objekte nicht präpariert würde und das sich nicht sublimster Experimentier- und Messtechniken bediente; mehr noch, in vielen Fällen sind selbst die Gegenstände der Erfahrungswissenschaften menschliche Hervorbringungen, seien es nun Isotope oder Makromoleküle, polarisiertes oder monochromatisches Licht, Supraleitung, Antimaterie oder Transurane.

All dies zeigt, dass wir zur Behandlung der Frage der Besonderheit der Technikwissenschaften im Blick auf eine Wissenschaftstheorie der Technik nicht bei den Artefakten einsetzen sollten, obwohl es zutrifft, dass die Technikwissenschaften die Technik in ihren Artefakten untersucht. Vielmehr verlangt auch das, all jene Elemente einzubeziehen, die schon in der Artefaktontologie sichtbar wurden, nun mit Blick auf Strukturen und Funktionen, auf die kulturelle Einbettung, auf positive und negative Folgen, um dieses in abstrahierenden und generalisierenden Regel- und Strukturaussagen einzufangen, die dennoch zugleich auf eine mögliche Anwendung abzielen. Die Breite der ontologischen Festlegungen, mithin die Einbeziehung sozialer und kultureller Elemente ebenso wie Inhalte der Naturwissenschaften ist also ein Charakteristikum der Technikwissenschaften. Damit ließe sich wiederum sagen, der Gegenstand der Technikwissenschaften sei Technik in diesem weiten Sinne. Das jedoch bleibt so allgemein, dass es angesichts der genannten Aspekte naheliegt, von den Methoden als den Erkenntnisquellen und als Begründungsinstanzen auszugehen, um eine Unterscheidung zwischen Naturwissenschaften und Technikwissenschaften vornehmen zu können. Dabei mögen zunächst zwei mit dem Artefakt verbundene Blickwinkel zur Leitschnur dienen: Zum einen ist ein Artefakt immer etwas, das *kreativ* durch menschlichen Geist hervorgebracht ist, und zum anderen verweist dieses Neue auf *Ziele*, und Ziele liegen in der Zukunft.

4. Kreativität als Wissensquelle und Unterscheidungskriterium?

Emotionsreich wird als ein Unterscheidungskriterium zwischen Erfahrungswissenschaften und Technikwissenschaften das Ingenium vorgeschlagen, das ein Ingenieur haben sollte, genauer, die *Kreativität* des Technikers, seine Fähigkeit also, neue Erfindungen zu machen, um neue Artefakte zu schaffen und die Welt zu gestalten. Dahinter steht die Vorstellung, dass der Naturwissenschaftler die Natur erfasst, wie sie ist, während der Techniker sie kreativ verändert. Kreative Ideen wären mithin im Rahmen der zweiten Festsetzung der Kern der Wissensquellen. In der Renaissance bewunderte man Erfinder wie Leonardo da Vinci oder Michelangelo, und die Kennzeichnung des Menschen als Homo creator spiegelt diese Sichtweise. Auch die zukunftgerichtete Idee des Fortschritts im Gegensatz zum Ideal einer statischen Gesellschaft lässt sich hier anknüpfen, denn sie ist unmittelbar mit der Wertschätzung des Neuen verbunden.

Selbst wenn dies von größter Wichtigkeit für eine Ontologie und Kulturphilosophie der Technik ist, eignet sich Kreativität dennoch nicht als Unterscheidungskriterium: In den letzten Jahren sind detaillierte *Konstruktionsmethodologien* veröffentlicht worden, die zeigen, dass man in den Technikwissenschaften Modelle des Handelns des Technikers entwickeln kann, mit deren Hilfe sich Schritt für Schritt eine konstruktive Lösung eines gegebenen Problems gewinnen lässt (vgl. Jelden 1988: 128f ; Müller 1990; Hubka 1990; Dylla 1990). Auf diesem Wege können die zu lösenden Probleme sogar Modifikationen erfahren, die von den verfügbaren Möglichkeiten abhängen. All diese Ansätze beruhen auf heuristischen Methoden in der Tradition einer Ars combinatoria im Sinne der Leibnizschen Ars inveniendi. Sie setzen voraus, dass man aufgrund der Analyse einer gegebenen Situation vermöge rationaler Entscheidungen über die zu verwendenden Mittel eine Strategie entwickeln kann, ein gesetztes Ziel zu erreichen. Was diese formalen Untersuchungen zeigen, ist, dass heuristische Methoden möglich sind, die es überflüssig machen, von der Kreativität eines Technikers als einer unerlässlichen Eigenschaft zu sprechen: Techniker haben nur zu lernen, wie sie ihre Mittel und Werkzeuge zu kombinieren haben, gegebenenfalls auch in einer Form, die bislang niemand verwendet hat. Der dahinter stehende Gedanke ist, dass Technik keiner quasi-magischen Fähigkeit der Kreativität bedarf, da es nicht nur möglich ist, sondern zu den zentralen Aufgaben der Technikwissenschaften gehört, Lösungsstrategien sowohl zu entwickeln als auch zu lehren, während es doch bis heute nicht gelungen ist, Kreativität zu lehren. Dies schließt kreative Durchbrüche nicht aus; aber sie sind nicht Bestandteil der Methodologie der Technikwissenschaften.

Doch mehr noch, hinsichtlich der Kreativität gibt es keine Unterschiede zwischen Naturwissenschaftlern und Technikwissenschaftlern, denn um eine neue naturwissenschaftliche Hypothese zu finden, die besser ist als stupide induktive Verallgemeinerung, oder eine neue technische Lösung zu erdenken, die besser ist als die stupide Kombination bekannter Verfahrensregeln, ist in gleicher Weise Kreativität vonnöten. Kreativität als solche liefert also kein Unterscheidungskriterium zwischen Erfahrungswissenschaften und Technikwissenschaften.

Im Blick auf die Wissensquellen haben neue, bahnbrechende kreative Techniken zwar fraglos insofern auch für die Technikwissenschaften eine große Bedeutung als ein zu analysierender Gegenstand, nicht aber als fundamentale Wissensquelle – die liegt erst nach erfolgreicher Analyse vor, die auch längst vertraute Technik betreffen kann: Genau darin besteht ein Teil der technikwissenschaftlichen Wissensquellen. Doch schon die Analyse kommt nicht aus ohne hinter der Technik stehende soziale Bedingungen aufzugreifen: Damit gehen auch sozialwissenschaftliche Anteile in die Wissensquellen ein.

5. Praktikable Lösungen statt theoretischer Erkenntnis

Die traditionelle Unterscheidung zwischen reinen und angewandten Wissenschaften wurde vor etwa fünf Jahrzehnten von Mario Bunge (1966/1974) aufgegriffen. Die Grundzüge seiner Sichtweise sind in den vorangegangenen Kapiteln schon mehrfach skizziert worden, jetzt gilt es sie zu vertiefen. In seinem bekannten Artikel machte er den Vorschlag, Technikwissenschaften als eine besondere Art von angewandten Wissenschaften zu sehen. Er erklärt, es sei nicht die Orientierung an Bedürfnisbefriedigung beziehungsweise deren Fehlen, welche den Unterschied zwischen angewandten und reinen Wissenschaften ausmache, „sondern die Grenze muss gezogen werden zwischen dem Entdecker, der nach neuen Naturgesetzen sucht, und dem Entdecker, der bekannte Gesetze für den Entwurf eines nützlichen Gerätes verwendet": Während ersterer „*Dinge besser verstehen*" möchte, will der zweite „*unsere Herrschaft über sie verbessern*" (Bunge 1966/1974: 20). Was Bunge klarzumachen sucht, ist, dass ein und dieselben Theorien und Gesetze in beiden Fällen in gänzlich unterschiedliche normative und intentionale Kontexte eingebettet sind, weil der Ingenieur auf praktische Lösungen abzweckt, während der Erfahrungswissenschaftler kognitive Erkenntnis erstrebt. Als Techniker suchen wir nicht nach besserer oder tieferer Erkenntnis, sondern nach besseren Lösungen. Aber was soll das für die Technikwissenschaften besagen, die doch nach Erkenntnis streben – sei es der Gegenstände, sei es der Möglichkeiten.

Natürlich verwenden Technikwissenschaften Idealisierungen und theoretische Begriffe, denn ohne diese wären sie nicht in der Lage, Vorhersagen über die Resultate zu machen, die sich aus der Anwendung von Techniken ergeben. Aber diese Vorhersagen haben nicht die Funktion, die fraglichen Theorien zu überprüfen; der dahinterstehende Gedanke ist vielmehr, herauszufinden, „was getan werden muss, um etwas in einer vorgesehenen Weise zu bewirken, zu verhindern oder zu verändern" (Bunge 1966/1974: 23). Hierzu aber bedarf es keiner *wahren* Gesetze oder Theorien; sie müssen allein *hinreichen*, um zu dem gewünschten Ziel zu gelangen. So ist für die Entwicklung von Autos die klassische Mechanik statt der Relativitätstheorie hinreichend; eine Theorie kann also in der Praxis erfolgreich und dennoch falsch sein (Bunge 1966/1974: 25). Darum aber kann eine angewandte Wissenschaft nicht in der Anwendung reiner Wissenschaften bestehen, selbst wenn diese hinsichtlich der Bestimmung von theoretischen Grenzen sinnvoll sein mag: Anwendungsbezogene Wissenschaft hat ihre eigenen Ziele, folglich auch ihre eigenen Methoden und ihre eigenen Wissensquellen, auf die sie sich stützt.

6.   Ziele, Mittel und Funktionen

Wenn ein Technikwissenschaftler nicht darauf aus ist, das, was er als Theorie verwendet, auf Wahrheit zu überprüfen, was ist es dann, worauf er abzielt? Die Antwort lautet in einer Formulierung Königs (2009: 16): Die Technikwissenschaften „erkunden Regelhaftigkeiten vorhandener und möglicher Technik". Ihr Ziel ist also nicht, ein bestimmtes Artefakt zu entwickeln, sondern die theoretischen Bedingungen freizulegen, auf denen eine Entwicklung fußt, um mit den bei der Analyse von Technik gewonnen Resultaten die Verfolgung konkreter Ziele zu ermöglichen. Hans Rumpf (1969) aufgreifend hält König (1995: 333) fest, dass Technikwissenschaften sich im Unterschied zur Technik „nicht mit dem Machen, sondern mit dem Machbaren" beschäftigen. Nun wurde der Techniker, der Ingenieur mit Musil als „Möglichkeitsmensch" bezeichnet, weil er Möglichkeiten erdenkt und verwirklicht – mit dem ‚Machbaren' des Technikwissenschaftlers ist deshalb mehr gemeint, nämlich die *Theorie* des Machbaren, in Kapitel 7.3.3 als *theoretische technische Möglichkeit* und besondere Form des Wissens herausgestellt. Doch worauf gründet sich dieses Wissen, was sind seine judikalen Festlegungen?

Von Zielen und Mitteln zu sprechen setzt, wie mehrfach betont, Normen, Werte und Funktionen voraus. Sie alle gehen in den praktischen Syllogismus ein – doch die traditionelle Wissenschaftstheorie versucht, diese Begriffe im Aufbau der Wissenschaften unter allen Umständen zu vermeiden; vielmehr bemühte sie sich, sogar Funktionen auf klassische Kausalverknüpfungen zurückzuführen, um mit Erklärungen nach dem Hempel-Oppenheim-Schema auszukommen:

$$
\begin{array}{ll}
\text{Naturgesetze } G_1 \dots G_k & \text{(im einfachsten Falle: Kausalgesetze),}\\
\underline{\text{Antecedensbedingungen } A_1 \dots A_m,} & \\
\text{Sachverhalt } E & \text{zu erklärendes Ereignis}
\end{array}
$$

Ein Sachverhalt E wird also durch Subsumieren unter ein Gesetz G unter Hinweis auf bestimmte gegebene Bedingungen A erklärt, indem er logisch aus den empirischen Prämissen abgeleitet wird. Ein solches Vorgehen aber ist hinsichtlich der Technikwissenschaften völlig verfehlt, denn obwohl eine Maschine mechanischen, thermodynamischen oder chemischen Gesetzen folgt, würden wir sie nicht verstehen, wenn wir ihre Funktion nicht verstehen. Innerhalb traditioneller Techniken scheint diese Unterscheidung überflüssig zu sein, weil etwa mechanische oder chemische Ursache-Wirkungs-Ketten erklären, was vor sich geht, so dass die Funktion tatsächlich kausal ausdrückbar sein mag. Doch man würde das Entscheidende verlieren, würde man den Begriff der Funktion nicht verwenden. Erst das Denken in Funktionen erlaubt uns, ein Mittel durch ein völlig anderes zu ersetzen, das die fragliche Funktion in gleicher Weise erfüllt, wie etwa bei der Ersetzung eines Arbeiters durch einen Industrieroboter oder des Steuerungsgremiums einer ganzen Fabrik durch einen Computer.

Das Hempel-Oppenheim-Schema wird als Standard wissenschaftlicher Erklärung gesehen, es stellt damit den Musterfall einer Erfüllung der judikalen Festsetzungen in den Erfahrungswissenschaften dar; indessen spielt es in der Technik keine und in den Technikwissenschaften kaum eine Rolle. Für die Technik ist allein der praktische Syllogismus mit seinem Rekurs auf Ziele, Mittel, Normen, Werte und Funktionen zentral, weil er der Handlungserklärung und Handlungsrechtfertigung dient. Doch wie soll nun in den Technikwissenschaften vorgegangen werden? Tatsächlich bilden Funktionen in den Technikwissenschaften ein zentrales Element, auf der einen Seite als Generalisierung von Mittel-Typen, auf der anderen zu deren Verknüpfung zu Funktionshierarchien und Funktionsstrukturen. Dennoch: Auch mit Funktionen allein kommen wir nicht aus, die Besonderheit technologischen Denkens, die Struktur von Technikwissenschaften und insbesondere ihre judikalen Festlegungen zu erfassen.

Mittel also sind durch funktional äquivalente Mittel substituierbar. Wie steht es aber mit der *Substitution von Zielen* selbst? Auch sie kommt vor, aber wie verträgt sich das mit einer teleologischen Perspektive? Die Antwort ist recht einfach. Solange wir bei Zielen allein stehen bleiben und nicht die dahinter stehenden Werte berücksichtigen, ergäbe sich kein Ausweg; tatsächlich aber sind alle bisher betrachteten Ziele nur höherrangige Mittel auf dem Weg zu noch globaleren Zielen. Die funktionale ebenso wie die teleologische Sicht erlaubt also, Ziele im Lichte allgemeinerer Ziele zu substituieren. Auch dies lässt sich mit Hilfe des praktischen Syllogismus erklären, indem wir die normative Prämisse durch eine allgemeinere ersetzen. So können wir Erklärungen und Begründungen für Handlungen außerhalb des an Kausalgesetzen gewonnenen Hempel-Oppenheim-Schemas geben: Handlungstheorie muss deshalb in eine Wissenschaftstheorie der Technikwissenschaften integriert werden, weil ihr Wesen mit dem bloßen Gedanken einer Anwendung empirischer Wissenschaften, gegründet auf Erklärungen im Sinne des Hempel-Oppenheim-Schemas, nicht erfassbar wäre. In den Technikwissenschaften geht es mithin darum, die theoretischen

Voraussetzungen auszumitteln, die es erlauben, dass eine Aussage in den praktischen Syllogismus als Formen des Wissens eingeht.

## 7.	Gesetze und Verfahrensregeln

Gehen wir über zu den Inhalten und Methoden, die die Begründung des technikwissenschaftlichen Wissens betreffen. Hierbei geht es nicht um Zustände und Artefakte, sondern um *Aussagen*. Anstelle von *A* und *B* als Namen für Zustände betrachten wir *Typen* von Zuständen, die als unbefriedigend bzw. befriedigend im Lichte der fraglichen Werte interpretiert werden. An die Stelle von Handlungen treten *Handlungsbeschreibungen* und an die Steller realer Mittel treten funktionsbezogene *Verfahrensregeln*. Diese bezeichnen hinreichende und konkrete *Typen von Mitteln*, um einen Zustand vom *Typ A* in einen Zustand vom *Typ B* zu überführen. Die Mittel, die durch diese Regeln angegeben werden, müssen *effektiv* im Sinne technischer Möglichkeit sein. Das schließt ein, dass sich die Verfahrensregeln *bewährt* haben; aber es ist nicht notwendig, dass sie wahr sind. Allgemein gesprochen können Handlungsregeln weder wahr noch falsch sein. Wir müssen darum im Lichte der Wissenschaftstheorie zugestehen, dass sich die *Rechtfertigung* dieser technologischen Verfahrensregeln grundsätzlich von derjenigen unterscheidet, die aus den Erfahrungswissenschaften für Gesetzesaussagen geläufig ist, denn letztere zielen ab auf Wahrheit, erstere hingegen auf Effizienz. Damit zeigt sich, dass es in den Technikwissenschaften spezifische Effizienzorientierte Rechtfertigungs-Bedingungen gibt: Als methodologische Bedingungen bilden sie die *judikalen Festsetzungen* als *conditio sine qua non* einer jeden Technikwissenschaft.

Methodisch werden solche Verfahrensregeln auf höchst unterschiedliche Weise gewonnen – sie greifen naturwissenschaftliche Erkenntnisse in deren mathematisierter Form geradeso wie qualitative Aussagen der Sozialwissenschaften auf, weil die Effizienz-Bedingung auch die Erfüllung sozialer Bedürfnisse einbeziehen kann. Das Neue gegenüber anderen Wissenschaften besteht in der Verknüpfung solcher heterogenen Zugangsweisen. Nun wäre es verfehlt, den Technikwissenschaften *eine* spezifische Methode zuzuschreiben, vielmehr sind sie durch größte Vielfalt gänzlich verschiedenartiger Zugangsweisen gekennzeichnet. Umso wichtiger ist eine jeweils sachgerechte Zusammenführung, bezogen auf einen Problembereich.

8. Test und Modellbildung

Das methodische Werkzeug aller Technikwissenschaften als Teil der judikalen Festsetzungen, das darauf gerichtet ist zu prüfen, ob die jeweilige Synthese von Verfahrensregeln sachgerecht ist, besteht im *Test* und in der *Modellbildung*. Methodisch gesehen ist es bemerkenswert, dass in den Technikwissenschaften in einem Begründungszusammenhang nicht von ‚Experiment‘, sondern von ‚Test‘ gesprochen wird. Darin zeichnet sich ein differenzierendes Verständnis von Begründung im Kontext der judikalen Festsetzungen ab: *Experimente* sind theoriegeleitet und ergebnisoffen, auch wenn es Vermutungen über den Ausgang geben mag; darüber hinaus erfolgen sie unter idealisierten Bedingungen. Sie dienen zur Verallgemeinerung der Ergebnisse und damit der Generierung einer Gesetzeshypothese. *Tests* hingegen setzen möglichst realistische Randbedingungen voraus. Dabei zielen sie nicht auf Gesetzeshypothesen, sondern beruhen auf einer klar formulierten Funktionserwartung, die überprüft wird; dieses gilt nicht nur für eine einzelne Verfahrensregel, sondern in noch größerem Umfang für deren Verknüpfung. Zur Verdeutlichung: Ein Brückenbau ist kein Experiment – ihm folgt nach der Fertigstellung ein Belastungstest, um sicherzustellen, dass das Bauwerk den Erwartungen entspricht. Tests dienen also im Rahmen der Technikwissenschaft der Feststellung der Effektivität der zugrunde gelegten Verfahrensregeln einschließlich ihrer Verknüpfung und den darin niedergelegten Funktionen im Blick auf die Zwecke. Im mehrfach positiven Ausgang eines Tests als Begründungsverfahren wird jedoch nicht von Wahrheit oder Wahrheitsnähe der betreffenden Verfahrensregel gesprochen, vielmehr wird gesagt, sie habe sich bewährt: Die judikative Festsetzung als Begründungsinstanz der Technikwissenschaft zielt also auf *Bewährung*.

Nun ist eine Überprüfung durch Tests „nicht immer möglich, da Anlagen als Ganzes ab einer bestimmten Größenordnung und Komplexität vor ihrem Einsatz nicht in einem Labor untergebracht werden können. Sofern ein materieller Test unmöglich ist (so auch aus ökonomischen, sicherheitstechnischen oder ethischen Gründen), tritt an seine Stelle die Modellbildung und anschließende Simulation." (acatech 2013: 8, vgl. 29)

Modelle spielen in den Wissenschaften eine wichtige Rolle (Stachowiak 1973/2013), doch von besonderer Bedeutung sind sie für die Technikwissenschaften (acatech 2013: 23-27; 30-33). Sie können *materiell* oder *ideell* sein (Banse & Wendt 1986: 140). Erstere finden sich nicht nur in Gestalt der Renaissance-Kirchenmodelle, sondern auch in der Maschinenbautradion des 18. Jahrhunderts, wie dieses in Zusammenhang mit den preußischen Versuchen des Nachbaus englischer Dampfmaschinen erwähnt wurde. Ideelle Modelle sind dagegen beispielsweise die schon betrachteten Blaupausen geradeso wie Simulationsmodelle auf dem Bildschirm: Ohne eine gedankliche Interpretation wären sie gerade kein Ausdruck eines zu schaffenden Artefakts. Dass die Kreisgleichung ein Modell des Kreises im Sinne eines Rades ist, sollte dabei als Grenzfall einbezogen werden, um auch jede technikwissenschaftliche Formel als Modell sehen zu können – aber im Unterschied zu den empirischen Wissenschaften immer unter der Bedingung eines technischen Zweck-Mittel-Zusammenhangs. Für die Technikwissenschaften stehen diese ideellen Modelle im Vordergrund.

Modelle sind Modelle *von etwas* oder *für etwas*. Auch in den Technikwissenschaften geht es um beide Richtungen. So werden Modelle von etwas herangezogen, wenn es keinen unmittelbaren Zugang zu Artefakten oder Prozessen gibt, die es theoretisch zu erfassen, also zu analysieren und zu verstehen gilt, so dass in einer modellhaften Analogie ein Weg gesucht wird. Modelle für etwas erlauben dagegen, Ideen umzusetzen; deshalb wurde schon im Zusammenhang mit dem Entwerfen auf die Unverzichtbarkeit von Modellen eingegangen. In den Technikwissenschaften dienen Modelle für etwas dagegen dazu, auf theoretischer Ebene wesentliche Verhaltensweisen eines technischen Systems abschätzbar zu machen. Dabei muss im Modell Komplexität in geschlossener Form darstellbar sein: Generalisierte Bestandteile unterschiedlichster Art werden zusammengebracht, um sie auf ihre Vereinbarkeit zu prüfen. Abstraktion, Analogiebildung, Kreativität, Wissensbestände der unterschiedlichsten Wissenschaften ebenso wie Werte gehen hier eine Verbindung ein, wie sie anderen Wissenschaften fremd ist.

Konkrete Modelle für etwas hat es in der Technikgeschichte vielfach gegeben, schon eine Zeichnung hat Modellcharakter; doch entscheidend ist die Entwicklung hochkomplexer, wirklichkeitsnaher Modelle. Sie stützen sich als wissenschaftsbasierte Mittel auf abstrahierte, formalisierte, generalisierte Regeln, die den Modellen eine Doppelfunktion geben – bezogen auf die Technikwissenschaften, wie weit Technik in neuen Zusammenhängen sachgerecht erfasst ist, und bezogen auf die Anwendung, ob mit ihnen eine angemessene Steuerung des Entwerfens gewährleistet wird. Letzteres schließt in von den Technikwissenschaften entwickelten Simulationsmethoden die Möglichkeit einer wertenden Entscheidung für oder gegen eine als verwirklichbar modellierte Lösung ein. Dabei kommt es wesentlich darauf an, die Begrenztheit eines Modells in seinen

Formen von Abstraktion, Generalisierung, Bedingtheit und Komplexitätsreduktion stets mit zu bedenken.

Modelle sind in allen Fällen ein Erkenntnisinstrument, das selbst eine Möglichkeitsform und damit ein kreativ gewonnenes Objekt ist. Da jedes Modell eine bewusste Darstellung einer Analogie ist – und zwar sowohl in Gestalt einer bildlichen als auch in Form einer Struktur-Analogie –, wird das Modell seinerseits zum Kreativitätsinstrument, denn eine Analogie bedeutet ja, eine Beziehung zwischen sonst ganz Unähnlichem auszudrücken. Um es mit Kant (*Prolegomena*, § 58, AA IV.357) ins Gedächtnis zu rufen: Eine Analogie ist „eine vollkommene Ähnlichkeit zweier Verhältnisse zwischen ganz unähnlichen Dingen". Zugleich wird sie zweckvoll entwickelt, um einen Zweck und damit ein teleologisches Element auszudrücken – was, wie Kant immer wieder hervorhebt, im Analogieschluss kein logischer Schluss ist, sondern ein Vorgehen der reflektierenden Urteilskraft. Auf diese Weise vereint das Modell alle zentralen Charakteristika der Technik: Genau hierauf gründet sich seine Stellung in den Technikwissenschaften. Doch wie Tests führen Modelle als Begündungsinstrument im Falle der erfolgreichen Umsetzung als technologisches Wissen zu einer Bewährung des verwendeten Ansatzes.

9. Know-how und know why

An genau dieser Stelle werden wir von den postmodernen Theoretikern, beispielsweise von Richard Rorty (1980/1981, Kap. VI.5) und von Stephen Toulmin (1990/1991: Kap. 5), mit der Auffassung konfrontiert, dass es in den Wissenschaften überhaupt keine Wahrheit gebe; das beste, was man erreichen könne, sei die Effizienz oder Brauchbarkeit einer Hypothese. In gewisser Hinsicht ist dies auch das Resultat von Larry Laudans (1977) sophistischem Weg aus Imre Lakatos' *sophisticated falsificationism*: In den Wissenschaften haben wir es mit Problemen und Problemlösungen zu tun, die eine Zeitlang akzeptiert werden. Das Ergebnis wissenschaftlicher Forschung besteht dann in der Effizienz oder Brauchbarkeit einer Problemlösung; und dies scheint zu bedeuten, dass es keinen methodologischen Unterschied zwischen Naturwissenschaften und Technikwissenschaften gibt!

Vor einer Reihe von Jahren hat eine Forschergruppe am Starnberger Max-Planck-Institut die sogenannte *Finalisierungsthese* vertreten, die sich unmittelbar in den hier skizzierten Rahmen einfügt, selbst wenn damals anders argumentiert wurde (Böhme u.a. 1974). Die These besagt, dass alle Wissenschaften einschließlich der Technikwissenschaften in Zukunft eine vollkommen neue und andere Struktur haben werden, nämlich von anti-cartesischem Typ, indem sie statt auf Begründetheit auf nichts abzielt als auf Brauchbarkeit und Effizienz. Die Gründe hierfür schienen sehr einleuchtend zu sein: Die Realität sei viel zu komplex und die Forschung viel zu teurer, als dass es möglich wäre, nach kausalen Erklärungen zu suchen, während es keinerlei negative Folgen habe, bei einer effizienten Lösung stehen zu bleiben. Die Gruppe glaubte, wir besäßen schon hinreichend viele Grundlagenkenntnis und damit genug Verfahrensregeln von der Art „*A* ist ein Mittel, um *B* zu erreichen", wie etwa „Aspirin vertreibt Kopfschmerzen", ohne doch wissen zu müssen, warum dies so ist. Solche Verfahrensregeln drücken ein effektives *Know-how* aus, ohne dass wir über ein *know why* verfügten.

Wie die Entwicklung der Pharmakologie gezeigt hat – man denke an Aids, Parkinson und Krebs –, ist genau das Gegenteil geschehen: Es haben sich keine effektiven Mittel finden lassen, um die Probleme ohne ein know why zu lösen, und der einzige Ausweg bestand in dem, was seinerzeit schon bei von Wrights Analyse der kognitiven Prämisse des praktischen Syllogismus deutlich wurde: Wenn wir keine Verfahrensregel besitzen, wie wir von einem Zustand *A* zu einem Zustand *B* gelangen können, müssen wir unsere Kenntnis erweitern, wir müssen Grundlagenforschung und nicht bloß angewandte Forschung betreiben – eine Forschung also, die im Beispielfall auf allgemeine Gesetze der Zellchemie abzielte. Solche Forschung ist geleitet von einer Suche nach Wahrheit, zumindest im Sinne einer regulativen Idee. Dies zeigt, dass die Finalisierungsthese unzutreffend ist und dass die postmodernen Gesänge Sirenengesänge sind. Doch zugleich erweist sich, dass unsere Analyse technischer Verfahrensregeln nicht ausreicht, wenn wir nur von Effizienz und Bewährung sprechen. Auch Technikwissenschaften bedürfen der begründenden erfahrungswissenschaftlichen Forschung, basierend auf klassischen erfahrungswissenschaftlichen Standards. Verfahrensregeln, die Mittel für einen Zweck angeben, sind begründet, wenn sie aus solcher Art Forschung erwachsen. Effektivität beruht dann auf der erfolgreichen Anpassung der Ergebnisse der Grundlagenforschung für Zweck-Mittel-Beziehungen im Hinblick auf intendierte Ziele. Dies stimmt mit der Sicht Henryk Skolimowskis (1966/1974: 83) überein, der die Auffassung vertritt, dass wissenschaftlicher wie technischer Fortschritt in einem Wachstum an Effizienz besteht; darum verweist er auf Kotarbinskis Praxiology als eine mögliche formale Lösung unseres Problems.

Doch auch hier ist behutsam vorzugehen. Während Naturwissenschaften nach universellen Wahrheiten suchen, sind Technikwissenschaften zwar weder an Wahrheit noch an Universalität gebunden. Ein Blick in ein Institut für Festkörperphysik oder in ein Laboratorium für Gentechnologie belehrt uns jedoch, dass ihre allgemeinen Ziele sich nicht unterscheiden. Beide streben technische Verfahrensregeln an und beide suchen diese über hochgradig bewährte Hypothesen zu erlangen, die auf Wahrheit abzielen. Damit zeigt sich, dass die traditionelle Unterscheidung zwischen Technikwissenschaften und anderen Wissenschaften keineswegs scharf ist, mehr noch, dass die Unterschiede von den spezifischen Problemen abhängen, die man zu lösen beabsichtigt. Vor Jahren konnte man die Astrophysik als Beispiel für eine Naturwissenschaft anführen, die – von den Instrumenten abgesehen – keinerlei Verbindung zu Technikwissenschaften besitzt; heute aber wird ein Technikwissenschaftler, der die theoretischen Grundlagen für einen Fusionsreaktion zu eruieren beabsichtigt, einen Plasmaphysiker fragen, ob ein bestimmter hochenergetischer Zustand möglich sei oder nicht, und der Plasmaphysiker wird den Astrophysiker fragen, ob es solche Zustände in der Evolution des Universums gegeben habe. Der einzige Unterschied besteht hier in den *Intentionen* – oder mit Evandro Agazzi (1995: 82f): in der Funktion der fraglichen Wissenschaften. Der Plasmaphysiker sucht nach einer Lösung, die für das ganze Universum gilt, der Technikwissenschaftler sucht nach einer Lösung für Energie ohne radioaktiven Fall-out. Doch in der Suche nach der Begründung eines technischen Know-how in Gestalt einer Verfahrensregel, also im Bemühen um ein technologisches Know why, wird der Technikwissenschaftler methodisch nicht anders vorgehen als der Naturwissenschaftler, solange sich die Frage auf die naturgesetzlichen Zusammenhänge und nicht auf gesellschaftliche Bedingungen bezieht.

10. Technikhermeneutik

Hier aufzuhören hieße die Technikwissenschaften insgesamt zu verfehlen. Es ist nicht oder nicht allein die Effizienz, die zählt; was vielmehr hinzutreten muss, ist, was schon in der Einleitung als *Technikhermeneutik* bezeichnet wurde. Hermeneutik ist eine Theorie des Verstehens und der Interpretation. Hermeneutisches Verstehen findet sich in der Technik und in den Technikwissenschaften auf verschiedenen Ebenen:

Die erste ist die *Ebene der faktischen Handlung*. Eine Situation A als unbefriedigend und eine Situation B als befriedigend zu verstehen, verlangt eine *Interpretation* des fraglichen Zustandes. Diese Interpretation setzt eine Norm oder einen Wert als Maß voraus und bedarf der hermeneutisch-methodologischen

Regeln, wie ein völlig einmaliger Zustand so zu sehen ist, dass wir von ihm sagen können, die *Zuschreibung eines Wertes* zu sein, eines Wertes, der nicht am Objekt beschreibbar ist, sondern eben nur zuschreibbar. Indem wir dies tun, tragen wir eine normative Komponente in unser Verstehen eines gegebenen Zustandes. Um es in einer klassischen philosophischen Weise auszudrücken: das Reich der Fakten und das Reich der Normen müssen in einem Einzelereignis zur Deckung kommen. Das gilt im Trivialfall schon für ein Butterbrot, das wir als hilfreich für die Stillung unseres Hungers ansehen – und damit als die Zuschreibung eines Wertes, des Wohlergehens etwa. Doch es geht auch schon um eine wertende Interpretation, wenn wir von einer Schraube sagen, sie habe die ‚erforderliche‘ Länge.

Ähnliches gilt für die zweite, die *Ebene der Technikwissenschaften*. Dabei geht es um die teleologische Perspektive, in der Verfahrensregeln als Mittel gesehen werden, Funktionen zu bezeichnen, Typen von Zuständen als Ziele zu ermöglichen: Hier berühren einander das Reich der Ursachen (hinter den Verfahrensregeln) und das Reich der Zwecke (hinter den Zielen). Diese Berührung beruht ebenfalls auf einer Interpretation; sonst wären wir nicht einmal in der Lage, Mittel durch andere Mittel zu substituieren, die derselben Funktion genügen, zu schweigen von der Substituierung von Zielen. Technikwissenschaftlich schlägt sich die Teleologie also in der zielbezogenen Ausrichtung der Verfahrensregeln nieder.

Nun gibt es noch eine dritte und sehr charakteristische Ebene der Technikhermeneutik, die *Ebene der lokalen Bedingungen*, die zugleich ein Licht auf den Unterschied zwischen Naturwissenschaften und Technikwissenschaften wirft. Während Naturwissenschaften auf eine Erforschung des ganzen Universums abzielen, werden sich Technikwissenschaften nicht an diesem weiten Rahmen orientieren, auch wenn er ihnen die Grenzen ihrer Möglichkeiten durch Naturgesetze beschreibt. Technikwissenschaften haben es nie mit dem ganzen Universum zu tun, sie konzentrieren sich auf lokale Bedingungen und deren Veränderung, die unter Umständen sogar absolut einmalig sein können, beispielsweise wenn durch einen Berg mit absolut einmaligen geologischen Bedingungen ein Tunnel getrieben werden soll: Dies verlangt, dass der Techniker zu etwas in der Lage ist, was man normalerweise als die besondere Qualifikation des Geisteswissenschaftlers ansieht, nämlich eine gegebene Situation in ihrer Einzigartigkeit aus den ihm vorliegenden Daten zu verstehen; das bedeutet, dass er nicht einfach die gängigen Konstruktionsregeln anwenden kann, sondern neue und spezifische Verfahrensregeln im Rahmen der Technikwissenschaften zu entwickeln hat, die seiner Interpretation der lokalen Bedingungen angemessen sind. Aus einer methodologischen Perspektive betrachtet führt dies also auf das bekannte Problem des Verstehens von Einmaligkeit, auf das die Hermeneutik eine Antwort zu geben sucht. Technikwissenschaften müssen deshalb auch dieser Ebene gerecht werden. Würde solches Verstehen nicht auch in den Technikwissenschaften berücksichtigt, um auf die Anwendung vorzubereiten, würden sie ihre Aufgabe verfehlen.

Es ginge zu weit, hier Theorien der Hermeneutik, wie sie von Hans Georg Gadamer und seinen Schülern entwickelt wurden, oder Theorien der Interpretation zur Darstellung zu bringen, wie sie von Donald Davidson (1984: ch. 9), Günter Abel (1993), Hans Lenk (1993) und anderen vorgetragen wurden. Die Absicht war vielmehr zu zeigen, dass es eine Dimension der Technikwissenschaften gibt, die, recht besehen, einer Methodologie bedarf, die bisher als reine Domäne der geisteswissenschaftlichen Hermeneutik begriffen worden ist. Innerhalb der Wissenschaftstheorie sind hermeneutische Probleme zwar beispielsweise von Richard Rorty aufgenommen worden. Doch außer andeutungsweise bei Heidegger und seinen Nachfolgern gibt es bislang nur Ansätze für eine Technikhermeneutik in Zusammenhang mit der Technikbewertung, etwa von Bernhard Irrgang (1996: 56ff); notwendig ist jedoch ein weit umfassenderer Zugang.

11. Ziele und Werte

Die philosophischen Probleme moderner Technik ebenso wie die Wurzeln der Technikkritik in der Gegenwart beruhen auf etwas, das bisher nur erwähnt wurde, nämlich auf der Beziehung zwischen *Werten* und angenommenen *Zielen* als deren Zuschreibung (Hubig 1993: 133ff). Man könnte dazu neigen zu sagen, dies sei kein Problem der Wissenschaftstheorie der Technikwissenschaften, weil es die Technikwissenschaften gar nicht berühre; doch heute gilt dies nicht mehr, weil fast alle Kritik an Gentechnik, Biotechnik, Nukleartechnik oder Computertechnik auf der Grundlage von Werten und Normen vorgetragen wird, nicht aber auf der Grundlage technischer Standards. Die Werte des Oktogons (vgl. Abb. 10.3) mit allen ihren Differenzierungen, die für die Technikfolgenabschätzung entwickelt wurden (VDI Richtlinie 3780, 1991/2000: 12-25), müssen alle schon in den Technikwissenschaften berücksichtigt werden. Dies liegt nicht zuletzt daran, dass technologische Ziele an die Technikwissenschaften von außen in Gestalt von gesellschaftlichen Bedürfnissen herangetragen werden, während die Ziele eines Naturwissenschaftlers in aller Regel aus wissenschaftsimmanenten

Problemen erwachsen. Deshalb werden Technikfolgen auch stets in einem öffentlichen Raum diskutiert. Insbesondere besteht eine wesentliche Aufgabe der Technikwissenschaften darin, von Anbeginn die Vermeidung unerwünschter Neben- und Spätfolgen in ihren Regel- und Verfahrenskanon aufzunehmen. Wenn aber die Richtlinien zur Technikbewertung, die der VDI formuliert und erläutert hat (VDI-Report 15 u. 29), erfolgreich sein sollen, ist es zwingend erforderlich, die Brücke zwischen den bei aller Differenzierung immer noch sehr allgemeinen Normen und Werten auf der einen Seite und technischen, technikwissenschaftlich begründeten Standards auf der anderen zu schließen.

Formal gesprochen besteht dies Problem darin, Kriterien für die ökonomischen, sozialen, psychischen und ökologischen Bedingungen zu formulieren, die Techniken neben ihrer technischen Effizienz zu erfüllen haben. Das aber steht im krassen Gegensatz zu Bunges Auffassung, der technologische Theorien als Ein-Ebenen-Theorien verstand, während Naturwissenschaften nach seiner Auffassung durch Viel-Ebenen-Theorien gekennzeichnet sind (Bunge 1966/1974: 26). Genau das Gegenteil trifft zu: Theoretische Mechanik beschäftigt sich allein mit der Mechanik idealisierter Körper, während Gentechnologie nicht nur Mikrobiologie einzubeziehen hat – dies wäre der Ein-Ebenen-Fall –, sondern, mehr noch, Probleme der ganzen Erde im Sinne eines ökologischen (d.h. normativen) Holismus. Moderne Techniktheorien müssen darum Viel-Ebenen-Theorien sein, sonst wäre Technikbewertung eine Farce. Gerade den Technikwissenschaften kommt darum die Aufgabe zu, auf der Grundlage ihrer um die normative Seite erweiterten Modelle nicht nur bewährte Verfahrensregeln zu formulieren, sondern auch Warnungen auszusprechen und Begründungen dort einzufordern, wo sie Gefährdungen befürchten: Technisches Entwerfen ist immer zukunftsorientiert; darum erwächst den Technikwissenschaften in interdisziplinärer Zusammenarbeit die Aufgabe, existenzielle Probleme anzupacken. So müssen sie heute jene Hölderlinsche Hoffnung umsetzen, auf die Heidegger (1954/1962: 28 u. 35) sich in seiner Sicht der Technik stützt: „Wo aber Gefahr ist, wächst das Rettende auch."

*

Der Durchgang durch die ontologischen, epistemischen und normativen Bedingungen, denen Wissenschaften je auf ihre Weise genügen müssen, soll nun zusammengefasst werden. Schon für die einzelnen Technikwissenschaften sind diese Voraussetzungen nicht immer einfach zu ermitteln, weil ihre Inhalte nicht wahre oder falsche Aussagen sind, sondern im Kern Regeln, die effektiv sein müssen. Diese Regeln beschreiben Funktionen, die ihrerseits nur im Zusammenhang mit Zweck-Mittel-Kategorien sinnvoll sind. Zwecke wiederum setzen Normen und Werte voraus. Deshalb sind die Gegenstände des Maschinenbaus zugleich auf der einen Seite die Objekte der klassischen Mechanik unter Berücksichtigung von Materialeigenschaften, auf der anderen der Zuschreibung gesellschaftlicher Werte und Normen. Ebenso verschiedenartig sind die Wissensquellen, denn sie reichen von Ergebnissen der Tests und Modelle der Technikwissenschaften und Experimenten der Erfahrungswissenschaften über humanwissenschaftliche Inhalte bis zu Normen, gesetzlichen Vorgaben und zeitbedingten Wertvorstellungen – durchgängig Inhalte, die (zumindest zunächst für eine Zeit und Kultur) nicht in Frage gestellt werden. Die argumentative Struktur ist ebenfalls sehr vielschichtig und beruht auf disziplinspezifisch-methodologischen Festsetzungen. Dennoch mag eine Zusammenschau zulässig sein, die künftige Differenzierungen ermöglicht:

- Zum *Gegenstandsbereich*: In den Technikwissenschaften sind es Regeln und deren Verknüpfung, die Kohärenz verlangen. Es gilt disziplinbezogen zu sagen, was eine Regel ist, und abzugrenzen, was ein Entwurf als ein zielgerichteter Prozess ist. Er beginnt beim Problem, bei der ersten Idee, der ersten Skizze und der ersten vertretbaren Lösungsform. Er endet im Weg von der Blaupause, dem Modell und der Computersimulation beim Prototyp. Die offene Zielgerichtetheit bestimmt den Prozess des Entwerfens; als Wissenschaft besteht sie methodisch in einer Problemanalyse, die zu Teilproblemlösungen und deren Synthese im Blick auf das Ziel führt, begründbare und erlernbare Regeln zu formulieren, die hinter den Prozessschritten der Entwurfsgestaltung stehen.
- Zu den belangvollen *Wissensquellen*: Die Begründung der Regeln in ihrer funktionalen Verknüpfung von Zweck und Mittel besteht in der Effizienz. Dazu bedarf es der Tests, die fraglos keine Experimente wie in der Physik sind, sondern eine Überprüfung im Blick auf das Ziel. Dabei kommen auch andere Wertungselemente des Werteoktogons zum Tragen. Dasselbe gilt für Beobachtungen, die als Wissensform vermittelt werden – von technologischer Zweckmäßigkeit bis hin zu ästhetischen Qualitäten.
- Zum *argumentativen Zusammenhang* aufgrund judikaler Festsetzungen: In den Technikwissenschaften bedeutet dies, eine Beziehung zwischen Gegenstand, Wissensquellen, Effizienz der Regeln, Kriterien der Tests und

Beobachtungen zu etablieren; weiter sind die daran sich anschließenden
Entscheidungs- und Handlungstypen argumentativ zu vermitteln.
–   Zu den *normativen Festsetzungen*: Für den Methodenteil einer Technikwis-
    senschaft bedeutet dies die theoriegeleitete Berücksichtigung aller Wert-
    ebenen. Die besondere Schwierigkeit besteht darin, dass die Regelbegrün-
    dung nicht nur in einfachen Effizienztests besteht, sondern in einem Abwä-
    gen zwischen den Wertebenen, die neben positiv verstärkenden Verbindun-
    gen auch eine spannungsvolle Vielfalt beinhalten.

Es ist unmöglich, alle Bereiche, die heute durch unsere technischen Artefakte
betroffen sind, in einer einzigen Technikwissenschaft zu berücksichtigen, weil sie
dann zu einer allumfassenden Leibnizschen Scientia generalis werden müsste. So
wird es notwendig, eine Art umgreifender Theorie zu entwickeln, die es erlaubt,
aus Werten abgeleitete Forderungen in die Rahmenbedingungen technischer
und technologischer Verfahrensregeln zu übersetzen. Dies lässt sich fraglos nur
in interdisziplinärer Zusammenarbeit bewerkstelligen, weil Mittel, Ziele und
Folgezustände eine Technikbewertung erfahren müssen, die weit über die technikwissenschaftlichen Disziplinen hinausgeht. Ebenso ist eine philosophische
Analyse der dahinterstehenden Werte gefragt. Diese beruhen auf kulturellen
Traditionen, die ihrerseits die Weltsicht einer Zeit konstituieren: Eine Philosophie der Technikwissenschaften, die Funktionen, Mittel, Ziele, Interpretationen,
Intentionen, Handlungsregeln und Werte untersucht, muss am Ende eingebettet
werden in eine Metaphysik der Technik. Das hat im Wissen darum zu geschehen, dass ein solches Anliegen nicht mehr sein kann als die zeitabhängige Klärung des Begriffs des Homo creator – in der Hoffnung, der schöpferische
Mensch erweist sich hierbei als ein *animal rationale* im Sinne jener weiten Sicht
von Vernunft und Verstand, die Leibniz und Kant vor Augen hatten.

12. Ars inveniendi heute

Ars inveniendi, die Kunst des Erfindens – dieser Begriff geht zurück auf Cicero, *De inventione*, und bezieht sich dort auf die Rhetorik, genauer: auf das Suchen und Finden von überzeugenden Argumenten. Darum soll es hier nicht gehen, auch nicht um die schönen Künste, die Artes liberales, sondern um die Artes mechanicae, um die Technik – und damit um ein Verständnis der Ars inveniendi, das seit Leibniz im Zentrum steht und das heute zum Problem einer Verwissenschaftlichung der Erfindungskunst vom Ingenieurwesen über die Architektur bis in die Designwissenschaften geworden ist. Kann, was Kreativität voraussetzt und verlangt, überhaupt zum Gegenstand einer Wissenschaft gemacht und methodisch in einer Ars inveniendi eingefangen werden?

Ein Technikwissenschaftler sagte scherzhaft: „Ihr Philosophen seid doch Meister im Definieren. Definieren Sie mir mal ganz genau, was Kreativität ist, das Programmieren schaffe ich dann schon." Damit ist der Nagel auf den Kopf getroffen; denn ließe sich Kreativität genau definieren, also auf anderes zurückführen, wäre das Ergebnis gerade nichts Neues und Kreatives. Wieso soll es dann eine Wissenschaft des Erfindens, eine Ars inveniendi überhaupt geben können?

1. Entdecken und Erfinden

Menschengeist ist seit Jahrtausenden nicht müde geworden, die Technik – uns zu Diensten – in kreativen Neuerungen voranzubringen. Doch zugleich wissen wir kaum etwas darüber, wie Neues zustande zu kommen vermag. So ist es nicht verwunderlich, dass es ein uralter Traum ist, Technik nicht nur zu verstehen, sondern eine Grundlage zu suchen, von der her sie sich entwickeln lässt. Archimedes setzte den Anfang mit seiner Vorstellung, dass es fünf einfache Maschinen gebe, aus denen jede Maschine bestehe: Hebel, schiefe Ebene oder Keil, Rad und Achse, Umlenkrolle oder Flaschenzug, Schraube.

Das aber bedeutet, es müsse möglich sein, mit einem kombinatorischen Vorgehen jede Maschine aus einer Verknüpfung dieser Elemente aufzubauen. Das ist ein faszinierender Gedanke – und manche Zeichnungen Leonardo da Vincis im *Codex Madrid* muten so an, als folgten sie ihm in immer neuen Differenzierungen. Doch ist eine solche Hoffnung nicht gänzlich abwegig? Leonardo war ein Genie, er hatte Ingenium, wie es sich für einen Ingenieur – damals die

Bezeichnung für Festungsbaumeister – gehört. Doch wie soll bloße Kombinatorik zu wirklich durchbrechend Neuem führen? Gibt es nicht genug grauenhafte Beispiele, die das widerlegen? Mit Schrecken denkt man an all die auf gleiche Weise langweiligen neuen Gebäude, die wohl unter Verwendung desselben Computerprogramms in den letzten Jahren vielerorts entstanden sind. Wolfgang Amadeus Mozart – und nicht er allein – hat schon gegen 1787 in seiner „*Anleitung so viel Walzer oder Schleifer mit zwei Würfeln zu componiren so viel man will ohne musikalisch zu seyn noch etwas von der Composition zu verstehen*" (KV³ Anh. 294d) eine Anweisung geliefert. Am PC lässt sich das heute für jeden auch ohne Würfel erledigen – der Zufallsgenerator leistet die Zusammensetzung (z.B. sunsite.univie.ac.at/Mozart/dice/). Da kann ja nur Unsinn herauskommen, mag man denken; doch das Ergebnis klingt tatsächlich nach Mozart – aber nach einer Melodie, einem Thema, einer Struktur, die hinausgeht über die ABA-Form des Menuetts, über eine Coda-Form und die traditionelle Taktanzahl, sucht man vergebens. Dennoch haben viele Zeitgenossen vor und nach Mozart ähnliche musikalisch-kombinatorische Regelwerke vorgeschlagen. Warum also nicht auch im Bereich der Technik und der Architektur? Nötig ist die Auszeichnung von Grundelementen wie etwa die Takte, dazu Prinzipien der Zusammenfügung, wie sie Mozart in Matrizenform niedergelegt hat; wird nicht gewürfelt, so bleiben sogar Gestaltungsmöglichkeiten offen. Archimedes' Elemente reichen allerdings bei weitem nicht aus. Die Wissenschaft beginnt darum bei der Freilegung dieser Ausgangsbedingungen.

Der Gedanke, man müsse eine Ars inveniendi für alle Wissenschaften, also auch für die gestaltenden Wissenschaften wie die Technik entwickeln, geht auf Leibniz zurück. Den Hintergrund bildete die Vorstellung, der göttliche Schöpfer habe als Creator einen in jeder Hinsicht vernunftgeleiteten Entwurf verwirklicht; deshalb vermag es menschlicher Vernunft zu gelingen, die dahinter stehenden Elemente und Prinzipien zu erkennen und selbst zur Grundlage eigener Entwürfe werden zu lassen. Doch *invenire* hat eine doppelte Bedeutung – es bezeichnet ungeschieden sowohl ‚entdecken' als auch ‚erfinden'; selbst im Deutschen ist eine deutliche sprachliche Trennung erst in der Goethezeit gegeben. Knapp bringt es Alexander Schütz (2001: 1155) auf den Punkt: Die Kunst des *Entdeckens* „läuft als Analyse vom der Natur nach Späteren zum der Natur nach Früheren". Christoph Kolumbus hat Amerika nicht erfunden, sondern entdeckt – es war schon da; bei Marco Polo und seinen Berichten über China war man da nicht so sicher. Darum lässt sich die Kunst des *Erfindens* – genau das, dem heute die Aufmerksamkeit gilt – als das Entwickeln von gänzlich Neuem sehen, unreduzierbar auf Früheres.

Allerdings meinte Dessauer (1927/1956: 155), wenn der Ingenieur etwas erfunden habe, sage er immer, er habe eine Lösung *gefunden* – sie muss also schon da gewesen sein, nämlich im platonischen Reich der „prästabilierten Lösungsformen". Damit wird deutlich, dass die Annahme, es gebe so etwas wie das radikal Neue, von metaphysischen Voraussetzungen abhängt. Mit ‚metaphysisch' sind hier Aussagen gemeint, die weder aus formalen Gründen (wie in der Mathematik und Logik) noch aufgrund von Erfahrung (wie in den Naturwissenschaften) als zutreffend angenommen werden. Beispielsweise war eine Erfindung für die Tradition vor Leibniz ausgeschlossen, denn alles in der Welt ist mindestens von Gott vorhergewusst und vorhergesehen; also war alle Ars inveniendi darauf gerichtet, die Zusammenhänge zu entdecken, nicht aber etwas zu erfinden. Eine andere Sichtweise ergibt sich allerdings, wenn es nicht um eine Gottesperspektive geht, sondern um das für das menschliches Denken und Erkennen Neue.

2.   Projekte einer Ars inveniendi in historischer Perspektive

2.1 Von der Ars combinatoria zur Ars inveniendi: Leibniz

Die *Ars combinatoria*, wie sie hinter Mozarts Würfelspiel steht, hat als Vorgängerin der Ars inveniendi eine lange und bemerkenswerte Geschichte – erinnert sei an Raimundus Lullus' *Ars generalis ultima* (gegen 1300) und an Athanasius Kirchers *Ars magna* (gegen 1650). Doch die Frage einer Verwissenschaftlichung des Erfindens begann bei Leibniz. In seiner *Ars combinatoria*, vom 19-Jährigen 1666 veröffentlicht, hat dies bei ihm erstmals Gestalt angenommen und ihn als Leitidee sein ganzes Leben nicht losgelassen. Leibniz ist überzeugt, die „mater aller inventionen" in der Kombinatorik gefunden zu haben, um sie in der Zeit zwischen 1674 und 1676 zur *Ars inveniendi* weiter zu entwickeln, weil bei einer bloßen Kombinatorik zu viele unsinnige Verknüpfungen entstehen, die aussortiert werden müssen; so notiert er, die Ars inveniendi sei „die Leitung der Gedanken, jegliche Art unbekannter Wahrheit zu ermitteln" (Leibniz: A VI.4, 345). Es geht also nicht um ein Menuett, sondern um Wahrheit als Grundbedingung aller Wissenschaftlichkeit.

Leibniz (A VI.3, 670-672) gibt 1676 zehn Regeln an, denen die Ars inveniendi als Erweiterung der Ars combinatoria zu folgen hat. Sie können hier nicht im Einzelnen betrachtet werden; im Kern lassen sie sich als Methodenkanon so zusammenfassen:

> Ein gegebenes Problem ist in der *Analyse* mindestens so weit zu zerlegen, dass sich unabhängige *Teilprobleme* ergeben.
> Diesen Teilproblemen sind bekannte *Lösungen* in Gestalt wahrer Prinzipien zuzuordnen, die entweder aus der Erfahrung stammen oder aus dem Denken (vgl. A VI.4, 543).
> Für alle diese Teile sind angemessene *Zeichen* und deren Verknüpfungsregeln zu entwickeln; dabei soll möglichst eine Abbildung in die Arithmetik gesucht werden.
> Nun folgt eine systematische *Synthese*, ausgehend von den bereits als wahr erkannten Prinzipien, so dass sich eine zutreffende Lösung des Ausgangsproblems ergibt.
> *Weitere Zusammensetzungen* führen unabhängig vom ursprünglichen Ausgangspunkt zu weiteren neuen Erkenntnissen.

In *Calculi universalis investigationes* erklärt Leibniz (A VI.4, 217), dass dabei Zeichen vorauszusetzen sind, die die einfachsten und deshalb grundlegenden Elemente unseres Denkens systematisch repräsentieren, dazu Verknüpfungsregeln. Dann allerdings ist es vor allem die Mathematik, in der Leibniz die neue Methode anzuwenden trachtet – etwa in der von ihm zu jener Zeit entwickelten Differential- und Integralrechnung. Doch von der Technik, gar von der Architektur, sind wir dabei noch weit entfernt, selbst wenn wir Leibniz die Idee und die theoretische Grundlage verdanken, alles Wissbare in binären Zahlenreihen auszudrücken – also letztlich auch jene technischen Konstruktionsmöglichkeiten, die sowohl in Form der Binärzahlen als auch deren Rechenmaschinen als auch schließlich in einer Zeichen- und Begriffstheorie bestehen, wie sie heute jedem Computer zugrunde liegen.

Dennoch schulden wir Leibniz die Einsicht, dass jede *inventio* auf drei entscheidenden Elementen basiert, der *Problemanalyse*, der zu Neuem führenden *Synthese* und die beides allererst ermöglichende Verwendung von *Zeichen und deren Verknüpfung*; anders wäre eine rationale Problemlösungsstrategie nicht möglich. Leibnizens mathematischen ebenso wie seine technologischen Problemlösungen zeigen zugleich, dass hierbei wesentlich kreative Momente eingehen – von der Entwicklung geeigneter Symbole über fruchtbare Analysen bis zu ideenreichen Synthesen.

Leibniz' Ars inveniendi ist das zentrale Element all seiner Wissenschafts-
konzeptionen; doch ist eine solche Ars eine Erfindungswissenschaft? Wahrheit
der gewonnenen Aussagen ist zwar die Grundbedingung – aber ist das ausreichend? Tatsächlich verfolgt Leibniz mehr, denn für ihn ist die Ars inveniendi im
Syntheseteil zugleich eine Ars judicandi, ein Beweisverfahren. Es werden also
methodisch Begründungen erarbeitet. Ein weiteres Kriterium für eine Wissenschaft ist der Zusammenhang ihrer Aussagen in einer *argumentativen Struktur*.
Auch dieses ist methodisch gewährleistet, denn die Synthese stützt sich ja gerade
auf „wahre Prinzipien", die in der Analyse gewonnen wurden. Hierbei werden
ontologische Voraussetzungen gemacht – bei Leibniz in Gestalt der Unterscheidung von Vernunftwahrheiten einerseits und von Gott mit der Wahl der besten
aller möglichen Welten festgelegten und in Naturgesetzen geregelten Tatsachenwahrheiten andererseits; diese Prämissen garantieren eine vernünftige Erfassbar-
keit der Welt durch menschliches Forschen und Erfinden. So ist es nur folgerichtig, wenn die Ars inveniendi das zentrale Element der umfassenden Scientia
generalis ausmacht.

Wichtiger noch als die zentrale Bedeutung der Ars inveniendi für die Wissenschaften ist ein weiteres Element: Sie ist mit einer ethischen Verpflichtung
verbunden, denn es geht Leibniz nicht um eine bloße methodisch geleitete Erweiterung der Wissenschaften, sondern um das glückliche, ehrenhafte Leben und
um Weisheit. Jene kleine Schrift, der die eben erwähnten zehn methodischen
Regeln entstammen, trägt den Titel *De la Sagesse* – Von der Weisheit (A VI.3,
669f). Dieses Anliegen wiederholt sich bei der Einordnung der Ars inveniendi in
die Scientia generalis in Notizen zur *felicitas*, zur Glückseligkeit (A VI.4, 138).
Beide Begriffe hängen unmittelbar zusammen, denn Leibniz definiert: „*Weißheit*
ist die wißenschafft der Glücksehligkeit", und weiter „*Glücksehligkeit* ist eine
beständige freude." (A VI.4, 2806) Freude wiederum gründet sich auf Vollkommenheit. Es geht also um die Vergrößerung des Glücks, des Gemeinwohls und
damit um die Vervollkommnung der Welt, denn felicitas ist nicht etwa das kleine
Glück, von Friedrich Nietzsche im *Zarathustra* (Erster Theil, Zarathustra's Vor-
rede) ironisch bezeichnet als das Lüstchen für die Nacht und das Lüstchen für
den Tag, etwa das Klamauk-Fernsehen mit den höchsten Einschaltquoten, sondern der Zustand andauernder Freude (Leibniz A VI.4, 2842), des äußeren Friedens als das gemeine Wohl wie der inneren Seelenruhe: Solchen Zustand zu
vergrößern durch den Ausbau der Ars inveniendi ist die tragende moralische
Verpflichtung (A VI.4, 429). Die Ars inveniendi ist also als neue Erfindungskunst

in Leibniz' leitendes ethisches Konzept der Verpflichtung menschlichen Handelns zur Vervollkommnung der Welt eingebunden.

2.2 Artificia heuristica: Christian Wolff

Konkreter wird es bei Christian Wolff (1728/1740: § 33), der den Begriff *Technologia* als theoriefundiertes Wissen der Technik einführte. In der *Psychologia empirica* (Wolff 1732: § 294-300) schreibt er, zunächst bedürfe es einer Ars characteristica, die die Zeichen für distinkte Grundbegriffe betrifft, um dank der Zeichen Erfindungen als Herleitung des Unbekannten aus dem Bekannten durch einen Modus der Kombination der Zeichen und der Variation der Kombination zu ermöglichen. Wolff sieht dreierlei deutlich:

Eine Ars inveniendi bedarf erstens präziser Zeichen, die für Inhalte stehen, zweitens einer Methode der Zeichenverknüpfung und drittens – als Anteil der Kombinatorik in der Synthese – einer Methode der *Variation*; darum sei die Entwicklung einer solchen Ars „äußerst schwierig" (ebenda, § 301).

Dass dabei bislang Unbekanntes erkannt wird, liegt nicht daran, dass das jeweils Neue absolut neu ist, sondern nur für uns; ontologisch gesehen war es immer schon in den Zeichen und damit auch im Reich der Ideen als Reich der Möglichkeiten angelegt. So überzogen uns diese ontologische Voraussetzung erscheint, so zwingend war sie für Platon, weil alles Erkennen nur Wiedererkennen von etwas in der Seele Vorhandenem ist. Und so selbstverständlich erschien sie Dessauer angesichts der „prästabilierten Lösungsformen".

Nun folgt bei Wolff eine sehr bedeutsame Wende: Mit Erfolg sei die Ars inveniendi bislang in der Mathematik angewandt worden, doch ob und wie sie auch außerhalb als *Ars inveniendi veritatum a posteriori* zu entwickeln sei, könne nicht a priori gezeigt werden (ebenda, § 454ff); vielmehr müsse man sich dabei auf Beobachtungen und Experimente, *observationes et experimenta,* stützen.

Um von dort zu bislang Unerkanntem vorstoßen zu können, bedarf es allerdings als Teil der Ars inveniendi der *Artificia heuristica*, also heuristischer Regeln (ebenda, § 469). Solche Findungs-Regeln sollen die Anwendung auf den speziellen Fall ermöglichen – sie bilden deshalb das entscheidende Bindeglied zwischen einem gegebenen Problem und der Anwendung des vorhandenen theoretischen Wissens. Sie betreffen nicht erst die Synthese, sondern bereits die Problemanalyse, weil ein Problem sich nicht wie ein Fachwerkhaus in wohlbestimmte Einzelteile zerlegen lässt, sondern im Blick auf die Problemlösung höchst eigenständiger Ansätze bedarf. Seither gehören heuristische Regeln zur Grundausstattung jeder Problemlösungsstrategie, auch wenn kreative Lösungen mit ihnen nicht zu gewinnen sind. Doch mit der Einbeziehung der Heuristik weitet sich die Perspektive nochmals, denn deren Regeln gehören als jeweilige *regulae speciales* einer *Ars inveniendi specialis* an (ebenda, § 474).

Voraussetzung hierzu sind wiederum Beobachtungen; und diese werden ihrerseits mit einer weiteren neuen Perspektive der Ars inveniendi verbunden: Der „Beobachtungsgeist", der gefordert wird, um Neues zu sehen, verlangt, dass der Beobachtende *Ingenium* besitzt, also ein *Genie* ist: „Der Inventor muss Ingenium haben." (Ebenda, § 481) Dessen Fähigkeit besteht darin, mit Leichtigkeit Ähnlichkeiten zu erkennen und dadurch weit voneinander Entferntes – auch etwas Mögliches – in der Synthese zu verbinden (ebenda, § 476): Ohne dieses explizit zu sagen, wird so der Ingenieur, der Architekt, der Designer unter die Genies eingereiht. Systematisch gesehen ist es wichtig festzuhalten, dass nicht nur seitens der Metaphysik Voraussetzungen zu machen sind, sondern gleichermaßen auf Seiten des Erkennenden: So sind die Kompositionen des Genies Mozart fraglos besser als die dank der Regeln seines Würfelspiels gewonnen, während die Formulierung der 176 Menuett-Takte und deren Zusammensetzungsregeln ein Geniestreich sind. – Zusammenfassend ergibt sich eine Verzweigung der Ars inveniendi gemäß Abb. 12.1.

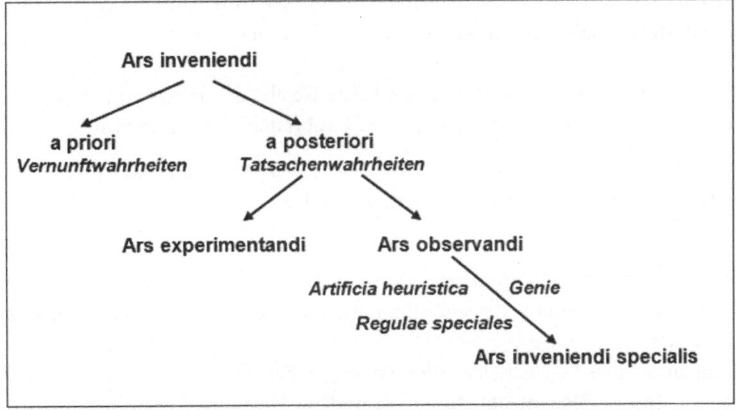

Abb. 12.1: Formen der Ars inveniendi nach Christian Wolff

Damit sind wir durchaus den gestaltenden Wissenschaften näher gekommen; denn neben der Fortifikation ist es gerade das Bauwesen, das Wolff (1710/1775: Bd. 1, 300-510) in seinen vierbändigen *Anfangs-Gründen aller Mathematischen*

Wissenschaften behandelt. Allein in den *Auszügen*, der Kurzfassung des Werkes (Wolff 1713/1724: 601-681), sind es 80 Seiten, ergänzt um zahlreiche Kupfertafeln, die, so muss man wohl sagen, dem Gedanken der Ars inveniendi folgend die *Regeln* ausbreiten, denen in der Bauwissenschaft zu folgen ist. Regeln aber sind anders als Naturgesetze nicht wahr oder falsch – sie sind effektive Handlungsanweisungen. Auf diese Weise ist eine ganz wesentliche Differenz zwischen Naturwissenschaften und Gestaltungswissenschaften in die Ars inveniendi eingeführt.

Entsprechend seiner rationalen Methode beginnt Wolff mit Definitionen, „Erklärungen" genannt, gelegentlich in „Zusätzen" erläutert. Es folgen „Grundsätze", also Axiome, dann Lehrsätze mit Beweis, gefolgt von Problemstellungen, als „Aufgabe" bezeichnet – etwa „einen Camin zu bauen" (§ 155) – , denen eine „Auflösung" auf der zuvor gelegten begrifflichen Basis beigegeben wird. Zur Verdeutlichung seien von den „allgemeinen Regeln der Bau-Kunst" die am Anfang stehenden „Erklärungen" 1 bis 3 und 6 wiedergegeben:

> „Die erste Erklärung.
> Jede Bau-Kunst ist eine Wissenschaft, ein Gebäude recht anzugeben, daß es nemlich mit den Haupt-Absichten des Bau-Herrens in allem völlig übereinkommet.
> Die 2. Erklärung.
> Durch das Gebäude verstehen wir einen Raum, der durch die Kunst eingeschlossen wird, umb sicher und ungehindert gewisse Verrichtungen darinnen vorzunehmen.
> Die 3. Erklärung.
> Ein Gebäude wird feste genennet, wenn keine Gefahr ist, daß es einfällt, oder in kurzem durch den Gebrauch verschlimmert und unbrauchbar gemacht wird."

Mit der 6. Erklärung tritt etwas Neues hinzu, das bislang in der Ars inveniendi nicht zu finden war, nämlich der Begriff der Schönheit:

> „Die 6. Erklärung
> Die Schönheit ist die Vollkommenheit oder ein nöthiger Schein derselben, in so weit so wohl jener als auch dieser wahrgenommen wird, und ein Gefallen in uns verursacht.
> Der 1. Zusatz.
> Weil uns umb eines Vorurtheils willen etwas gefallen kann: so können wir vor schöne halten, was in der That nicht schöne ist, und im Gegentheil entweder die Schönheit nicht mercken, oder gar einen Übelstand daraus machen. Und daher ist es möglich, daß einer etwas für schöne hält, der andere nicht.
> Der 2. Zusatz
> Weil aber die wahre Vollkommenheit eine nothwendige Verknüpfung mit den Haupt-Absichten des Gebäudes haben muß; so kann man, wenn man sich nach denselbigen erkundiget, die wahre Schönheit von der falschen unterscheiden."

Es folgen ganz praxisbezogene Regeln über Maße, die Prüfung der Qualität von Ziegeln und Kalk. Kurz – es zeigt sich, dass Wolff sehr konkrete Vorstellungen vom Bauwesen als einer Entwurfswissenschaft hat.

3. Konstruktionstheorien vom 19. zum 20. Jahrhundert

Nun soll es nicht um eine Geschichte der Ars inveniendi gehen, so bemerkenswert die Weiterführung in einer Ars observandi bis ins 19. Jahrhundert hinein ist, sondern um die Schwierigkeiten, die sich entgegenstellen und die schließlich dazu führten, dass am Ende eine verwissenschaftlichte Form der Ausbildung in den Ingenieurwissenschaften steht, die zwar Konstruktionslehre als wesentliches Element enthält, während der Anspruch, auf diesem Wege Genies ausbilden zu können, fraglos fallen gelassen wurde. Das wird auch heute nicht gelingen, weil Kreativität nicht lehrbar ist. Menschen vermögen jedoch kreativ zu sein. Muss man also die Segel streichen und statt der wissenschaftlichen Ausbildung auf die Genies hoffen und warten?

3.1 Construktionslehre: Franz Reuleaux

In der zweiten Hälfte des 19. Jahrhunderts standen sich an der TH Berlin zwei Konstruktionswissenschaftler in einem Dauerstreit gegenüber. Der eine war Franz Reuleaux, sein Kontrahent Alois Riedler.

Reuleaux hatte noch in Zürich 1854 seine *Construktionslehre für den Maschinenbau* gemeinsam mit Carl Ludwig Moll begonnen und 1859 in der Dritten Lieferung wie auch im nachfolgenden Lehrbuch *Der Construkteur* allein weitergeführt. In der Verwendung von Grundriss- und Aufrisszeichnungen sowie mit einem klaren Aufbau des Werkes war genau das verwirklicht, was Leibniz im Auge gehabt haben mag. Den Gedanken Archimedes' verwirklichend hatte Reuleaux in seiner Lehre vom Zwangslauf elementare Antriebsformen in einer Getriebesystematik ermittelt, um darauf Normalkonstruktionen aufzubauen. Eine Problemanalyse im Sinne von Leibniz soll also auf diese Elemente zurückführen, um dann die Synthese für den speziellen Fall zu ermöglichen. Im Blick auf die Praxis findet dies seinen Niederschlag in einer Sammlung von etwa 350 elementaren Kraftübertragungen in Gestalt mechanischer Getriebemodelle (Abb. 12.2), die getreu dem Gedanken Archimedes' als Elementarmaschinen jede Form eines mechanischen Getriebes ermöglichen. Die theoretische Begründung lieferte Reuleaux 1875 als *Theoretische Kinematik - Grundzüge einer Theorie des Maschi-*

nenwesens, deren zweiter Band 1900 erschien unter dem Titel *Die praktischen Beziehungen der Kinematik zu Geometrie und Mechanik*.
Nun sieht Reuleaux:

> „Die Kenntnis der der Mechanik entlehnten Principien [...] genügen nicht, um den Entwurf einer auszuführenden Maschine zu Stande zu bringen. Erst durch die Verbindung der theoretischen Ergebnisse mit den praktischen Anforderungen können Regeln gebildet werden, deren Anwendung eine leichte ist und die dabei für die gewöhnlichen Fälle zu richtigen Resultaten führen. Die Aufstellung solcher Regeln für die Construction der Maschinentheile und der vollständigen Maschinen, und die Erklärung der Anwendung jener Regeln bilden die Aufgabe und den Gegenstand der Construktionslehre für den Maschinenbau." (Moll & Reuleaux 1854: S. VIII)

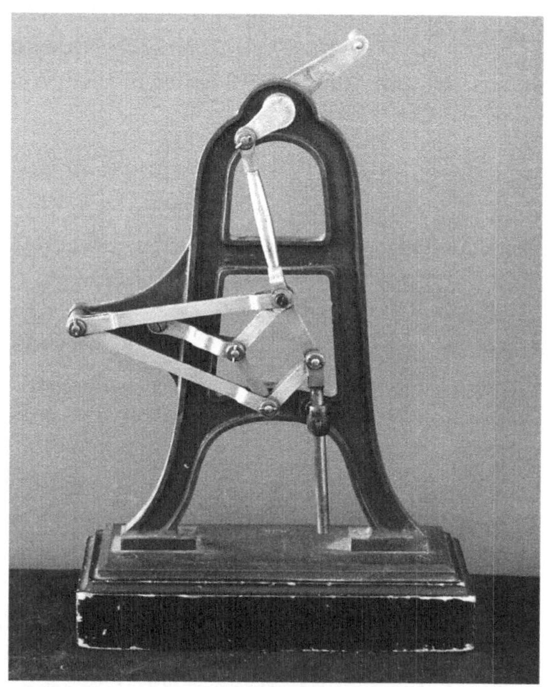

Abb. 12.2:   Kinematisches Modell S 35 von Franz Reuleaux
             Reuleaux Collection of Kinematic Mechanisms at Cornell University

Es geht dabei sehr wohl um eine Theorie, denn: „Der Text giebt eine genaue Begründung der aufgestellten Formeln" (Moll & Reuleaux 1854: S. X). Mehr noch (ebenda, S. XIII):

> „Obgleich bei der Aufstellung der Regeln und Formeln die praktische Ausführung der zu construirenden Theile immer im Auge behalten wurde, so wird doch in diesem Werke nie auf die Fabrikation und Anfertigung selbst eingegangen, da diese in den Bereich der technologischen Werke gehören."

Dieses alles sind die Anliegen der Ars inveniendi – es geht um die Fundierung des Konstruierens in einer eigenständigen Konstruktionswissenschaft, die sich zwar auf die Naturwissenschaften stützt, aber etwas ganz anderes als Naturgesetze, nämlich *Regeln*, genauer: Verfahrens- oder Handlungsregeln, ins Zentrum stellt. Regeln hatte schon Wolff in Zusammenhang mit der Heuristik herangezogen. Dem korrespondiert auch die spätere Entwicklung einer vollständigen Erfassung der Kraftübertragung in der Mechanik von Reuleaux einschließlich der Berechnung der jeweiligen Lagerbeanspruchung – gewissermaßen die Durchführung der Archimedischen Idee elementarer Maschinen. Der Anspruch wird deutlich im Vorwort von *Der Constructeur* (Reuleaux 1861: VII). Dort wird „das Maschinenconstruiren als eine wissenschaftlich begründete selbständige technische Kunst" bezeichnet.

Alois Riedler, ab 1888 Gegenspieler von Reuleaux in Berlin, wandte sich gegen die Auffassung eines theoretischen Maschinenbaus und setzte sich in einem Reformansatz für eine praxisbezogene, wirtschaftsorientierte Konstruktionsweise und Ausbildung nach angloamerikanischem Vorbild ein. So erklärt er, nie sei „ein großes Werk, nie selbst eine kleine Maschine dem Kopfe ihres Gestalters in aller Vollkommenheit entsprungen" (Riedler 1921: 102). Oder drastischer formuliert: Genies zählen im Maschinenbau genauso wenig wie Theoretiker; was zählt, sind allein erfolgreiche Praktiker. Er führte deshalb Maschinenbaulaboratorien als Entwicklungseinrichtungen ein. Zugleich gilt er als Begründer des modernen technischen Zeichnens: In seinem Werk *Das Maschinenzeichnen* stehen fast immer zwei Zeichnungen neben einender – eine wie es „unrichtig", eine wie es „richtig" sei (Riedler 1896/1919), wobei Wolfgang König darauf hinweist, dass die ‚unrichtigen' Zeichnungen vielfach den Werken von Reuleaux entnommen sind. Riedlers Konstruktionen waren also durch ständige Praxis bestimmt. So groß sein politischer Erfolg war – auf ihn geht die Einführung des Dr.-Ing. zunächst an der TH Berlin, dann im ganzen Reich zurück – so wenig lässt sich seine Vorgehensweise als Weiterführung der Ars inveniendi sehen.

3.2 Systematische Heuristik: Johannes Müller

Springen wir um fast ein Jahrhundert zu Johannes Müller, der sich 1966 mit der methodologischen Untersuchung *Operationen und Verfahren des problemlösenden Denkens in der technischen Entwicklungsarbeit* in Leipzig habilitierte (Müller 1966). Nachfolgend vertrat er das Konzept einer *Systematischen Heuristik*, die zunächst die Grundlage der Arbeit der Großforschungszentren der DDR bilden sollte, was aber vom Zentralkomitee verhindert wurde. So konnte die Schrift überarbeitet und ohne die dialektisch-materialistische Einbindung erst 1990 nach dem Mauerfall erscheinen (Müller 1990).

Müller stellt seinen Untersuchungen ein Leibniz-Zitat voran: „Nichts ist wichtiger, als die Quellen des Erfindens zu sehen, die nach meiner Meinung interessanter sind als die Erfindung selbst." Er ist überzeugt, dass eine „schöpferische Leistung auf der Anwendung von Operatoren bzw. Algorithmen basiert, die bei Kenntnis der objektiven Struktur des Problem- und Sachverhalts [...] theoretisch entwickelt werden können." (Müller 1966: 1) Folgerichtig geht es ihm um die Freilegung dieser Operationen und Algorithmen, die in Regelschemata verknüpft werden. Dabei nimmt er als Grundmuster den Regelkreis von Abb. 12.3 an, der Schritt für Schritt zu einem verzweigten Schema erweitert wird. Dieses soll den gedanklichen Weg des Lösungsprozesses nicht im Sinne eines Rezeptes, sondern seiner Struktur erfassen. Er zielt darauf, einen „rationellen" Weg der Problematisierung an die Stelle des Herumprobierens zu setzen. So wird etwa Reuleauxs *Theoretische Kinematik* herangezogen, während Riedler nirgends erwähnt wird. Oder mit Müller (1966: 11): Es geht um „die Verfahren bzw. Algorithmen des konstruierenden Denkens, das die vom Menschen zu schaffende Wirklichkeit vorwegnimmt".

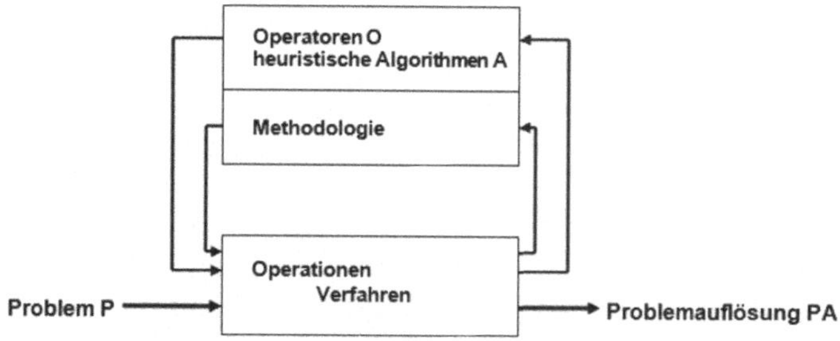

Abb.12. 3: Johannes Müller, Regelkreis der Methodologie

Das klingt nach Leibnizschen möglichen Welten oder nach Dessauers prästabilierten Lösungsformen, doch Müller tut alles, solche metaphysischen Voraussetzungen zu vermeiden, weil für ihn „nicht nur die Inhalte der Erkenntnis, sondern auch die Methoden der Erkenntnis und des Denkens [...] in letzter Instanz durch die uns umgebende Wirklichkeit selbst bedingt sind" (Müller 1966: 15). Der Standpunkt wird von ihm als „materialistisch" bezeichnet, dann jedoch sachgerechter als „konstruktivistisch" charakterisiert (ebenda, 16), wobei nicht nur Abstraktionen, sondern auch Idealisierungen zugelassen werden. Damit gewinnt die vorausgesetzte Ontologie die erforderliche Weite, um die gesuchte Methodologietheorie, aufbauend auf dem Grundschema, um ähnlich strukturierte Stufen nach oben zu erweitern, die ihrerseits auf die jeweils tiefere Stufe einwirken. Müller führt also über dem Bereich Technik / Technikwissenschaften den Bereich Einzelwissenschaftliche Methodologie und schließlich darüber den Bereich rein methodologischer Untersuchungen ein (Abb. 12.4 nach Müller 1966: 13f).

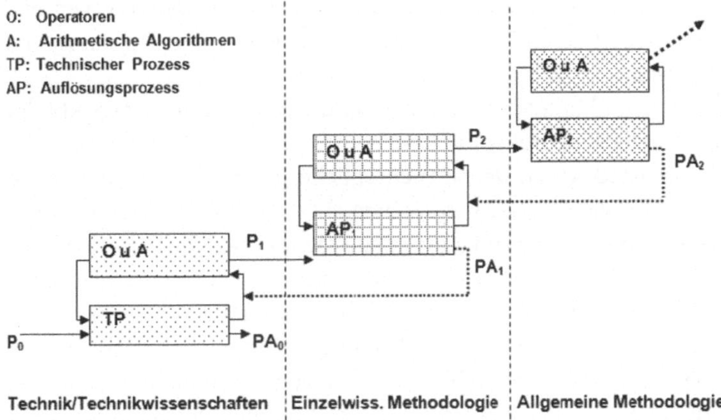

Abb. 12.4: Methodologische Ebenen nach Johannes Müller

Die nachfolgenden Schritte interner Differenzierungen des Grundschemas richten sich darauf, den Problemsachverhalt als Ausgangsbasis durch die Unterscheidung von Problemebenen, Problemlage und Problemgrad genauer zu erfassen (ebenda, 41f). Dieser erste umfangreiche Schritt entspricht also der Leibnizschen Problemanalyse. Es folgt die Problembearbeitung im Sinne Wolffscher

Regeln einer Ars heuristica, getragen von „heuristischen Algorithmen", wohl sehend, dass diese nicht zu „vollständigen expliziten Operatorenmengen" führen. Dieser Schritt ließe sich dem Leibnizschen Zwischenschritt zuordnen, der in dem Aufsuchen von Teilproblemlösungen besteht. Nun betont Müller (1966: 58), dass die Problemlösung nicht bloß eine formale, sondern auch eine inhaltliche Bestimmung verlangt. Diese muss in einem „Anpassungsverfahren" im Sinne der Wolffschen Heuristik in einer „Interpretation" erarbeitet werden (ebenda, 127 u. 158). Deren leitendes Prinzip liest sich wie eine Verteidigung des Theoretikers Reuleaux gegenüber dem Praktiker Riedler: „Praktisch verwirklicht bzw. erprobt kann erst werden, wenn die Möglichkeiten gedanklicher Entwicklung optimal ausgeschöpft worden sind." (Müller 1966: 127)

Damit ist ein bedenkenswertes Modell einer Erfindungswissenschaft als eine moderne Ars inveniendi vorgelegt. Mehr noch – es gibt zahlreiche Belege, dass sich Müllers Verfahren in der Praxis bewährt hat. Ebenso ist es bemerkenswert, dass auf quasi-platonische Elemente in Müllers Ontologie der Möglichkeiten verzichtet werden kann. Doch wie nimmt sich diese Systematische Heuristik in ihren Ansprüchen angesichts der grundsätzlichen Einwände gegen eine Erfindungswissenschaft aus? Dazu müssen die eingehenden Voraussetzungen betrachtet werden.

Alle Schritte Müllers werden in einer quasi-algorithmischen Abfolge vorangetrieben. Zugleich deutet er die Überzeugung an, sein Modell lasse sich „auf alle Bereiche" anwenden, „in denen menschliche praktische Tätigkeit zunächst gedanklich vorweggenommen wird" (ebenda, 156). Das mag fraglos für Bereiche gelten, in denen eine klar zu kennzeichnende und begrenzbare Sachlage gegeben und das vorliegende Problem scharf umrissen ist; anders lässt sich seine Grundannahme einer „Kenntnis der objektiven Struktur des Problem- und Sachverhalts" nicht deuten. Unter dieser Voraussetzung werden algorithmische Entscheidungsverfahren zu brauchbaren Lösungen im Sinne einer rationalen Entscheidung führen, so lange es sich nicht um komplexe Strukturen im fachtechnischen Sinn (also etwa um Systeme nichtlinearer Differentialgleichungen etc.) handelt. Doch wie steht es um gänzlich neue, kreative Lösungsideen? Nachträglich mögen sie sich immer in Algorithmen einfangen lassen – doch das war es nicht, was das 18. Jahrhundert meinte, wenn es einem Menschen Genie zusprach. So bricht die alte Spannung zwischen Kreativität und methodischem Entwickeln wieder auf.

4. Problemlösen in der Perspektive des Wissens

4.1 Wissenskultur: Die Modus-2-Wissensproduktion
Nach dem exemplarischen Durchgang durch drei Jahrhunderte Entwicklungsgeschichte einer Wissenschaft des Entwerfens ist es an der Zeit, eine Summe zu ziehen. Die Elemente eines auf Neues gerichteten Entwurfs lassen sich klar zusammentragen: Der Ausgang von einer Problemsituation verlangt deren Analyse, die zu lösbaren Teilproblemen führen soll. Die Analyse selbst enthält bereits kreative und heuristische Anteile. Die jeweiligen Lösungen schlagen sich in jeweils fachspezifischen Regeln nieder, die in der Anwendung auf den spezifischen Fall einer Interpretation bedürfen. Der nächste Schritt besteht in einer Synthese der Teillösungen zu einer Gesamtlösungsidee. All dieses geschieht im Rahmen einer wertgebundenen Zielausrichtung.

Müllers Zugehensweise gehört zu den strukturalistischen und systemtheoretischen Ansätzen, wie sie für die 60er und 70er Jahre des vergangenen Jahrhunderts charakteristisch waren. Ihnen und der Weiterentwicklung bis heute hat Claudia Mareis ein Werk gewidmet, das allerdings weniger die techniktheoretischen Inhalte betrifft – etwa das englische technikorientierte konstruktive *engineering design* –, als vielmehr das deutschen Verständnis von Design in der Nähe des künstlerischen Entwurfs. Ihre Grundthese lautet, diese deutsche Richtung sei sachgerecht als *Wissenskultur* aufzufassen; deshalb seien

> „Fragen nach den konstitutiven Wissensbeständen des Design ohne die Betrachtung von diskursübergreifenden denkhistorischen und soziokulturellen Entwicklungszusammenhängen sowie [...] ohne vergleichende und praxisnahe Analyse von konkreten gestalterischen Praktiken und materialen Darstellungsformen nicht zu beantworten." (Mareis 2011: 399)

Als Kronzeugen zieht sie das Werk von Helga Nowotny u.a. (2004) heran, *Wissenschaft neu denken. Wissen und Öffentlichkeit in einem Zeitalter der Ungewissheit*, das eine disziplin- und praxisübergreifende *Modus-2-Wissensproduktion* ins Zentrum rückt; doch hat man bei der Lektüre dieses Buchs den Eindruck, dass die Autoren nie eine Technische Universität von innen gesehen haben – sonst hätten ihnen die Technikwissenschaftler vorgehalten, dass sie immer schon die Verbindung zur Praxis wie zu anderen Wissenschafts- und Wissensbereichen geradeso wie zur Gesellschaft als konstitutives Element auch ihrer Theoriebildung gesehen, berücksichtigt und handfest einbezogen haben: Ein Auto besteht nicht nur aus Metall, es hat nicht nur einen Motor, es muss vielen Ansprüchen des Gesetzgebers wie des Kunden genügen.

Dennoch ist Mareis' Diagnose bezüglich der Wissenskultur zutreffend – auch die Ars inveniendi und ihre Nachfolger wurden nicht im luftleeren Raum konzipiert: Raimundus Lullus und Athanasius Kircher wollten mit ihr Gottesbeweise führen, Leibniz und Wolff die Menschen und die Welt vervollkommnen, Reuleaux die Theorieseite im Blick auf die Anwendung verbessern, Müller integriert gesellschaftliche Normen, Werte und Forderungen in sein strukturalistisches Konzept und will die ganze Entwicklungsforschung daran ausrichten. Doch unser Leitproblem wird davon nicht berührt. So zeigt sich die Spannung zwischen Kreativität und Entwerfen, wenn im Heft *Entwerfen* der Zeitschrift *Wolkenkuckucksheim* 4 (1999) H. 1 hinter einander zwei ganz kontroverse Beiträge zu finden sind, der eine, der „Sechs Instrumente des Entwerfens" benennt, der andere, der „Eine Absage an das Theoretische im Entwerfen" vertritt (Gänshirt 1999 bzw. Hammel 1999). Darum enthebt uns all das nicht der Aufgabe, das Problem des technischen Entwerfens weiter zu analysieren. Um eine neue Perspektive zu gewinnen, soll deshalb nachfolgend ein anders gearteter Zugang gewählt werden. Dazu sollen die Voraussetzungen beleuchtet werden, die hinter der Verwissenschaftlichung des Entwerfens stehen.

4.2 Erkenntnisvermögen

Jede Aufgabe, vor der ein Techniker, Ingenieur oder Architekt steht, ist ein *Problem*, also ein Fall von Nichtwissen. Schon etwas als Problem zu erkennen bedarf entsprechender Voraussetzungen auf Seiten des Erkenntnissubjekts, mithin bestimmter Vermögen. An diese gilt es zu erinnern, indem der Umgang mit einer Problemlage betrachtet wird. Das Problem verlangt eine Lösung, mithin im Kleinen wie im Großen einen Entwurf. Doch wie ist damit umzugehen? Wurde dies in Kapitel 10 als Nichtwissensproblematik untersucht, soll hier ein Blick auf die Voraussetzungen geworfen werden. Nichtwissen als eine *Frage* ist nicht inhaltsleer. Darum kann Leibniz von einer gerichteten Problemanalyse ausgehen, die zu lösbaren Teilproblemen führen soll. Doch diese Analyse beruht auf erkenntnistheoretischen Voraussetzungen, die in Weiterführung von 10.4 sowie Abb. 10.1 und Abb. 10.2 erfüllt sein müssen:

1.   *Theoretische und praktische Vernunft* im Sinne Kants, ebenso *Lernfähigkeit*;
2.   *heuristisches Denken* im Sinne der Suche nach Lösungsregeln und ihrer Adaption,

3. *teleologisches Denken* im Sinne einer Orientierung auf ein Ziel durch ein Denken in Mitteln, Zwecken und Funktionen, und

4. *reflektierende Urteilskraft* im Sinne des Vermögens, zu einem gegebenen Besonderen – die faktische Problemlage – ein Allgemeines – das Lösungsprinzip – zu finden.

Dieses vierte Vermögen beinhaltet zugleich *Zieloffenheit* – denn das Besondere, also die gegebene Problemlage, muss gerade nicht zwingend zu einem bestimmten Ziel als Lösung führen, sondern kann, wie Leibniz das in seinem Verständnis von Synthese hervorhebt, durchaus mehrere Lösungen haben. Diese Offenheit ist entscheidend für die Möglichkeit kreativer Lösungen.

4.3 Problemlösungswissen

Vermögen allein reichen nicht aus – sie müssen geübt und mit Inhalten gefüllt werden. Darum treten – wie in Kapitel 5 und 10 entwickelt – konkrete Formen des Wissens hinzu:

1. *Sachverhaltswissen* als Wissen um die Ausgangs-Sachlage,

2. *theoretisches Wissen* als ein differenziertes Fachwissen,

3. *handlungspraktisches Wissen* (Know-how) einschließlich eines *Wissens um die jeweiligen Realisierbarkeitsbedingungen* und Verwirklichungsmöglichkeiten, und

4. *normatives Wissen* um die zu erfüllenden individuellen und gesellschaftlichen Normen und Werte einschließlich des Wissens um eine Modifikation der Ziele im Blick auf diese Normen und Werte, falls das erforderlich ist.

Das in einem Entwurf zu überwindende Nichtwissen ist also in einem Raum von Sachverhaltswissen, theoretischem und praktischen Handlungswissen wie schließlich normativem Wissen lokalisiert. Dieses alles macht das *Problemlösungswissen* aus, das – anders als Kreativität oder Genialität – erlernbar ist und deshalb an den Fachhochschulen und Universitäten vermittelt werden kann und muss.

   Alle diese Vermögen und Wissensformen sind bei jeder menschlichen Handlung gegeben. Die Besonderheit der Technikwissenschaften besteht nun darin, dass sie diese zwar auf der Handlungsebene voraussetzen, jedoch auf der Wissenschaftsebene in Gestalt von *Begriffsverknüpfungen als Theorieelemente in Form von Zeichenverknüpfungen* in Allgemeinheit zu behandeln trachten. Leibniz wie

Wolff haben dies als das entscheidende Instrument der Verwissenschaftlichung hervorgehoben. So tritt uns eine handlungspraktische Regel in der Wissenschaft als in Zeichen (etwa sprachlich, in Formeln oder auch in Modellen) formulierter Zweck-Mittel-Zusammenhang oder als Funktionszusammenhang von Typen von Mitteln entgegen. Genau so sind die Modelle von Reuleaux gemeint.

Mit *wissen was der Fall ist*, handlungspraktischem *wissen wie*, kausalem *wissen warum* und normativem *wissen wozu* ist es nicht getan – um zu einer Lösung zu gelangen, müssen diese Anteile zu etwas jeweils Neuem zusammengeführt werden. Das alles ist dennoch undramatisch, weil es uns aus dem täglichen Leben wohl vertraut ist. Wie aber steht es um Entwerfen und Entwickeln, um eine *Erfindung* im Schumpeterschen Sinne als jene Idee, die ganz am Anfang steht und erst nach einem langen Entwicklungsprozess zur Innovation auf dem Markt führt? Auch hier hilft uns unser Alltagswissen weiter – denn in fast allen Handlungssituationen müssen wir unser vielgestaltiges Wissen heranziehen, um eine Handlung überlegt in einer stets neuen Situation zielorientiert auszuführen: Wir entwerfen uns in jedem Augenblick neu – meist im Kleinen, doch an Scheidewegen auch im Großen bis hin zu gänzlich neuen Ideen. Wir pflegen das im Kleinen nicht eben Kreativität zu nennen und uns dort schon als Genies zu sehen, aber wir sind wohlvertraut mit Kreativität, auch wenn sie sich nicht definieren lässt. Genau hierauf stützen sich heuristische Regeln: Sie geben *Typen* von Mitteln zur Zweckerfüllung als Funktionszusammenhang in einer verallgemeinerten Form an. Zugleich jedoch sind sie der Wirklichkeit so nahe, dass die Anpassung im je gegebenen Fall nicht mehr als Kreativität erfahren wird, sondern als schlichte Regelbefolgung. Genau darum sind solche Regeln als Teil einer Wolffschen Ars inveniendi specialis, als Reuleauxsche Konstruktionsregeln und Müllersche algorithmische Operationsregeln erlernbar in Gestalt theoretischen Wissens. Ebenso ist der hermeneutische Akt ihrer Interpretation zur Anwendung auf einen gegebenen Problemfall erlernbar: In der Schule wie im Studium sind dieses die Transferaufgaben, die zwar nicht Pisatest-geeignet sind, aber die entscheidende Grundlage für die Theorie-Praxis-Brücke bilden. Dieses alles ist lehr- und lernbar; genau so weit lässt sich auch eine wissenschaftliche Methodologie des Entwerfens und Entwickelns konzipieren. Eben darum bilden solche heuristischen Regeln seit Christian Wolff das Kernstück jeder forschenden und entwickelnden Wissenschaft.

4.4 Ebenen der Wertung

Aber wo bleibt dann der eingeforderte Wissenskulturbezug? Er verlangt noch etwas tiefer in die Problematik in ihrer heutigen Gestalt einzudringen. An der Oberfläche kann man sagen, er dokumentiere sich in der Verbreiterung des Bereiches, dem die heuristischen Regeln entstammen. Das ist fraglos in mehrfacher Hinsicht zutreffend. So sind deutsche Industrienormen heute zu Euronormen geworden; zugleich müssen die Normen anderer Kulturkreise beachtet werden, um dorthin exportieren zu können: Es zeichnet sich eine Globalisierung der technischen und technologischen Standards ab.

Noch signifikanter ist die Ausweitung im Bereich der Werte, weil es heute nicht nur um DIN-Normen im alten Sinne geht, sondern um all jene Werte, die in der Technikbewertung und Technikfolgenabschätzung eine Rolle spielen – unmittelbar ablesbar an den umfangreichen weitere Differenzierungen, die dem Schema der VDI Richtlinie 3780 (vgl. Kap. 10) beigegeben sind. Deren Ebenen umfassen neben technischer Effektivität (Funktionsfähigkeit) und ökonomischer Effizienz (Wirtschaftlichkeit) viel weitergehende Wertebenen, nämlich Sicherheit, Gesundheit, Umweltschutz und ganz global personale und gesellschaftliche Werte. All diese Wertebenen sind von Anbeginn im Entwerfen und Konstruieren zu berücksichtigen; man kann nicht erst ein Auto oder ein Haus als Prototyp bauen und im Nachhinein beispielsweise für die Sicherheit oder – mit Wolff – für die Schönheit sorgen. Zugleich stehen sie jedoch in einem Spannungsverhältnis zueinander – Sicherheit hat ihren Preis und kann damit die Wirtschaftlichkeit mindern. Das hat insofern kulturell bedeutsame Folgen, als es in diesen Bereichen vielfach zu internationalen Standards kommt, so dass es wenig Sinn hat, noch von nationalen Konstruktionstraditionen auszugehen – die Entwicklungsschritte, in den heuristischen Regeln niedergelegt, haben von Anbeginn einen globalen Charakter.

Doch die Globalisierung betrifft nicht nur dieses Werteoktogon, sondern auch die ethische Seite im engeren Sinne. So fügt es sich in das Bild, dass etwa zeitgleich mit der Technikbewertungs-Richtlinie gegen 1990 vom VDI ein Ethikkodex für Ingenieure erarbeitet wurde, der in seiner englischen Fassung Einfluss auf den europäischen Standard hatte. Man könnte geneigt sein zu sagen, dieses betreffe nur den einzelnen Ingenieur als Entwickler in der Industrie – doch das greift zu kurz, weil alle genannten Elemente schon im Studium als Anforderungen zugleich mit den Konsequenzen in *Theorien* sachgerechten Entwerfens vermittelt werden müssen. Tatsächlich sind viele Bedingungen dieser Art längst Teil der Entwickler-Software: Diese belegt damit, dass sich Leibniz' Ars-inveniendi-

Programm einer Algebraisierung des Erfindens einschließlich des Ziels eines Dienstes am Gemeinwohl verwirklichen lässt – jedenfalls so lange es um heuristische Regeln geht.

4.5 Bedingungen der Wissenschaftlichkeit

Abschließend stellt sich die Frage, ob eine Ars inveniendi und ihre Nachfolger tatsächlich eine Wissenschaft sind. Es reicht nicht zu sagen, alles, was an Technischen Fachhochschulen und Technischen Universitäten getrieben werde, sei Wissenschaft; dann würde wohl das Kaffeetrinken an erste Stelle stehen. Gewiss hat sich das Verständnis gewandelt, worin die Kriterien der Wissenschaftlichkeit bestehen; mit der einfachen Benennung von *Gegenstand* und *Methode* waren wir schnell an Grenzen gestoßen: Diese Einsicht bildet den Hintergrund für Nowotnys Eintreten für eine Modus-2-Wissensproduktion. Dennoch gibt es Voraussetzungen, die erfüllt sein müssen, wenn eine Wissenschaft vorliegt, auch wenn diese ebenso wie die Voraussetzungen in ihren Inhalten einem geschichtlichen Prozess unterliegen: die im vorigen Kapitel entwickelten methodologischen Festsetzungen.

Die methodologischen Festsetzungen, die für die Technikwissenschaften im vorigen Kapitel herausgearbeitet wurden, lassen erkennen, dass das Entwerfen als Methoden- und Regel*anwendung* oder auch als kreativer Durchbruch *keine* selbständige Wissenschaft ist, doch es beruht auf der Anwendung des in der Entwurfswissenschaft bereitgestellten Problemlösungswissens: Das praktische Entwerfen eines Technikers ist zwar die Handlung eines Wissenschaftlers – dokumentiert durch seine Examensqualifikationen oder durch seine Forschungs- und Lehrtätigkeit –, nicht aber selbst Bestandteil der Wissenschaft, sondern durch diese ermöglicht und abgesichert.

Es ist mithin die Aufgabe der Entwurfs-Wissenschaften, die Regeln der Ars inveniendi ihres jeweiligen Fachgebietes zu entwickeln. Zunächst muss klar sein, welches der Objektbereich ist, auf den die Ars inveniendi specialis abzielt. Bezogen auf ihn wird nach den Regeln gesucht, die es erlauben, Entwurfs-Probleme methodisch zu behandeln. Das Ergebnis wird in Regeln für ein Entwerfen im Rahmen einer Heuristik bestehen und in deren Begründung, wie sie seit Leibniz vom Syntheseprozess gefordert wird. Verlangt ist dabei auf der einen Seite eine Kohärenz der Theorieelemente, die sowohl ein Zusammenpassen der Regeln sichert, als auch ein Zusammenspiel der Teile des späteren Artefakts oder Prozesses. Auf der anderen Seite ist die Anwendbarkeit sicherzustellen, denn eine Technikwissenschaft, welche die Verbindung zur Praxis verlöre, wäre keine

*Entwurfs*wissenschaft mehr; eine, welche die Theoriebildung vernachlässigte, wäre jedoch keine Entwurfs*wissenschaft* mehr. Da zugleich die Interpretationsregeln zur Verwendung der Heuristik Bestandteil der Basiswissenschaft sind, wird Entwerfen in diesem Rahmen zu einer wissenschaftlichen Methode.

Zurück zur Frage, ob eine Ars inveniendi und ihre Nachfolger tatsächlich eine Wissenschaft sind. Doch diese Frage ist falsch gestellt, denn es geht um eine *Methode*, die wegen der zugehörigen Wissensformen als Ars inveniendi specialis ihren Platz nur in einer solchen besonderen Wissenschaft ihren Platz findet.

Alles Entwerfen beginnt im Raume der Möglichkeiten. Möglichkeiten – das muss nicht etwas sein, das es bereits in der raumzeitlichen Wirklichkeit gibt, sondern das dem Denken, der Welt der Ideen angehört, ohne dabei wie Dessauer ein platonisches Ideenreich voraussetzen zu müssen. Nun hat sich im Bereich des Möglichkeitsdenkens Entscheidendes gerade in Zusammenhang mit der Technik gewandelt. Natürlich beruht jede Handlungsentscheidung auf der Vorstellung von Möglichkeiten und dem Abwägen zwischen ihnen. Das gilt geradeso in jedem Einzelschritt des Erfindens und Entwerfens. Neu ist jedoch, dass wir heute nicht Technologien für einen bestimmten Gebrauch konzipieren, sondern für ein weites Spektrum von Möglichkeiten für Möglichkeiten, die noch gar nicht festliegen. Das aber bedeutet, dass der Entwerfer in solchen iterierten Möglichkeiten denkt. Das wiederholt sich auch an ganz anderer Stelle – denn Ingenieure, die eine neue Maschine entwickeln, denken nicht nur an die mögliche Nutzung, sondern zugleich auch an die mögliche Gefährdung bei Unachtsamkeit geradeso wie an den möglichen Missbrauch, und suchen beide Möglichkeiten von Anbeginn auszuschließen. So ist das Denken in iterierten Modalitäten ablesbar nicht nur an jenen virtuellen Welten, in denen das *alter ego* mit realem Geld virtuelle Gegenstände anschaffen kann, sondern – viel bedeutsamer – auch in Simulationen der möglichen Folgen einer technologischen Entscheidung: Der Leibnizsche Gott wählte unter möglichen Welten des Reichs der Ideen die beste, um sie zu erschaffen. Der menschliche Schöpfer wählt unter den im Leibnizschen Ideal der Mathematisierung entworfenen möglichen Folgen denjenigen Ablauf, den er für den besten hält. So hat das Entwerfen selbst einen doppelten modalen Charakter: Möglichkeiten werden virtuell verwirklicht, um dann eine wertende Entscheidung zu treffen; dabei mag es sich wiederum selbst um bereitzustellende Möglichkeiten handeln – sei es nun ein neues Transportsystem, ein multifunktionales Gebäude oder ein neues Datennetzwerk in fast virtuellen Clouds. Damit werden auch die iterierten Möglichkeiten den Werteeben des Werteoktogons unterworfen: Genau hierin liegt die Besonderheit von Entwerfen als Wissenskultur heute.

Zugleich beruht hierauf eine wesentliche Verbreiterung dessen, was in der Verwissenschaftlichung des Entwerfens, in einer heutigen Erfindungskunst zu bewältigen ist: Es geht nicht um die Kombination von Elementarmaschinen, nicht um heuristische Regeln in der Anwendung auf konkrete Probleme, sondern um weit mehr – um die zeichentheoretische Erfassung von Möglichkeits-Modellen unter gleichzeitiger Berücksichtigung der Werte-Ebenen.

5. Fazit

Grundsätzlich anders als eben beschrieben liegen die Dinge, wenn Kreativität im Vollsinne des Wortes einbezogen werden soll: Dort versagt jede Methodenlehre. Was jede Wissenschaft jedoch bereitstellen kann und muss, sind die Wissensformen, die das Problemlösungswissen ausmachen. Zwar sind alle erkenntnistheoretischen Bedingungen geradeso wie alle Formen des Wissens vorauszusetzen; ebenso hat es den Brückenschlag vom Reich der Ideen zur Verwirklichung in der rauen raumzeitlichen Wirklichkeit seit Menschengedenken gegeben – aber ein regelgeleitetes methodisches Vorgehen liegt im Falle der Kreativität gerade nicht vor. Alle Kreativitätsforschung hat allenfalls aufgezeigt, dass sich eine fruchtbare Atmosphäre in Arbeitsgruppen ebenso als förderlich erweisen kann wie brain storming. Schiller hingegen soll sich mehr auf einen faulenden Apfel im Schreibpult verlassen haben. Jedenfalls versagt dort jede Methodenlehre – was jedoch jede Technikwissenschaft bis hin zu den Designwissenschaften zusammen mit den Regeln vermitteln muss, ist diejenige *Offenheit*, die die Voraussetzung für kreative Problemlösungen bildet. Die Wissensvermittlung darf also keinesfalls zementierend wirken. Es mag diese Einsicht sein, die zum Konzept einer Modus-2-Wissenschaft geführt hat. Deshalb ist eine entsprechende umfassende Weiterentwicklung der Entwurfswissenschaften und damit aller Technikwissenschaften unverzichtbar.

Wie schon Christian Wolff festhielt, besteht Ingenium – also Kreativität – in der Verknüpfung von bislang nie zusammengebrachten Möglichkeiten. Was, wenn man Fußball-Stadion und Spaghetti Bolognese verbindet? Genau so etwas muss es gewesen sein, das die Baseler Architekten Herzog & de Meuron zum Pekinger Vogelnest des Olympia-Nationalstadions geführt hat. Doch gilt es mit Leibniz daran zu erinnern, dass wir die Verantwortung für kreative Lösungen geradeso wie für heuristisch gewonnene Entwürfe und ihre Folgen tragen. Das wiederum verpflichtet uns, alles Entwerfen in den Dienst der Vervollkommnung zu stellen – um unser aller Lebenswelt willen.

VI. Werte

13. Small is beautiful? Zur Problematik der Nanotechnologie

1. Was dürfen wir verwirklichen?

Angesichts der heutigen durch Technik hervorgerufenen Wertprobleme wird vielfach eine Technikethik verlangt. Nun ist Technikethik keine Sonderethik, die neben die sich als universell verstehende Ethik zu treten hätte, sondern recht besehen das Eingliedern von moralischen Wertungsproblemen, die im Zusammenhang mit technischen Handlungen auftreten, in den ethischen Horizont. Dies hat es immer schon gegeben – auch die Antike kennt solche Fragen –, denn Technik, die ja genuin mit einem umfangreichen Kreis von Wertungen verbunden ist, war deshalb stets in einen kulturellen Rahmen eingebunden. Unsere Schwierigkeiten liegen dabei in zwei sehr unterschiedlichen Bereichen – der eine besteht in der Neuartigkeit technischer Artefakte, Prozesse und Strukturen, die zu neuen Fragestellungen führen, der andere wird durch den Zusammenprall von Globalisierung durch Technik mit regionalen Kulturen und ihren unterschiedlichen Normen und Wertvorstellungen hervorgerufen. Während der erste Bereich die schrittweise Anknüpfung an vertraute Antworten verlangt, erfordert der zweite, den durch die Globalisierung hervorgerufenen Problembereichen als Antwort eine Globalisierung der Handlungsprinzipien entgegenzuhalten, ohne dabei den Kern fremder Kulturen in Frage zu stellen. Dies kann nur erfolgreich sein, wenn nicht nach ethischen Grundprinzipien mit universellem Geltungsanspruch gefragt wird, sondern nach Prinzipien mittlerer Reichweite, die kulturübergreifend akzeptabel erscheinen.

Blicken wir kurz auf die neuen Herausforderungen. In der *Nanotechnologie* lautet der Vorwurf, dass in einem Bereich, in dem Prognosen bislang kaum möglich sind, bereits technische Anwendungen vorgenommen werden. Dies ist eher ein Problem der Technikbewertung denn ein genuin moralisches Problem; dennoch verlangt es eine philosophische Antwort, die auf den Prozess der Technikentwicklung abstellt, für den analog der Pharmaentwicklung Risiken einzudämmen sind. In der *Biotechnologie* geht es recht eigentlich um die Frage, was Leben ist, was der Mensch ist und worin der technische Eingriff im Zusammentreffen von Technologie und Leben eigentlich besteht; eine Antwort auf ethische Fragen sollte nicht gegeben werden, ohne diese Grundfrage behandelt zu haben. Bei der

Sorge um eine Beherrschung des Menschen durch *Informationstechnologie*, durch den Computer, durch Informationsnetze oder gar durch Roboter sollte zunächst geklärt sein, was technisches Wissen ist, um in diesem besonderen Fall sagen zu können, welche Teile hiervon formalisierbar und damit einer Rechenanlage übertragbar sind, und welche einer Privatsphäre des Individuums angehören, für die ein technischer Zugang abzublocken ist. In der durch *Systemtechnik* hervorgerufenen Sorge um eine Unbeherrschbarkeit großtechnischer Systeme muss bei der viel tiefer liegenden Frage angesetzt werden, worin die Dynamik technischer Systeme besteht und worauf sie sich gründet. Die durch die *Globalisierung* aufgeworfenen Fragen gehören in den Problemkreis einer Kulturphilosophie der Technik, und nur von dort her lässt sich eine Antwort finden, wie mit Wertungsproblemen einschließlich ethischer Fragestellungen umzugehen ist.

Nun werden die anstehenden Probleme und Schwierigkeiten heute breit diskutiert, zu ihrer pragmatischen Lösung sind Enquete-Kommissionen und nationale Ethikräte eingesetzt, jedes Klinikum hat seine Ethik-Kommission. Darum soll hier ein paradigmatischer Fall herausgegriffen werden.

Nanotechnologie – dieser Ausdruck wird zusammenfassend für Nanophysik, Nanochemie, Nanobiotik und deren Misch- und Anwendungsformen verwendet. Sie steht im völligen Gegensatz zur gigantomanischen Technikentwicklung höchster Gebäude, tiefster Bohrlöcher oder leistungsfähigster Großsysteme und erscheint zunächst als bloße Miniaturisierung vertrauter Technologien – gewissermaßen als Analogie des Weges von der Kirchturmuhr zur Nürnberger Eieruhr; und populärwissenschaftliche Abbildungen nähren diese Illusion. Doch bei genauerem Zusehen zeigen sich aufgrund der Miniaturisierung Erweiterungen des Bereiches des Wissens, der Modellbildung geradeso wie der Anwendungen. Nano (griechisch nanos, Zwerg) steht für ‚winzig‘, nämlich ‚Milliardstel‘; Gegenstand der Nanotechnologie sind Strukturen von 1 bis 100 nm (Milliardstel Meter), molekulare Nanotechnologie bezeichnet das gezielte Erschaffen von Strukturen durch kontrollierte Manipulation von Atomen und Molekülen. Durch den Aufbau von Strukturen Atom für Atom könnten neuartige Materialien und Bauteile mit bislang unbekannten Eigenschaften erzeugt werden. Das Vordringen in diese Bereiche wird als *dritte industrielle Revolution* gefeiert; die Nanotechnologie wird als eine der wichtigen Schlüsseltechnologien des 21. Jahrhunderts gesehen. Darum verwundert es nicht, dass alle Industrienationen die Nanoforschung intensiv fördern. In der letzten Zeit häufen sich Publikationen, selbst das Bundesministerium für Bildung und Forschung publiziert Reporte und Aktionspläne. Worum geht es genauer – und wo liegen die Gefährdungspotentiale und die ethischen Probleme, die bis hin zu radikaler Zurückweisung geführt haben?

2. Nanotechnologie und ihre Eigenschaften

Vergegenwärtigen wir uns kurz die Eigenschaften dieser neuen Technologie. Tatsächlich zeigen sich mit dem Vorstoß in Bereiche, die der Quantentheorie zugehören, Strukturen und Qualitäten, die in keiner Weise jenen des klassischen Mesokosmos mittlerer Dimensionen, auch nicht jenen des Mikrobereichs entsprechen oder aus deren Gesetzmäßigkeiten ableitbar wären. Es geht also nicht nur um eine neue Größenordnung, sondern vor allem um die gänzlich unerwarteten Gestaltungsmöglichkeiten von Materialstrukturen mit verblüffenden Eigenschaften und Anwendungsmöglichkeiten. Erwartet wird eine Nutzung in praktisch jedem bisherigen Herstellungsprozess, gestützt auf neuartige Bauteile nie gekannter Eigenschaften, etwa extrem leicht, extrem stabil, zumeist auch extrem klein; so beispielsweise kleinere, leistungsfähigere Chips, effizientere Batterien, extrem dünne und extrem harte Beschichtungen für Antikratz-, Antihaft-, Anti-Reflexoberflächen. Sie gewährleisten in Lacken einen besseren Schutz vor Kratzern und bessere Haltbarkeit oder eine Schutzschicht gegen Sprayer. Zu nennen sind auch die stahlharten, leitfähigen Nano-Kohlenstoffröhrchen (Nanotubes) mit der Eigenschaft, ihre Gitterstruktur aus einer Art Gel selbstorganisiert aufzubauen. Im Bereich der Medizin geht es um die Schutzwirkung von Sonnencreme durch Nanoteilchen aus Titanoxyd, die das UV-Licht absorbieren, oder um die Anreicherung von Kariesvorsorge-Partikeln in Zahncreme, doch auch um ‚Fähren' für Medikamente; so hat die französische Firma *Flamel Technologies* zwei ‚Drug Delivery-Systems' als Plattformtechnologie zum Transport von Medikamenten an eine jede gewünschte Körperstelle entwickelt (Beckmann & Lenz 2002). Für solche Zwecke werden auch Hybride (beispielsweise ein metallischer Propeller als Antriebselement an einem biotischen Rumpf) entworfen. Im Roboterbereich geht es um Nano-Roboter bis hin zur Hoffnung auf autonome, sich selbstvermehrende intelligente Nanomaschinen, sogenannte Nanobots.

3. Auswirkungen, Warnung und Kritik

Langfristige große Auswirkungen auf unsere Zivilisation werden von der entstehenden Nanotechnologie erwartet (Beckmann in: Radic 2002). Die dank der neuen Materialien und der Miniaturisierung bevorstehende rasante Vergrößerung der Computer- und Technologie-Leistungsfähigkeit führe zu Möglichkeiten, die Welt vollkommen zu verändern, „zum Guten wie zum Bösen", wie der amerikanische Computer-Spezialist Bill Joy festhält, um dann jedoch vor allem Warnungen zu formulieren (Joy 2000/2001).

Jetzt schon zeichnen sich positive Auswirkungen ab wie optimierte Brennstoff- und Solarzellen, verbunden mit deutlicher Rohstoffschonung, eine bessere Nutzung regenerativer Energien, eine verbesserte Kommunikationstechnik (kleiner, billiger, Ressourcen und Energie sparend), verbesserte Mobilität (durch Verbesserungen im Motor, im Katalysatorbau und in der Regelung) und eine verbesserte medizinische Versorgung, beispielsweise durch die gezielte Erkennung von Viren, Krebszellen etc. und deren Behandlung durch den zielgenauen Transport von Medikamenten in der Blutbahn an die zu heilende Stelle. Bei zerschnittenen Nerven (etwa bei einer Querschnittslähmung) könnten Kohlefaser-Nanoröhrchen, die sich selbst zusammenfügen, als Stützrohr für wieder zusammenwachsende Nervenenden dienen. Doch ebenso sehr sind gewagte Versprechungen zu beobachten – von den erwähnten Nanobots bis hin zur Erfüllung des Menschheitswunschtraums einer Fast-Unsterblichkeit durch die Möglichkeit der Bekämpfung fast aller Krankheiten.

Den eben skizzierten schon sichtbaren oder erhofften Positiva stehen auch Kritiken gegenüber. Seit Bill Joy im Frühjahr 2000 eine dramatische Warnung vor Nanotechnologie, Robotik und Computertechnologie aussprach, reißen die Einwände nicht ab: Die Entwicklung, schrieb er, sei viel gefährlicher als die der Nuklearwaffen, weil sie „droht den Menschen zu vernichten". Denn das Ziel der Nanotechnologie sei es, jede nur gewünschte Struktur aus Atomen zusammenzubauen – was extrem leistungsfähige Computer ermöglichen werde, an die wir wegen der Begrenztheit unserer menschlichen Kapazitäten alle Entscheidungen abgeben und uns damit selbst entmachten und versklaven (Joy 2000/2001). Zugleich, so glauben auch amerikanische Robotik-Gurus wie Hans Moravec und Ray Kurzweil, werde die Robotik zu sich selbst verbessernden und sich selbst reproduzierenden intelligenten Robotern führen, die dann den Menschen in der Evolution ablösen (Moravec 1998/1999, Kurzweil 1999/2001). So kommt es zu Beschwörungen einer bevorstehenden Apokalypse: „Die Büchse der Pandora ist schon offen", schreibt Joy, uns drohe die

- *Zerstörung unseres Körpers*, nämlich Lungen-, Leber- und Nierenschäden wegen des Unvermögens des Körpers, Nanopartikel zu eliminieren. – Ebenso sei die

- *Zerstörung unserer Lebenswelt* zu befürchten durch nanotechnisch hervorgebrachte selbstreplikaktive Organismen wie Bakterien, sowie allgemein durch ökologische und toxische Gefahren von Nanopartikeln. – Weiter bestehe die Gefahr

- *wissensbasierter Massenvernichtung*: Die Technologie der Massenvernichtungswaffen des 20. Jahrhunderts verlangte schwer zugängliche Ressourcen (Uran); zur Nanotechnologie bedürfe es nur eines Wissens; es besteht erstmals die Gefahr des Terrorismus wie der militärischen Auseinandersetzung durch wissensbasierte Massenvernichtungswaffen, wesentlich verschärft durch deren Selbstreplikation. – Schließlich führe

- *Robotik*, basierend auf der Nanotechnologie, zu sich selbst replizierenden, ihre Art dabei selbst verbessernden Robotern, die den Menschen überflügeln und letztlich auslöschen.

4. Science fiction oder Realität?

Zunächst seien die beiden letztgenannten Punkte betrachtet, bei denen man sich fragen muss, ob es um Science fiction oder Realität geht. Joy vertritt die These:

> „Am gefährlichsten ist wohl die Tatsache, dass selbst Einzelne und kleine Gruppen diese Technologien missbrauchen können. Dazu benötigen sie keine Großanlagen und keine seltenen Rohstoffe, sondern lediglich Wissen.“

Einmal ganz abgesehen davon, dass Nanotechnologie nicht nur Wissen, sondern subtilste Erfahrung im Umgang mit der jeweiligen Labortechnik verlangt (und die ist nicht, wie Uran, auf dem Schwarzmarkt erhältlich) – den Missbrauch von Technik wird man nicht verhindern, indem man den Wissenserwerb verbietet. Überdies ist die behauptete „Gefahr einer wissensbasierten Massenvernichtung“ nicht an Nanotechnologie gebunden, noch dazu, da sie von solchen Anwendungen (heute jedenfalls) weit entfernt ist; Pestbazillen und Vergleichbares hingegen gibt es schon lange. Bakterien sind als Biowaffen längst einsatzbereit, und sie lassen sich mit Züchtungs-Methoden bei der Auswahl der Mutanten so umformen, dass die klassischen Gegenmittel versagen. Wenn also die Gefahr an die Wand gemalt wird, nanotechnisch ließen sich myriadenfach neuartige Kleinstlebewesen als Massenvernichtungswaffen herstellen, so können wir dies längst. Das gilt auch für die These, derlei ließe sich nanotechnisch gezielt gegen spezifische Tierrassen oder gar Menschenrassen entwickeln – denn zur Bekämpfung der Rattenplage etwa gibt es das auf der Basis klassischer bakteriologischer Forschung schon.

Was soll es heißen, dass wir „*jede gewünschte Struktur*" werden herstellen können? Zum einen stehen dem die Naturgesetze im Wege, zum zweiten hat auch ein Können seine Grenzen, denn nanotechnische Vorgehensweisen verlangen eine Präzision, die den Einsatz in der Massenproduktion für beliebige Anwendungen wohl in weite Ferne rückt, zum dritten müssen wir uns fragen, was wünschenswert und verantwortbar ist, um von dort her den Entwicklungsprozess zu steuern.

Ist die *technische Entwicklung* eine Evolution? Dies wird für die Robotik im vorgetragenen Argument angenommen; tatsächlich aber beruht sie auf menschlichen Zielsetzungen und kontrollierenden menschlichen Eingriffen, sonst wären Technikbewertung, Technikfolgenabschätzung und gesetzliche Limits sinnlos: Die Technikentwicklung folgt gerade keiner naturgesetzlichen Notwendigkeit, wie sie bei Prognosen in Anspruch genommen werden müsste; ihre Form als Provolution wurde in Kapitel 8 dargestellt.

Was schließlich sollen „*intelligente Maschinen*" sein? Maschinen können nur formal operieren, sie können nur formalen Regeln folgen – und mögen sie noch so raffiniert programmiert werden, um ihr eigenes Programm an (im Programm zuvor als zu berücksichtigend gekennzeichnete) Außenbedingungen anzupassen: Sie verstehen ihre eigenen Formeln nicht, denn sie verstehen gar nichts. Intelligenz ist genau so wie Kreativität nicht programmierbar – beides liegt auf der Seite des Programmierers, selbst dann, wenn es sich um ein System handelt, dessen Einzelschritte dem Menschen so schnell nicht mehr nachvollziehbar sind. Voraussetzung für ‚intelligente Maschinen' wäre die Lösung des Leib-Seele-Problems; und daran sind bislang alle materialistischen Reduktionisten gescheitert. So wird es darauf ankommen, dass wir das Denken nicht den Großrechnern überlassen, sondern selbst besorgen: *Wage zu denken, sapere aude!* schrieb Kant.

5.   Berechtigte Sorgen und vorgeschlagene Maßnahmen

Im Januar 2004 besagte eine kleine Zeitungsnotiz, es sei erstmals gelungen, ein Virus künstlich, nämlich nanotechnisch zu erzeugen. Das wäre tatsächlich eine völlig neue Qualität, weil der Mensch damit zum Schöpfer auch im Biotischen geworden wäre, da Viren – wenn auch unter Zuhilfenahme eines anderen Lebewesens – sich selbst reproduzieren. Angenommen die Nachricht trifft zu (faktisch ist es bisher nicht gelungen, beim ‚Zusammenbau' solcher Strukturen eine Selbstreproduktion einzuleiten – sie blieben ‚tot'), so zeigt sich zunächst ein philosophisches Problem, weil die Differenz zwischen Materiellem und Biotischem aufgelöst wäre. Hingegen handelt es sich noch nicht um ein spezifisch neues ethisches Problem, das sich daraus ergibt, dass wir Viren herzustellen vermögen: Mit ihnen ebenso wie mit Prionen einerseits, Bakterien andererseits, mit deren Reproduktion und Züchtung ist die biologische Forschung schon eine Weile beschäftigt. Damit soll die Problematik nicht verharmlost werden – wir müssen uns ihrer fraglos annehmen, aber wiederum sollten wir nicht die Nanoforschung dafür schuldig sprechen, sondern sie zum Anlass nehmen, über das Verhältnis von Materie und Biosphäre neu nachzudenken.

Völlig berechtigt und ganz aktuell sind hingegen die oben genannten und zunächst zurückgestellten Sorgen, nanotechnisch entwickelte Substanzen könnten wegen ihrer gänzlich neuen Eigenschaften in menschlichen, tierischen und pflanzlichen Geweben zu unerwünschten, gar zu äußerst gefährlichen Effekten führen, weil – so wird argumentiert – solche Partikel in der Evolution nicht vorkamen, so dass sich gegen sie keine Abwehrsysteme ausbilden konnten, und Ähnliches lasse sich für Ökosysteme allgemein vermuten. Doch auch hier sollten Warnungen vorsichtiger formuliert werden, denn Nanoeffekte gibt es in der Natur vielfach. Zu nennen wären etwa die schmutzabweisende Schicht der Lotusblätter oder die Nanoschichten, die in Muschelschalen zu deren Stabilität beitragen. Die Warnungen gelten also berechtigter Weise nur für neue Materialien. Systematisch gesehen handelt es sich hier um zwei Problemtypen, eines betrifft die direkte Kontaminierung von Lebewesen mit Materialien, an deren Eigenschaften sich in der Evolution anzupassen unmöglich war, das andere betrifft die Entsorgung von nanotechnisch erzeugten Materialien (etwa mit Nanolacken bearbeitete Autokarosserien), weil diese durch herkömmliche Filtersysteme nicht eingefangen werden können.

Grundsätzlich zeigt sich an dieser Stelle ein dreifaches *Methodenproblem*:
(1) Für Nanotechnologie gibt es keinen spezifischen Gegenstandsbereich wie in den Naturwissenschaften; ebenso fehlt ein Zweckbereich wie er für Ingenieurwissenschaften charakteristisch ist. Entsprechend gibt es keine spezifische Methode. Genau besehen, gibt es selbst Nanotechnologie bisher kaum, schon gar nicht im Sinne einer Technikwissenschaft (wie die Nachsilbe ‚logie‘ vermuten lassen könnte); es handelt sich einstweilen im Wesentlichen um Nanoforschung als Grundlagenforschung bis hin zu einer anwendungsorientierten Grundlagenforschung in den genannten Bereichen. Als Nanotechnologie handelt es sich um

eine Querschnittstechnologie, die auch Hybride (Kombination mechanischer Elemente mit Lebewesen) einbezieht.

(2) Klassische Prognoseverfahren, wie sie im Hempel-Oppenheim-Schema ideal-typisch erfasst sind, greifen aus praktischen Gründen nicht, weil wir über das geforderte Wissen über Gesetzmäßigkeiten gerade nur in höchst eingeschränkter Weise verfügen; und aus theoretischen Gründen, weil in der Quantenwelt die uns vertrauten Zusammenhänge nicht mehr gelten.

(3) Die geforderte Folgenanalyse, die uns Aufschluss darüber geben könnte, ob eine Kontaminierung zu befürchten ist, so dass Vorsorge auch bei der Entsorgung vonnöten ist, betrifft überaus komplexe physikalisch-chemisch-biotisch-technische Systeme – so komplex, dass alte kausalanalytische Verfahren mit ihrer Voraussetzung idealisierter Bedingungen nicht ausreichen, um Prognosen vornehmen zu können. Doch für eine Abschätzung bedürfte es eines Wissens um die Strukturzusammenhänge des Systems, die es gerade erst noch zu untersuchen gilt. Überdies sind diese Strukturen vielfach so geartet, dass Prognosen – wie zumeist in komplexen Systemen – grundsätzlich nur von kürzester Reichweite sein können (wie schon beim Doppelpendel oder bei der Wettervorhersage) oder gar wegen des Auftretens prinzipiell nicht prognostizierbarer Veränderungen vom Typ einer Mutation gänzlich verbaut sind.

Kein eigener Gegenstandsbereich, keine spezifische Methode, kein Zweckbereich, sondern quer hierzu verlaufende Vernetzungen – eben darin liegt die besondere Herausforderung für eine Auseinandersetzung mit der Nanotechnologie, weil sie noch vielgestaltiger sein wird als jene Technologien, für die Verfahren der Technikbewertung und Technikfolgenabschätzung bislang entwickelt wurden und die genau dann erfolgreich waren, wenn sich sachgerechte Eingrenzungen ausmachen ließen. Die Frage nach spezifischen ethischen Problemen, die mit der Nanotechnologie verbunden sind, sein können oder könnten, betrifft deshalb einen Überlappungsbereich von Technikethik, Bioethik und Wissenschaftsethik, die in den letzten Jahren Gegenstand vertiefter Untersuchung geworden sind (vgl. Lenk & Ropohl 1987; Lenk 1991; Hubig 1993).

Nun gilt das Gesagte zwar auch für zahlreiche klassische Techniksysteme; doch die Nanotechnologie ist hiervon angesichts ihres breiten Feldes von der Nanophysik bis in die Nanobiotik unter Einschluss von Hybridbildungen in ganz besonderem Maße betroffen, weil ihre Gegenstandsbereiche ontologisch unterschieden und methodisch im Ausgang von der jeweiligen Wissenschaft divergierend gesehen und bearbeitet werden. Wenn auch modifiziert, gilt doch immer noch Kants Diktum, die Bedingungen der Möglichkeit der Erkenntnis der Gegenstände seien zugleich die Bedingung der Möglichkeit der Gegenstände der Erkenntnis – oder in der Transformation, die Hans Lenk vorgenommen hat: wir haben es mit bereichsspezifischen Interpretationskonstrukten zu tun (Lenk 2000: 78ff); die aber müssen weder kompatibel noch gar anschlussfähig sein. Dies ist der Punkt, an der die Diversität des unter dem Wort ‚Nanotechnologie' Zusammengefassten zu besonderen inhaltlichen Schwierigkeiten führen könnte.

Um den genannten Sorgen zu begegnen, sind Maßnahmen unterschiedlichster Reichweite vorgeschlagen. Zurückhaltenden Vorschlägen stehen Maximalforderungen wie die folgenden gegenüber:

- Die einzig realistische Alternative besteht darin, unserer *Technologie Grenzen zu setzen*, wo sie zu gefährlich ist, durch Begrenzung unseres Wissensdrangs in bestimmten Bereichen (paraphrasiert nach Joy 2000/2001).
- *Einfrieren jeder Forschung* (Moratorium der kanadischen ect-Gruppe (Action Group on Erosion, Technology and Concentration)).
- *Änderung unserer Lebensziele* zugunsten von Verantwortung, Liebe, Glück, was alles nicht durch Materielles erreichbar ist (Joy unter Berufung auf den Dalai Lama).

6. Prinzipien der Bewertung

Da Nanotechnologie zwischen Wissenschaft und Technik steht, berühren die mit ihr verbundenen Probleme die Bereiche der Wissenschaftsethik gerade so wie die der Bio-, Öko- und Technikethik, zusammenkommend in der Technikbewertung. Hierfür ist in letzter Zeit eine eigene Bezeichnung vorgeschlagen worden – Nanoethik (vgl. kritisch: Grunwald 2004: § 4; Käuflein 2004). Ob dies ein eigenständiger Problembereich ist, mag schon wegen der oben herausgearbeiteten Schwierigkeit sehr fragwürdig sein, Nanotechnik und Nanoforschung rubrizierend zu kennzeichnen, erwiesen diese sich doch als Querschnittstechnologie einerseits, als Grundlagenforschung andererseits. Ohnedies kann es keine Bereichsethiken geben, sondern nur *eine* Ethik, deren Prinzipien bereichsspezifisch eine inhaltliche Füllung erfahren; das gilt auch für die eben genannten Formen. Ihnen eine weitere, überdies wenig spezifische Form als ‚Nanoethik' an die Seite stellen zu wollen, ist deshalb nicht sinnvoll. Betrachten wir also zunächst solche allgemeinen Prinzipien.

Einleitend gilt es nochmals festzuhalten, dass es weder eine spezifische Wissenschafts- oder Technikethik geben kann, noch gar eine Nanoethik – so wenig wie es sonst Spezialethiken geben kann, denn ethische Prinzipien müssen universell sein. Vielmehr geht es um die Anwendung solcher universellen Prinzipien auf Handlungen – hier die Entwicklung und Nutzung von Nanotechnologie –, die bislang nicht vorkamen.

Nun sind gerade im Zusammenhang mit der Technik Vorschläge gemacht worden wie

- Small is beautiful.
- Wenn der GAU möglich ist, geschieht er auch irgendwann: Auszugehen ist stets von der größtmöglichen Gefährdung.
- Wenn es zwei Handlungsalternativen mit gleicher Erfolgswahrscheinlichkeit gibt, wobei die eine darin besteht, alles auf eine Karte zu setzen, die andere, Schritt für Schritt vorzugehen, so wähle stets die zweite Variante. Etc.

Doch dieses sind gerade keine ethischen, sondern pragmatische Grundsätze, nämlich eine Hoffnungsregel, eine Pessimistenregel und eine Hausväter-und-Hausmütterregel. Auch der christlich-mittelalterliche Spruch, den wir im Lateinunterricht gelernt haben: „Quidquid agis, prudenter agas et respice finem" ist zwar bedenkenswert, aber was wir da im Blick auf die Zukunft zu bedenken haben, bleibt ungesagt, von ethischen Prinzipien zu schweigen. Ethische Grundsätze sind hingegen von der Art des Kantischen Kategorischen Imperativs:

- Handle so, als ob die Maxime deiner Handlung durch deinen Willen zum allgemeinen Naturgesetz werden sollte. (Kant 1785, AA IV.421).

Oder in einer anderen Fassung, die vor allem im Bereich der Biotechnologie unmittelbar anwendbar ist:

- Handle so, dass du die Menschheit, sowohl in deiner Person als in der Person eines jeden anderen, jederzeit zugleich als Zweck, niemals bloß als Mittel brauchst. (Kant 1785, AA IV.429).

Der Nachteil des Kategorischen Imperativs besteht im Hinblick auf die Technik darin, dass er zum einen als rein formales Gebot keinerlei inhaltlichen Bezug hat und zum anderen unser heutiges Problem, nämlich die Verantwortung für künftige Generationen, nicht oder jedenfalls nicht deutlich einschließt. Darum hat Hans Jonas ein Prinzip einer Zukunftsethik so formuliert:

– Handele so, dass die Wirkungen deiner Handlungen verträglich sind mit der Permanenz echten menschlichen Lebens auf Erden. (Jonas 1979/1984: 36)

Auch dieses Prinzip hat Schwächen, denn wir wissen nicht, was künftige Generationen unter einem ‚echten menschlichen Leben' verstehen werden. Eine der heute angebotenen Fassungen setzt deshalb wieder eine formale Forderung ein, nämlich die folgende:

– Handele so, dass künftigen Generationen die Handlungs- und Wertsetzungsmöglichkeiten nicht verbaut werden.

Nun vermag das in solcher Allgemeinheit nicht zu gelingen, weil ich mit jeder Handlung die Handlungsspielräume anderer beschneide; also muss genauer gesagt werden, welche Handlungs- und Wertsetzungsmöglichkeiten gemeint sind und wie sie im Konfliktfall gegeneinander abzuwägen sind. Das aber ist die am Einzelfall zu führende Diskussion, keine Angelegenheit der übergreifenden Prinzipien.

7. Zwischen Wissenschafts- und Technikethik

Exemplarisch sei dies im Hinblick auf die ethischen Fragestellungen im Wissenschafts- und Technikbereich näher verfolgt, beginnend mit dem Forschungshorizont, der damit in den Bereich der Wissenschaftsethik fällt.

7.1 Wissenschaftsethik

In der Wissenschaftsethik geht es nicht um die ethische Bewertung wissenschaftlicher Aussagen, sondern um das Handeln des Wissenschaftlers und dessen Folgen. Damit ist (jedenfalls hier) nicht das Wissenschaftsethos gemeint (Manipuliere nie die Daten! Respektiere die Priorität der Forschungsergebnisse anderer! Sei fair in der Auseinandersetzung mit den Argumenten derer, die eine andere Auffassung vertreten! Etc. (Mohr 1987: 42; vgl. Poser 1990: 13). Widerspricht eine Begrenzung der Wissenschaften nicht der *grundgesetzlichen Wissenschaftsfreiheit*? Keineswegs – denn diese ist kein Freibrief im Handeln, sondern sie garantiert Freiheit in der Fragestellung und in der Theoriegestalt, statt beispielsweise ideologischen Vorgaben eines Herrschers folgen zu müssen. („Sire, geben Sie *Gedankenfreiheit*" lässt Schiller seinen Marquis Posa im *Don Carlos* sagen!) Was bedeutet das für die Nanoforschung?

- *Sorgsamer Umgang* im Experiment, so dass weder der Experimentator noch ein anderer Schaden nimmt.

Hier beginnen die praktischen Schwierigkeiten, denn hier wird vorausgesetzt, dass wir wissen, wann Schäden zu befürchten sind; das aber ist keineswegs immer der Fall.

- *Prinzip der Reversibilität*: Die jeweiligen Schritte sollen so klein sein, dass sie im Kern rückgängig gemacht werden können.

Dies ist eine Vorsichtsmaßnahme, kein ethisches Prinzip. Doch abgesehen davon, dass sich nie etwas im strengen Sinne rückgängig machen lässt, stehen wir bei Nanopartikeln vor der Schwierigkeit, dass sie sich nicht einfach wieder ‚einfangen' lassen.

- *Vorausschauende Reflexion* über mögliche schädigende Folgen.
- *Intensive Grundlagenforschung* unter Einschluss von möglichen und tatsächlichen Gefährdungen.

Hier kommt die theoriebedingte Schwierigkeit hinzu: Im gegebenen Fall wissen wir kaum etwas, sonst wäre die Forschung überflüssig; es handelt sich also um eine abwägende Entscheidung unter Risiko oder gar unter Ungewissheit.

Doch es gibt viel radikalere Forderungen: Wir dürfen die „Büchse der Pandora" gar nicht erst öffnen – Schluss mit aller Nano-Forschung, weil wir in einen Bereich vorstoßen, über den etwas zu wissen wir grundsätzlich ausschließen sollten (Joy 2000/2001 und etc-Group). Dies wäre ein Wissensverbot. Wissensverbote sind in der christlichen Tradition seit Adam und Eva vertraut – einschließlich der katastrophalen Folgen in Gestalt der Vertreibung aus dem Paradies wegen des verbotswidrigen Essens vom Baume der Erkenntnis. Kann es ein Wissen geben, das zu haben ethisch verwerflich ist? Die Antwort darf nicht einfach darauf verweisen, Menschen würden sich durch Verbote nie hindern lassen, auch solches Wissen anzustreben, denn ein ethisch gegründetes Verbot wird durch ein solches Faktum nicht tangiert. („Du sollst nicht töten!" gilt in einer vollkommen friedlichen Gesellschaft gerade so wie in einer, in der das Morden an der Tagesordnung ist.) Tatsächlich wird man sich darauf stützen müssen, dass Wissen als Wissen ethisch neutral ist – erst die Weise seiner Gewinnung und Anwendung und die Gründe dafür unterliegen ethischer Wertung; das aber sind Handlungen und ihre Motive.

Allerdings stellt sich die Frage, ob die Neutralitäts-Argumentation nicht auch für die ganze Technik gilt. Das klassische Beispiel pflegt das Messer zu sein, das sich zum Kartoffelschälen wie zum Morden eignet. Dann aber wären nach dem eben Gesagten ein Massenvernichtungsmittel oder seine Herstellungsanweisung ethisch neutral, und nur seine Verwendung verwerflich. Das ist keinesfalls gemeint, denn zwischen der Technik, die fraglos auch Wissen verlangt, und dem Wissen als solchem gibt es einen zentralen Unterschied: Technik, jedes technische Artefakt und jede Technikentwicklung sind auf Ziele ausgerichtet, bei denen es nicht um die Mehrung des Wissens geht, sondern um die als zweckmäßig angesehene Änderung einer gegebenen Lage. Ziele und Zwecke aber unterliegen (ebenso wie Mittel) als handlungsleitende Intentionen in jedem Falle ethischen Bewertungen. Das schließt ein, in bestimmten Fällen zu dem Ergebnis zu kommen, die fragliche Zielsetzung und die betreffende Technik – beispielsweise das Versehen einer Querflöte mit Klappen, wie dies Quantz tat – sei ethisch neutral. Das aber hat zur Konsequenz, dass anwendungsorientierte Grundlagenforschung sehr wohl ethisch bewertet werden kann – nämlich im Hinblick auf die intendierten Ziele, nicht aber unter dem Gesichtswinkel eines verbotenen Wissens.

7.2 Technikethik

Technikethik ist Teil eines ganzen Netzwerks von Wertungen und Bewertungen, denen Technik unterworfen ist. Diese Wertungsebenen sind in der VDI-Richtlinie 3780 zur Technikbewertung als Werteoktogon zusammengetragen und reichen bis zur Persönlichkeitsentfaltung und der Gesellschaftsqualität (VDI Report 15: 78). Diese können nicht nur auf der obersten, sondern bereits auf der untersten Ebene der Funktionsfähigkeit ethische Implikationen haben, wenn etwa die Funktionsfähigkeit auf einmal nicht mehr gewährleistet ist und damit die Sicherheit, so dass eine Gefährdung an Leib und Leben heraufbeschworen wird. Doch während in der Technikbewertung Nutzen gegen Risiken, Kosten für die eine gegen Kosten für die andere Seite abgeglichen werden, konzentriert sich Technikethik auf die Verantwortungsproblematik und die ihr zugrunde liegenden Prinzipien. Dazu gehört auch die ethische Bewertung der einer Technik vorausliegenden Ziele und Mittel.

Technikbewertung, Technikfolgenabschätzung ist nach heutigem Verständnis kein der Entwicklung nachfolgender Schritt; eine Maschine muss schon so konstruiert werden, dass sie Sicherheitsanforderungen genügt. Technikbewertung muss deshalb prospektiv vorgehen und Teil des Entwicklungsprozesses sein. Nanotechnik – und dies ist das Besondere – bietet nun erstmals in der Geschichte der Technik die Chance, die Entwicklung von Anbeginn mit der Folgenabschätzung zu koppeln, statt erst durch Schaden klug werden zu müssen, gerade weil es sich derzeit weitestgehend noch nicht um Technik, sondern um vorbereitende Forschung handelt; doch steht man bei ihr vor der Schwierigkeit, dass wir – im Gegensatz zu den Sicherheitsanforderungen an ein Auto, die sich beispielsweise aus unserer Kenntnis der Gefährdungen im Straßenverkehr ergeben – noch gar nicht wissen können, wo genau die Gefahren dieser neuen Werkstoffe, Biokonstrukte, Nanoapparaturen und Hybridgebilde liegen! Eben darauf gründet sich auch die Forderung, Nanotechnik (jetzt durchaus im Sinne zielorientierter Technik) nicht weiter zu entwickeln, solange nicht in der Grundlagenforschung die Ungefährlichkeit restlos bewiesen sei. Diese Forderung ist vollkommen berechtigt; welche mit Gefährdungen einhergehenden Veränderungen von welchen Nanostrukturen bewirkt werden, muss deshalb gleichrangig neben der Frage nach Nanostrukturen und ihren Eigenschaften stehen, auch wenn ein ‚restloser Beweis‘ immer unmöglich bleibt. Um der Sicherheit des Einzelnen und der Gesundheit aller willen ist die Auswirkung von Nanopartikeln zu untersuchen

- in menschlichen und tierischen Körperteilen (v.a. Lunge, Leber, Milz, Niere),
- in der Umwelt (katalytische Wirkungen; Absorption und Ablagerung in Deponien; Verhalten bei Verbrennung),
- in den ökologischen Systemen (von den Viren und Einzellern bis zu den Säugern).

Doch ist es mit der Gefahrenerkennung nicht getan. So sind für solche Stoffe, die eine Kontamination befürchten lassen, Verfahren zu entwickeln, diese zu vermeiden; entsprechend ist eine sachgerechte Entsorgung zu ermöglichen. Dazu ist bei nanotechnisch gewonnenen Systemen schrittweise jeweils am konkreten Material und in der Breite des Werteoktogons der VDI-Richtlinie vorzugehen; eine Globalforderung bleibt unwirksam. Dabei kann sehr wohl der Fall eintreten, dass – wie beim Umgang mit radioaktivem Material – vom Gesetzgeber Grenzen zu ziehen sind, die – wie im Falle der Stammzellenforschung – aus ethischen

Gründen auch eine klar umrissene Begrenzung der Forschung zum Gegenstand haben können, nicht als Wissensverbot, sondern als Handlungsverbot.

Doch ist eine solche Forderung nicht die unrealistische Utopie eines Philosophen? Keineswegs, denn es gibt einen überaus erfolgreichen Bereich, der sich zum Vorbild wählen lässt – die Pharmaforschung. Sie verfügt seit mehreren Jahrzehnten über ein weltweit wirksames Handlungs- und Kontrollsystem, um sicherzustellen, dass es nach bestem Wissen weder zu Gefährdungen der Probanden (also der menschlichen ‚Versuchskaninchen‘) noch der in Tests einbezogenen Kranken kommt und dass, was da entwickelt und geprüft wird, tatsächlich eine Linderung oder Heilung zu bewirken verspricht. Niedergelegt ist dies in der vom Weltärztebund erarbeiteten *Deklaration von Helsinki*, die, jeweils fortgeschrieben, von praktisch allen in der Pharmaforschung tätigen Nationen übernommen wurde. Ein ähnliches Monitoring, weltweit angewandt, wäre ein wesentlicher Schritt zu einer übernationalen Absicherung der Technikbewertung schon im Prozess von Forschung und Entwicklung. In der Nanotechnologie, die noch sehr am Anfang steht, böte dies die Chance zu einer globalen Vorbildlösung.

7.3 Restrisiko

All dieses – sensible, wissenschaftsethisch vertretbare Grundlagenforschung, vorausschauende anwendungsorientierte Grundlagenforschung und ein mit einem internationalen Monitoring verknüpftes Vorgehen bis hin in die Nanotechnik-Entwicklung – ist keine Garantie für den geforderten Nachweis der völligen Ungefährlichkeit. Derlei ist vielmehr nie zu führen. Was bleibt, ist immer ein sogenanntes Restrisiko. Es wäre nur auszuschließen, wenn wir tatsächlich die weitere Mehrung des Wissens ebenso wie die weitere Entwicklung unterbinden würden. Für frühere Gesellschaften war dies fraglos das erstrebenswerte Ideal, galt es doch, die bestehende Gesellschaftsstruktur zu bewahren: Neuerungen, veränderte Technik etwa, von uns seit der Renaissance als Fortschritt gesehen, wären in jener Perspektive geradezu gefährliche Störungen des Erreichten. (Dies führt beispielsweise Joseph Needham an, um zu erklären, wieso das chinesische Reich seine Beamten Jahrhunderte lang im Dichten prüfte, während schon Handwerkstechniken nicht geachtet waren, zu schweigen von technischen Neuerungen, denn um es mit Konfuzius zu sagen: „Wer Maschinen benutzt, hat ein Maschinenherz.“) Das aber ist aus ethischer Sicht heute geradezu verwerflich – nicht weil wir noch ungebrochen an den Fortschritt glauben, sondern weil die nanotechnische Entwicklung verspricht, großes Leid zu lindern und bestehende

Probleme zu lösen. So betrachtet, *müssen wir in der Gesellschaft die Forschung und Entwicklung wollen*: Ein solcher Grundkonsens ist überhaupt die Voraussetzung für jede weitere Technikentwicklung bis hin zur Innovationsförderung.

Daraus wird nun gerade für die Nanotechnologie vielfach die Forderung nach einer Demokratisierung der Entscheidungen über die Forschungsausrichtung abgeleitet. Daran ist richtig, dass die Gesellschaft insgesamt das Restrisiko zu tragen gewillt sein muss und deshalb hierbei ein Wörtchen mitzureden hat; insofern ist auch die „Forderung nach vollkommener Aufklärung" sinnvoll und notwendig; hierzu zählt beispielsweise die Forderung nach frühzeitigem Informationsaustausch gegen Unwissenheit und Ängste und für kritische Diskussion, öffentlich wie privat (Beckmann in Radic 2002). Unzutreffend und populistisch ist hingegen die Vorstellung, dass wir alle in Volksabstimmungen darüber im Detail zu befinden hätten. Vielmehr sollte eine solche Einflussnahme an Repräsentanten delegiert werden, wie das überall in der repräsentativen Demokratie geschieht. Hierfür könnte wiederum das Verfahren der Pharmaforschung Vorbild sein, denn die geforderte Filterfunktion wird dort nicht nur durch gesetzgeberisch festgelegte Verfahrensweisen und Kontrollinstanzen gewährleistet, sondern an entscheidender Stelle durch Ethikkommissionen, die in ihrer multidisziplinären und beide Geschlechter einbeziehenden Zusammensetzung die Gesellschaft durch sachkundige Spezialisten repräsentieren, die jene geforderte „vollkommene Aufklärung" besitzen, so begrenzt und zeitgebunden sie immer sein wird. Die Nanotechnikdebatte sollte deshalb ins Positive gewendet werden und, statt teuflische Science-Fiction-Apokalypsen an die Wand zu malen, zum Anlass genommen werden, geeignete Instrumente der verantwortungsvollen Bewertung nach bestem Wissen und Gewissen zu ermöglichen. Der Vorschlag, dies in kompetenten Gremien wie Ethikkommissionen zu verankern, bedeutet nicht, dass man über Gut und Böse abstimmen könnte, sondern nur, dass wir so sorgsam wie möglich abwägen sollen und müssen. Solches reflektierende Abwägen mag eine Bremsfunktion haben – um des echten menschlichen Lebens willen. Vielleicht sollte es statt *Small is beautiful* heute eher heißen *Go slow*, denn *Step by step is beautiful*.

14. Von der Theodizee zur Technodizee: Ein altes Problem in neuer Gestalt

1. Einleitung

In einer Ökologie-Diskussion wurde jüngst ein Beispiel herangezogen, das ganz dem Theodizee-Problem entspricht: Tiger sind dem Menschen gefährlich; warum sollen wir sie dann schützen und nicht ausrotten? Weil die Vielfalt der Natur ein Wert ist, lautet meist die Antwort, und sie provoziert die Frage, warum Vielfalt etwas Wertvolles sei. Im 17. Jahrhundert hätte die Frage gelautet: Warum hat ein allmächtiger und gütiger Gott die so gefährlichen Tiere geschaffen? Leibniz verallgemeinert dies zum Theodizee-Problem als Frage nach dem Übel in der Welt: Vor 300 Jahren erschienen seine *Essais de Théodicee,* oder in einer Leibnizschen Verdeutschung: *Versuch einer Theodicäa oder Gottesrechts-Lehre, von der Gütigkeit Gottes, Freiheit des Menschen und Ursprung des Bösen.*

Leibniz gibt eine höchst umfassene Antwort auf die Leitfrage: Das Übel, so der Kerngedanke, ist um einer Maximierung der Harmonie als Vielfalt in der Ordnung willen in der besten der möglichen Welten unvermeidlich und darum zuzulassen – letztlich, um menschliche Freiheit und Verantwortung zu ermöglichen.

Der Mensch als Mängelwesen mit Vernunft bedarf zum Leben und Überleben der Technik; doch in der erwähnten Ökologie-Diskussion betonte ein Inder, dass sich das Auto als Fortbewegungsmittel dabei als viel gefährlicher erweist als alle Tiger, denn allein in Deutschland werden in jedem Jahr mehr Kinder von Autos getötet als in Jahrzehnten durch Tiger in Indien: Damit ergibt sich als eine verwandelte Form der Theodizee das Technodizee-Problem, in dem nicht Gott, sondern der Mensch für die üblen Folgen seiner Schöpfungen angeklagt wird. Deshalb lohnt es sich, die Struktur des alten Problems genauer anzusehen, weil ihm unsere gegenwärtigen Schwierigkeiten ganz analog sind. Leibniz glaubte für die alte Form eine Lösung zu besitzen – doch haben wir als menschliche Schöpfer heute eine Lösung für unser heutiges Technodizee-Problem?

2.   Elemente der Theodizee

Leibnizens Theodizee sucht eine Antwort auf die Frage, wie das Übel in der Welt angesichts der Weisheit und Güte Gottes möglich sei. Die Frage ist alt – sie wird am knappsten von Laktanz, einem der Kirchenväter, um 300 n. Chr. so formuliert:

> „Entweder will Gott die Übel beseitigen und kann es nicht, oder er kann es und will es nicht, oder er kann es nicht und will es nicht, oder er kann es und will es. Wenn er nun will und nicht kann, so ist er schwach, was auf Gott nicht zutrifft; wenn er kann und nicht will, dann ist er missgünstig, was ebenfalls Gott fremd ist. Wenn er nicht will und nicht kann, dann ist er sowohl missgünstig wie auch schwach und dann auch nicht Gott. Wenn er aber will und kann, was allein sich für Gott ziemt, woher kommen dann die Übel und warum nimmt er sie nicht weg?" (Laktanz, *De ira Dei*, c. 13, von ihm fälschlich Epikur zugeschrieben)

Leibniz' Antwort auf die Hiob-Frage ist nicht christliche Demut, sondern Ausdruck des Anspruchs des Rationalisten, die Vereinbarkeit des Leidens in der Welt mit der göttlichen Weisheit und Güte mit vernünftigen Gründen belegen zu können. Sein Lösungsweg ruht auf vier Argumentationspfeilern:

– Den ersten Pfeiler bildet die *Modaltheorie* (Theod. I § 37-44), die den Gedanken einer freien Wahl Gottes unter den logisch *möglichen Welten* begründet. Sie verlangt bei Leibniz ontologisch die *regio idearum*, das Reich der Ideen. Es beruht bei ihm auf dem *Prinzip der Identität und des Widerspruchs*.

– Der zweite Pfeiler betrifft die *geschaffene Welt* und besteht in der *Monadenmetaphysik*, die zum einen die Individualität und *Finalität* der Monaden als deren Lebensplan (oder mit Leibniz: als deren individuelles Gesetz) und zum anderen die *Kausalität* der Phänomene verknüpft. Für Leibniz beruhen beide Bereiche auf seinem *Prinzip des zureichenden Grundes* in der Doppelheit von Vernunftgrund und Kausalgrund.

– Der dritte und verbindende Pfeiler besteht im *Prinzip des Besten*, das allem göttlichen wie menschlichen Handeln vorausliegt; er betrifft also das Reich der Werte, die *Werte-Welt*.

– Der letzte Pfeiler schließlich ist die *Unterscheidung der Arten des Übels* als malum metaphysicum, malum physicum und malum morale (Theod. I § 21).

Auf dieser Grundlage wird die These von der Zulassung des Übels als Preis für die Erschaffung einer Welt mit Wesen vertreten, die frei sind (Theod. I § 25): Das *Metaphysische Übel* besteht darin, dass die geschaffene Welt weniger vollkommen sein muss als Gott, denn sonst wäre die Schöpfung mit ihm identisch. Übel muss also zugelassen werden, wenn es eine Schöpfung geben soll. Das *Physische Übel* (z. B. Schmerz) muss zugelassen werden, wenn es eine dynamische Schöpfung geben soll; denn wenn die physische Welt ein Maximum an Realität enthalten soll, muss sie dynamisch sein – und damit enthält sie Tätigsein und Leiden. Das *Moralische Übel* (die Sünde) muss zugelassen werden, wenn es in der Welt Freiheit statt Instinkt geben soll; denn dann muss die Möglichkeit des Verstoßes gegen moralische und Gerechtigkeitsprinzipien zugelassen werden. Doch selbst wenn Gott diese Verstöße voraussieht, hat er sie nicht determiniert – für den Missbrauch der Freiheit sind wir, die vernünftigen Wesen, verantwortlich!

Allein hier schon zu enden wäre voreilig, denn Leibniz steht vor einer doppelten Schwierigkeit: Er muss zeigen, dass die menschliche Freiheit weder durch Gottes freie Wahl der zu schaffenden Welt noch durch die Kausalität des Handlungsablaufes in der Welt zunichte gemacht wird. Das erste Problem löst er durch die Unterscheidung von Vorherwissen und Vorherbestimmen (Theod. I § 2): Innerhalb einer jeden möglichen Welt beruht die freie Entscheidung eines möglichen Individuums auf einer Reflexion über Möglichkeiten, wobei die Reflexion diesem Individuum zugehört, während die Möglichkeiten auf andere mögliche Welten bezogen sind; so sieht Gott die freien Entscheidungen eines möglichen Individuums voraus, ohne sie doch zu determinieren – ihre Determination erfahren sie durch das Individuum selbst (Theod. III § 365). Damit ist für Leibniz auch das zweite Problem gelöst, denn Freiheit als Reflexion auf Möglichkeit in Gestalt von Handlungsalternativen und als vernünftige Wahl unter ihnen ist hinsichtlich der Möglichkeiten nicht gebunden an die physische, hypothetische Notwendigkeit der wirklichen Welt, ohne doch zugleich deren Determiniertheit im realen Handlungsablauf aufzuheben.

Dahinter verbirgt sich nun noch ein weiteres Problem: Wenn Gott die sündhafte Handlung eines Menschen zwar nicht vorherbestimmt, wohl aber voraussieht – warum lässt er sie dann überhaupt zu?

Leibnizens Antwort besteht aus zwei Teilen. Im ersten vertieft er, was wir eben schon kennen gelernt haben: Der Handelnde, der eine Sünde begeht, tut dies aus Mangel an Wissen; denn selbst wenn er weiß, dass er gegen ein menschliches oder göttliches Gebot verstößt, so fehlt ihm doch offenbar die Einsicht, warum diesem Gebot zu folgen ist. Tugend, so hatte schon Platon seinen Sokrates sagen lassen, beruht auf Wissen. Soweit das Individuum weiß, dass ihm das Wissen fehlt, ist es fraglos verantwortlich; denn nur soweit eine Monade distinkte Perzeptionen hat, kann sie frei handeln, während nicht-distinkte Perzeptionen zu einem Leiden führen, zu einem malum physicum. Doch ist dies zugleich ein malum morale? Ist es eines, das der Handelnde moralisch nicht zu verantworten hat – oder nur so weit, als er, um seine Wissenslücke wissend, versäumt hat, sein Wissen zu vergrößern? Noch gravierender wird dies, wenn das Übel, gar die Sünde, Teil des göttlichen Heilsplanes ist.

Damit sind wir beim zweiten Element der Leibnizschen Antwort; denn im zuletzt skizzierten Fall wäre jemand ein Sünder ohne direkte Verantwortung für sein Tun. Weil das menschliche Wissen über die Handlungsfolgen beschränkt ist, müssen göttliche Gnade und Vergebung hinzutreten – als Teil des Weltplanes. Das malum morale wird also von Gott vorhergesehen, zugelassen (wenn auch nicht als solches gewollt) – und endlich nicht mehr auf der Ebene dieser Welt, sondern auf der Ebene des Glaubens zum Ausgleich gebracht.

Heute erscheint uns das Theodizee-Problem als antiquierte Fragestellung des 18. Jahrhunderts, vom Spott Voltaires im *Candide* erschüttert, mit dem Erdbeben von Lissabon im Jahre 1755 widersinnig und seit Kants Rückverlagerung der Problematik von Vernunft und Verstand in das transzendentale Subjekt gegenstandslos (Kant, *Über das Mißlingen aller philosophischen Versuche in der Theodizee*, 1791). Gegen Leibniz gewandt konnte Schopenhauer nur noch voller Unverständnis konstatieren, diese Welt müsse die schlechteste aller möglichen Welten sein; denn wenn sie nur eine Winzigkeit übler wäre, könnte sie gar nicht mehr existieren.

Dennoch hat diese Sinnentleerung, diese Säkularisierung der ursprünglichen Fragen nicht dazu geführt, die damit verbundenen Probleme verschwinden zu lassen, sie sind nur transformiert worden. Odo Marquard (1979/1986) hat gezeigt, wie sich die Denkfigur der „Entübelung des Übels", in der das malum zum bonum gewandelt wird, durch das ganze 19. Jahrhundert bis in die Gegenwart zieht. Der Leitgedanke, den er entwickelt, ist folgender: Hatte sich bei Leibniz Gott vor den Menschen zu verantworten, so ist es heute der Mensch, der sich vor dem Menschen zu verantworten hat – er ist Angeklagter und Ankläger zugleich. Den Grund für diese Situation sieht Marquard im Innewerden der Geschichtlichkeit des Menschen, da Geschichte seit Giambattista Vico als von uns selbst hervorgebrachte Geschichte gesehen wird.

Der Ansatz Marquards ist fruchtbar – aber er bleibt in einer geistesgeschichtlichen Orientierung stehen. Er wird damit um jenen Teil verkürzt, der gerade die modernen Lebensbedingungen ermöglichte – allem voran die verwissenschaftlichte Technik. Dort aber tritt uns ein Problem entgegen, das strukturell dem alten Theodizee-Problem entspricht; denn wie Gott die Welt erschuf, so schafft der Mensch als Homo creator dank der Technik die menschliche Lebenswelt und damit die menschlichen Lebens- und Handlungsbedingungen.

3. Technik als Lebensbedingung

Leibniz war selbst ein herausragender Ingenieur. Er entwickelte nicht nur die erste Vier-Species-Rechenmaschine (Addition, Subtraktion, Multiplikation, Division), sondern auch viele Neuerungen im Harzbergbau – am bekanntesten wohl seine „Windkunst", die wegen des Wassermangels im Oberharz Wasser bei Wind von einem unteren in einen oberen Teich pumpte, um über Wasserräder zurücklaufend beständig Entwässerungspumpen der Gruben anzutreiben. Doch ebenso bedeutsam war sein theoretisches Eintreten für Manufakturen und sein Blick für technikbedingte Übel – sei es die Entgiftung des Hüttenrauchs der Erzschmelze durch Beregnung, sei es der Hinweis, dass das Ausdreschen des Korns mit einer Dreschmaschine die Menschen zu besserer, menschenwürdigerer Arbeit freisetzt. Doch getragen sind all diese Überlegungen von einem Fortschrittsgedanken, der insbesondere mit der Überzeugung verbunden ist, dass technische Übel gemildert werden können, und wo dies nicht der Fall ist, sie deshalb zuzulassen sind, weil der Gewinn für das Gemeinwesen allemal größer ist als ohne Technik. Hier findet sich also die gleiche Argumentation wieder wie in der Theodizee. Doch so einfach ist die Lage heute nicht mehr.

Technogene Übel – von der Regulierung des Alltagslebens durch technische Zwänge bis hin zur Umwandlung der Natur in eine Industrielandschaft, vom Missbrauch bis hin zu Katastrophen wie jüngst im Golf von Mexiko oder an der Küste Japans – haben zwar immer wieder zu Kritik und Maschinenstürmerei geführt, letztlich jedoch wurden sie bis in die Nachkriegszeit des Zweiten Weltkriegs als zuzulassende Übel gesehen, die den technischen Fortschritt als Fortschritt der Menschheit ermöglichen. Heute aber drohen die von uns bewirkten Technikfolgen in einer Apokalypse zu münden: Technik wird von Menschen mit dem Ziel hervorgebracht, die Lebensbedingungen zu verbessern, ja ganz im Sinne des Prinzips des Besten die besten denkbaren Lebensbedingungen zu schaffen und damit gleichzeitig die Kultur einer Gesellschaft (von der die Technik selbst ein wesentlicher Teil ist) zu sichern und deren weitere Entfaltung zu ermöglichen; darum haben wir als die Schöpfer die mit der Technik verbundenen Übel in einer Technodizee zu verantworten.

Dass unsere Lebenswelt in den Industrienationen eine technogene zweite Natur ist, ja, dass es längst schon kaum einen Flecken Erde gibt, der nicht von Technik und ihren Folgen berührt ist, wird niemand bestreiten, gleichviel, ob er Technikoptimist oder Technikkritiker sein mag. Darüber geriet in Vergessenheit, was Platon Protagoras in den Mund legt, wenn er ihn den prometheischen Mythos erzählen lässt (Platon: *Protagoras*, 320a-323a): Der Mensch ist ein *Mängelwesen*. Das ist ein malum, ohne Frage; doch die Zulassung dieses Übels, das Fehlen einer natürlichen, alles regelnden Ausstattung, kurz, das Fehlen der Instinkte zugunsten der theoretischen und praktischen Vernunft machte *Freiheit* möglich – und mit ihr Kreativität und Kultur! Technik als Mittel zum Überleben gerade so wie zur Entfaltung der Kultur wird deshalb zur notwendigen Bedingung für ein Leben in Freiheit; umgekehrt setzt die kreative Umgestaltung des Gegebenen Freiheit voraus.

Für das Folgende ist es nicht erforderlich, zwischen Technik als Prozess, als Artefakt oder als verwissenschaftlichte Technologie zu unterscheiden, weil es um die allgemeine Frage der Rechtfertigung der technogenen Übel geht; es mag genügen, an die Definition Friedrich Dessauers zu erinnern. Sie zeigt deutlich, dass sich hinter ihr eine bestimmte philosophische Grundauffassung verbirgt, der Gedanke nämlich,

– dass es *Ideen* als etwas Immateriell-Ideelles gibt, die ein Prius gegenüber den *naturgegebenen Beständen* im Sinne eines realen Seins besitzen;
– weiter dass sich diese naturgegebenen Bestände *gestalten und bearbeiten* lassen, so dass ein verändertes reales Sein entsteht;
– schließlich, dass diese Bearbeitung final ist, also *Zwecken* folgt, die die kausal zu erfüllenden Funktionen des Artefakts einschließen. Zwecke aber sind nichts, das zum realen Sein gehört, sondern etwas, das auf Werten beruht, für deren Verkörperung ein reales Seiendes eingesetzt wird.

Dies alles lässt sich wiederum mit Leibniz so sehen, dass hier alle drei Welten der Theodizee-Argumentation eingehen – das Reich der Ideen, die raum-zeitliche Welt der technischen Schöpfungen und das Reich der Werte.

Neben der Beweglichkeit der gestaltenden Hand ist dabei Freiheit und Kreativität vorausgesetzt, die den Homo faber, den Handwerker, zum Homo creator, dem menschlichen Schöpfer werden lassen; erst damit wird Technik zum Mittel der Weltgestaltung. Zugleich aber wurde und wird diese Technik zur Gefahr, indem sie durch Versagen, durch fehlerhafte Anwendung, durch Missbrauch und als Kriegstechnik das Überleben des Einzelnen und als heutige Großtechnik in ihren Spätfolgen möglicherweise das Überleben der Menschheit selbst in Frage stellt.

4.　Technodizee und malum technologicum

Wenden wir uns nun der säkularisierten Form der Theodizee in Gestalt der Technodizee zu. In ihr wird die Technik selbst (oder genauer: die sie erschaffende und sich ihrer bedienende Menschheit) angeklagt, statt menschliche Lebens- und Freiheitsbedingungen zu schaffen, eben diese einzuschränken oder gar zu zerstören. Das *malum technologicum* besteht in der Zulassung der Möglichkeit einer solchen Einschränkung oder Zerstörung als Preis für die Ermöglichung menschlichen Lebens, menschlicher Kultur und menschlicher Freiheit, denn die voraufgegangenen Überlegungen zeigten, dass menschliches Leben ohne Technik nicht bestehen könnte. Wie nimmt sich nun die Anklage gegen die Technik und gegen ihre Protagonisten auf dem Hintergrund der Theodizee-Argumentation aus?

Die Argumentationsstruktur der Theodizee setzt, wie sich zeigte, drei ontologische Ebenen voraus:

- Die Ebene der *möglichen Welten* im Reich der Ideen.
- Die Ebene der Faktizität der *geschaffenen Welt* in der Doppelheit von Finalgrund und Kausalgrund.
- Das *Reich der Werte* in Gestalt des Prinzips des Besten, das allem göttlichen wie menschlichen Handeln voraus liegt.

Dessauers Definition belegt, dass sich diese Ebenen in der Struktur der Technodizee wieder finden. Doch während bei Leibniz die Ebene der auf Gott gegründeten Möglichkeiten absoluten Vorrang hat, gilt dies heute für die Ebene der raumzeitlichen Wirklichkeit, die den Vorrang vor den technischen Möglichkeiten besitzt; ihr nachgeordnet sind die Werte und Bewertungen, wie sie beispielsweise in der Technikbewertung und -folgenabschätzung zum Tragen kommen. Dieser Wechsel in der Gewichtung ist Folge der Säkularisierung. Sie bewirkt in unserem Zusammenhang, dass das menschliche Wissen eine höchst fundamentale Bedeutung erlangt: Die Klarheit und Distinktheit einer Perzeption hatte in der Leibnizschen Welt zwar konstitutive Bedeutung für die Individualität und

Freiheit der Geist-Monade, aber in der technischen Welt wird sie zur Bedingung der technischen Möglichkeit ebenso wie zur Bedingung der Zuschreibung eines Wertes (weil man nur das bewerten kann, was man praktisch oder theoretisch kennt und um dessen Folgen man weiß oder die man glaubt abschätzen zu können). – Wenden wir uns nach diesen einleitenden Bemerkungen den drei Ebenen zu.

4.1 Die Ebene der Möglichkeit

Wie in der Theodizee geht es in der Technodizee um die Rechtfertigung der Technik als Ermöglichungsgrund einer besseren Welt. Grundsätzlich sind dabei drei Varianten des Technikverständnisses denkbar, die solche Möglichkeiten sehr unterschiedlich sehen:

Der erste Fall besteht in einer Auffassung, die sehr an Leibniz gemahnt und die sich ergibt, wenn man Dessauer (1927: 19) folgt. Dieser vertrat folgende Auffassung: Die *„Singularität der besten Lösungen* aller überhaupt möglichen eindeutigen technischen Probleme bedeutet, daß die Lösungen in der Potenz schon vorhanden, also prästabiliert sind. *Wir machen die Lösung nicht, wir finden sie nur.“* Alle technischen Lösungen liegen als „ideale Lösungsgestalten“ in einem platonischen Ideenreich vor; der Ingenieur tritt also an die Stelle des Leibnizschen wählenden Gottes, indem er die ideale Lösungsgestalt zu finden und zu verwirklichen sucht. Im Unterschied zur göttlichen Wahl bleibt er hierbei jedoch an den Horizont seines Wissens gebunden; eben diese Einschränkung ist die Wurzel eines Übels.

Ganz im Gegensatz dazu wird im zweiten Fall Technik als eine autonome Angelegenheit mit einer eigenen Dynamik verstanden, die als vom Menschen unabhängig gesehen wird. Diese Auffassung findet sich überall dort, wo die Nichtsteuerbarkeit der Dynamik der Technikentwicklung angenommen wird, am vertrautesten aus Josef Weizenbaums warnendem Buch *Von der Macht der Computer und der Ohnmacht der Vernunft* (1976/1977). Früher schon hat Jaques Ellul (1954/1964) die Autonomie der Technik vertreten: Wir sind ihre Sklaven, denn wir gehorchen ihr nicht nur, wenn wir sie bedienen, sondern auch, wenn sie einer Weiterentwicklung bedarf. Ein bis heute nachwirkendes Extrem wurde von Stanislav Lem (1959/1972) in seinem Science-Fiction-Roman *Eden* entworfen. Dort zeichnet er eine dynamische, sich selbst evolvierende Technik, also eine sich selbst optimierende Evolution im Nichtbiotischen und rein Materiellen: Man denke etwa an Roboter, die selbst Roboter bauen und diese dabei gegenüber ihren eigenen Fähigkeiten verbessern. Das Beste, das jeweils verwirklicht wird, ist hier nicht Resultat einer zeitlos-göttlichen Wahl, ebenso wenig hängt es ab von einer auf Wissen und Können basierenden menschlichen Wahl, sondern es genügt den klassischen Evolutionskriterien. Damit bleibt eine solche Techno-Evolution stets abhängig von einer jeweils gegebenen Ausgangssituation. Ontologisch gesehen gibt es hier nichts als eine von sich aus wirkmächtige (technische) Wirklichkeit, denn evolutionäre „Möglichkeiten" werden ja durchaus verwirklicht, doch nur eine oder einige von ihnen haben für längere Zeit Bestand. Der Abstrich an Vollkommenheit als Wurzel des Übels liegt hier im Evolutionsprozess, der keine absolute Optimierung, sondern nur eine jeweils relative zuwege bringt – zu schweigen vom Übel der Versklavung des Menschen.

Der dritte Fall besteht in einem grundsätzlich anderen Verständnis der technischen Möglichkeit, nämlich in der Auffassung, dass alle Technik vom Menschen ausgeht. Menschen schaffen Technik zur Befriedigung ihrer soziokulturellen Bedürfnisse, indem sie nach technischen Mitteln als vom Menschen erdachte Möglichkeiten dafür fragen. Es wird also kein vorgegebenes platonisches Reich der Ideen angenommen; vielmehr sind wir es, die wir ein solches Ideenreich auf der Grundlage unseres Wissens zu entwerfen vermögen im Sinne von Karl Poppers Welt 3 der geistigen Gehalte menschlichen Denkens. Von Dessauer wird dabei aufgenommen, dass zu Beginn eine Idee – allerdings eine von Menschengeist entworfene konstruktive kreative Idee – als Möglichkeit gegeben ist, die im technischen Artefakt ihre Verwirklichung erfährt. Das Malum des Angewiesenseins des Menschen auf Technik wird hierbei als anthropologische Konstante vorausgesetzt. Die jeweils geschaffene Technik beruht auf einer Optimierung unter den Möglichkeiten, die darauf gerichtet ist, das intendierte Ziel bestmöglich – etwa über einen möglichst geringen Aufwand – zu erreichen. Dabei ist ein Übel unvermeidlich: Die beste technische und technologische Lösung ist stets nur eine relativ beste, nämlich bezogen auf die faktischen Ausgangsbedingungen, vor allem bezogen auf den Stand von Wissen und Können, doch ebenso sehr auf praktische Gegebenheiten wie die Verfügbarkeit von Material, Energie, Arbeitskräften etc. Die Bindung an den Wissensstand erlaubt aber zugleich den Fortgang der Optimierung im Zuge der Erweiterung des Wissens: Die Fortschrittshoffnung ist deshalb Bestandteil dieser Auffassung. Um der Zielerreichung willen ist also der Aufwand für die technische Lösung zuzulassen, mehr noch, um dieses Fortschritts willen erscheinen die technogenen Übel zulässig, weil sie selbst entgegen einer Darwinschen Evolutionsauffassung durch das

Lernen aus Fehlern Anlass zu ihrer Überwindung geben: Die ganze Technikgeschichte ist voller Beispiele hierfür.

Der erste Fall wird heute praktisch nicht mehr vertreten; der zweite lässt menschlichem Handeln und menschlicher Verantwortung keinerlei Raum, so dass der dritte Fall als einzig ernstzunehmender Ansatz zurückbleibt. Doch zeigt sich bei allen eine bemerkenswerte Gemeinsamkeit: Unabhängig von der gewählten Ontologie beruht das malum technologicum, das technogene Übel, darauf, dass stets nur ein relatives Optimum erreicht werden kann, dessen Unvollkommenheit unvermeidlich ist. Aber diese zuzulassende Unvollkommenheit, diese Form des malum technologicum ist kein malum morale, sondern korrespondiert dem malum metaphysicum. Es hinzunehmen ist unumgänglich, wenn eine technische Entwicklung möglich sein soll – unabhängig von der Frage, ob diese der Mensch oder eine innere Dynamik vorantreibt. Solches Übel ist nicht sehr schwerwiegend, weil alle drei Deutungen seine Verringerung im Laufe der Geschichte versprechen, wie Leibniz dies hinsichtlich der Entwicklung des Guten als Vervollkommnung in der geschaffenen Welt angenommen hat. Aber die heutigen Probleme stellen sich dort, wo wir dem Leibnizschen Optimismus nicht folgen, weil wir die technische und technologische Entwicklung nicht mehr unmittelbar als einen Fortschritt begreifen können. So bleibt als Pendant zum metaphysischen Übel der Theodizee das Grundübel, dass wir Menschen auf Technik angewiesen sind, ohne dass damit eine Fortschrittsverheißung gesichert wäre, weil immer nur relativ gute Problemlösungen denkbar und damit möglich und erreichbar sind: Die Welt der technischen Möglichkeiten ist selbst eine vielschichtige geschichtsabhängige Konstruktion menschlichen Denkens.

4.2 Die Ebene der Faktizität der Welt

Während es bei Leibniz um die Welt als Gottes Schöpfung geht, dreht sich in der Technik alles um die menschliche Schöpfung von Artefakten und artifiziellen Prozessen – oder mit Dessauer: um reales Sein aus finaler Gestaltung und Bearbeitung naturgegebener Bestände. Wie bei Leibniz zeigt sich hier eine Doppelung, denn jedes Artefakt unterliegt einerseits den Naturgesetzen – und nur deshalb kann es funktionieren –, andererseits ist es Mittel zu einem Zweck und in diesem Sinne teleologisch: Ein Artefakt verstehen verlangt den Zweck zu kennen, für den es konzipiert und verwirklicht wurde und für den es eingesetzt wird. Zwecke kommen jedoch in der Natur nicht vor; wenn in der Medizin bei der Charakterisierung von Organen oder in der Biologie bei manchen evolutionären Deutungen von Zwecken die Rede ist, so wird eine der Technik entlehnte Sicht analogisierend übertragen. Für jede Technik ist hingegen ihr Zweck ihre Wesensbestimmung und Essenz, also etwas Ideelles. In jedem Artefakt kommen deshalb eine materielle und eine ideelle Seite zusammen wie dies für Leibniz' Monadenwelt gilt.

Zugleich verlangt eben diese Zweckbestimmtheit das Funktionieren der Technik, welches wiederum Naturgesetzlichkeit, in der Regel Kausalität, voraussetzt: Auf bloße Wahrscheinlichkeit stochastischer Zweckerfüllung wird sich kein Flugzeugkonstrukteur und kein Fluggast einlassen wollen. Das gilt nicht nur für die klassische Maschinentechnik, sondern auch für Informationstechniken, denn von der Hardware geradeso wie von der gespeicherten Software erwarten wir fehlerloses Funktionieren. Die Doppelheit, die Leibniz mit dem Prinzip des zureichenden Grundes verbindet, nämlich die durchgängige Kausalität der Körperwelt und die Finalität der Individuen, kehrt hier in der Doppelheit von Kausalität und Zweck des Artefaktes wieder – doch mit dem gravierenden Unterschied, dass menschliche technische Schöpfungen diese Doppelheit – Kausalität und Zweckerfüllung – als konstitutive Bedingung in den technologischen Schöpfungsplan eingehen lassen, weil wir die Naturgesetze nicht wählen können.

Wie aber ist nun das korrespondierende technogene Übel beschaffen? Bestand es in der Theodizee als zuzulassendes physisches Übel im Schmerz als Folge von Aktivität und Passivität, so mag man das Pendant zum einen in unvermeidlichen gelegentlichen Funktionsausfällen und zum anderen in den durchweg unvermeidlichen Folgen der Technik sehen: Folgenlose Technik ist unmöglich, deshalb sind Technikfolgen niemals vermeidbar.

4.3 Die Ebene der Wertung

Bemerkenswert für die Gegenwart ist eine Veränderung der Sicht vieler Phänomene, die Leibniz dem malum physicum zugerechnet hat oder zugeordnet hätte: Ein Erdbeben ist die Folge der tektonischen Dynamik der Erde – also ein malum physicum im Blick auf die Folgen für den Menschen. Genau das wurde mit dem Erdbeben von Lissabon zum Problem, denn Gott wäre dieses Ereignis als malum morale zuzuschreiben. Doch wie könnte er den Tod tausender unschuldiger Menschen verantworten? Damit wäre genau der vierte Fall der Laktanzschen Unterscheidung gegeben.

Hier lässt sich nun eine bemerkenswerte Parallele zum Technodizee-Problem feststellen; dieses sei an einem Beispiel verdeutlicht: Als sich vor einigen Jahren Erdbeben vergleichbarer Stärke und ähnlicher Nähe zu Städten einerseits in der Türkei, andererseits in Japan ereigneten, kamen in der Türkei Hunderte von Menschen, in Japan dagegen nur einige wenige ums Leben – doch nicht Gott wurde eine Schuld zugesprochen, sondern den Baufirmen, die in der Türkei keine erdbebensicheren Gebäude errichtet oder bei der Ausführung gepfuscht hatten. Das malum technologicum einstürzender Häuser wurde also nicht als malum physicum und unvermeidliche Folge des Erdbebens gesehen, sondern als malum morale angesichts eines verantwortungslosen Umgangs mit technischen Möglichkeiten. Das Gleiche lässt sich heute auch bei anderen Naturkatastrophen wie Tsunamis, Hurrikanen und Überschwemmungen beobachten, wo das Fehlen von Dämmen, Vorwarnsystemen und Schutzmaßnahmen moniert wird, obgleich nicht die Einzelereignisse, wohl aber deren Häufigkeit bei einigen von ihnen nach heutigem Wissensstand technogenen Ursprungs sind. Man denke an Fukushima. Das malum morale ist damit zur ständigen Begleitung des malum technologicum auch dort geworden, wo eine unmittelbare Verletzung der zu tragenden Verantwortung gar nicht vorliegt – so etwa bei einem unverschuldeten Autounfall, der dennoch Veranlassung gibt, die Konstruktion so zu ändern, dass dieser Unfalltyp vermieden oder in seinen Folgen abgemildert wird. Damit erweist sich die Werte-Ebene als die aus heutiger Sicht bedeutungsvollste.

Die Wertungseben der Theodizee gründete sich auf das Prinzip des Besten. Genau dieses Prinzip ist auch für die Technik und ihre Entwicklung leitend – gewiss nicht im Sinne der Suche nach der idealen Lösungsgestalt im Reiche der Ideen, doch fraglos als Suche nach der unter gegebenen Bedingungen besten Lösung. Damit wird ein normatives Element schon auf der Ebene der jeweils verfügbaren Möglichkeiten zum tragenden Auswahlprinzip. Dabei geht es nicht um bloßes Funktionieren, bloße Effizienz, sondern um die Erfüllung individueller und sozialer Bedürfnisse, verstanden als Werte. Von der Grundintention her wird mithin das Prinzip des Besten geradeso wie bei Leibniz zur entscheidenden Klammer – doch mit einer gravierenden Einschränkung: Während die göttliche Sicht ganzen möglichen Welten in ihrer Totalität gilt, um darunter zu wählen, ist solcher Holismus der menschlichen Wahl verwehrt. Zwar kann die Begrenztheit unseres Wissens um Möglichkeiten und Folgen durch den Einsatz von Computer-Simulationen und die Wahl unter ihnen verringert, grundsätzlich jedoch nicht aufgehoben werden. Auch dieses ist ein unüberwindliches Übel, das zugleich zum schwerwiegenden Anlass der Technodizee wird: Wenn alle Technik letztlich auf ein Optimum zur Sicherung des Überlebens und darüber hinaus des Lebens im Sinne eines menschenwürdigen Daseins abzielt – wie kann sie dann nicht nur zu diesem oder jenem Übel, sondern zur Gefährdung des Überlebens der ganzen Menschheit führen? Hierzu ist etwas weiter auszuholen.

Das bislang zu Technikfolgen Entwickelte sagt nichts darüber aus, welche negativen Folgen uns als tragbar oder verantwortbar erscheinen. Nun lässt sich der Begriff der Verantwortung als theoretisches Pendant zu Leibniz' Erhebung des Individuums zur Substanz auffassen, denn Verantwortung – ein sehr moderner Begriff – kann nur Individuen zugesprochen werden, überdies nur solchen, die zur Reflexion auf ihr Handeln fähig sind. Sie hat folgende Struktur: Jemand (der Handelnde oder das Verantwortungssubjekt) muss sich für etwas (die Handlung) vor jemandem (die Verantwortungsinstanz) im Hinblick auf etwas (Normen, Regeln oder Werte) verantworten. Dieser Verantwortungsbegriff liegt sowohl der Theodizee wie der Technodizee zugrunde, denn in der Theodizee muss sich Gott als Individuum vor der menschlichen Vernunft für seine Schöpfung angesichts des Übels verantworten, während sich in der Technodizee der Mensch vor dem Menschen für seinen Gebrauch der Technik als Optimierung seiner Lebensbedingungen im Hinblick auf die üblen Folgen verantworten muss.

Traditionell war Gott die letzte und höchste Verantwortungsinstanz. Doch in der Theodizee wie in der Technodizee liegen die Dinge anders; denn in beiden Fällen ist die letzte Instanz der Mensch – oder genauer, die regulative Idee der Gesamtheit der vernünftigen Wesen. Damit ergibt sich für uns eine vollkommen neue Dimension des Problems. In der *Tradition* steht ein einzelnes Individuum vor Gott; in der *Theodizee* wird Gott als Handelnder als Individuum verstanden und tritt nicht einem Individuum, sondern dem Menschengeschlecht als Verantwortungsinstanz gegenüber; doch in der *Technodizee* können wir angesichts der heutigen großtechnischen Systeme kein einzelnes Individuum als Handelnden mehr herauslösen! Gerade hieraus erwächst die am Lemschen Beispiel beschriebene und von Ellul als Versklavung des Menschen gesehene Vorstellung einer sich völlig unabhängig von menschlicher Steuerung in Eigendynamik entwickelnden Technik. Sie ist in dieser Sicht jeder Zuschreibung von Verantwortung entzogen, und das Problem der Technodizee würde gegenstandslos! Doch selbst wenn wir diesen Extremfall ausschließen, müssen wir zugestehen, dass in der heutigen Technik keineswegs das einzelne Individuum als Handelnder in Erscheinung tritt.

Ein Ausweg bietet sich auf dem Hintergrund des Leibnizschen Monaden-Gedankens an. Er zeigt uns, dass auch in einer vielgestaltigen Handlungsstruktur gleich welcher Art letztlich immer nur Individuen handeln – jedoch unter Kompossibilitätsbedingungen aller Individuen; damit aber bleiben die Individuen Verantwortungssubjekte, und Leibniz' Freiheitsbegriff weist hierzu den Weg.

Um diesen Gedanken auf unser Problem übertragen zu können, muss man in der Technodizee das Individuum einem Vorschlag von Hans Lenk (1987: 126ff) folgend als *Mithandelnden* auffassen, etwa als Mitglied einer Kommission, als Experte, Planer, Geldgeber, Hersteller, Anwender etc. In dieser Sicht gewinnt der Begriff des Individuums eine neue Bedeutung und gestattet es, die Verantwortungszuschreibung als *Mitverantwortung* weiterhin auf das Individuum zu beziehen.

In der Leibnizschen Theodizee dient die Konstruktion möglicher Welten und die Monadenkonzeption dazu, die göttliche Schöpfung vermöge des Prinzips des Besten so zu deuten, dass Gott das Übel nicht gewollt, sondern in seinen drei Gestalten des malum zugelassen hat, um eine dynamische Welt freier Individuen schaffen zu können. Entscheidend sind hierbei die Kriterien, die im Prinzip des Besten formuliert werden, nämlich eine Maximierung von realitas (Seinsfülle) bei gleichzeitiger Maximierung der perfectio (naturgesetzliche wie moralische Ordnung) – was beides zusammen für Leibniz ein Maximum an Vollkommenheit und Harmonie bedeutet. Im Falle menschlicher Handlungen, also für das malum morale, wird daraus die Forderung, dass jeder Handelnde nach Vollkommenheit zu streben hat, um gut zu sein, denn „gut ist, was zur Vervollkommnung beiträgt" (Leibniz, GP VII.195). Letztlich muss Leibniz voraussetzen, dass das Gute frei von jeder Subjektivität an einem objektiven Optimum orientiert ist, während das Übel nicht dessen Gegenpol bedeutet, sondern in der graduellen Entfernung vom Guten besteht.

Welches Prinzip des Besten kommt demgegenüber im Rahmen einer Technodizee zum Tragen? Und wie nimmt sich in seinem Licht das malum technologicum aus? Schon Leibnizens Formulierung des Prinzips des Besten bereitet Schwierigkeiten, weil zwei unterschiedliche Größen (realitas und perfectio – Seinsfülle und Vollkommenheit) maximiert werden sollen; das aber kann nur gelingen, wenn für beide eine Gewichtung und ein daraus resultierendes gemeinsames Maß angebbar ist. Diese Schwierigkeiten kehren im Bereiche der Technikbewertung in verschärfter Form wieder, weil eine Technologie nicht nur hinsichtlich des Erreichens eines gesteckten Ziels (d.h. hinsichtlich ihrer Funktionstüchtigkeit) zu bewerten ist; in diesem Falle würde das Auffinden der „idealen Lösungsgestalt" im Sinne Dessauers ausreichen. Vielmehr gehen als weitere Faktoren – überdies mit unterschiedlicher Gewichtung – neben der technischen Effektivität und Wirtschaftlichkeit etwa Sicherheit, Gesundheit und Umweltverträglichkeit ebenso ein wie grundlegende personale und gesellschaftliche Werte (VDI-Richtlinie 3780; VDI-Report 15). Darüber hinaus ist nicht nur der Stand des Wissens und Könnens nie abzustreifen, sondern auch die kultur- und geschichtsabhängige Gewichtung der einzelnen Werte und Wertebenen: Der Homo creator bleibt immer an seine Ausgangsbedingungen gebunden.

Kehren wir von der Wahl des Besten auf die Seite des malum zurück. Zunächst ist genauer zu bestimmen, worin das malum technologicum hier besteht. Wie wir sahen, ist seine Voraussetzung die anthropologische Mängelstruktur des Menschen, welche die Technik als Überlebensbedingung unausweichlich macht. Doch über diese Minimalbedingung hinaus hat Technik immer dazu gedient, Bedürfnisse besser zu befriedigen; Bedürfnisse ihrerseits erweisen sich dabei als soziokulturell vermittelt und damit regional wie geschichtlich unterschiedlich. Nun ist aber die Herstellung und Verwendung jedes technischen Artefakts – vom Messer über die computergesteuerten systemtechnischen Großanlage bis zu den weltweiten Informationssystemen – mit einem malum technologicum verbunden, denn nur auf einem Umweg über Arbeitsaufwand und finanziellen Aufwand und unter Inkaufnahme von Sicherheits-, Gesundheits- und Umweltgefahren ist das Ziel der Bedürfnisbefriedigung zu erreichen, für das die Technik das Mittel sein soll. Überdies kann Technik versagen – auch das ist trotz des ständig steigenden Sicherheitsanspruchs nie auszuschließen, sondern ein im Grundsatz unüberwindliches malum. Ebenso ist das malum morale des Missbrauchs als Folge des Missbrauchs menschlicher Freiheit als Möglichkeit niemals zu verhindern, also nicht auszuschließen. Das Mittel, das menschliches Überleben und die Befriedigung menschlicher Bedürfnisse ermöglicht, verlangt also unumgänglich die Zulassung dieser technogenen Formen des malum. Die Rechtfertigung hierfür beruht auf einer Argumentation, die derjenigen der Leibnizschen Theodizee ganz analog ist: das malum in all diesen Gestalten zu tragen und zu ertragen muss sich relativ zum Ziel lohnen. Es lohnt die Mühe, Holz zu schlagen, um zu heizen; es lohnt, die Steinaxt zu durchbohren, weil sich das Holz leichter als mit einer bloß geschäfteten Axt schlagen lässt; es lohnt, Industrieroboter zu entwickeln, um Autos durch sie bauen zu lassen anstelle der Fließband- oder gar Handarbeit. Aber auch in der gegenwärtigen Einschätzung des Individualverkehrs: es lohnt trotz der Gefahr eines Verkehrsunfalls, ein Auto zu benutzen. Ebenso lohnt sich der gesetzgeberische und sicherheitstechnische Aufwand zur Vermeidung des Missbrauchs der Technik oder des fahrlässigen Umgangs mit ihr, um derartige Fälle zu begrenzen.

Der entscheidende Punkt ist hierbei die *Erwartungssicherheit*, die an die Stelle der göttlichen Vorausschau tritt, d.h. die sich auf Wissen und Erfahrung stützende Gewissheit, dass sich die Mühe der Produktion und die damit verbundenen Formen des malum technologicum zuzulassen lohnt. Nur auf Wissen und Können beruhende Sicherheit erlaubt es überhaupt, die Mühen, Entbehrungen, Gefahren des malum technologicum abzuschätzen und gegen die erwarteten Verbesserungen zur Vermeidung der Gefährdungen im Vergleich zum Status quo abzuwägen. Hier allerdings ist das schon betonte malum der Situationsabhängigkeit jedes Wissens einzuordnen. Damit ist eine Strukturentsprechung von Theodizee und Technodizee gezeigt. Dies soll abschließend genutzt werden, ein Licht auf einige spezifische Schwierigkeiten der Technodizee zu werfen, denn die besonderen Probleme des technologischen malum morale, also der mit der Technikentwicklung und deren Einsatz verbundenen Verantwortung, sind damit erst an der Oberfläche berührt.

5.   Das Scheitern der Technodizee?

In seiner Theodizee hat Leibniz die Sünde, das malum morale, als Preis für die Möglichkeit freien Handelns dargestellt. Wenn wir unsere Freiheit missbrauchen, so zerstören wir in der Vorstellung der Leibnizschen Theodizee keineswegs die Möglichkeit der Freiheit. Hinsichtlich der Technik befinden wir uns jedoch in einer gänzlich veränderten Lage, auch wenn immer gilt, dass Freiheit stets mit der Möglichkeit zum unmoralischen und unverantwortlichen Handeln Hand in Hand geht: Technik ist die Bedingung der Möglichkeit unseres Überlebens in der Welt. Diese Möglichkeit kann verfehlt werden, das Küchenmesser kann zum Morden, die Kriegstechnik, die uns schützen soll, zum Töten genutzt werden. Die Technik kann, wie wir uns auszudrücken pflegen, ,versagen', die Dampfmaschine kann explodieren, das Flugzeug abstürzen. In all diesen Fällen – beim willentlichen Töten wie beim tödlichen Unfall – wird für den Betroffenen, für das einzelne Individuum, das Mittel, das dem besseren Leben, zumindest aber dem Überleben dienen soll, zum Verhängnis. Mit solchem malum technologicum hat die Menschheit immer zu leben verstanden, wird doch seine Zulassung als Garant für eine positive Gesamtbilanz gesehen. Unvergleichlich gravierender liegen jedoch die Dinge, wenn wir in freien Handlungen (und möglicherweise unwissend) Technikfolgen herbeiführen, die die Bedingungen des Überlebens überhaupt zerstören. In solchen Handlungen vernichten wir mit der menschlichen Gattung zugleich alle Freiheit.

Auch die Probleme, die Leibniz durch den Rekurs auf eine Gesamtharmonie zu lösen sucht, kehren wieder. Wird nämlich die erstrebte Harmonie dieser Welt definiert wie im Leibnizschen Prinzip des Besten, stehen wir unmittelbar vor der

Frage, wie viel Menschenleben uns etwa die Erhaltung der Tiger in der freien Natur wert ist. Diese Frage stellt sich überall dort wieder, wo als Antwort auf das malum technologicum die unversehrte Bewahrung der Natur in ihrem Artenreichtum verlangt wird – so bei Albert Schweitzer, so bei Hans Jonas: Die Verantwortung, die Menschen tragen, wird hier immer noch bezogen auf die eine zu bewahrende Welt, die einen Wert in sich trägt. Dass ihr dieser Wert bei Leibniz zugesprochen wird, liegt an ihrer Gottgeschaffenheit, und natürlich ist es Gott, der sie in seinem Weltplan in Harmonie bewahrt. Das säkularisierte Pendant, das den Menschen zur Bewahrung verpflichten will, muss hingegen für eine wie immer geartete Begründung zusätzliche Voraussetzungen einführen. Diese Lage verschärft sich, wenn wir an jenen Hinweis des Inders denken, dass mehr Kinder durch Autos als durch Tiger getötet werden. Sind wir mittlerweile so zynisch wie die Ford-Werke im Pinto-Skandal der 70er Jahre des vergangenen Jahrhunderts, wo die Haftungsrisiken für die erwarteten Unfallopfer gegengerechnet wurden gegen die höheren Änderungskosten der mängelbehafteten Großserie, weshalb eine Nachbesserung unterblieb? (Hubig 2006/07: II, 16) Erst nach 60 Toten wurde der Wagen vom Markt genommen – doch auch aus diesem Fehler wurde gelernt, denn die langfristige Folge war und ist die Entwicklung einer Technikethik ebenso wie einer Unternehmensethik. Die Theodizeeargumentation macht uns also auf eine ernste Lücke in der Technodizee aufmerksam.

Dort, wo nicht mehr eine Gottgeschaffenheit der Welt als Begründung herangezogen wird, sondern allein der Mensch als Referenzpunkt zugelassen bleibt, steht die Möglichkeit offen, der Harmonie der Natur als solcher einen Wert zuzusprechen. Doch die Schwierigkeit, der wir uns zu stellen haben, liegt nicht an der Oberfläche, denn zu bestimmen wäre – wie bei Leibniz – , worin Harmonie, allgemein gesprochen, bestehen soll. Diese Frage erschöpft sich nicht im Problem einer befriedigenden Definition von Harmonie, sie dringt tiefer und betrifft mit Bezug auf die weltumgestaltende Technik vielfach solche Folgen und Nebenfolgen technischer Handlungen, die nach bestem Wissen nicht vorhersehbar sind. Ein drastisches Beispiel für solche unausweichliche und schicksalhafte Tragik liefert die Energieproblematik. Die Weiterverwendung fossiler Brennstoffe im heutigen Umfang könnte die Erde für den Menschen unbewohnbar machen; doch eine sofortige Reduzierung des Energieverbrauches auf das Maß regenerativer Energien würde Millionen von Menschen verhungern lassen. Wie immer wir uns entscheiden, es wird sich nur um das Maß des kleineren Übels handeln, selbst wenn sich andere Energiequellen finden und erschließen lassen.

Betrachten wir wiederum die parallele Problematik in der Theodizee, so zeigen sich hier zwei nie zu lösende Probleme. Das erste tut sich auf, wenn man sich vergegenwärtigt, dass Gottes Wahl des Besten holistischer Natur ist und eine Gesamtbilanz voraussetzt, die sich gar auf alle logisch möglichen Welten bezieht. Niemals aber ist diese Bilanzierung aus menschlicher Warte möglich (und sie bliebe auch der skizzierten evolutionistischen Sicht verschlossen, weil jede Bilanz sich stets auf je gegebenes Wirkliches allein bezieht). Die zweite Problematik erwächst aus der Begrenzung unseres Wissens. Nun sahen wir, dass eine auf Unwissenheit beruhende Handlung in der Theodizee nicht schlechthin als malum morale, als Sünde bezeichnet werden kann. Leibnizens Ausweg bestand im Verweis auf den göttlichen Heilsplan und die göttliche Gnade. Dafür ist jedoch in der Technodizee kein Raum; denn hier tritt uns ein malum vor Augen, wie es menschliches Denken und Reflektieren nie zu vergegenwärtigen hatte bis hin zur Gefahr der Selbstzerstörung der ganzen Menschheit. So lässt uns die parallele Struktur von Theodizee und Technodizee auf eine letzte, in der Technodizee ungelöste Schwierigkeit aufmerksam werden. Diese rückt ins Bewusstsein, wenn wir das Wissen über Folgen besitzen oder erlangt haben, ohne doch die technogenen Handlungsbedingungen noch ändern zu können. Die Technik kennt keine ausgleichende Gnade für menschliche Verfehlungen. Wie die Theodizee am Erdbeben von Lissabon scheiterte, so droht die Technodizee als Zulassung des technogenen Übels um einer besseren Welt willen deshalb an der technogenen Zerstörung unserer Lebensbedingungen zu scheitern. Hiroshima, Bophal, Seveso, Fukushima und die immer häufigeren klimabedingten Naturkatastrophen erscheinen als die apokalyptischen Vorboten. Weder im Falle der Unwissenheit noch im Falle des mangelnden Wissens können wir auf einen Leibnizschen Weltplan hoffen, der in Gnade und Vergebung einen letzten Ausgleich verheißt. Die menschliche Freiheit, Wurzel der kreativen und lebenssichernden Technik, so könnte das Resultat sein, hat sich in der Evolution nicht bewährt.

Freiheit, schreibt Leibniz, hat Vernünftigkeit zur Voraussetzung: „Einsicht ist gewissermaßen die Seele der Freiheit." (Theod. III § 288) Noch haben wir die Chance, sie zu nutzen, denn „die freie Substanz trifft ihre Entscheidung von sich aus und folgt hierbei dem Motiv des Guten, das der Verstand erkennt" (ebenda). Vorbedingung hierfür allerdings ist, das Prinzip des Besten so zu reformulieren, dass es sich nicht nur auf unsere temporären Ziele richtet, sondern mit Leibniz als ein universelles Harmonieprinzip gefasst wird, wissend um seine jeweils historisch-kontingente Begrenztheit und seine Bedingtheit in den verwendeten Kriterien. Seine Funktionsweise wäre dabei die einer regulativen Idee. Dann jedenfalls hätten wir, hätte die Menschheit noch eine Chance – gewiss jedoch nicht ohne Technik, sondern nur mit ihr, wohl aber mit einer im Sinne einer solchen Idee verbesserten, verfeinerten, ,intelligenteren' Technik. Ohne sie können wir nicht leben – mit ihr müssen wir künftigen Generationen eine Welt hinterlassen, in der sie ein lebenswertes Leben führen können. Das malum technologicum aber wird bestehen bleiben, weil menschliches Leben ohne Technik nicht möglich wäre. Doch unsere Pflicht ist es, unsere Vernunft, unseren kreativen Ideenreichtum und unser Wissen um Werte zu nutzen, um im Geiste von Leibniz und im Sinne des Prinzips des Besten in jedem Schritt für die Bewahrung einer lebenswerten Welt auch für künftige Generationen zu sorgen.

Literatur

Doppelte Jahreszahlen: (Erstpublikation / herangezogene Ausgabe)

Abel, Günter (1993): Interpretationswelten. Gegenwartsphilosophie jenseits von Essentialismus und Relativismus. Frankfurt a.M.: Suhrkamp.

Abel, Günter (1994): Einzelding- und Ereignis-Ontologie. In: Poser, Hans; Schütt, Hans-Werner (Hg.): Ontologie und Wissenschaft. Philosophische und wissenschaftshistorische Untersuchungen zur Frage der Objektkonstitution. TUB Dokumentation Kongresse und Tagungen, H. 19, Berlin: TU, 21-50.

Abel, Günter (1999): Sprache, Zeichen, Interpretation. Frankfurt a.M.: Suhrkamp.

Abel, Günter (2004): Zeichen der Wirklichkeit. Frankfurt a.M.: Suhrkamp.

Abel, Günter (2008): Technik und Lebenswelt. Wechselseitige Herausforderung? In: Poser, Hans (Hg.): Herausforderung Technik. Philosophische und technikgeschichtliche Analysen (= Technik interdisziplinär Bd. 5). Frankfurt a.M.: Lang, 77-96.

acatech (2013): Technikwissenschaften. Erkennen – Gestalten – Verantworten. acatech Impuls. Berlin: acatech/Springer.

Achterhuis, Hans (ed.) (2001): American Philosophy of Technology. The Empirical Turn. Bloomington, IN: Indiana University Press.

Agazzi, Evandro (1995): Das Gute, das Böse und die Wissenschaft. Die ethische Dimension der wissenschaftlich-technologischen Unternehmung. Berlin: Akademie-Verlag.

Arendt, Hannah (1958/1960): The Human Condition. Chicago University Press 1958. Dt.: Vita activa oder vom tätigen Leben. Stuttgart: Kohlhammer 1960.

Assmann, Aleida (1994): Aspekte einer Materialgeschichte des Lesens. In: Hoffmann (1994), 3-16.

Baird, Davis (2000): Organic necessity: Thinking about thinking about technology. In: Techné. Society for Philosophy and Technology 5.1, http://scholar.lib.vt.edu/ejournals/SPT/v5n1/baird.html

Baker, Lynne Rudder (2000): Persons and Bodies. A Constitution View. Cambridge: Cambridge UP.

Baker, Lynne Rudder (2004): The Ontology of Artifacts. Philosophical Explorations 7 (2), 99-111. http://people.umass.edu/lrb/files/bak04ontM.pdf

Baker, Lynne Rudder (2007): The Metaphysics of Everyday Life: An Essay in Practical Realism. Cambridge: Cambridge UP.

Baker, Lynne Rudder (2008): The Shrinking Difference Between Artifacts and Natural Objects. In: American Philosophical Association Newsletters. Newsletter on Philosophy and Computers 07(2) Spring, 2-5.

Banse, Gerhard / Wendt, Helge (Hg.) (1986): Erkenntnismethoden in den Technikwissenschaften. Eine methodologische Analyse und philosophische Diskussion der Erkenntnisprozesse in den Technikwissenschaften. Berlin: Verlag Technik.

Banse, Gerhard / Grunwald, Armin (2009): Coherence and Diversity in the Engineering Sciences. In: Meijers (2009), 155-184.

Banse, Gerhard / Friedrich, Käthe (Hg.) (1996): Technik zwischen Erkennen und Gestalten. Philosophische Sichten auf Technikwissenschaften und technisches Handeln. Berlin: Sigma.

Banse, Gerhard / Ropohl, Günter (Hg.) (2004): Wissenskonzepte für die Ingenieurpraxis. Technikwissenschaften zwischen Erkennen und Gestalten. VDI-Report 35. Düsseldorf: VDI.

Banse u.a (2005): Banse, Gerhard / Hronsky, Imre / Nelson, Gordon (Hg.): Rationality in an Uncertain World. Berlin: Sigma.

Banse u.a (2006): Banse, Gerhard / Grunwald, Armin / König, Wolfgang / Ropohl, Günter (Hg.): Erkennen und Gestalten. Eine Theorie der Technikwissenschaften. Berlin: Sigma.

Basalla, George (1989): The Evolution of Technology. Cambridge: Cambridge UP.

Beck, Heinrich (1979): Kulturphilosophie der Technik. Trier: Spee.

Beck, Ulrich (1986): Risikogesellschaft. Auf dem Weg in die andere Moderne. Frankfurt a.M.: Suhrkamp.

Becker, Harald (2008): Lebensdienliche Technik. Ethik des Ingenieurberufs in theologischer Perspektive. Berlin: Lit.

Beckmann, Marco / Lenz, Philip (2002): Profitieren von Nanotechnologie. München: FinanzBuch Vlg.

Bieri, Peter (1981/1997): Generelle Einführung. In: ders. (Hg.): Analytische Philosophie des Geistes. Königstein/Ts.: Hain 1981; 3. Aufl. Weinheim: Belzt Athenäum 1997, 1-28.

Beitz, Wolfgang (1985): Kreativität des Konstrukteurs. In: Konstruktion 37, H. 10, 381-386.

Bijker, Wiebe E. (1995): Of Bicycles, Bakelites and Bulbs. Toward a Theory of Sociotechnical Change. Cambridge, MA: MIT Press

Bijker, Wiebe E. / Pinch, Trevor J. (1987): The Social Construction of Facts and Artifacts: Or How the Sociology of Science and the Sociology of Technology Might Benefit of Each Other. In: Bijker, Wiebe E.; Hughes, Thomas P.; Pinch, Trevor J. (Hg.): The Social Construction of Technological Systems. Cambridge, MA: MIT Press, 17-50.

Bloch, Ernst (1959/1973): Das Prinzip Hoffnung, Bd. 1. Frankfurt a.M.: Suhrkamp 1973.

Blumenberg, Hans (1957/1981): »Nachahmung der Natur«. Zur Vorgeschichte der Idee des schöpferischen Menschen. In: Studium Generale 10 (1957) 266-283. ND in Blumenberg, Wirklichkeiten in denen wir leben. Stuttgart: Reclam 1981, 55-103.

Böhme, Gernot / van den Daele, Wolfgang / Krohn, Wolfgang (1974): Die Finalisierung der Wissenschaft. In: Diederich, Werner (Hg.): Theorien der Wissenschaftsgeschichte. Frankfurt a.M.: Suhrkamp, 276-311.

Böhme, Gernot / Stehr, Nico (Hg.) (1986): The Knowledge Society. The Growing Impact of Scientific Knowledge on Social Relations. Dornrecht: Springer.

Borgo, Stefano / Vieu, Laure (2009): Artefacts in Formal Ontology. In: Meijers (2009), 273-308.

Brey, Philip (2007): Theorizing the Cultural Quality of New Media. In: Techné. Society for Philosophy and Technology 11.1, 2-18.

Bungard, Walter / Lenk, Hans (Hg.) (1988): Technikbewertung. Philosophische und psychologische Perspektiven. Frankfurt a.M.: Suhrkamp.

Bunge, Mario (1966/1974): Technology as Applied Science. In: Technology and Culture 7 (1966) 329-347; rev. in: Rapp (ed.) (1974), 19-39.

Buskes, Chris (2006/2008): Evolutionair denken. De invloed van Darwin op ons wereldbeeld. Amsterdam: Nieuwezijds 2006. Dt.: Evolutionär denken. Darwins Einfluss auf unser Weltbild. Darmstadt: Primus u. Wiss. Buchgesellschaft 2008.

Campbell, Donald T. (1965/1969): Variation and selective retention in socio-cultural evolution. In: Barringer, Herbert R.; Blanksten, George I.; Mack, Raymond W. (ed.): Social change in developing areas: A reinterpretation of evolutionary theory. Cambridge, MA: Schenkman 1965, 19-49; ND in: General Systems 14 (1969) 69-85.

Campbell, Donald T. (1974a): 'Downward Causation' in Hierarchically Organised Biological Systems. In: Ayala, Francisco Jose; Dobzhansky, Theodosius (eds.): Studies in the Philosophy of Biology: Reduction and Related Problems. London: Macmillan, 179–186.

Campbell, Donald T. (1974b): Evolutionary Epistemology. In: Schilpp, Paul Arthur (ed.): The Philosophy of Karl R. Popper. LaSalle, IL: Open Court, 412-463.

Cassirer, Ernst (1930/1985): Form und Technik (1930); ND in: ders., Symbol, Technik, Sprache. Hamburg: Meiner 1985.

Champion, Erik (2007): When Windmills Turn Into Giants: The Conundrum of Virtual Places. In: Techné. Society for Philosophy and Technology 10.3, 1-16.

Chandler, Daniel (2000): Technological or Media Determinism, ch. "The 'Technological Imperative'", 04/11/2000. http://www.aber.ac.uk/media/Documents/tecdet/tdet07.html.

Cirpka, Olaf (2004): Nichts Genaues weiß man nicht. Über den Einfluss von Variabilität und Unsicherheit im Grundwasserschutz. In: 3. Emmy Noether-Jahrestreffen der DFG, 2004.

Constant, Edward (2000): Recursive practice and the evolution of technological knowledge. In: Ziman (2000), 219-233.

Corona, Nestor A. / Irrgang, Bernhard (1999): Technik als Geschick? Geschichtsphilosophie der Technik bei Martin Heidegger. Eine handlungstheoretische Entgegnung. Dettelbach: Röll.

Coyne, Richard (2007): Thinking Through Virtual Reality Place, Non-Place and Situated Cognition. In: Techné. Society for Philosophy and Technology 10.3, 26-38.

Davidson, Donald (1984): Inquiries into truth and interpretation, Oxford: Oxford UP.

Dawkins, Richard (1976/2007): The Selfish Gene. Oxford: Oxford UP (1976, 2. rev. Aufl. 1989). Dt.: Das egoistische Gen. Jubiläumsausgabe m. neuen Vorworten von Richard Dawkins u. Wolfgang Wickler. Heidelberg: Spektrum 2007.

Deigendesch, Tobias (2009): Kreativität in der Produktentwicklung und Muster als methodisches Hilfsmittel. Fakultät für Maschinenbau (MACH) - Institut für Produktentwicklung (IPEK), Forschungsberichte. IPEK ; 41, Diss. Univ. Karlsruhe.

Deklaration von Helsinki (1964/2008): Ethische Grundsätze für die medizinische Forschung am Menschen, Version 2008. www.bundesaerztekammer.de/downloads/deklHelsinki2008.pdf

Dessauer, Friedrich (1927/1956): Philosophie der Technik. Das Problem der Realisierung. Bonn: Cohen 1927. – Als wesentlich erweiterte 4. Ausgabe: Streit um die Technik. Frankfurt a.M.: Knecht 1956.

Die neuen Informations- und Kommunikationstechnologien - Chancen, Gefahren, Aufgaben verantwortlicher Gestaltung. Hg. v. Kirchenrat im Auftrage des Rates der Evangelischen Kirche in Deutschland. Gütersloh 1985.

Dierkes, Meinolf / Hoffmann, Ute / Marz, Lutz (1992): Leitbild und Technik. Zur Entstehung und Steuerung technischer Innovationen. Berlin: Sigma.

Dipert, Randall R. (1993): Artifacts, Art Work and Agency. Philadelphia: Temple UP.

Bois-Reymond, Emil du (1872/1912): Über die Grenzen des Naturerkennens. In: Reden von Emil du Bois-Reymond, Bd. 1. Leipzig: Veith 1912, 441–473 .

Dumouchel, Paul (1992): Gilbert Simondon's Plea for a Philosophy of Technology. In: Inquiry. An Interdisciplinary Journal of Philosophy, 35, 3-4, 407–421.

Dylla, Norbert (1990): Denk- und Handlungsabläufe beim Konstruieren. München: Hanser.

Ellul, Jaques (1954/1964): La technique ou l'enjeu du siècle. Paris: Armand Colin, 1954; erweiterte engl. Ausgabe: The Technological Society. New York: Vintage Books 1964.

Ellul, Jacques (1977/1980): Le système technicien. Paris: Calmann-Lévy 1977. Engl.: The Technological System. New York: Continuum 1980.

Elster, Jon (1983): Explaining Technical Change: A Case Study in the Philosophy of Science. Cambridge: Cambridge UP.

Faßler, Manfred / Halbach, Wulf von (Hg.) (1992): Inszenierungen von Information. Motive elektronischer Ordnung (= Schriftenreihe des Ev. Studienwerks Villingst, Bd. 15). Gießen: Focus.

Faulkner, Philip / Runde, Jochen (2012): The social, the material, and the ontology of non-material technological objects. http://w.lse.ac.uk/collections/informationSystems/news AndEvents/2011events/Non-MaterialTechnologicalObjects.pdf (20.4.2012).

Fischer, Peter (2004): Philosophie der Technik. Eine Einführung. München: Fink/UTB.

Fischer, Stephan M. (2003): Zu den Erklärungen der Evolutionsbiologie. Eine Analyse der nicht-kausalen Erklärungsstruktur in Evolutionstheorien und ein Entwurf eines narrativen Erklärungsmodells zur Rechtfertigung des Erklärungsanspruches aus der Sicht der Wissenschaftstheorie. Münster: LIT.

Fischer, Stephan M. (2010): Dynamisches Wissen. Die Einschränkung der Möglichkeit. Weilerswist: Velbrück.

Fleck, James (2000): Artefacts, knowledge and organization. In: Ziman (2000), 248-266.

Freyer, Hans (1928): Theorie des objektiven Geistes. Eine Einleitung in die Kulturphilosophie. Leipzig: Teubner.

Freyer, Hans (1960/1970): Über das Dominantwerden technischer Kategorien in der industriellen Gesellschaft. In: Abh. d. geistes- u. sozialwiss. Klasse der Akad. der Wiss. u. der Literatur in Mainz (1960); auch in: ders., Gedanken zur Industriegesellschaft. Mainz: v. Hase & Koehler 1970, 131-144.

Freyer, Hans (1970): Die Technik als Lebenswelt, Denkform und Wissenschaft. In: ders., Gedanken zur Industriegesellschaft. Mainz: v. Hase & Koehler, 145-161.

Frisch, Max (1988): Erwiderung auf die Laudatio zur Verleihung der Ehrendoktorwürde. In: Technische Universität Berlin, TUB Dokumentation Tagungen und Kongresse H. 35, 39-43.

Fritsche, Albrecht (2009): Schatten des Unbestimmten. Der Mensch und die Determination menschlicher Abläufe. Bielefeld: transcript.

Frühwald, Wolfgang (1996): Die Informatisierung des Wissens. Zur Entstehung der Wissensgesellschaft in Deutschland. In: Alcatel SEL Stiftung Dokumentation-Information, Stiftungsfeier 1995. Stuttgart: Alcatel, 5-14.

Gabriel, Markus (2008): Antike und moderne Skepsis zur Einführung. Hamburg: Junius.

Gail, Michael (1999/2000): Angewandtes Nichtwissen. Eine Annäherung. In: Ungewußt. Zeitschrift für Angewandtes Nichtwissen 8, 3–6. www.uni-siegen.de/~ifan.

Gamm, Gerhard (2005): Unbestimmtheitssignaturen der Technik. In: Gamm & Hetzel (Hrsg.) (2005), 17–35.

Gamm, Gerhard / Hetzel, Andreas (Hg.) (2005): Unbestimmtheitssignaturen der Technik. Eine neue Deutung der technisierten Welt. Bielefeld: transcript.

Gänshirt, Christian (1999): Sechs Werkzeuge des Entwerfens. http://www.tu-cottbus.de/ theoriederarchitektur/wolke/ deu/Themen/991/Gaenshirt/gaenshirt.html (13.1.2012)

Gehlen, Arnold (1957/1986): Der Mensch und die Technik. In: ders., Die Seele im technischen Zeitalter. Sozialpsychologische Probleme in der industriellen Gesellschaft. Hamburg: Rowohlt 1957 (= rde 53). ND in: ders., Anthropologische und sozialpsychologische Untersuchungen, Reinbek: Rowohlt 1986 (= re 424).

Gehlen, Arnold (1940/1971: Der Mensch. Seine Natur und seine Stellung in der Welt. Berlin: Junker u. Dünnhaupt 1940; 9. Aufl., Frankfurt a.M.: Athenäum 1971.

Gettier, Edmund (1963/1987): Is Justified True Belief Knowledge? In: Analysis 23 (1963), 121-123. Dt: Ist gerechtfertigte wahre Meinung Wissen? In: Bieri, Peter (Hg.): Analytische Philosophie der Erkenntnis. Frankfurt a.M.: Beltz 1987, 91-93.

Gil, Thomas (1999): Demokratische Technikbewertung, Berlin: Berlin-Vlg.

Goldman, Alvin (1999): Knowledge in a Social World. Oxford: Oxford UP.

Goldstein, Julius (1912): Die Technik. Frankfurt a.M.: Rütten & Loening.

Grandy, Richard E. (2007): Artifacts: Parts and Principles. In: Margolis & Laurence (2007), 18-33

Grunwald, Armin (2003): Die Unterscheidbarkeit von Gestaltbarkeit und Nicht-Gestaltbarkeit der Technik. In: ders. (Hg.): Technikgestaltung zwischen Wunsch und Wirklichkeit. Berlin: Springer, 19–38.

Grunwald, Armin (2004): Ethische Aspekte der Nanotechnologie. Eine Felderkundung. In: Technikfolgenabschätzung, Nr. 2 (Themenschwerpunkt: Große Aufmerksamkeit für kleine Welten - Nanotechnologie und ihre Folgen), 13. Jahrgang, Juni, 71-78.

Habermas, Jürgen (1968): Technischer Fortschritt und soziale Lebenswelt. In: ders., Technik und Wissenschaft als ‚Ideologie'. Frankfurt a.M.: Suhrkamp.

Haken, Hermann (1981): Erfolgsgeheimnisse der Natur: Synergetik, die Lehre vom Zusammenwirken. Stuttgart: DVA.

Hammel, Tobias (1999): Das Ende - Eine Absage an das Theoretische im Entwurf. www.tu-cottbus.de/theoriederarchitektur/wolke/deu/Themen/991/Hammel/hammel.html (13.1.2012).

Hartmann, Nicolai (1931): Zum Problem der Realitätsgegebenheit. Berlin: Pan (= Philosophische Vorträge veröffentlicht von der Kant-Gesellschaft, 32).

Hartmann, Nicolai (1938): Möglichkeit und Wirklichkeit. Berlin: de Gruyter.

Hartmann, Nicolai (1940): Der Aufbau der realen Welt. Berlin: de Gruyter.

Hartmann, Nicolai (1942/1949): Neue Wege der Ontologie. 3. Aufl. Stuttgart: Kohlhammer 1949.

Hartmann, Nicolai (1949/1956): Einführung in die Philosophie. Göttingen 1949. 4.Aufl. Osnabrück: Hanckel 1956.

Heidegger, Martin (1927/1976): Sein und Zeit. Halle: Niemeyer 1927. 13. Aufl. Tübingen: Niemeyer 1976.

Heidegger, Martin (1950): Nachwort, zu ders., Der Ursprung des Kunstwerks. Frankfurt a.M.: Klostermann.

Heidegger, Martin (1954/1962): Die Frage nach der Technik (1954). In: ders., Die Technik und die Kehre. Pfullingen: Neske 1962, 5-36.

Heim, Michael H. (1993): The Metaphysics of Virtual Reality. New York: Oxford UP.

Heim, Michael (1998): Virtual Realism. New York: Oxford UP.

Herder, Johann Gottlieb (1772/1891): Abhandlungen über den Ursprung der Sprache (1772), Werke V. Berlin 1891, 22-29.

Herrmann, Thomas (2001): Theorie soziotechnischer Systeme. web-imtm.iaw.rub.de/iug/lehre/tss/material/folien/Vorl-Sts-10-geha.ppt (26.11.2013)

Hesse, Mary (1963/1966): Models and Analogies in Science. London: Sheed and Ward 1963; Notre Dame: Notre Dame UP 1966.

Hilpinen, Risto (2011): Artefact. In: Stanford Encyclopedia of Philosophy (Winter 2011 Edition). http://plato.stanford.edu/archives/win2011/entries/artifact/.

Hintikka, Jaakko (1963/1978): The Modes of Modality. In: Acta Philosophica Fennica 16 (1963), 65-82. ND in Loux, Michael J. (Hg.): The Possible and the Actual. Readings in the Metaphysics of Modality. Cornell UP 1978, 65-79.

Hoffmann, Hilmar (Hg.) (1994): Gestern begann die Zukunft. Entwicklung und gesellschaftliche Bedeutung der Medienvielfalt. Darmstadt: Wiss. Buchgesellschaft.

Horst, Heather A. / Miller, Daniel (eds.) (2012): Digital anthropology. London: Berg.

Houkes, Wybo (2009): The Nature of Technological Knowledge. In: Meijers (2009), 309-350.

Houkes, Wybo / Meijers, Anthonie (2006): The ontology of artefacts: the hard problem. In: Studies in History and Philosophy of Science 37, 118-131.

Houkes, Wybo / Vermaas, Pieter E. (2013): Pluralism on Artefact Categories: A Philosophical Defence. In: Review of Philosophy and Psychology, 543-557.

Hubig, Christoph (1993): Technik- und Wissenschaftsethik. Ein Leitfaden. Berlin: Springer.

Hubig, Christoph (2003): Vorlesung Realität, Virtualität, Wirklichkeit. Universität Stuttgart 2003/2004, 12 Blätter.

Hubig, Christoph (2005): ‚Wirkliche Virtualität'. Medienveränderung der Technik und der Verlust der Spuren. In: Gamm & Hetzel (2005), 9–62.

Hubig, Christoph (2006/07): Die Kunst des Möglichen. Grundlinien einer dialektischen Philosophie der Technik, Bd. I: Technikphilosophie als Reflexion der Medialität, Bd. II: Ethik der Technik als provisorische Moral. Bielefeld: transcript.

Hubig, Christoph / Poser, Hans (Hg.) (2007): Technik und Interkulturalität. Probleme, Grundbegriffe, Lösungskriterien (= VDI Report 36). Düsseldorf: VDI.

Hubka, Vladimir (Hg.) (1981): Konstruktionsmethoden in Übersicht. Zürich: Heurista.

Hübner, Kurt (1978): Kritik der wissenschaftlichen Vernunft. Freiburg i. Br.: Alber.

Hübner, Kurt (1973): Philosophische Fragen der Technik. In: Lenk, Hans / Moser, Hans (Hg.): Techné, Technik, Technologie. Pullach: Saur.

Huning, Alois (1987): Das Schaffen des Ingenieurs. Beiträge zu einer Philosophie der Technik. 3. neubearb. Aufl., Düsseldorf: VDI.

Ingarden, Roman (1931): Das literarische Kunstwerk. Eine Untersuchung aus dem Grenzgebiet der Ontologie, Logik und Literaturwissenschaft. Halle: Max Niemeyer.

Irrgang, Bernhard (1996): Von der Technologiefolgenabschätzung zur Technologiegestaltung. Plädoyer für eine Technikhermeneutik. In: Jahrbuch für christliche Sozialwissenschaften 37, 51-66.

Irrgang, Bernhard (2001/02): Philosophie der Technik, Bd. 1: Technische Kultur, Bd. 2: Technische Praxis; Bd. 3: Technischer Fortschritt. Paderborn: Schöningh.

Irrgang, Bernhard (2004): Konzepte des impliziten Wissens und die Technikwissenschaften. In: Banse & Ropohl (2004), 99-112.

Irrgang, Bernhard (2005): Posthumanes Menschsein: Künstliche Intelligenz, Cyberspace, Roboter, Cyborgs und Designer-Menschen. Anthropologie des künstlichen Menschen im 21. Jahrhundert. Stuttgart: Steiner.

Jacobi, Klaus (2001): Das Können und die Möglichkeiten. Potentialität und Possibilität. In: Thomas Buchheim u.a. (Hg.): Potentialität und Possibilität. Modalaussagen in der Geschichte der Metaphysik. Stuttgart: Frommann-Holzboog, 9-23.

Jacobsen, Jeffrey / Holden, Lynn (2007): Virtual Heritage. Living in the Past. In: Techné. Society for Philosophy and Technology 10.3, 55-61.

Japp, Klaus P. (1999): Die Unterscheidung von Nichtwissen. In: TA-Datenbank-Nachrichten 8 (3/4), 25–32, zugl. http://www.tatup-journal.de/tadn993_japp99a.php (28.11.13).

Jelden, Eva (1988): Handlungstheoretische und technikphilosophische Untersuchung des rechnergestützten Konstruktionshandelns. Anlage zum Arbeitsbericht des Teilprojektes Philosophie der Forschergruppe Konstruktionshandeln. TU Berlin, Institut für Philosophie, Wissenschaftstheorie, Wissenschafts- und Technikgeschichte.

Jelden, Eva (1992): Technik und Weltkonstitution. Versuch einer handlungs- und erkenntnistheoretischen Grundlegung der Technikphilosophie. Frankfurt a.M.: Lang.

Jonas, Hans (1979/1984): Das Prinzip Verantwortung. Versuch einer Ethik für die technische Zivilisation. Frankfurt a.M.: Insel 1979, Suhrkamp 1984.

Joy, Bill (2000/2001): Why the Future Doesn't Need Us. In: Wired Magazine 04/2000, 238-262. Dt.: Warum die Zukunft uns nicht braucht. In: Schirrmacher, Frank (Hg.): Die Darwin AG. Wie Nanotechnik, Biotechnologie und Computer den neuen Menschen träumen. Köln: Kiepenheuer & Witsch 2001, 31-71.

Jünger, Friedrich Georg (1946/1949): Die Perfektion der Technik, Frankfurt a.M.: Klostermann 1946, 2. erw. Aufl. 1949.

Kant, Immanuel: Gesammelte Werke (=AA), Bde. 1–22 Preußische Akademie der Wissenschaften (Hg.). Berlin: de Gruyter 1902 ff.

Kapp, Ernst (1877/1978): Grundlinien einer Philosophie der Technik. Zur Entstehungsgeschichte der Cultur aus neuen Gesichtspunkten. Braunschweig: Westermann 1877; ND Düsseldorf 1978.

Karafyllis, Nicole C. (Hg.) (2003): Biofakte. Versuch über den Menschen zwischen Artefakt und Lebewesen. Paderborn: Mentis.

Kassavine, Ilya T. (2003): Soziale Erkenntnistheorie. Hildesheim: Olms.

Käuflein, Albert (2004): Nanotechnik und Ethik. In: Die neue Ordnung 58 (2004) Nr. 3. http://www.die-neue-ordnung.de/Nr32004/AK.html

Kewell, Beth (2009): 'Probability But Not As We Know It': Ignorance Construction in Genetic Biotechnology Discourse. In: The International Journal of Technology, Knowledge and Society 5.6, 1–18.

Klemm, Friedrich (1979/1982): Zur Kulturgeschichte der Technik. München: Deutsches Museum 1979; Darmstadt: Wiss. Buchgesellschaft 1982.

Kluxen, Wolfgang (1971): Humane Existenz in einer technisch-wissenschaftlichen Welt. In: Janssen, Heinrich (Hg.): Technokratie und Bildung. Trier: Spee Vlg.

Knorr, Alexander (2011): Cyberanthropology. Wuppertal: Hammer Vlg.

König, Wolfgang (1995): Technikwissenschaften. Die Entstehung der Elektrotechnik aus Industrie und Wissenschaft zwischen 1880 und 1914. Chur: G+B Verlag Fakultas.

König, Wolfgang (2009): Technikgeschichte. Eine Einführung in ihre Konzepte und Forschungsergebnisse. Stuttgart: Steiner.

Kornwachs, Klaus (1996): Vom Naturgesetz zur technologischen Regel – ein Beitrag zu einer Theorie der Technik. In: Banse & Friedrich (Hg.) (1996), 13-50.

Kornwachs, Klaus (2000): Das Prinzip der Bedingungserhaltung. Eine ethische Studie. Münster: LIT.

Kornwachs, Klaus (2008): Zur Logik technischer Entscheidungen. In: Poser, Hans (Hg.): Herausforderung Technik. Frankfurt a.M.: Lang, 131-160.

Kornwachs, Klaus (2012): Strukturen technologischen Wissens. Analytische Studien zu einer Wissenschaftstheorie der Technik. Berlin: Edition Sigma.

Kornwachs, Klaus (2013): Philosophie der Technik: Eine Einführung. München: Beck.

Krämer, Sybille (1998): Das Medium als Spur und als Apparat. In: dies., Medien, Computer, Realität: Wirklichkeitsvorstellungen und neue Medien. Frankfurt a.M.: Suhrkamp, 73-94.

Kroeber, Alfred L. (1948): Anthropology: race, language, culture, psychology, pre-history. 2nd ed., New York: Harcourt Brace.

Kroes, Peter (2010): Engineering and the dual nature of technical artefacts. In: Cambridge Journal of Economy 34.1, 51–62.

Kroes, Peter (2012): Technical Artefacts: Creations of Mind and Matter. Dordrecht: Springer.

Kroes, Peter / Meijers, Anthonie (2006): The dual nature of technical artefacts. In: Studies in History of Philosophy of Science Pt. A, 37.1, 1-4.

Kroes, Peter / Meijers, Anthonie W. (eds.) (2000): The Empirical Turn in the Philosophy of Technology (= Research in Philosophy and Technology 20). Amsterdam: Elsevier Science.

Kuhn, Thomas S. (1962/1967): The Structure of Scientific Revolutions. Chicago: University of Chicago Press 1962. Dt.: Die Struktur wissenschaftlicher Revolutionen. Frankfurt a.M.: Suhrkamp 1967.

Kurzweil, Ray (1999/2001): The Age of the Spiritual Machines. When Computers Exceed Human Intelligence. New York: Viking Penguin 1999. Dt.: Homo s@piens. Leben im 21. Jahrhundert – Was bleibt vom Menschen? 4. Aufl., München: Econ 2001.

Ladrière, Jean (1998): The Technical Universe in Ontological Perspective. In: Society for Philosophy and Technology Quaterly Electronic Journal 4.1, 66-91. (Auch in: Lenk, Hans; Maring, Matthias (eds.): Advances in the Philosophy of Techology. Münster: Lit 2001).

Langenegger, Detlev (1990): Gesamtdeutungen moderner Technik. Moscovici, Ropohl, Ellul, Heidegger. Eine interdiskursive Problemsicht. Würzburg: Königshausen & Neumann.

Laudan, Larry (1977): Progress and Its Problems. Towards a Theory of Scientific Growth. London: Routlege & Kegan Paul.

Lawson, Clive (2008): An Ontology of Technology: Artefacts, Relations and Functions. In: Techné: Research in Philosophy and Technology 12.1.

Lawson, Clive (2004/2007): Technology, Technological Determinism and the Transformational Model of Technical Activity, in: Lawson, Clive; Latsis, John Spiro; Ornelas Martins, Nuno Miguel (eds.): Contributions to Social Ontology (= Routledge Studies in Critical Realism). London: Routledge 2007. Als Rough Daft von 2004: http://www.csog.group.cam.ac.uk/iacr/papers/LawsonC.pdf (16.4.2012).

Lawson, Clive (2008): An Ontology of Technology: Artefacts, Relations and Functions. In: Techné. Society for Philosophy and Technology 12.1, http://scholar.lib.vt.edu/ejournals/SPT/v12n1/lawson.html#1back (15.04.20012).

Leibniz, Gottfried Wilhelm: (A = Akad.-Ausgabe, Reihe, Band, Seite): Sämtliche Schriften und Briefe, Berlin: Akademie Vlg. 1923 ff.

Leibniz, Gottfried Wilhelm: (GP =) Die Philosophischen Schriften, hg. v. C.J. Gerhardt, 7 Bde., 1875-1890.

Lem, Stanislaw (1959/1997): Eden. Warszawa: Iskry 1959. Dt.: Eden. Roman einer außerirdischen Zivilisation. München: Nymphenburger 1972.

Lem, Stanislaw (1964/1976): Summa technologiae. Dt.: Frankfurt: Suhrkamp.

Lenk, Hans (1979): Handlung als Interpretationskonstrukt. Entwurf einer konstituenten- und beschreibungstheoretischen Handlungsphilosophie. In: ders., (Hg.), Handlungstheorien interdisziplinär II.1. München: Fink, 279-350.

Lenk, Hans (1987): Über Verantwortungsbegriffe und das Verantwortungsproblem in der Technik. In: Lenk & Ropohl (1987), 112-148.

Lenk, Hans (Hg.) (1991): Wissenschaft und Ethik. Stuttgart: Reclam.

Lenk, Hans (1993): Interpretationskonstrukte. Zur Kritik der interpretatorischen Vernunft. Frankfurt a.M.: Suhrkamp.

Lenk, Hans (2000): Kreative Aufstiege. Zur Philosophie und Psychologie der Kreativität. Frankfurt a.M.: Suhrkamp.

Lenk, Hans (2010): Das flexible Vielfachwesen: Einführung in die moderne philosophische Anthropologie zwischen Bio-, Techno- und Kulturwissenschaften. Weilerswist: Velbrück.

Lenk, Hans / Ropohl, Günter (Hg.) (1987): Technik und Ethik. Stuttgart: Reclam.

Lübbe, Heinrich (1990): Der Lebenssinn der Industriegesellschaft. Über die moralische Verfassung der wissenschaftlich-technischen Zivilisation. Berlin: Springer.

Luhmann, Niklas (1991): Soziologie des Risikos. Berlin: de Gruyter.

Luhmann, Niklas (1992): Ökologie des Nichtwissens. In: ders., Beobachtungen der Moderne. Opladen: Westdeutscher Vlg., 149–220.

Luhmann, Niklas (1997): Die Gesellschaft der Gesellschaft. Frankfurt a.M.: Suhrkamp.

Luhmann, Niklas (2008): Sinn, Selbstreferenz und soziale Evolution, in: ders., Ideenevolution. Beiträge zur Wissenssoziologie. Frankfurt a.M.: Suhrkamp, 7-71.

Lyotard, Jean-François (1979/1986): La condition postmoderne. Paris : Minuit 1979. Dt.: Das postmoderne Wissen. Graz/Wien: Passagen Vlg.

Magnus, David (2008): Risk management versus the Precautionary Principle. Agnotology as a Strategy in the Debate over Genetically Engineered Organisms. In: Proctor & Schiebinger (2008), 250-265.

Mainzer, Klaus (1997): Thinking in Complexity. The Complex Dynamics of Matter, Mind, and Mankind. Berlin: Springer, 3. Aufl.

Mareis, Claudia (2011): Design als Wissenskultur. Interferenzen zwischen Design- und Wissensdiskursen seit 1960. Bielefeld: transcipt.

Marcuse, Herbert (1964/1967): The One-Dimensional Man. Studies in the Ideology of Advanced Industrial Society. Boston, Mass.: Beacon Press 1964. Dt. Der eindimensionale Mensch. Studien zur Ideologie der fortgeschrittenen Industriegesellschaft. Neuwied: Luchterhand 1967.

Margolis, Eric / Laurence, Stephen (eds.) (2007): Creations of the Mind: Theories of Artifacts and Their Representation. Oxford: Oxford University Press.

Marquard, Odo (1979/1986): Entlastungen. Theodizeemotive in der neuzeitlichen Philosophie. In: Poser, Hans (Hg.): Philosophie und Mythos. Berlin: de Gruyter 1979, 40-58. ND. in Odo Marquard: Apologie des Zufälligen. Stuttgart: Reclam 1986, 11-32.

McLuhan, Marshall (1964/1968): Understanding Media. The Extension of Man. New York: McGraw-Hill 1964. Dt.: Die magischen Kanäle.Understanding Media. Düsseldorf: Econ 1968.

Meijers, Anthonie W. (2000): The relational ontology of technical artifacts. In: Kroes & Meijers (2000), 81-96.

Meijers, Anthonie (ed.) (2009): Philosophy of Technology and Engineering Sciences (= Handbook of the Philosophy of Science, vol. 9). Amsterdam: Elsevier.

Menck, Karl Wolfgang (1981): Technologietransfer in Entwicklungsländer. Der Beitrag deutscher Unternehmen. Hamburg: Weltarchiv.

Mitcham, Carl (1994): Thinking through Technology. The Path between Engineering and Philosophy. Chicago: University of Chicago Press.

Mittelstraß, Jürgen (1982): Technik und Vernunft. Orientierungsprobleme in der Industriegesellschaft. In: ders., Wissenschaft als Lebensform. Frankfurt a.M.: Suhrkamp, 37-64.

Mittelstraß, Jürgen (1989): Der Flug der Eule. Von der Vernunft der Wissenschaft und der Aufgabe der Philosophie. Frankfurt a.M.: Suhrkamp.

Mohr, Hans (1987): Natur und Moral. Ethik in der Biologie. Darmstadt: Wiss. Buchgesellschaft.

Mokyr, Joel (2000): Evolutionary phenomena in technological change. In: Ziman (2000), 52-65.

Moll, Carl Ludwig / Reuleaux, Franz (1854): Construktionslehre für den Maschinenbau, Bd. I. Braunschweig: Vieweg.

Moravec, Hans (1998/1999): Robot: Evolution from Mere Machine to Transcendent Mind. Oxford UP 1998. Dt.: Computer übernehmen die Macht. Vom Siegeszug der künstlichen Intelligenz. Hamburg: Hoffmann & Campe 1999.

Moscovici, Serge (1968/1982): Essai sur l'histoire humaine de la nature. Paris: Flammarion 1968. Dt.: Versuch über die menschliche Geschichte der Natur. Frankfurt a.M.: Suhrkamp 1982.

Mühlmann, Wilhelm Emil (1962): Homo Creator. Abhandlungen zur Soziologie, Anthropologie und Ethnologie. Wiesbaden: Harrassowitz.

Mul, Jos de (2003): Digitally Mediated (Dis)embodiment. Plessner's Concept of Excentric Positionality Explained for Cyborgs. In: Information, Communication & Society 6.2, 247-266.

Müller, Johannes (1966): Operationen und Verfahren des problemlösenden Denkens in der technischen Entwicklungsarbeit. Habilitationsschrift Leipzig 1966, Manuskript.

Müller, Johannes (1990): Arbeitsmethoden der Technikwissenschaften. Systematik, Heuristik, Kreativität. Berlin: Springer.

Mumford, Lewis (1970/1977): The Myth of the Machine, 2 vols. New York: Harcourt Brace Jovanovich, 1970. Dt.: Mythos der Maschine. Frankfurt a.M.: Fischer 1977.

Münch, Dieter (1998): Maschinen und Geschichte aus der Sicht der philosophischen Semiotik. In: Zeitschrift für Semiotik 20, 235 – 240.

Needham, Joseph (1978/1988): The Shorter Science and Civilisation in China. An abridgement, I. Cambridge UP 1978. Dt.: Wissenschaft und Zivilisation in China, Bd. 1. Frankfurt a.M.: Suhrkamp.

Needham, Joseph (1979): Wissenschaftlicher Universalismus. Über Bedeutung und Besonderheit der chinesischen Wissenschaft. Frankfurt a.M.: Suhrkamp.

Nietzsche, Friedrich (1886/1980): Jenseits von Gut und Böse. Vorspiel einer Philosophie der Zukunft (1886). In: Sämtliche Werke. Kritische Studienausgabe, hg. v. G. Colli u. M. Montinari, Bd 5. München: dtv 1980.

Nordmann, Alfred (2005): Wohin die Reise geht. Zeit und Raum in der Nanotechnologie. In: Gamm & Hetzel (Hg.) (2005), 102–123.

Nordmann, Alfred (2008): Technikphilosophie zur Einführung. Hamburg: Junius.

Nowotny, Helga / Scott, Peter / Gibbons, Michael (2004): Wissenschaft neu denken. Wissen und Öffentlichkeit in einem Zeitalter der Ungewissheit. Weilerswist: Velbrück.

Ommeln, Miriam (2005): Die Technologie der Virtuellen Realität: Technikphilosophisch nachgedacht. Frankfurt a. M.: Lang.

Oppenheimer, Robert (1945): Speech to the Association of Los Alamos Scientists. Los Alamos, NM, November 2, 1945. http://www.honors.umd.edu/HONR269J/archive/OppenheimerSpeech.html

Ortega y Gasset, José (1933/1978): Meditación de la técnica (1933). Dt.: Betrachtungen über die Technik. In: ders., Gesammelte Werke IV, Stuttgart: Deutsche Verlags-Anstalt 1978.

Pap, Arthur (1955): Analytische Erkenntnistheorie. Wien: Springer.

Peppel, Claus (1994): Tertium non datur. Über die Funktionsweise konservativer Denkmuster. In: Ungewußt. Zeitschrift für Angewandtes Nichtwissen 4 (1994) 60.

Persistent Forecasting of Disruptive Technologies. Committee on Forecasting Future Disruptive Technologies (2010). Division on Engineering and Physical Sciences. National Research Council of the National Academies. Washington, D.C. http://books.nap.edu/openbook.php?record_id=12557&page=R1 (5.9.2010).

Peschl, Markus F. / Riegler, Alexander (2001): Virtual Science: Virtuality and Knowledge Acquisition in Science and Cognition. In: Riegler, Alexander; Peschl, Markus; Edlinger, Karl (Hg.), Virtual Reality: Cognitive Foundations, Technological Issues & Philosophical Implications. Frankfurt a. M.: Lang, 9-32.

Platon: Protagoras, Übersetzung von Carl Vering, Platons Dialoge I, Frankfurt a.M.: Englert u. Schlosser 1929.

Plessner, Helmuth (1928): Die Stufen des Organischen und der Mensch. Einleitung in die philosophische Anthropologie. Berlin: de Gruyter.

Polanyi, Michael (1966/1985): The tacit dimension. London: Routledge. Dt.: Implizites Wissen. Frankfurt a.M.: Suhrkamp 1985.

Popper, Karl R. (1935): Logik der Forschung. Wien: Springer.

Popper, Karl R. (1972/1973): Objective Knowledge. An Evolutionary Approach. Oxford: Oxford UP 1972. Dt.: Objektive Erkenntnis. Ein evolutionärer Entwurf. Hamburg: Hoffmann u. Campe 1973.

Popper, Karl R. (1978): Natural Selection and the Emergence of Mind. In: Dialectica 32, 339-355.

Popper, Karl R. (2002): Über das Leib-Seele-Problem. In: ders., Alle Menschen sind Philosophen. München: Piper.

Popper, Karl R.(1994): Alles Leben ist Problemlösen. In: ders., Alles Leben ist Problemlösen. München, Kap. 12. München: Piper.

Poser, Hans (1997): Strukturen als Denkformen. In: Knobloch, Eberhard (Hg.): Wissenschaft - Technik - Kunst. Interpretationen, Strukturen, Wechselwirkungen (= Gratia 35). Wiesbaden: Harassowitz, 201-214.

Poser, Hans (1990): Probleme der Wissenschaftsethik. In: Christoph Hubig (Hg.): Verantwortung in Wissenschaft und Technik. Kolloquium an der TU Berlin WS 1987/88 (= TUB Dokumentation Kongresse und Tagungen, H. 54). Berlin: TU Berlin, 11-34.

Poser, Hans (1998): On structural differences between science and engineering. In: Philosophy and Technology: Quarterly Electronic Journal 4.2, 81-93.

Poser, Hans (1999): Erkenntnisgegenstand, Argumentationsstruktur und Weltbild. Zu Leisegangs Phänomenologie der Denkformen. In: Gloy, Karen (Hg.): Rationalitätstypen, Feiburg: Alber, 25-44.

Poser, Hans (2001/2012): Wissenschaftstheorie. Eine philosophische Einführung. Stuttgart: Reclam.

Poser, Hans (2006): Wissenschaftsmodelle des Neuen und ihre Grenzen. Kreativität und die Theorien der Komplexität. In: Abel, Günter (Hg.): Kreativität. XX. Deutscher Kongress für Philosophie 2005. Kolloquiumsbeiträge. Hamburg: Meiner, 966-982.

Poser, Hans (2007a): Bedingungen und Grenzen des wissenschaftlichen Wissens. Das Beispiel Natur- und Technikwissenschaften. In: Ammon, Sabine; Heineke, Corinna; Selbmann, Kirsten (Hg.): Wissen in Bewegung. Vielfalt und Hegemonie in der Wissensgesellschaft. Weilerswist: Velbrück, 41–58.

Poser, Hans (2007b): Theories of complexity and their problems. In: Frontiers of Philosophy in China 2, 423–436.

Poser, Hans (2007c): Der Zufall als Schöpfer? Das Evolutionsschema und die Deutung der Welt. In: Asmuth, Christoph; Poser, Hans (Hg.): Evolution. Modell – Methode – Paradigma. Würzburg: Königshausen & Neumann, 239-252.

Poser, Stefan (1998): Museum der Gefahren. Die gesellschaftliche Bedeutung der Sicherheitstechnik. Das Beispiel der Hygiene-Ausstellungen und Museen für Arbeitsschutz in Wien, Berlin und Dresden um die Jahrhundertwende (= Cottbuser Studien zur Geschichte von Technik, Arbeit und Umwelt, Bd. 3). Münster: Waxmann.

Poser, Stefan / Hoppe, Joseph / Lüke, Bernd (2006): Spiel mit Technik. Katalog zur Ausstellung im Deutschen Technikmuseum Berlin. Leipzig: Koehler & Amelang.

Pot, Johan Hendrik Jacob van der (1985): Die Bewertung des technischen Fortschritts. Eine systematische Übersicht der Theorien. 2 Bde, Assen: van Gorcum.

Proctor, Robert N. / Schiebinger, Londa (eds.) (2008): Agnotology: The making and unmaking of ignorance. Stanford, CA.: Stanford UP.

Putnam, Hilary (1981/1982): Reason, Truth, and History. Cambridge: Cambridge UP, 1981. Dt.: Vernunft, Wahrheit und Geschichte. Frankfurt a.M.: Suhrkamp 1982.

Radic, Christopher (2002): Die Revolution im Nano-Kosmos [Interview mit Marco Beckmann] MONITOR-Ausgabe 11/2002.

Rahe, Paul A. (2005): The political needs of a toolmaking animal: Madison, Hamilton, Locke, and the question of property. In: Social Philosophy and Policy 22.1, 1-26.

Rapp, Friedrich (ed.) (1974): Contributions to a Philosophy of Technology. Studies in the Structure of Thinking in the Technological Sciences. Dordrecht/Boston: Reidel.

Rapp, Friedrich (1978): Analytische Technikphilosophie. Freiburg: Alber.

Rapp, Friedrich (1994): Die Dynamik der modernen Welt. Eine Einführung in die Technikphilosophie. Hamburg: Junius.

Rapp, Friedrich / Mai, Manfred (Hg.) (1989): Institutionen der Technikbewertung. Düsseldorf: VDI.

Rawls, John (1971/1975): A Theory of Justice. Harvard: Harvard UP. Dt.: Eine Theorie der Gerechtigkeit. Frankfurt a.M.: Suhrkamp 1975

Rechenberg, Ingo (1994): Evolutionsstrategie '94. Werkstatt Bionik und Evolutionstechnik Bd 1. Stuttgart: Frommann 1994.

Rechenberg, Ingo (2000): Biologische Evolution auf dem Prüfstand, Berlin. www.bionik.tu-berlin.de/institut/skript/bibu2.pdf (1.12.2013).

Reichel, Rudolf (2002): Zu den Gesetzmäßigkeiten der Technikentwicklung. In: Banse, Gerhard; Meier, Bernd; Wolffgramm, Hort (Hg.): Technikbilder und Technikkonzepte im Wandel - eine technikphilosophische und allgemeintechnische Analyse. Karlsruhe: Forschungszentrum Karlsruhe, 83-94.

Reichel, Rudolf (2006): Evolution in Natur und Technik – Analogien, Gesetzmäßigkeiten und Paradigmen. www.alice-dsl.net/prof.dr.rudolfreichel/Evolution.htm.

Relph, Eward (2007): Spirit of Place and Sense of Place in Virtual Realities. In: Techné. Society for Philosophy and Technology 10.3, 17-20.

Reuleaux, Franz (1861): Der Constructeur. Ein Handbuch zum Gebrauch beim Maschinen-Entwerfen für Maschinen- und Bau-Ingenieure, Fabrikanten und technische Lehranstalten. Braunschweig: Vieweg.

Reuleaux Collection (2004): The Reuleaux Collection of Kinematic Mechanisms at Cornell University. www.asme.org/getmedia/f47f8dae-5d5c-4b9e-abd0-1ff665b17100/232-Reuleaux-Collection-of-Kinematic-Mechanisms-at-Cornell-University.aspx

Riedler, Alois (1896/1919): Das Maschinen-Zeichnen. Begründung und Veranschaulichung der sachlich notwendigen zeichnerischen Darstellungen und ihres Zusammenhanges mit der praktischen Ausführung. 2. Aufl., Berlin: Springer 1919.

Riedler, Alois (1921): Die neue Technik. Berlin: Siegismund.

Rohbeck, Johannes (1993): Technologische Urteilskraft. Zu einer Ethik technischen Handelns. Frankfurt a.M.: Suhrkamp.

Roland, Bernd (2002/2003): Das Projekt des Angewandten Nichtwissens – Rückblick und Ausblick. In: Ungewußt. Zeitschrift für Angewandtes Nichtwissen 10, 3–30.

Ropohl, Günter (1978/1999/2010): Allgemeine Technologie. Eine Systemtheorie der Technik (München: Hanser 1978 u. d. T. Eine Systemtheorie der Technik), 2., erw. Aufl., München: Hanser 1999; 3. überarb. Aufl. Karlsruhe: Universitätsverlag 2010.

Ropohl, Günter (1999a): Philosophy of socio-technical systems. In: Agazzi, Evandro; Lenk, Hans (Hg.): Advances in the Philosophy of Technology. Newark, 317-330. Ebenso in: Techné. Society for Philosophy and Technology, vol.4.3, http://scholar.lib.vt.edu/ejournals/SPT/spt.html.

Ropohl, Güter (2008): Homo faber: Die Macht des Machens. In: Schmiedinger, Heinrich; Sedmak, Clemens (Hg.): Der Mensch – ein kreatives Wesen? Kunst – Technik – Innovation. Darmstadt: Wiss. Buchgesellschaft, 259-274.

Rorty, Richard (1980/1981): Philosophy and the Mirror of Nature. Princeton, NJ: Princeton UP 1980. Dt.: Der Spiegel der Natur. Eine Kritik der Philosophie. Frankfurt a.M.: Suhrkamp 1981.

Ruoff, Michael (2005): Das Problem des Neuen in der Technik. In: Gamm & Hetzel (Hg.) (2005), 169–183.

Rumpf, Hans (1969/1987): Gedanken zur Wissenschaftstheorie der Technik-Wissenschaften. VDI-Zeitschrift 111 (1969), S. 2-10. ND ders., Technik zwischen

Wissenschaft und Praxis. Technikphilosophie und techniksoziologische Schriften aus dem Nachlaß. Hg. v. H. Lenk, S. Moser, K. Schönert. Düsseldorf: VDI 1987.

Sachsse, Hans (1978): Anthropologie der Technik. Ein Beitrag zur Stellung des Menschen in der Welt. Braunschweig: Vieweg.

Scheler, Max (1928/1975): Die Stellung des Menschen im Kosmos. Darmstadt: Reichl 1928. Bern-München: Francke 1975.

Schelsky, Helmut (1961): Der Mensch in der wissenschaftlichen Zivilisation. Köln: Westdt. Vlg.

Schmidinger, Heinrich / Sedmak, Clemens (Hg.) (2004ff): Topologie des Menschlichen. 6 Bde, Darmstadt: Wiss. Buchgesellschaft.

Schumpeter, Joseph A. (1937/1961): Business Cycles. New York: McGraw-Hill 1939. Dt.: Konjunkturzyklen. Eine theoretische, historische und statistische Analyse des kapitalistischen Prozesses. 2 Bde, Göttingen: Vandenhoeck u. Ruprecht 1961.

Schurz, Gerhard (2009): Philosophie der Evolution. Berlin: de Gruyter.

Schütz, Alexander (2001): Die Konzeption des Entdeckungsbegriffs bei Leibniz. In: Nihil sine ratione. VII. Int. Leibniz-Kongress, Vorträge. Berlin: Leibniz-Gesellschaft, 1153-1160.

Searle, John R. (2007): Social Ontology and the Philosophy of Society. In: Margolis & Laurence (2007), 3-17.

Searle, John R. (1995/1997): The Constitution of Social Reality. New York: Free Press 1995. Dt.: Die Konstruktion der gesellschaftlichen Wirklichkeit. Zur Ontologie sozialer Tatsachen. Reinbek: Rowohlt 1997.

Seubold, Günter (1986): Heideggers Analyse neuzeitlicher Technik. Freiburg: Alber.

Simondon, Gilbert (1958/2012): Du mode d'existence des objets techniques. Paris: Aubier 1958. Dt.: Die Existenzweise technischer Objekte. Zürich: diaphanes 2012.

Simons, Peter (1987): Parts: A Study in Ontology. Oxford: Clarendon Press.

Skolimowski, Henryk (1966/1974): The Structure of Thinking in Technology. In: Technology and Culture 7.3 (1966), 371-383. Nachdr. Rapp (1974), 72-85.

Smith, Barry (2003): Ontology. In: Floridi, Luciano (ed.): The Blackwell Guide to the Philosophy of Computing and Information. Oxford: Wiley-Blackwell, 155-166.

Smith, Barry / Ceusters, Werner (2010): Ontological Realism as a Methodology for Coordinated Evolution of Scientific Ontologies. In: Applied Ontology 5.3-4, 139-188.

Smithson, Michael (1985): Towards a social theory of ignorance. In: Journal for the Theory of Social Behaviour 15.2, 151–172.

Smithson, Michael (1989): Ignorance and Uncertainty: Emerging Paradigms. New York: Springer.

Smithson, Michael (1990): Ignorance and Disasters. In: International Journal of Mass Emergencies and Disasters, 8.3, 207–235.

Smithson, Michael (1993): Ignorance and Science. Dilemmas, Perspectives, and Prospects. In: Science Communication 15.2, 133–156.

Smithson, Michael (2008): Social Theories of Ignorance. In: Proctor & Schiebinger (2008), 209–229.

Solla Price, Derek de (1974): Gears from the Greeks. The Antikythera mechanism – A calendar computer from ca. 80 B.C. In: Transactions of the American Philosophical Society, New Series 64 (7), 1–70.

Spengler, Oswald (1931): Der Mensch und die Technik. Beitrag zu einer Philosophie des Lebens. München: Beck.

Spranger, Eduard (1921): Lebensformen. Geisteswissenschaftliche Psychologie und Ethik der Persönlichkeit. 2. völlig neue Aufl., Halle: Niemeyer.

Spur, Günter (1984): Die Zukunft der Fabrik. In: Arbeiten und lernen 6, Nr. 32, 2-12.

Stachowiak, Herbert (1973/2013): Allgemeine Modelltheorie. Wien: Springer.

Stehr, Nico (1994): Arbeit, Eigentum und Wissen. Zur Theorie von Wissensgesellschaften. Frankfurt a.M.: Suhrkamp.

Tenbruck, Friedrich H. (1972): Zur Kritik der planenden Vernunft. Freiburg: Alber.

Thomasson, Amie L. (2003): Realism and Human Kinds. In: Philosophy and Phenomenological Research 67.3, 580-609.

Thomasson, Amie L. (2004): The Ontology of Art. In: Kivy, Peter (ed.): The Blackwell Guide to Aesthetics. Oxford: Blackwell.

Thomasson, Amie L. (2007): Artifacts and Human Concepts. In: Margolis & Laurence (2007), 52-73.

Thomasson, Amie L. (2009): Artifacts in Metaphysics. In: Meijers (2009), 191-212.

Thomasson, Amie L. (2010): Ontological Innovation in Art. In: Journal of Aesthetics and Art Criticism 68.2, 119-130.

Toulmin, Stephen (1990/1991): Cosmopolis, The Hidden Agenda of Modernity. New York: Free Press 1990. Dt.: Kosmopolis. Die unerkannten Aufgaben der Moderne. Frankfurt a.M.: Suhrkamp 1991.

Tuana, Nancy (2004/2008): Coming to Understand: Orgasm and the Epistemology of Ignorance. In: Hypatia 19.1, 194–232. ND in Proctor & Schiebinger (eds.) (2008), 108–145.

Tuchel, Klaus (1967): Herausforderung der Technik. Gesellschaftliche Voraussetzungen und Wirkungen der technischen Entwicklung. Bremen: Schünemann.

Tuomela, Raimo / Miller, Kaarlo (1988): We-Intentions, in: Philosophical Studies 53, 367-389

Turnbull, David (2000): Gothic tales of spandrels, hooks and monsters: complexity, multiplicity and association in the explanation of technological change. In: Ziman (2000), 101-117.

Umstätter, Walther (1995): Die Rolle der Bibliothek im modernen Wissenschaftsmanagement. In: Humboldt-Spektrum 2.4, 36-41.

Vanderburg, Willem H. (2002): The Labyrinth of Technology: A Preventive Technology and Economic Strategy as a Way Out. Toronto: University of Toronto Press.

Varagnac, André (1964): De la Préhistoire au Monde Moderne . Paris : Plon.

VDI Richtlinie 3780 (1991/2000): Technikbewertung – Begriffe und Grundlagen / Technology Assessment: Concepts and Foundations. Düsseldorf: VDI 1991; dt.-engl. 2000.

VDI-Report 15: Technikbewertung - Begriffe und Grundlagen. Erläuterungen und Hinweise zu VDI-Richtlinie 3780. Düsseldorf: VDI 1991.

VDI-Report 29: Aktualität der Technikbewertung. Erträge und Perspektiven der Richtlinie VDI 3780, hg. v. Rapp, Friedrich. Düsseldorf: VDI 1999.

Vermaas, Pieter E. / Houkes, Wybo (2006): Technical functions: a drawbridge between the intentional and structural natures of technical artefacts. In: Studies in History and Philosophy of Science 37, 5-18.

Vincenti, Walter G. (1990): What Engineers Know and How They Know It. In: Analytical Studies from Aeronautical History. Baltimore: Johns Hopkins UP.

Weber, Max (1920): Die protestantische Ethik und der Geist des Kapitalismus. In: ders., Ges. Aufsätze zur Religionssoziologie I. Tübingen: Mohr 1920.

Weber, Wolfhard (1975): Industriespionage als technologischer Transfer in der deutschen Frühindustrialisierung. In: Technikgeschichte 42, 287-305.

Weber, Wolfhard (1983): Preußische Transferpolitik 1780-1820. In: Technikgeschichte 50, 181-196.

Weckström, Niklas (2004): Finding "reality" in virtual environments. Department of Media, Media Culture. Helsingfors / Esbo: Arcada Polytechnic, unpublished Master's Thesis.

Weiss, Kai (2007): Der schöpferische Zufall. In: Lewendoski, Alexandra (Hg.), Der Philosoph Hans Poser. Berlin: Sand + Soda Publishing, 107-109.

Weizenbaum, Josef (1976/1977): Computer Power and Human Reason. From Judgement to Calculation. San Francisco: Freeman 1976. Dt.: Die Macht der Computer und die Ohnmacht der Vernunft. Frankfurt a.M.: Suhrkamp 1977.

Welsch, Wolfgang (1993): Unsere postmoderne Moderne. 4. Aufl., Berlin: Akademieverlag.

Wendt, Helge (1976): Natur und Technik – Theorie und Strategie. Erkannte Naturgesetze und Prinzipien ihrer bewußten Ausnutzung. Berlin: Akademie-Verlag.

White, Simon (2000): Enhancing Knowledge Acquisition with Constraint Technology. PhD thesis Aberdeen. www.csd.abdn.ac.uk/publications/theses/downloads/white/white.pdf (1.12.2013).

Whitehead, Alfred North (1929/1974): The Function of Reason. Princeton: Princton UP 1929. Dt.: Die Funktion der Vernunft. Stuttgart: Reclam 1974.

Whitehead, Alfred North (1929/1979): Process and Reality. An Essay in Cosmology. New York. Corr. ed. 1972. Dt.: Prozess und Realität. Entwurf einer Kosmologie. Frankfurt a.M.: Suhrkamp 1979.

Winner, Langdon (1977): Autonomous Technology, Technics-out-of-Control as a Theme in Political Thought. Cambridge, Mass: MIT Press.

Winner, Langdon (1993): Social Constructivism: Opening the Black Box and Finding it Empty. In: Science as Culture 3.3, 427-452.

Wolff, Christian (1730): Philosophia prima sive Ontologia. Frankfurt: Renger.

Wolff, Christian (1710/1775): Anfangs-Gründen aller Mathematischen Wissenschaften, 1710, Neue Aufl. Halle: Renger 1775.

Wolff, Christian (1713/1724): Auszug aus den Anfangs-Gründen aller Mathematischen Wissenschaften, 1713. 2. Aufl. Halle: Renger 1724.

Wolff, Christian (1728/1740): Philosophia rationalis sive Logica, 1728. 3. Aufl. Frankfurt: Renger 1740.

Wolff, Christian (1732/1737): Psychologia empirica, 1732. Ed. nova, Frankfurt: Renger 1737.

Wössner, Frank (1994): Das Buch im Medienpluralismus. In: Hoffmann (1994), 106-121.

Wright, Georg Henrik von (1963/1977): Practical Inference. In: The Philosophical Review 72 (1963) 159-179. Dt. in: ders., Handlung, Norm und Intention. Untersuchungen zur deontischen Logik. Berlin: de Gruyter 1977, 41-82.

Wright, Georg Henrik von (1972/1977): On So-Called Practical Inference. In: Acta Sociologica 15 (1972) 39-53. Dt. in: ders., Handlung, Norm und Intention. Untersuchungen zur deontischen Logik. Berlin: de Gruyter 1977, 61–81.

Ziman, John (ed.) (2000): Technological Innovation as an Evolutionary Process. Cambridge: Cambridge UP.

Zoglauer, Thomas (2012): Zur Ontologie der Artefakte. In: Friesen. Hans u.a.: Ding und Verdinglichung. Technik- und Sozialphilosophie nach Heidegger und der Kritischen Theorie. München: Fink, 13 -30.

Quellen, die in überarbeiteter Form aufgenommen wurden

I.1 Grundzüge des technischen Denkens der Moderne. In: P. Hünermann (Hg.): Technische Rationalität und kultureller Wandel. Jahresakademie 1989. Bonn: KAAD 1990, 11-28.

I.2 Perspektiven einer Philosophie der Technik. In: Allgemeine Zeitschrift für Philosophie 25 (2000) 99-118.

II.4 Anthropologie der Technik. In: Matthias Wunsch (Hg.): Von Hegel zur philosophischen Anthropologie. Gedenkband für Christa Hackenesch (Kultur – System – Geschichte Bd. 4). Würzburg: Königshausen & Neumann 2012, 263-276.

III.6 Zwischen Information und Erkenntnis. In: Christoph Hubig (Hg.): Unterwegs zur Wissensgesellschaft. Grundlagen – Trends – Probleme. Berlin: Sigma 2000, 25-45.

III.7 Technology and Modality. In: Vera Bühlmann, Ludger Hovestadt (eds), Printed Physics - Metalithicum I (Applied Virtuality Book Series). Wien: Springer 2013, 72-112.

IV.9 Entwerfen als Lebensform. Elemente technischer Modalität. In: Klaus Kornwachs (Hg.): Technik – System – Verantwortung (= Technikphilosophie Bd. 10). Münster: LIT 2004, 561-575.

IV.10 Wissen des Nichtwissens: Zum Problem der Technikentwicklung und -folgenabschätzung. In: Nina Janich, Alfred Nordmann, Liselotte Schebek (Hg.): Nichtwissenskommunikation in den Wissenschaften. Frankfurt a.M.: Peter Lang 2012, 125-167.

V.11 Technik und Technikwissenschaften. Selbstverständnis - Gesellschaft - Arbeit. Arbeitssymposium des Konvents für Technikwissenschaften der Berlin-Brandenburgischen Akademie der Wissenschaften und der Nordrhein-Westfälischen Akademie der Wissenschaften, Berlin - Düsseldorf, Januar 1999, unpag. – Erweitert in Poser (2001/2012).

V.12 Ars inveniendi heute. Perspektiven einer Entwurfswissenschaft der Architektur. In: Sabine Ammon u. Eva Maria Froschauer (Hg.): Wissenschaft entwerfen. Vom forschenden Entwerfen zur Entwurfsforschung der Architektur. Paderborn: Fink 2013, 135-166.

VI.13 Small is beautiful? Zur Problematik der Nanotechnologie. In: Renate Dürr, Gunter Gebauer, Matthias Maring, Hans-Peter Schütt (Hg.): Pragmatisches Philosophieren. FS für Hans Lenk (= Philosophie: Forschung und Wissenschaft 10). Münster: LIT 2005, 404-417.

VI.14 Von der Theodizee zur Technodizee: Ein altes Problem in neuer Gestalt. Hannover: Wehrhahn Vlg. 2011 (Hefte der Leibniz-Stiftungsprofessur Bd. 2).